长江流域重大水利工程与气候变化影响评估

主　编：姚金忠　宋连春　王　海
肖　潺　李　帅　张存杰

气象出版社
China Meteorological Press

内容简介

本书介绍了长江流域自然概况和长江上游梯级水库建设情况，系统分析了长江流域近60年和近120年气候变化及极端气候事件演变特征，重点对金沙江下游区域极端气候事件和地质灾害风险进行了分析。对全球气候变暖背景下长江流域近60年的水资源和生态环境演变特征进行了分析，对金沙江流域水资源变化特征和未来演变趋势进行了重点研究。对2020年长江流域特大洪涝灾害的成因进行了分析，建立了长江流域夏季降水的客观预测模型，并开展了应用服务和检验评估。对全球气候变暖背景下长江流域到21世纪末气候变化趋势和可能的极端气候风险进行了预估。总结了近几十年中国应对长江流域重大洪涝、干旱、高温和山洪等灾害的经验和防御对策，给出了长江流域重大水利工程在保障流域社会经济发展、防洪安全、供水安全和生态安全等方面适应气候变化和防范极端气候风险的对策建议。

本书可供政府部门决策和水利、电力以及应急减灾等部门工作人员参考使用，也可供气象、水文、电力、防灾减灾等领域的科研人员使用。

图书在版编目（CIP）数据

长江流域重大水利工程与气候变化影响评估 / 姚金忠等主编. -- 北京 : 气象出版社, 2024. 8. -- ISBN 978-7-5029-8284-3

Ⅰ. TV882.2; P468.2

中国国家版本馆 CIP 数据核字第 202496KX62 号

长江流域重大水利工程与气候变化影响评估

Changjiang Liuyu Zhongda Shuili Gongcheng yu Qihou Bianhua Yingxiang Pinggu

---

出版发行：气象出版社

地　　址：北京市海淀区中关村南大街46号　　**邮政编码**：100081

电　　话：010-68407112（总编室）　010-68408042（发行部）

网　　址：http://www.qxcbs.com　　**E-mail**：qxcbs@cma.gov.cn

责任编辑：陈　红　　**终　　审**：张　斌

责任校对：张硕杰　　**责任技编**：赵相宁

封面设计：艺点设计

印　　刷：北京建宏印刷有限公司

开　　本：787 mm×1092 mm　1/16　　**印　　张**：17

字　　数：432千字

版　　次：2024年8月第1版　　**印　　次**：2024年8月第1次印刷

定　　价：148.00元

《长江流域重大水利工程与气候变化影响评估》
编委会

主　编: 姚金忠　宋连春　王　海　肖　潺　李　帅　张存杰

主要编写人员:

第 1 章:李　帅　肖　潺　张存杰

第 2 章:任玉玉　任国玉　张存杰　珠杰桑布

第 3 章:张思齐　任国玉　何　磊　张存杰　毕晓佳　珠杰桑布

第 4 章:许红梅　肖　潺　吴　萍　秦鹏程　李修仓　刘绿柳

第 5 章:肖风劲　廖要明　秦　云　徐雨晴

第 6 章:刘芸芸　梁　萍

第 7 章:刘芸芸　赵玉衡　章大全

第 8 章:徐　影　韩振宇　石　英　吴　佳　李柔珂

第 9 章:张存杰　许红梅　肖风劲　叶殿秀　宁惠芳

前　言

长江是中华民族的母亲河，是中华民族发展的重要支撑。长江全长6300多千米，为世界第三大河流，全流域涉及19个省、自治区、直辖市，流域面积180万 km^2，横跨东、中、西部三大经济区，具有完备的自然生态系统、独特的生物多样性，有全国三分之一的地表水资源、五分之三的水能资源，全国大部分淡水湖分布在长江中下游地区，是中国重要的战略水源地、生态宝库和重要的黄金水道。长江流域横断山区位于中国第二、第三级阶梯过渡带，地处青藏高原东缘，属多个季风交汇区，气候类型多样，气候条件变化极为复杂，是全球气候变化的敏感区。长江上游流域水量充沛且地势落差大，水能资源蕴藏量极其丰富，是中国水电开发的重要基地。同时，因汛期降水集中，上下游洪峰叠加，又可给中下游流域造成严重洪涝灾害。

在全球变暖大背景下，气温、降水等关键要素的变化对三峡工程的安全运行会产生一定影响；长江流域及其邻近地区频繁发生的极端天气气候事件，对三峡工程的防洪、发电、航运等方面产生了重要影响，同时水库对周边地区的生态环境、水资源等也会产生影响。2012—2014年，国家气候中心曾组织多家单位对三峡工程气候效应进行了初步评估，随着观测资料的积累以及卫星、雷达、地面自动气象站等观测手段的增加，有必要对在全球变暖背景下更大范围的长江流域气候、生态、环境、水资源等变化特征进行综合评估，并用IPCC最新数值模式资料分析该地区未来气候变化趋势，评估长江流域重大水利工程设施未来可能面临的气候风险，并提出相应的对策措施，为水利工程安全运行，以及附近地区社会经济的可持续发展提供科学支撑。

本书主要包括以下几个方面的内容：第1章，介绍了长江流域重大水利工程概况，给出了长江流域中上游防洪现状以及重大水利工程的开发建设情况；第2章，分析了在全球变暖的背景下，近60年和近120年长江流域及主要区域关键气象要素的分布特征和变化规律，揭示长江流域冷暖和干湿演变规律；第3章，分析了长江流域和重点区域极端气候事件的时空变化特征，对金沙江下游区域的地质灾害风险开展了初步评估；第4章，对长江流域空中水汽资源和水汽收支情况进行分析评估，开展了长江上游主要子流域径流量和用水量变化特征研究，预估了金沙江流域未来径流量变化趋势；第5章，分析了长江流域近几十年土地覆盖、植被状况和生态系统服务价值，给出了未来变化趋势，评估了长江流域生态系统碳汇特征及三峡水电工程对碳排放的影响；第6章，分析了2020年夏季长江流域强降水形成的原因，评估了国家气候中心汛期预测效果，提出了增强长江流域夏季极端气候事件预测能力的途径；第7章，评估了BCC_AGCM2.2气候模式对中国主雨带降水次季节预报能力，建立长江流域夏季降水客观化预测新技术，并对近几年汛期预测服务情况进行了总结；第8章，使用高分辨率气候预估数据，分析了长江流域到21世纪末气候变化趋势，分析了长江流域未来极端气候风险，评估了长江流域21世纪中期和远期高温和暴雨风险；第9章，对长江流域近几十年来发生的重大灾害事件防御经验进行了总结，提出了长江流域适应气候变化和防御极端气候风险的对策建议。

本书是中国长江三峡集团有限公司项目（0704181）、国家自然科学基金项目（52109024）和国家重点研发计划项目（2020YFA0608203）研究成果的总结提炼，由国家气候中心和中国长江三峡集团有限公司流域枢纽运行管理中心30多位专家撰写而成。书稿编写过程中得到了国家气候中心、中国长江三峡集团有限公司流域枢纽运行管理中心和气象出版社领导及专家的大力支持，并邀请气象、水文、水利、生态环境等部门的多位专家作指导，还有许多相关人员为本书的出版做出了贡献，在此一并表示衷心感谢。

由于此项工作是一项全新的应用基础研究，许多工作还有待进一步深入，不足之处在所难免，恳请广大读者批评指正，以便在后续工作中加以改进。

编者

2023年10月

摘　要

本书简要介绍了长江流域的地理、气象、水文等特征，重点对长江流域中上游防洪现状，以及梯级水库群开发建设等情况进行了介绍，目的是为开展气候变化对长江流域重大水利工程的影响研究提供相关支持。

长江流域气候相对温和湿润，受地形和经纬度影响，流域内各气候要素的分布存在明显的区域性差异。近 60 年，平均气温先降后升，整体呈显著上升趋势，升温的线性趋势达到0.18 ℃/10 a。降水量呈波动上升趋势，每 10 年增加 14 mm。各气候要素变化空间分布差异明显，干湿变化阶段性特点明显，并具有年代际变化特征。极端高温和极端强降水在长江流域中下游更加突出，极端低温和持续干旱在长江上游流域较为突出。近 120 年极端低温事件持续减少，极端高温事件持续增加，近 60 年这种变化趋势更加显著。近 120 年极端降水指数变化不明显，其中，早期为下降趋势，近 60 年为上升趋势。金沙江下游流域极端气候变化与全流域相近，崩塌、滑坡地质灾害高易发区主要集中在金沙江干流及一级支流两侧、城镇集中开发区。

研究发现，近 60 年长江流域 4 个季节纬向水汽支出减少，除冬季外，春夏秋季经向水汽收入有所减少。长江流域涝年较旱年南边界和西边界水汽输入明显增多。长江流域总降水量主要由流域外输入的水汽产生的外循环降水形成，外循环降水约占总降水量的 90%，近几十年夏季内循环降水明显偏多。近 60 年金沙江上游源区径流量变化主要受气候变化的影响，人类活动等其他因素对径流量变化的贡献相对较小；石鼓以上流域径流量变化一定程度上受到上游水库调度的影响，下游径流量序列受水利工程的影响明显。预估金沙江流域年径流量及各月平均径流量均有增加趋势，流域内的水资源将更加丰沛。与此同时，径流量时空分布的不均性增大，年际和年内波动明显增大，极端旱涝事件的频率和强度将明显增大，从而可能增大水库防洪和供水调度的难度。

近 20 年长江流域植被状况整体较好，除了上游部分地区外，其余大部分地区归一化植被指数(NDVI)的平均值都在 0.55 以上，叶面积指数(LAI)和多年平均植被总初级生产力(GPP)等指标也有类似的分布。2001—2021 年长江流域区域平均归一化植被指数总体呈增加趋势，其中，耕地面积减少，森林面积增多，草地面积减小，水体面积增多，城镇面积增大，开发的未利用土地增多。未来气候变化情景下，长江流域区域植被指数、气候生产潜力以及固碳量将呈增加趋势。经评估分析，三峡水利工程对中国减排降碳工作贡献突出。

2020年汛期长江流域降水异常偏多，梅雨期东亚季风区多个关键大气环流系统的平均位置相对稳定，且表现出显著的准双周振荡特征。中高纬度的阻塞形势活跃，冷空气不断南下，与低层一次次加强的西南暖湿水汽在江淮区域频繁交汇，这是造成2020年梅雨异常偏强的另一重要因素。对国家气候中心2020年汛期降水预测效果进行了检验评估。分析长江流域夏季降水的主模态分布特征及对应的环流和海温异常分布，建立了长江流域夏季降水的客观预测模型。挑选2020年长江洪涝和2022年极端干旱的两个代表年份，对客观预测模型进行了预测效果检验评估，预测模型能够较好地预测出长江流域整体的降水异常分布。

给出了SSP2-4.5中等温室气体排放情景下到21世纪末的逐日降水、平均气温、最高气温、最低气温等要素预估数据，分辨率达约5 km×5 km。长江流域、长江上游和金沙江平均的未来增温趋势分别是0.32 ℃/10 a、0.31 ℃/10 a、0.30 ℃/10 a。未来长江流域各个季节及年平均降水均明显增加，且有明显的年代际波动。以1995—2014年为基准期，到21世纪末的长江流域平均年降水量相对增幅最高可达15%，春季降水量的相对增幅较大。基于SSP2-4.5社会经济路径下的人口和GDP数据，对未来21世纪长江流域的高温暴露度和暴雨暴露度进行了分析。

对长江流域近几十年来发生的重大高温灾害事件（2006年和2013年）、重大干旱灾害事件（2011年和2022年）、重大暴雨洪涝事件（1998年和2020年）、典型山洪灾害事件和复合型极端事件等的特点和影响进行了分析，系统总结了政府部门在应对重大灾害时采取的防灾减灾措施及存在的问题、未来应对此类灾害的启示和对策建议等。提出了长江流域水资源管理和生态环境保护适应未来气候变化的对策建议，总结了长江流域汛期旱涝预测的关键因子和应对旱涝灾害风险的对策措施，分析了气候变化对水利工程设计和运行管理的影响，并提出了相应的适应性对策，为长江流域重大水利工程防范极端气候风险、适应气候变化提供科学依据。

目　　录

第 1 章　长江流域重大水利工程概况

引言

2023 年 10 月 12 日，习近平总书记在江西省南昌市主持召开进一步推动长江经济带高质量发展座谈会并发表重要讲话。他强调，要完整、准确、全面贯彻新发展理念，坚持共抓大保护、不搞大开发，坚持生态优先、绿色发展，以科技创新为引领，统筹推进生态环境保护和经济社会发展，加强政策协同和工作协同，谋长远之势、行长久之策、建久安之基，进一步推动长江经济带高质量发展，更好支撑和服务中国式现代化。他强调，长江经济带发展战略实施近 8 年来，沿江省（市）和中央有关部门认真贯彻落实党中央决策部署，坚持共抓大保护、不搞大开发，坚持生态优先、绿色发展，扎实推进长江生态环境保护修复，积极促进经济社会发展全面绿色转型，决心之大、力度之大前所未有，长江经济带发展发生了重大变化。思想认识发生重大转变，共抓大保护、不搞大开发成为共识；生态环境保护和修复取得重大成就，“一江碧水向东流”美景重现；发展方式发生重大变革，创新驱动发展全面起势；区域融合实现重大提升，区域协同联动不断加强；改革开放取得重大进展，全方位对内对外开放态势加速形成。总的看，长江经济带发展成就有目共睹，发展质量稳步提升，发展态势日趋向好。同时也要看到，长江流域生态环境保护和高质量发展正处于由量变到质变的关键时期，取得的成效还不稳固，客观上也还存在不少困难和问题，要继续努力加以解决。

习近平指出，长江经济带事关全国发展大局。要统筹好发展和安全，在维护国家粮食安全、能源安全、重要产业链供应链安全、水安全等方面发挥更大作用，以一域之稳为全局之安作出贡献。坚持全国“一盘棋”，继续深化上游地区同中下游地区的能源合作。努力建设安澜长江，科学把握长江水情变化，坚持旱涝同防同治，统筹推进水系连通、水源涵养、水土保持，强化流域水工程统一联合调度，加强跨区域水资源丰枯调剂，提升流域防灾减灾能力。

为了促进长江大保护，推动长江经济带高质量发展，发挥长江流域水利工程在防洪、供水、生态、发电、航运等方面的作用，需要研究全球气候变化背景下长江流域气候变化趋势以及可能面临的风险，积极应对气候变化给重大水利工程带来的挑战，进一步做好长江流域防灾减灾工作。

本章简要介绍了长江流域的地理、气象、水文等特征，重点对长江流域中上游防洪现状以及梯级水库群开发建设等情况进行了介绍，目的是为进一步研究气候变化对长江流域重大水利工程的影响提供相关支持。

1.1　长江流域概况

1.1.1　自然地理

长江发源于青藏高原唐古拉山北麓，各拉丹东雪山群的西南侧。流域位于（24°27′—

35°54′N,90°33′—122°19′E),流域形状呈东西长、南北短的狭长形。流域北以秦岭山脉,东北以伏牛山、桐柏山、大别山与黄河流域及淮河流域为界,南以南岭山脉、黔中高原、大庾岭、武夷山、天目山等与珠江流域及闽浙水系流域为界。长江源头为沱沱河,干流流经青海、西藏、云南、四川、重庆、湖北、湖南、江西、安徽、江苏、上海 11 个省(区、市),在上海汇入东海。

长江干流全长 6300 多千米,流域面积约为 180 万 km²。长江源头以下,先与发源于唐古拉山东段、霞舍日阿巴山东麓的南支当曲汇合后为木鲁乌苏河,再与发源于可可西里山、黑积山南麓的北支楚玛尔河相汇后称通天河,长 815 km。进入青海省玉树直门达后称金沙江,流经川藏滇边境,全长 2308 km。进入四川宜宾与岷江汇合后始称长江。长江在四川盆地向东流,顺次接纳北岸的沱江、嘉陵江,南岸的乌江等,自奉节白帝城至南津关约 200 km 河段为著名的长江三峡,自宜宾至宜昌干流又名川江,长 1045 km。

长江流域内水系发达,集水面积在 10000 km² 以上的支流有 49 条,80000 km² 以上一级支流 8 条,其中,三峡工程坝址以上有金沙江、岷江、沱江、嘉陵江、乌江等多条河流(图 1.1)。

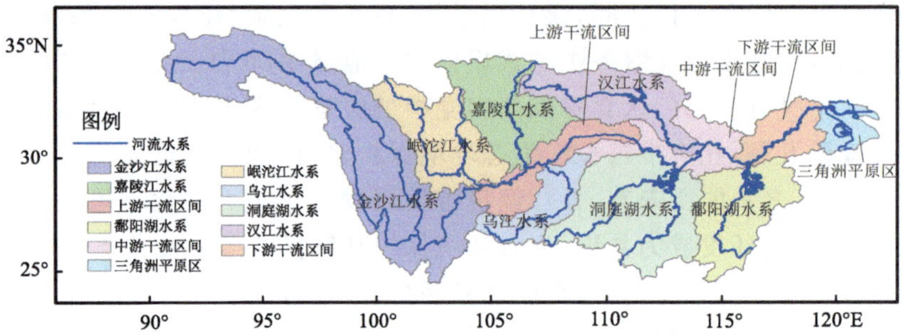

图 1.1 长江流域水系及子流域示意图

考虑长江流域水文特性,参考长江流域二级流域片和河流水系划分方案,将研究区细分为 11 个子流域:金沙江水系、岷沱江(岷江、沱江)水系、嘉陵江水系、乌江水系、长江上游干流区间、汉江水系、洞庭湖水系、鄱阳湖水系、中游干流区间、三角洲平原区和下游干流区间。其中,金沙江水系、岷沱江水系、嘉陵江水系、乌江水系和长江上游干流区间五个子流域位于长江流域上游;汉江水系、洞庭湖水系、鄱阳湖水系和中游干流区间这四个子流域位于长江流域中游;三角洲平原区和下游干流区间两个子流域位于长江流域下游。

金沙江流域(含沱沱河、通天河)位于(90°23′—104°37′E,24°28′—35°46′N),地处青藏高原、横断山区、云贵高原及四川盆地西部边缘,跨越青海、西藏、四川、云南、贵州 5 省(区)。流域面积 47.3 万 km²,占长江流域总面积的 26.3%;河流全长约 3500 km,为长江全长的 55.5%;落差约 5100 m,占长江干流落差的 95%。流域地势西高东低,由西北逐渐向东南倾斜。流域地形绝大部分属山区,占流域面积的 93.1%,丘陵区、平原区、湖泊及其他分别占 0.61%、5.89%、0.4%。金沙江从巴塘河口流至藏曲口后转向南,与横断山脉平行,至石鼓后成一急弯流向东北,为“长江第一弯”。至三江口后流向急转向南,过金江街后折向东,在攀枝花水文站下游约 15 km 处,雅砻江由左岸汇入,流向折向南,在云南元谋纳入龙川江,折向东,沿途纳入勐果河、普隆河、鲹鱼河、普渡河、牛栏江、横江等支流,至四川省宜宾市与岷江汇合后,进入川江河段。

金沙江干流巴塘河口至宜宾全长 2316 km,由于水流的长期侵蚀切割作用,河谷深切,相对高差最大在2500 m以上。巴塘河口至石鼓为金沙江上段，区间流域面积7.65万km^2，河段长984 km，河道平均比降1.75‰；石鼓至攀枝花为金沙江中段，区间流域面积4.5万km^2，河段长约564 km，河道平均比降1.48‰；攀枝花至宜宾为金沙江下段，区间流域面积21.4万km^2，河段长768 km，河道平均比降0.93‰。

三峡工程坝址宜昌以上为长江上游，河道全长4500 km，控制流域面积约100万km^2，占全流域面积的55%以上。长江出三峡后，江面突然展宽，水势减缓，进入长江中下游冲积平原区，在宜昌至枝江区间有清江汇入，荆江河段干流有三口分流入洞庭湖，与洞庭"四水"汇合后，再在城陵矶汇入长江干流，到达武汉又有汉江汇入，再向东出湖北，流入江西省湖口纳鄱阳湖水系。干流过湖口进入长江下游后，折向东北，流经皖、苏，再纳太湖之水，在上海市汇入东海。

1.1.2　水文气象

长江流域位处欧亚大陆的东南部，东邻太平洋，具有显著的季风气候特征。流域内冬冷夏热，四季分明，雨热同季，湿润多雨。长江上游地区为山地高原区，北方有秦岭、大巴山的阻挡，冬季风入侵的强度比中下游地区弱；南有云贵高原，东南季风不易到达，主要受西南季风的影响，季风气候不如中下游明显。季风对长江流域的气候有十分重要的意义，特别是对降水，夏季风起决定性作用。正常年份，随着夏季风的来临，长江流域各地先后进入雨季，当夏季风来临时间、强度发生异常时，暴雨洪水发生遭遇时，则会出现较大洪灾。

长江流域南端接近热带，北端进入温带。流域东西高差达数千米，有高原、盆地、河谷、平原等各种地貌，地形极为复杂，内部气候差异显著。长江源头地区地势高，海拔高度在4500 m以上，全年皆冬，年平均气温在0 ℃以下；金沙江流域干湿季分明，冬季湿度小、降水少，夏季受西南季风影响，湿度大，5—10月降水量可占全年的90%左右；四川盆地温和湿润，由于地形的屏障作用，冬无严寒，夏无酷暑。

长江流域多年平均降水量约为1100 mm，年降水量的地区分布很不均匀，总趋势是，由东南向西北递减，山区多于平原，迎风坡多于背风坡。上游各大支流水系年降水量为：金沙江736 mm，岷江和沱江1083 mm，嘉陵江965 mm，乌江1163 mm。上游地区降水量的年内分配很不均匀，集中在汛期，连续最大4个月(6—9月)降水量占年降水量的60%～80%。

金沙江流域基本上属高原气候区，流域跨越了14个经度、11个纬度，海拔相差超过4000 m，自北向南可分为高原亚寒带亚干旱气候区、高原亚寒带湿润气候区、高原温带湿润气候区，华弹以下则属暖温带气候区。

金沙江流域气温在地区分布上的总趋势是由上游向下游、由西北向东南递增，并存在明显的垂直分布。据流域内3个气象站实测资料统计，自西北的伍道梁(接近河源)至东南的甘孜，多年平均气温由－5.7 ℃升至5.6 ℃。奔子栏、洼里以下地区，以攀枝花为中心包括华坪、盐边、米易、元谋等地，是本流域气温最高、范围最大的高温区，也是长江流域有名的"长夏无冬"地区。

金沙江流域降水量的总体分布是自西北向东南递增，接近源头的楚玛尔河沿多年平均年降水量为239 mm，出口处宜宾站多年平均年降水量为1154.9 mm(增加了3.83倍)。其中，金沙江下游的攀枝花—小得石—湾滩—乌东德多年平均降水量为800～1200 mm，乌东德—华弹为1000～1400 mm，华弹—屏山为1000～1400 mm。乌东德—华弹区间与华弹—屏山区间的降水特性相似。

1.1.3 洪水特性

长江上游洪水主要由暴雨形成，直门达以上很少有洪水，直门达至宜宾为金沙江，其洪水由暴雨和融冰化雪共同形成。上游宜宾至宜昌河段，有川西暴雨区和大巴山暴雨区，暴雨频繁，岷江、嘉陵江分别流经这两个暴雨区，洪峰流量大，暴雨走向大多和洪水流向一致，使岷江、沱江和嘉陵江洪水相互遭遇，易形成寸滩、宜昌站峰高量大的洪水。经对宜昌百余次洪水的分析，宜昌站一次洪水过程至少由两次暴雨过程形成。宜昌至螺山河段的洪水主要来自长江上游洪水。

长江上游两岸多崇山峻岭，江面狭窄，河道坡降陡，洪水汇集快，河槽调蓄能力较小。长江流域暴雨带的走向多为自西北向东南或自西向东，与河流流向一致，常形成上游岷江、沱江、嘉陵江水位陡涨陡落、过程尖锐的山峰形洪水。长江上游干支流洪水先后叠加，汇集到宜昌后，易形成峰高量大的洪水，过程历时较长，一次洪水过程短则 7～10 d，长则可超过 1 个月。

金沙江洪水主要由暴雨形成，时空分布极不均匀，上游地区有部分冰雪融水补给。金沙江岗拖、雅砻江甘孜以北高原地区，基本上属于无暴雨区，洪水主要由大雨及冰雪融水形成，涨落较平缓，对中下游洪水起筑底作用。金沙江石鼓、雅砻江雅江以下河段的洪水，由上游融雪(冰)水与中下游暴雨洪水共同形成。由于流域面积大，一般降雨历时长，汛期 6—10 月平均每月雨日可达 20 d 左右，造成洪水涨落较平缓，连续多峰，峰高量大，一次洪水持续时间最短约 15 d，最长可达 40 d 左右。多年平均 15 d 洪量约占 60 d 洪量的三分之一，60 d 洪量超过汛期洪量的一半。流域内暴雨主要分布在中下游及雅砻江下游、支流安宁河，一般出现在 6—11 月，其中，以 7—9 月居多，中下游在此期间出现暴雨的频率在 80%以上。据华弹(巧家)站、屏山站 1940—2009 年实测洪水资料统计，金沙江年最大洪峰流量发生时间主要集中在 7—9 月，出现年最大洪峰流量的频率占 93%左右。

宜昌以上洪水，其暴雨主要来源可分为岷江区、嘉陵江区、屏山至寸滩区间、寸滩至宜昌区间等地区。金沙江以上地区来水比较稳定，是宜昌洪水的基础部分。根据大量的历史洪水资料和近百年的实测水文资料分析，这些暴雨来源地区不大可能同时出现特大洪水，例如四川西部和四川东部就未有同时出现特大洪水的实例，往往是其中几个地区出现特大洪水，其他地区出现一般洪水而形成特大洪峰。从实测和调查的洪水资料看，来自岷江的大洪水主要有 1949 年，来自嘉陵江的大洪水主要有 1981 年、1870 年等，来自乌江及三峡区间的洪水主要有 1935 年等，说明宜昌洪水有不同的典型组成。

1.1.4 长江干流防洪现状

依据《长江流域防洪规划》，金沙江下游梯级水库承担着对川渝河段防洪和配合三峡水库对长江中下游防洪的双重任务，主要防护对象是宜宾、泸州和重庆。三峡水库承担长江中下游的防洪任务，主要防护对象是荆江河段和城陵矶地区。

1.1.4.1 宜宾市

根据宜宾城市总体规划(2018—2035 年)中城市功能布局，三江主城片区、岷江片区、临港—双城片区及李庄—宋家片区，现有防洪工程 7 段，总长度约 18.26 km。其中，临港—双城片区目前无已建防洪护岸工程。宜宾市中心城区防洪护岸工程现状见表 1.1。

宜宾市主城区规划防洪标准为 50 年一遇，现状防洪能力 20 年一遇，防洪调度目标为通过金下梯级水库的调度，将宜宾市主城区的防洪标准由 20 年一遇提高到 50 年一遇。以岷江与金沙江汇合口下游长江干流李庄水文站为防洪控制点，相应 50 年、20 年一遇洪水对应李庄洪峰流量分别为 57800 m^3/s、51000 m^3/s。

表 1.1　宜宾市中心城区防洪护岸工程现状

序号	片区	保护对象	所在河段	岸别	现有堤防工程			
					名称	堤长/km	堤顶高程/m	防洪标准
1	三江主城片区	旧城区	岷江	右岸	北城滨江路防洪堤	1.84	283.11～283.92	50 年一遇
2			金沙江	左岸	南城滨江路防洪堤	1.70	283.13～283.36	50 年一遇
3			金沙江	左岸	中坝防洪堤	4.34	283.36～284.14	50 年一遇
4		柏溪镇	金沙江	左岸	柏溪防洪堤	3.30	282.5～283.3	20 年一遇
5	岷江片区	菜坝镇	岷江	右岸	飞机坝防洪堤	6.47	283.41～285.69	20 年一遇
6		思坡乡	岷江	左岸	思坡防洪堤	0.16	280～280	5 年一遇
7	李庄—宋家片区	李庄镇	长江	右岸	李庄滨江防洪堤	0.45	270.57～270.61	5～10 年一遇
合计						18.26		

1.1.4.2　泸州市

根据《泸州市防洪规划报告》和泸州城区防洪工程现状以及四川省防汛抗旱指挥部川防指〔2004〕8 号文确定的泸州城区洪水量级划分的标准，泸州城市防洪现状简述如下：

泸州将城区分为 7 个保护区，各区规划防洪标准具体为：中心半岛片区、高坝片区、蓝田片区防洪标准为 50 年一遇，小市片区、茜草片区、纳溪东片区、纳溪西片区防洪标准为 20 年一遇。泸州市委、市政府为减轻洪涝灾害，促进城市经济发展，采取中央、省、市以及民间等多渠道筹资进行城市堤防建设。截至目前，泸州市城区防洪能力中心半岛为 10 年一遇，蓝田堤防为 20 年一遇，小市达到 20 年一遇（达标），茜草张坝堤防为 20 年一遇（达标），纳溪长江堤防为 20 年一遇（达标），各县城堤防均为 20 年一遇。

泸州市主城区整体防洪能力已达到 20 年一遇，防洪调度目标为通过金下梯级水库的防洪调度，将泸州市主城区的防洪标准由 20 年一遇提高到 50 年一遇，以长江干流朱沱水文站为防洪控制点，相应 50 年、20 年一遇洪水堤防水位相应朱沱洪峰流量值分别为 58600 m^3/s、52600 m^3/s。

1.1.4.3　重庆市

根据《重庆市主城区城市防洪规划（2006—2020 年）》确定的现状（行）防洪标准和重庆市主城区河道边界变化状况，重庆市主城区城市防洪标准为 100 年一遇，相对独立的乡镇和农村地区防洪标准为 20 年一遇。

长江、嘉陵江防洪护岸工程：建筑物级别 3 级及以上，护岸顶高程按 50 年一遇及以上洪水水位设计（按天然河道水位）；城市区域其他河流治理工程：洪水设计标准宜为 50 年一遇及以上；相对独立的乡镇和农村地区河流治理工程：洪水设计标准宜为 20 年一遇及以上。重庆主城各区和防洪护岸工程防洪标准见表 1.2。

按照规划堤防标准 50 年一遇考虑，对重庆的防洪调度目标为在遭遇除嘉陵江来大水的洪水类型，尽可能地利用金下梯级水库拦蓄，将重庆市防洪标准提高至 100 年一遇。以长江干流寸滩水文站为防洪控制点，50 年一遇洪水标准堤防水位相应寸滩日均流量为 83100 m^3/s。

表 1.2　重庆主城各区和防洪护岸工程标准

<table>
<tr><th rowspan="2">行政区</th><th rowspan="2">城市或地区防洪标准</th><th colspan="2">江河防洪护岸工程</th></tr>
<tr><th>长江、嘉陵江</th><th>其他河流</th></tr>
<tr><td>渝中区</td><td>城市防洪标准为 100 年一遇</td><td rowspan="9">建筑物级别按 3 级及以上、护岸顶高程按 50 年一遇及以上洪水水位设计</td><td>城市区域洪水设计标准宜为 50 年一遇及以上</td></tr>
<tr><td>江北区</td><td rowspan="8">城市防洪标准为 100 年一遇，相对独立的乡镇和农村地区防洪标准可按 20 年一遇执行</td><td rowspan="8">城市区域洪水设计标准宜为 50 年一遇及以上；相对独立的乡镇和农村地区河流治理工程洪水设计标准宜为 20 年一遇及以上，同时要满足流域防洪总体规划要求</td></tr>
<tr><td>南岸区</td></tr>
<tr><td>沙坪坝区</td></tr>
<tr><td>九龙坡区</td></tr>
<tr><td>大渡口区</td></tr>
<tr><td>渝北区</td></tr>
<tr><td>巴南区</td></tr>
<tr><td>北碚区</td></tr>
</table>

1.1.4.4　荆江河段

荆江河段是长江防洪形势最严峻的河段，历来是长江乃至全国防洪的重点。荆江河段防洪控制点为沙市水文站，沙市水文站位于上荆江的太平口至藕池口河段之中，距宜昌市约 148 km，控制宜昌以上及清江来水，其水位决定了荆江地区的防洪形势，流量反映了荆江泄洪能力，也决定了荆江河段遇大洪水时的分洪量。沙市水文站设防水位 42.0 m、警戒水位为 43.0 m、保证水位为 45.0 m。目前，荆江河段两岸堤防已达到设计标准。北岸荆江大堤堤顶高程超设计水位（沙市水位 45.0 m，相应城陵矶 34.4 m 的水面线）2.0 m；南岸松滋江堤、荆南长江干堤超设计水位 1.5 m（其中，荆南长江干堤下段为荆江分蓄洪区围堤，按蓄洪水位 42.0 m 超高 2.0 m）。

沙市水文站同水位的流量主要受城陵矶水位影响。同样的沙市水位，城陵矶水位低，则泄洪量大；城陵矶水位高，顶托影响增强，沙市相应的泄洪量就小。沙市控制水位若提高至 45.0 m，将增加城陵矶附近分洪量，对城陵矶地区防洪不利。为充分发挥三峡工程的防洪作用，三峡水库调度运用时，从发挥三峡水库对一般洪水的调蓄作用及荆江防洪的重要性考虑，对沙市水文站控制水位根据荆江洪水大小分级拟定，仍按与初步设计控制原则一致：在三峡拦洪水位在 171.0 m 以下时，按沙市水位 44.5 m 控制；遇大洪水时，按沙市保证水位 45.0 m 控制。

目前荆江地区依靠堤防可防御 10 年一遇洪水，通过三峡水库对长江上游洪水进行调控，遇 100 年一遇及以下洪水可使沙市水位不超过 44.50 m，无需启用荆江地区蓄滞洪区，遇 1000 年一遇或类似 1870 年特大洪水，通过三峡水库的调节，可控制枝城水文站泄洪量不超过 80000 m^3/s，配合荆江地区蓄滞洪区的运用，可控制沙市水位不超过 45.0 m，保证荆江河段行洪安全，避免两岸干堤漫溃，发生毁灭性灾害。

1.1.4.5　城陵矶地区

城陵矶地区受长江干流和洞庭湖“四水”洪水的共同影响，是长江中下游流域洪灾最频发的地区，区域周围分布着众多蓄滞洪区，一旦启用，损失较大。因此，对于城陵矶地区防洪目标为最大限度地减少该地区的分洪量。

城陵矶河段防洪控制点为城陵矶水文站，设防水位 31.0 m，警戒水位 32.5 m，保证水位为 34.4 m。目前城陵矶河段两岸堤防已达设计标准。为增强城陵矶河段洪水调度的灵活性，北岸监利、洪湖江堤（龙口以上）、两岸岳阳长江干堤堤顶高程在《长江流域综合利用规划简要报告（1990 年修订）》的基础上增加 0.5 m，堤顶超高采用 2.0 m，堤防防御洪水的安全度大幅度提高。

对于城陵矶地区防洪，仅靠溪洛渡、向家坝与三峡水库联合调度并不能够彻底解决问题，因此防洪控制条件比较模糊，但目标比较清晰，即最大限度地减少该地区的分洪量。根据《三峡（正常运行期）—葛洲坝水利枢纽梯级调度规程（2019 年修订版）》，提出三峡水库对城陵矶补偿控制水位为 158 m，对应防洪库容为 76.9 亿 m^3。

城陵矶河段依靠堤防可防御 10～20 年一遇洪水，由于三峡洪水遭遇类型比较复杂，只有发生全流域或中下游发大水、上游来水较小的洪水类型，三峡水库才有条件实施对城陵矶地区防洪补偿调度方式，并以城陵矶为防洪控制站，按照不超过 60000 m^3/s 进行补偿控泄；实时调度时，按照控制城陵矶（莲花塘）水文站水位不超过 34.4 m 调度。

1.1.5　长江上游梯级水库开发情况

长江上游集水面积约 100 万 km^2，水能资源丰富，规划了长江三峡、金沙江乌东德、白鹤滩、溪洛渡、向家坝等一批库容大、调节能力好的综合利用水利水电枢纽工程。截至 2022 年底，长江上游已建成大型水库 117 座，总调节库容 842 亿 m^3，预留总防洪库容 501 亿 m^3。

综合考虑上游水库的建设规模、防洪能力、调节库容、控制作用、建设进度等因素，长江上游纳入 2022 年联合调度的上游水库包括：金沙江梨园、阿海、金安桥、龙开口、鲁地拉、观音岩、乌东德、白鹤滩、溪洛渡、向家坝水库；雅砻江两河口、锦屏一级、二滩水库；岷江紫坪铺，大渡河猴子岩、长河坝、大岗山、瀑布沟水库；嘉陵江碧口、宝珠寺、亭子口、草街水库；乌江构皮滩、思林、沙沱、彭水水库；长江干流三峡水库。共 27 座，联合调度水库群总防洪库容约 480 亿 m^3（表 1.3）。

表 1.3　长江上游联合调度水库群防洪库容表

水系	水库名称	所在河流	控制流域面积/万 km^2	防洪库容/亿 m^3	合计/亿 m^3
长江	梨园	金沙江	22.00	1.73	394.2
	阿海		23.50	2.15	
	金安桥		23.74	1.58	
	龙开口		23.97	1.26	
	鲁地拉		24.73	5.64	
	观音岩		25.65	5.42	
	乌东德		40.61	24.40	
	白鹤滩		43.03	75.00	
	溪洛渡		45.44	46.50	
	向家坝		45.88	9.03	
	三峡	干流	100.00	221.50	

续表

水系	水库名称	所在河流	控制流域面积/万 km^2	防洪库容/亿 m^3	合计/亿 m^3
雅砻江	两河口	干流	5.96	20.00	45.0
	锦屏一级		9.67	16.00	
	二滩		11.64	9.00	
岷江	紫坪铺	干流	2.27	1.67	12.7
	猴子岩	大渡河	5.40	\	
	长河坝		5.66	\	
	大岗山		6.27	\	
	瀑布沟		7.27	11.00	
乌江	构皮滩	干流	4.33	4.00	10.3
	思林		4.86	1.84	
	沙沱		5.45	2.09	
	彭水		6.90	2.32	
嘉陵江	碧口	白龙江	2.60	0.83	20.0
	宝珠寺		2.84	2.80	
	亭子口	干流	6.26	14.40	
	草街		15.61	1.99	

金沙江水能资源极其丰富，干支流水能蕴藏量10601亿kW·h，平均功率12102万kW，占长江流域水能总蕴藏量的43.6%；技术可开发的水力资源为11965万kW，年发电量为5927亿kW·h，分别占长江流域的46.6%和49.9%，经济可开发的水力资源为10298万kW，年发电量5131亿kW·h，分别占长江流域的45.1%和48.9%，是我国重要的水电基地。其中，上游河段水能蕴藏量约1306万kW，中游河段水能蕴藏量约1322万kW，下游河段水能蕴藏量约2908万kW。

金沙江上游河段规划西绒、晒拉、果通、岗托、岩比、波罗、叶巴滩、拉哇、巴塘、苏洼龙、昌波、旭龙、奔子栏13级水电站；金沙江中游河段规划龙盘、两家人、梨园、阿海、金安桥、龙开口、鲁地拉、观音岩、金沙、银江10级水电站；金沙江下游河段规划乌东德、白鹤滩、溪洛渡、向家坝4级水电站。

截至2022年底，金沙江上游13级水电梯级中，苏洼龙水电站已蓄水，在建水电站包括叶巴滩、拉哇、巴塘；金沙江中游10级水电梯级中，梨园、阿海、金安桥、龙开口、鲁地拉、观音岩、金沙7个水电站均已蓄水，银江水电站正在建设中；金沙江下游乌东德、白鹤滩、溪洛渡、向家坝4级水电梯级均已蓄水，并全面投产发电。

1.2 重大水利工程特性

1.2.1 工程概况

1.2.1.1 乌东德

乌东德水电站为金下梯级水库的第一级，位于金沙江云南、四川界河河段，右岸隶属云南省昆明市禄劝县，左岸隶属四川省会东县，上距攀枝花市 213.9 km，下距白鹤滩水电站 182 km。乌东德电站坝址控制流域面积 40.61 万 km²，占金沙江流域面积的 86%。乌东德水电站的开发任务以发电为主，兼顾防洪、航运，并促进地方经济社会发展。

乌东德水电站工程枢纽主要由混凝土双曲拱坝、泄洪消能建筑物及左右岸引水发电系统等组成，大坝坝顶高程 988 m，坝顶弧长 326.95 m，最大坝高 270 m。

1.2.1.2　白鹤滩

白鹤滩水电站为金下梯级的第二级，位于金沙江下游四川省宁南县和云南省巧家县境内，距巧家县城 45 km，上接乌东德水电站，下距溪洛渡水电站 195 km。白鹤滩水电站坝址控制流域面积 43.03 万 km²，占金沙江流域面积的 91%。白鹤滩水电站的设计开发任务以发电为主，兼顾防洪、航运，并促进地方经济社会发展。

白鹤滩水电站工程枢纽由拦河坝、泄洪消能设施、左右岸引水发电系统等主要建筑物组成。拦河坝为混凝土双曲拱坝，坝顶高程 834 m，坝顶弧长 709 m，最大坝高 289 m。

1.2.1.3　溪洛渡

溪洛渡水电站为金下梯级的第三级，位于四川省雷波县和云南省永善县交界的金沙江峡谷内，上接白鹤滩水电站，下距向家坝水电站 157 km。溪洛渡水电站控制流域面积 45.44 万 km²，占金沙江流域面积的 96%。溪洛渡水库设计开发任务以发电为主，兼顾防洪，此外还有拦沙、改善库区及下游河段通航条件等综合利用价值。

溪洛渡水电站工程枢纽由混凝土双曲拱坝、泄洪消能设施、左右岸引水发电系统等建筑物组成。大坝坝顶高程 610 m，坝顶弧长 698 m，最大坝高 285.5 m。

1.2.1.4　向家坝

向家坝水电站为金下梯级的最后一级，位于四川省宜宾县和云南省水富县交界的金沙江峡谷内，上接溪洛渡水电站，控制流域面积 45.88 万 km²，占金沙江流域面积的 97%。向家坝水库设计开发任务以发电为主，同时改善航运条件，兼顾防洪、灌溉，并具有对溪洛渡水电站进行反调节等作用。

向家坝水电站工程枢纽主要由拦河坝、泄洪消能建筑物、左岸坝后引水发电系统、右岸地下引水发电系统、通航建筑物等组成。拦河坝为混凝土重力坝，坝顶高程 384 m，坝顶长度 909.26 m，最大坝高 162 m。

1.2.1.5　三峡

三峡水利枢纽工程位于湖北省宜昌市三斗坪，坝址以上流域面积约 100 万 km²，占长江流域面积的一半以上。三峡工程是治理开发和保护长江的关键骨干工程，具有防洪、发电、航运、水资源利用等综合效益。

三峡工程枢纽主要由拦河大坝、泄洪建筑物、水电站厂房和通航建筑物等组成。大坝为混凝土重力坝，坝顶高程 185 m，坝顶总长 3035 m，最大坝高 181 m。

1.2.2　工程特征值

金下梯级水库总调节库容 208.19 亿 m³、总防洪库容 154.93 亿 m³，梯级电站总装机容量 4480 万 kW，工程特征参数见表 1.4。

表 1.4　金下梯级水库工程特征值

水库名称	正常蓄水位/m	死水位/m	设计洪水位/m	校核洪水位/m	防洪限制水位/m	防洪高水位/m	总库容/亿 m^3	调节库容/亿 m^3	防洪库容/亿 m^3
乌东德	975	945	979.38	986.17	952	975	74.08	30.20	24.40
白鹤滩	825	765	827.83	832.34	785	825	206.27	104.36	75.00
溪洛渡	600	540	604.23	609.67	560	600	129.10	64.60	46.50
向家坝	380	370	380.00	381.86	370	380	51.63	9.03	9.03

1.2.2.1　乌东德

乌东德水电站水库正常蓄水位 975 m，设计洪水位 979.38 m，校核洪水位 986.17 m，防洪高水位 975 m，防洪限制水位 952 m，死水位 945 m；水库总库容 74.08 亿 m^3，调节库容 30.2 亿 m^3，防洪库容 24.4 亿 m^3，具有季调节能力；电站左、右岸各布置 6 台 85 万 kW 机组，装机容量 1020 万 kW，保证出力为 229 MW，设计多年平均年发电量 376.9 亿 kW·h。

1.2.2.2　白鹤滩

白鹤滩水电站水库正常蓄水位 825 m，设计洪水位 827.83 m，校核洪水位 832.34 m，防洪高水位 825 m，防洪限制水位 785 m，死水位 765 m；水库总库容 206.27 亿 m^3，调节库容 104.36 亿 m^3，防洪库容 75 亿 m^3，具有年调节能力；电站左、右岸各安装 8 台单机额定容量 100 万 kW 机组，额定总装机容量 1600 万 kW，保证出力为 507.5 MW，设计多年平均年发电量 610.94 亿 kW·h。

1.2.2.3　溪洛渡

溪洛渡水电站水库正常蓄水位 600 m，设计洪水位 604.23 m，校核洪水位 609.67 m，防洪高水位 600 m，防洪限制水位 560 m，死水位 540 m；水库总库容 129.1 亿 m^3，调节库容 64.6 亿 m^3，防洪库容 46.5 亿 m^3，具有不完全年调节能力；电站左、右岸各安装 9 台单机额定容量 70 万 kW（最大容量 77 万 kW）机组，额定总装机容量 1260 万 kW（最大容量 1386 万 kW），保证出力为 379.5 MW，设计多年平均年发电量 570.7 亿 kW·h。

1.2.2.4　向家坝

向家坝水电站水库正常蓄水位、设计洪水位、防洪高水位均为 380 m，校核洪水位 381.86 m，防洪限制水位、死水位均为 370 m；水库总库容 51.63 亿 m^3，调节库容、防洪库容均为 9.03 亿 m^3，具有季调节能力；电站设计安装 8 台单机额定容量 75 万 kW（最大容量 80 万 kW）机组，额定总装机容量 600 万 kW（最大容量 640 万 kW），保证出力为 200.9 MW，设计多年平均年发电量 308.8 亿 kW·h。

1.2.2.5　三峡

三峡水库正常蓄水位、设计洪水位、防洪高水位均为 175 m，校核洪水位 180.4 m，防洪限制水位为 145 m。水库总库容 450.44 亿 m^3，兴利调节库容 165 亿 m^3，防洪库容 221.5 亿 m^3，具有季调节能力。电站装机容量 2250 万 kW，保证出力 499 万 kW，设计多年平均年发电量 882 亿 kW·h。其中，坝后式电站装机 26 台，单机容量 70 万 kW；右岸地下电站装机 6 台，单机容量 70 万 kW；电源电站装机 2 台，单机容量 5 万 kW（表 1.5）。

表 1.5　三峡水库工程特征值

特征指标	特征值	特征指标	特征值
正常蓄水位/m	175	防洪高水位/m	175
设计洪水位/m	175	总库容/亿 m^3	450.44
校核洪水位/m	180.4	调节库容/亿 m^3	165
防洪限制水位/m	145	防洪库容/亿 m^3	221.5

1.2.3　库容随水位变化及工程设计洪水

1.2.3.1　乌东德

乌东德水库防洪限制水位 952 m(防洪库容 24.4 亿 m^3)，正常蓄水位 975 m。乌东德水库的库容随水位变化见表 1.6。

表 1.6　乌东德水库库容随水位变化

水位/m	库容/亿 m^3	水位/m	库容/亿 m^3
945.00	28.43	970.00	52.51
950.00	32.48	975.00	58.63
952.00	34.20	979.38	64.36
955.00	36.89	980.00	65.21
960.00	41.68	986.17	74.08
965.00	46.88	988.00	76.87

乌东德水电站挡水建筑物、泄水建筑物按 1000 年一遇洪水(35800 m^3/s)设计，5000 年一遇洪水(40500 m^3/s)校核；引水发电建筑物按 200 年一遇洪水(30900 m^3/s)设计，1000 年一遇洪水(35800 m^3/s)校核；消能防冲建筑物按 100 年一遇洪水(28800 m^3/s)设计。

1.2.3.2　白鹤滩

白鹤滩水库防洪限制水位 785 m(防洪库容 75 亿 m^3)，正常蓄水位 825 m。白鹤滩水库的库容随水位变化见表 1.7。

白鹤滩挡水建筑物、泄洪建筑物、电站进水口按 1000 年一遇洪水(38800 m^3/s)设计，10000 年一遇洪水(46100 m^3/s)校核；发电厂房按 200 年一遇洪水(33400 m^3/s)设计，1000 年一遇洪水(38800 m^3/s)校核；消能防冲建筑物按 100 年一遇洪水(31100 m^3/s)设计。

表 1.7　白鹤滩水库库容随水位变化

水位/m	库容/亿 m^3	水位/m	库容/亿 m^3
765.00	85.70	810.00	159.08
770.00	92.48	820.00	179.24
780.00	107.31	825.00	190.06
785.00	115.07	827.83	196.18
790.00	123.01	832.34	206.27
800.00	140.35	834.00	209.93

1.2.3.3 溪洛渡

溪洛渡水库防洪限制水位 560 m(防洪库容 46.5 亿 m^3),正常高水位 600 m。溪洛渡水库的库容随水位变化见表 1.8。

表 1.8 溪洛渡水库库容随水位变化

水位/m	库容/亿 m^3	水位/m	库容/亿 m^3
540.00	51.12	580.00	90.75
550.00	59.74	590.00	102.81
560.00	69.23	600.00	115.74
570.00	79.53	604.23	121.58
573.00	82.80	609.67	129.10

溪洛渡水电站挡水建筑物、泄水建筑物按 1000 年一遇洪水(43700 m^3/s)设计,10000 年一遇洪水(52300 m^3/s)校核;地下厂房及尾水建筑物按 200 年一遇洪水(37600 m^3/s)设计,1000 年一遇洪水校核;消能防冲建筑物按 100 年一遇洪水(34800 m^3/s)设计。

1.2.3.4 向家坝

向家坝水库防洪限制水位 370 m(防洪库容 9.03 亿 m^3),正常高水位 380 m。向家坝水库的库容随水位变化见表 1.9。

表 1.9 向家坝水库库容随水位变化

水位/m	库容/亿 m^3
370.00	40.74
375.00	45.12
380.00	49.77
381.86	51.63

向家坝水电站挡水建筑物、泄水建筑物按 500 年一遇洪水(41200 m^3/s)设计,5000 年一遇洪水(49800 m^3/s)校核。电站厂房按 200 年一遇洪水(37600 m^3/s,下游最高水位 291.82 m)设计,1000 年一遇洪水(43700 m^3/s,下游最高水位 294.48 m)校核。消能防冲建筑物按 100 年一遇洪水(34800 m^3/s)设计(其中,泄水坝段下游消力池底板按 500 年一遇洪水设计,5000 年一遇洪水校核)。向家坝升船机上游度汛标准与大坝相同,下游度汛标准采用 200 年一遇洪水,防洪挡水水位为 291.82 m。扩机工程厂房进水口度汛标准与大坝相同。扩机工程厂房度汛标准与电站厂房相同。

1.2.3.5 三峡

三峡水库防洪限制水位 145 m(防洪库容 221.5 亿 m^3),正常高水位 175 m。三峡水库的库容随水位变化见表 1.10。

三峡水利枢纽设计洪水采用宜昌站设计成果见表 1.11。

表 1.10　三峡水库库容随水位变化

水位/m	库容/亿 m^3
145.00	171.5
150.00	196.90
155.00	228.00
160.00	262.00
165.00	300.20
170.00	344.00
175.00	393.00
180.40	450.44

表 1.11　宜昌站设计洪水成果

洪水频率/%	日平均最大流量/(m^3/s)	3 d 洪量/亿 m^3	7 d 洪量/亿 m^3	15 d 洪量/亿 m^3	30 d 洪量/亿 m^3
0.01	113000	282.1	547.2	1022.0	1767.0
0.02	111000	278.2	540.5	1009.6	1747.4
0.1	98800	247.0	486.8	911.8	1590.0
0.2	94600	236.6	467.5	880.3	1524.1
0.5	88400	221.0	442.8	833.2	1449.3
1	83700	209.3	420.8	796.5	1393.0
2	79000	197.6	401.5	759.8	1327.7
5	72300	180.7	368.5	702.2	1234.0
10	66600	166.5	344.6	656.2	1158.1
20	60500	151.2	316.4	603.8	1070.4

三峡水利枢纽完全由大坝挡水，大坝挡水一线枢纽建筑物（包括大坝、双线五级船闸、升船机、茅坪溪防护坝）和电站厂房的度汛标准为 1000 年一遇洪水（98800 m^3/s）。大坝校核洪水标准为 10000 年一遇洪水加大 10%（124300 m^3/s），电站厂房校核洪水标准为 5000 年一遇（111000 m^3/s）。

1.2.4　水库建设及运行管理情况

1.2.4.1　乌东德

乌东德水电站是金沙江下游水电规划四级开发中的第一级电站，开发任务以发电为主，兼顾防洪、航运等。工程建设于 2015 年 12 月 16 日正式核准开工，水库于 2020 年 1 月下闸蓄水，6 月 4 日首次蓄至死水位 945 m，6 月 11 日大坝主体工程完工，6 月 29 日首批机组投产发电，8 月 23 日蓄水至 965 m；2021 年配合白鹤滩水库下闸蓄水，同期开展 975 m 试验性蓄水，3 月中旬最高蓄水至 974.41 m，6 月 16 日实现全部机组投产发电；2022 年 10 月 24 日完成 965 m 年度蓄水目标。

1.2.4.2　白鹤滩

白鹤滩水电站是金沙江下游四级开发中的第二级电站，开发任务以发电为主，兼顾防洪、拦沙、航运等。白鹤滩水电站主体工程于2017年7月全面开工建设，水库于2021年4月6日下闸蓄水，5月底大坝主体工程完工，6月28日首批机组投产发电，9月10日蓄水至800 m；2022年10月24日首次蓄水至正常蓄水位825 m，12月20日16台水轮发电机组全部投产发电。

1.2.4.3 溪洛渡

溪洛渡水电站是金沙江下游四级开发中的第三级电站，开发任务以发电为主，兼顾防洪、拦沙、航运等。溪洛渡水电站于2005年底正式开工，水库于2013年5月下闸蓄水，6月23日首次蓄水至死水位540 m，7月首批机组投产发电，12月8日蓄水至560 m；2014年6月底全部机组投产发电，汛后首次蓄水至正常蓄水位600 m；2014—2022年溪洛渡水库均完成了汛末蓄满任务。

1.2.4.4 向家坝

向家坝水电站是金沙江下游四级开发中的第四级电站，开发任务以发电为主，兼顾防洪、改善通航条件、灌溉，同时具有拦沙和为向家坝水电站进行反调节等作用。向家坝水电站于2006年11月26日正式开工建设，水库于2012年10月下闸蓄水，10月底首台机组投产发电；2013年7月5日水库蓄水至死水位370 m，9月12日首次蓄水至正常蓄水位380 m；2014年7月10日全部机组投产发电；2014—2022年向家坝水库均完成了汛末蓄满任务。

1.2.4.5 三峡

三峡水电站1994年正式动工兴建，2003年6月1日开始蓄水发电，2012年7月4日32台机组全部投产发电。三峡水库于2008年开始175 m试验性蓄水，进入试验性蓄水期。2010年10月26日，三峡水库首次蓄水至175 m，至2021年已连续12年蓄水至175 m，全面发挥综合效益。2015年9月，三峡工程通过了枢纽工程竣工验收。2016年9月18日三峡升船机正式启动试通航；2019年12月，三峡升船机通过通航暨竣工验收。2020年11月1日，三峡工程完成整体竣工验收全部程序。

1.3 本章小结

本章重点介绍了长江流域的自然地理、气象水文以及长江上游重大水利工程的概况。长江是中国第一、世界第三大河，发源于青藏高原唐古拉山各拉丹冬雪山西南侧，干流流经青海、西藏、云南、四川、重庆、湖北、湖南、江西、安徽、江苏、上海11个省（区、市），注入东海。长江干流全长超过6300 km，流域面积约180万 km^2。长江流域内水系发达，集水面积在10000 km^2以上的支流有49条，80000 km^2以上一级支流8条，其中，三峡工程坝址以上有金沙江、岷江、沱江、嘉陵江、乌江等多条河流。

长江流域位处欧亚大陆的东南部，东邻太平洋，具有显著的季风气候特征。流域内冬冷夏热，四季分明，雨热同季，湿润多雨。长江流域南端接近热带，北端进入温带。流域东西高差达数千米，有高原、盆地、河谷、平原等各种地貌，地形极为复杂，内部气候差异显著。

长江上游洪水主要由暴雨形成，直门达以上很少有洪水，直门达至宜宾为金沙江，其洪水由暴雨和融冰化雪共同形成。上游宜宾至宜昌河段，有川西暴雨区和大巴山暴雨区，暴雨频繁，岷江、嘉陵江分别流经这两个暴雨区，洪峰流量大，易形成寸滩、宜昌水文站峰高量大的洪水。

对长江上中游干流防洪现状进行了介绍，金沙江下游梯级水库承担着对川渝河段防洪和配合三峡水库对长江中下游防洪的双重任务，主要防护对象是宜宾、泸州和重庆。三峡水库承担长江中下游的防洪任务，主要防护对象是荆江河段和城陵矶地区。

长江上游集水面积约 100 万 km^2，水能资源丰富，规划了长江三峡、金沙江乌东德、白鹤滩、溪洛渡、向家坝等一批库容大、调节能力好的综合利用水利水电枢纽工程。本章重点对金沙江下游的乌东德、白鹤滩、溪洛渡、向家坝梯级水库以及三峡水库等几个重大水利工程的概况、工程特征值、库容变化及工程设计洪水、水库建设及运行情况等进行了介绍。

第 2 章　长江流域气候变化评估

引言

长江流域是世界第三、中国第一大流域，包括长江干流和支流流经的广大区域，其支流丰富，水资源相对丰富，是我国水资源配置的战略水源地。长江流域幅员辽阔，横跨青藏高寒区、西南热带季风区和华中亚热带季风区(Jiang et al.，2006；Gemmer et al.，2008；Lu et al.，2014)，气候条件十分复杂。受纬度和海拔的共同作用，西部高寒的三江源地区年平均气温低于 0 ℃，东南部鄱阳湖流域年平均气温可达 20 ℃。受地形的影响，四川盆地内长江上游的干流河谷还出现平均气温超过 15 ℃的局地高温中心。此外，长江流域气候还受季风影响，降水的空间和时间分布极不均匀。由西北高寒区到东南亚热带季风区，年降水量从不足500 mm到超过 2000 mm，空间差异性大。降水主要集中在汛期(6—8 月)，金沙江流域汛期 3 个月的降水量占全年降水量的一半以上。此外，上下游洪峰叠加，易造成中下游流域的严重洪涝灾害。

IPCC 第六次评估报告表明，近 10 年来全球海陆表面平均温度较 1850—1900 年升高了 1.09 ℃，全球气候变暖已成为一个不争的事实(IPCC，2021)。近几十年，长江流域的年平均气温呈显著的上升趋势，增温的时间和空间分布也有明显的差异。增温主要发生在近 20 年，20 世纪 90 年代前长江流域平均气温呈一定的下降趋势。长江流域内，长三角等地区的气温上升迅速，四川盆地内则相对缓慢，两地增温速度差可达 2 倍。在全球变暖的大背景下，各个气候要素的时空格局发生了显著变化，给社会经济发展和生态系统安全等方面带来巨大的影响。因此，明确长江流域关键气候要素的空间特征及其变化趋势，对科学制订防洪兴利调度计划、充分利用水资源和保障防洪安全具有重要意义。

本章选取长江流域逐日气温、降水量、风速、日照时数和相对湿度资料，分别进行重复值、气候阈值、奇异值、时间一致性检查。考虑到研究区各气候要素时间分布的差异性，设定月、年有效数据值范围。对质量控制和缺测值剔除后的数据进行分析。1961—2020 年的数据来自国家气象信息中心中国国家级台站的日值数据集，1901—1960 年的数据来自国家重点研发计划“小冰期以来东亚季风区极端气候变化及机制研究”研发的东亚季风区长序列日值数据集。对气候效应与距水库距离关系的分析还使用了国家气象信息中心《CLDAS 大气驱动场产品 V2.0》资料。

本章使用气象干旱指标分析长江流域不同地区近 60 年干湿气候变化特征。常用的指数有仅考虑降水量与常年或正常值偏移的降水距平、降水距平百分率、标准化降水指数、标准化权重降水指数，同时考虑降水、气温、蒸发等两个及以上要素的德马顿干旱指数、气象干旱综合指数、帕默尔干旱指数等。降水距平是降水量与常年值的偏差；降水距平百分率(PA)是最常用的表征某时段降水量较常年值偏离幅度的指标，能直观反映降水量异常引起的干旱；标准化降水指数(SPI)是用以表征某时段降水量出现概率多少的指标，适用于不同地区不同时间尺度干旱的监测与评估，稳定性好，具有多时间尺度和空间可比性；帕默尔干旱指数(PDSI)适用于月以上尺度的干旱监测与评估；德马顿干旱指数(IDM)与农业对应性强，多使用在年和月尺度；气象干旱综合指数(MCI)适用于作物生长季气象干旱的监测和评估。长江流域降水在不同月份的差异较大，这里使用月尺度的降水距平百分率和标准化降水指数分析长江流域的干湿变化。

2.1　基本气候特征

长江流域位于我国中部，西起青藏高原，东达太平洋，境内大部分地区为典型的亚热带季风气候，冬季寒冷，夏季炎热，降水集中，干湿分明。

2.1.1　气温

长江流域大部分地区位于 25°—35°N，气温相对温和，近 60 年全区域平均的年平均气温一般在 16 ℃附近波动。受海拔和纬度的双重影响，气温空间分布呈东南高西北低的趋势。长江源头地区是流域内气温最低的区域，部分山区年平均气温低于−4 ℃。由长江源头地区向东、向西气温逐渐升高。受地形影响，在金沙江中下游河谷地区、岷江和乌江、嘉陵江的下游河谷和长江上游干流的河谷地区出现局地高温中心，年平均气温超过 17 ℃，与江西、湖南南部地区类似。中下游大部分地区年平均气温超过 15 ℃，东南的湘、赣南地区年平均气温超过 17 ℃，与上游部分河谷地区同为长江流域气温最高的地区(图 2.1)。

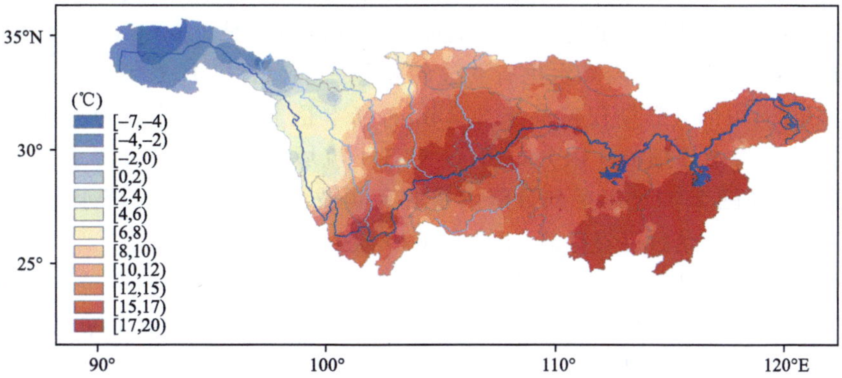

图 2.1　长江流域 1961—2020 年平均气温分布

2.1.2　降水

长江流域近 60 年平均降水量 1200 mm，但区域降水空间分布不均，总体而言，上游降水量低于中下游(图 2.2)。西北部金沙江上游年降水量不足 500 mm，东部鄱阳湖地区年降水量超过 1500 mm，赣江以东部分地区年降水量超过 1700 mm。长江上游不同支流、同一支流上下游的降水量分布也差异明显。整个长江上游地区的降水量大致呈东南高、西北低的分布。金沙江流域是长江上游乃至整个长江流域降水量最低的地区，金沙江上游也是金沙江流域降水量最低的地区，下游部分地区降水量超过 1000 mm，比上游多 1 倍。岷沱江(岷江、沱江)流域上游大部分地区年降水量在 700～900 mm，青衣江附近部分地区年降水量超过 1300 mm，为长江上游降水量最高的地区。嘉陵江流域北部年降水量不足 700 mm，中北部年降水量增加至不足 900 mm，在中下游地区，西岸大部分地区年降水量在 900～1000 mm，东岸年降水量在 1100～1300 mm。与嘉陵江东岸类似，乌江流域大部分地区年降水量在 1100～1300 mm。上游的长江干流地区，年降水量在 900～1300 mm，东部地区偏多，大多地区大于1100 mm，西部的部分地区则不足 500 mm。

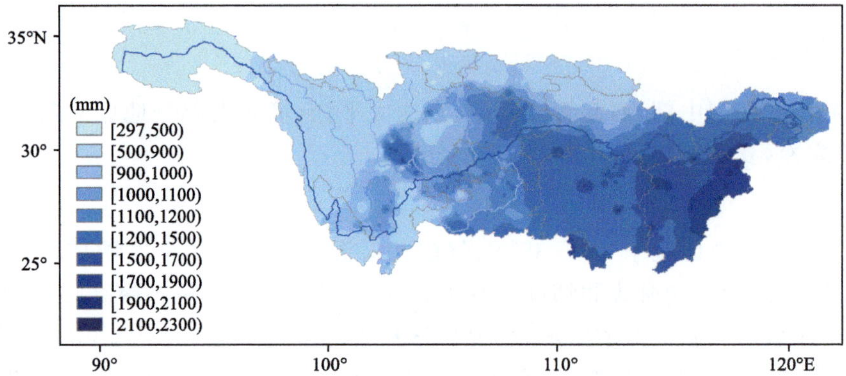

图 2.2　长江流域 1961—2020 年降水量分布

受季风气候影响，长江流域降水集中在汛期，不同地区汛期开始时间不同，汛期降水叠加极易造成流域洪涝灾害。因此，本研究分析了长江上游各子流域和宜宾—重庆、重庆—宜昌段各季、月降水量的多年平均值（图 2.3）。降水季节内差异较大，例如岷沱江流域降水集中在夏季，特别是 7 月和 8 月，月降水量超 210 mm，而 6 月降水量不足 140 mm。对月降水量的分析也发现，部分流域在汛期的月内降水也有明显的差异。嘉陵江 6 月下旬日多年降水量平均值可超过 6.5 mm，上旬部分日期仅略高于 3.3 mm，基本是下旬的一半。为分析长江流域上游各个主要支流流域降水详细的年内分布情况，对各子流域多年平均的日降水量和降水频次进行了分析（图 2.4 和图 2.5）。考虑到日降水量的高频波动性，首先对日降水量进行 11 d 滑动平均，作为中间日的值，然后逐日计算 1961—2020 年的 60 年平均值。

金沙江流域 1961—2020 年的平均年降水量为 830 mm，有明显的季节变化特征，降水集中在夏季，6—8 月的累积降水量约 500 mm，占全年的 60%。冬季降水量略高于 20 mm，春季降水仅略高于 110 mm，秋季为 200 mm 左右。1—4 月日降水量较小，多年平均的日降水量不足1 mm。5 月、6 月为由干到湿的转换月份，进入 5 月后，日降水量呈指数式上升，降水的高值出现在 6 月底到 7 月初，多年平均达到 6.3 mm/d。7 月和 8 月为明显的雨季，从 7 月中旬开始日平均降水量逐渐下降，到 8 月底多年日降水量为 5 mm。9 月和 10 月为由湿向干转换的过渡月份，11 月和 12 月的多年平均日降水量不足 1 mm。金沙江流域入汛迅速，出汛有明显的拖尾效应。金沙江流域近 60 年平均年雨日为 134 d，逐日降水频率也有明显的年内变化特征，呈平顶山形的单峰分布。在 1 月至 3 月下旬，降水概率小于 20%，进入 4 月后，降水频率迅速上升，6 月上旬的降水频率超过 50%，6 月中旬到 8 月中上旬，超过 60%。到 9 月底，降水频率维持在 50%以上。从 10 月上旬开始，降水频率迅速下降，11 月中旬开始降至 20%以下。

岷沱江流域近 60 年平均年降水量 996 mm，其中，夏季降水最多，多年平均值为570 mm，占全年降水量的 57%，特别是 7 月和 8 月，两个月的降水量略超过 430 mm，超过全年降水量的 43%。冬季降水最少，仅 30 mm 左右，其中，12 月和 1 月为最干旱的时段，两个月的月降水

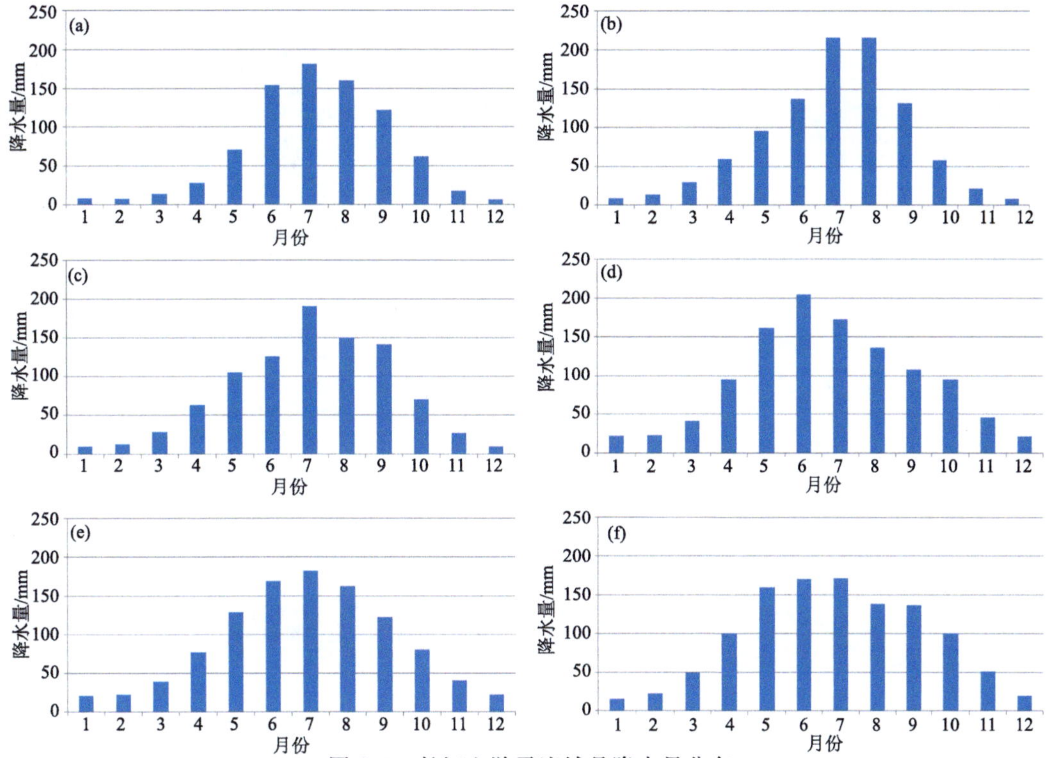

图 2.3　长江上游子流域月降水量分布

（a. 金沙江，b. 岷江、沱江，c. 嘉陵江，d. 乌江，e. 宜宾—重庆，f. 重庆—宜昌）

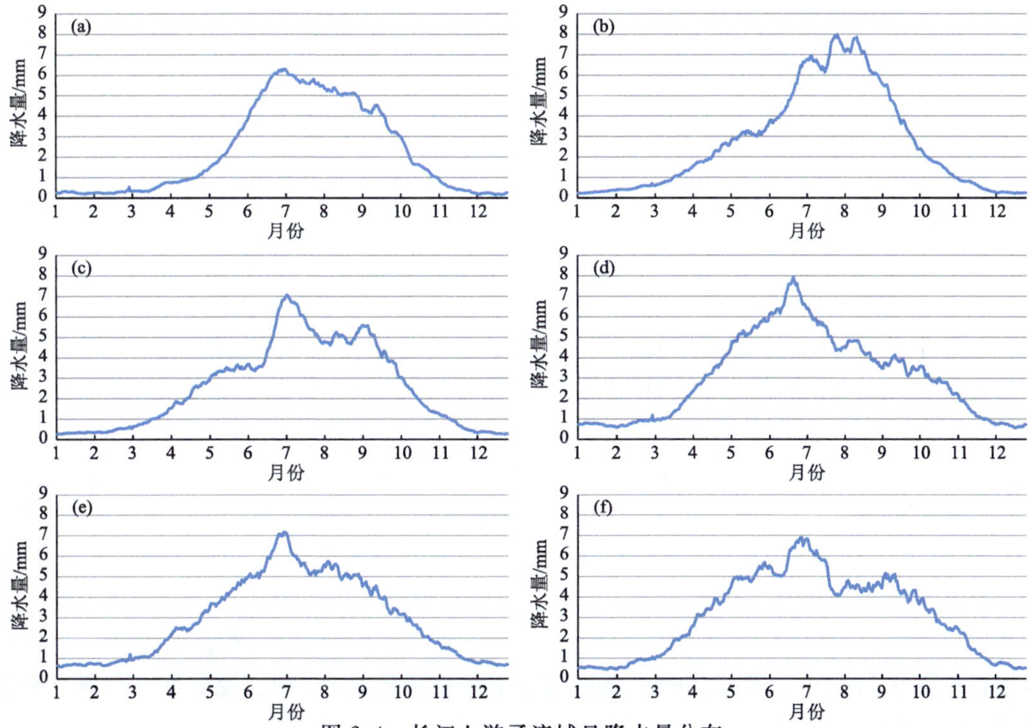

图 2.4　长江上游子流域日降水量分布

（a. 金沙江，b. 岷江、沱江，c. 嘉陵江，d. 乌江，e. 宜宾—重庆，f. 重庆—宜昌）

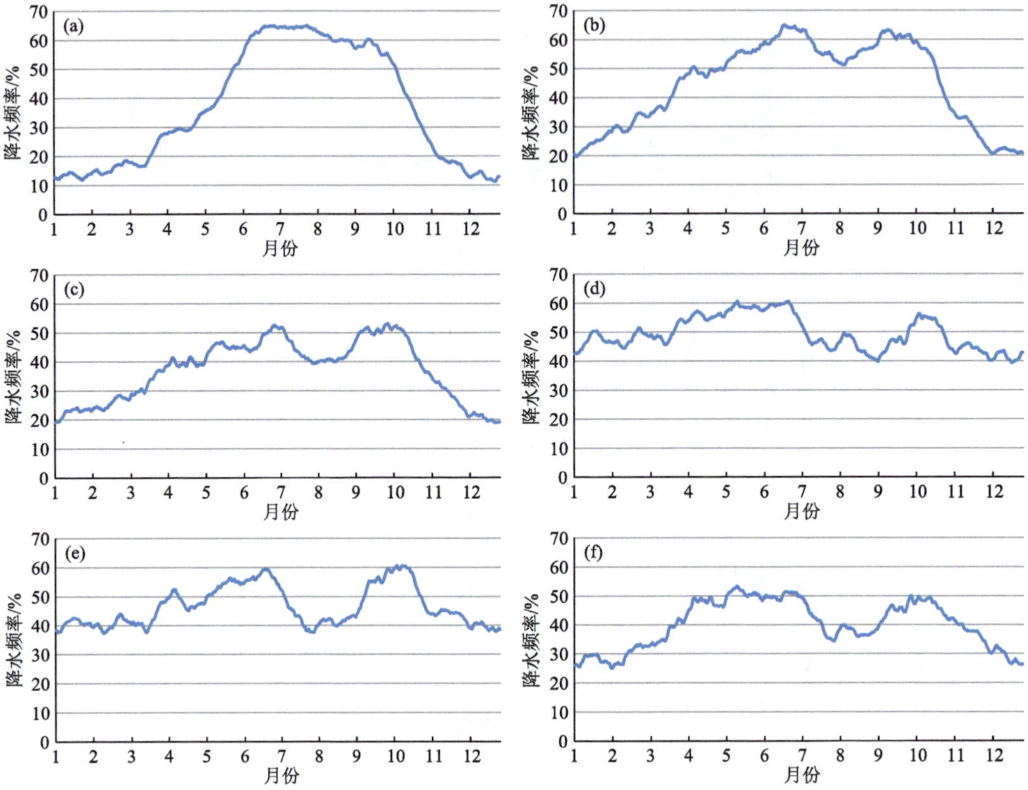

图 2.5　长江上游子流域日降水频率分布

(a. 金沙江，b. 岷江、沱江，c. 嘉陵江，d. 乌江，e. 宜宾—重庆，f. 重庆—宜昌)

量均不足 9 mm。春季降水量的多年平均值为 185 mm，秋季略高，为 210 mm。在 3 月中旬前日降水量均低于 1 mm。在 4 月中旬增至 2 mm 以上，但在 5 月下旬有一个短暂的下降。进入 6 月迅速上升，7 月上旬日降水量接近 7 mm。7 月中旬出现短暂的下降，7 月下旬日降水量稳定超过 7 mm。8 月中旬降水量再次由高位回落，并迅速下降至 11 月的不足 2 mm。年平均雨日为 164 d，全年绝大部分时间降水频率在 20%以上，降水频率在年内呈双峰分布，两个峰值分别在 6 月中下旬和 9 月中旬，降水频率均超过 60%，12 月为全年最低值。

嘉陵江流域近 60 年平均年降水量为 940 mm。冬季的月降水量不足 15 mm，从 3 月开始，降水量逐月上升，在 6 月下旬迅速上升，由 6 月中旬的不足 4 mm/d，迅速增大至 6 月底 7 月初的 7 mm/d，为全年最高值。在 7 月底，日降水量降至 5 mm 左右，并一直维持到 9 月上旬。7 月降水量超过 190 mm，8 月和 9 月降水量下降至 150 mm 左右，10 月开始迅速下降，至 11 月降水量不足 30 mm，12 月降水量仅 10 mm。日降水频率有明显的双峰分布特征，两个高值分别在 6 月底 7 月初和 9 月底 10 月初，降水频率超过 50%。这两个降水日频率高值区与降水量高值区并不完全重叠，特别是第二高值区，对应华西秋雨期，但嘉陵江流域这一时段的日降水量仅 9 月中旬前几天超过 5 mm，其后迅速下降至不足 3 mm/d。说明这一时段虽然雨日多，但每次日降水量均不大。

乌江流域近 60 年的年降水量为 1130 mm，为长江上游各个支流中降水量最多的流域。

年降水量呈明显的单峰形分布，降水量在 3 月中旬开始由日降水量不足 1 mm 迅速上升至 6 月中旬的日降水量超过 7 mm。在 6 月中旬日降水量达到顶峰后，开始逐渐下降，在 7 月下旬日降水量降至不足 5 mm。夏季降水 513 mm，占全年降水量的 45%；春季降水略多于秋季，分别为 298 mm 和 250 mm。冬季为全年降水最少的季节，3 个月的总降水不足 70 mm，12 月为全年降水最少的月份，仅略高于 20 mm。与其他流域不同的是，乌江流域 6 月为全年降水最多的月份，多年平均降水超过 200 mm，与其他支流相比，乌江流域的降水在季节和月份中的分布相对均衡，但降水的高峰期明显提前。全年日降水频率基本都在 40%以上，在 4 个流域中最高。其中，4—7 月的主汛期和 10 月中上旬的华西秋雨期，降水频率超过 50%。

宜宾—重庆段近 60 年年降水量平均值略超过 1070 mm，降水主要集中在夏季，约占全年降水量的一半，冬季降水量最少，不足 70 mm。与其他地区相比，宜宾—重庆段月降水量更为对称，7 月的降水量最多，为 180 mm，6 月与 8 月次之，但相差不大，分别为 169 mm 和 163 mm，5 月和 9 月再次之，其后依次为 4 月和 10 月、3 月和 11 月，1 月、2 月和 12 月的降水量最少，略高于 20 mm。日降水量在进入 3 月中旬开始逐渐增多，到 6 月上旬超过 5 mm，迅速上升到 6 月中下旬超过7 mm，其后开始缓慢下降。多年平均日降水量超过 6 mm 的极高峰期大约持续 15 d(从 6 月下旬到 7 月上旬)。从 6 月上旬开始到 8 月下旬，多年平均日降水量超过 5 mm，进入 9 月后，日降水量由 5 mm 波动下降到冬季的不足 1 mm。与乌江流域类似，全年的降水频率均较高，雨日最多的是主汛期的 6 月下旬的和秋雨期的 10 月上旬，降水频率超过 50%。

重庆—宜昌段近 60 年年降水量平均值约 1135 mm，降水主要集中在夏季，占全年降水量的 42%，冬季降水量最少，不足 60 mm，特别是 1 月降水量仅略高于 15 mm。春季降水 310 mm，秋季约 290 mm。6 月和 7 月的降水量最多，均超过 170 mm，其次为 5 月，约 160 mm，8 月和 9 月多年降水平均值接近 140 mm，10 月和 4 月均为 100 mm。从月降水量来看，重庆—宜昌段与长江流域上游的其他地区不同，汛期各月降水差异不大，没有特别明显的峰值。对多年日平均降水量的分析发现，重庆—宜昌段在 6 月下旬到 7 月上旬仍有一个较为明显的降水高值期，日降水平均值超过 6 mm。8 月到 9 月中旬，降水进入平台期，日降水量在 4～5 mm。对降水频率的分析发现，重庆—宜昌段降水有两个高频期，分别在 5—6 月和 10 月上旬，但与其他流域相比，高峰期频率相对较低，部分不足 50%。

2.1.3　其他气候要素

长江流域相对湿度在 55%～85%，仅在峨眉山、南岳、井冈山等地年平均相对湿度略大于 85%，金沙江中上游的沱沱河、玉树、德格、雅江、稻城等地年相对湿度不足 55%(图 2.6)。岷江和嘉陵江北部，年平均相对湿度在 65%以下。由此向东，空气的湿度迅速增加，岷江和嘉陵江中游、乌江流域东部地区的相对湿度已超过 75%，长江干流—宜宾重庆段大部分地区的相对湿度超过 80%。长江中下游大部分地区的年相对湿度也均在 75%以上，特别是江西中部、湘西、鄂西的山地，相对湿度均大于 80%。

长江流域日平均风速以乌江流域东部和长江上游干流为低值中心，向东逐渐增大，至云贵高原东侧到汉水流域出现一个局部的高值区，其东南部的江南丘陵地区风速再次下降，长江中下游平原地区的风速偏大，为整个流域的两个风速高值区之一，长江流域风速的另一个高值区位于金沙江上游地区，部分地区的多年日平均风速超过 3 m/s(图 2.7)。

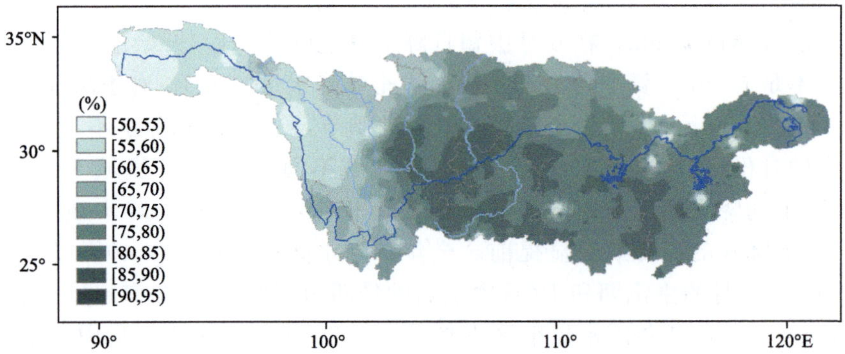

图 2.6　长江流域 1961—2020 年平均相对湿度分布

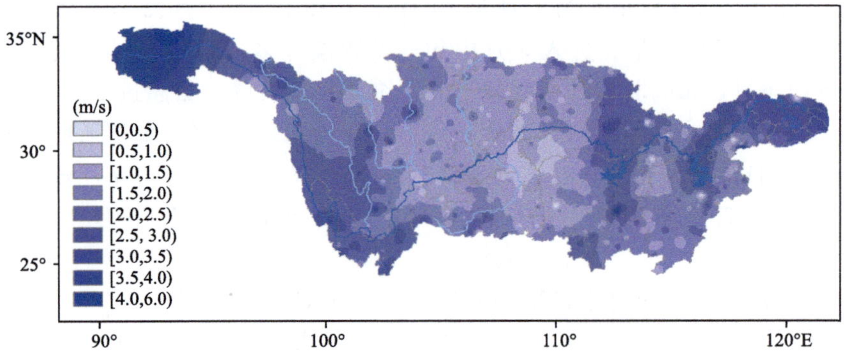

图 2.7　长江流域 1961—2020 年平均风速分布

长江流域大部分地区近 60 年的平均年总日照时数在 1000～2500 h(图 2.8)。西部金沙江流域的上游五道梁、沱沱河等地区和中下游石渠、理塘等山区有充分的日照资源,年总日数时数超过 2500 h。金沙江流域中下游大部分地区的日照时数在 2000～2500 h。四川盆地附近日照迅速下降,岷江下游地区、宜宾—重庆段和乌江流域大部分地区年日照时数不足 1200 h,由此向外扩展到四川盆地周边山区,年日照时数仍不足 1500 h。长江中下游地区年日照时数由西南向东北逐渐增多,长江下游平原地区的日照时数达到 2000 h。

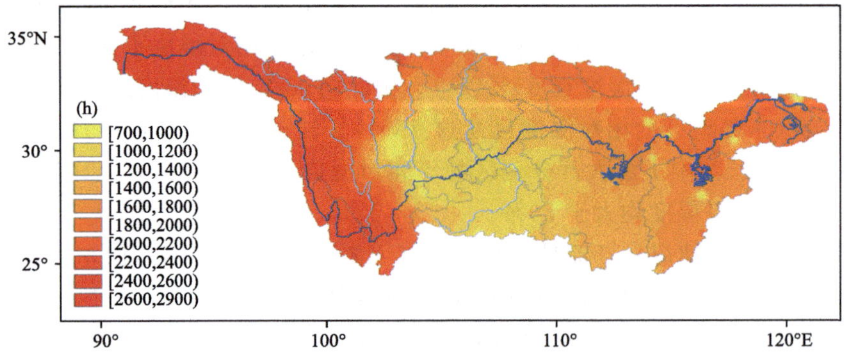

图 2.8　长江流域 1961—2020 年平均总日照时数分布

2.2　近 120 年来气候变化特征

使用 1901—2020 年长江流域气象站日最高、最低气温和降水量的重建值，分析长江流域近 120 年的气候变化特征。并选择不同地区的观测数据进行分析，得到长江流域上中下游的长期气候变化情况。

2.2.1　冷暖变化

计算 1901—2020 年区域平均的年最高气温距平和年最低气温距平序列（图 2.9），分析发现，长江流域在 1940—1950 年有一个短暂的高温时段，1951—1990 年年最高、最低气温距平大多在 0 ℃以下波动，说明这一时段偏冷。从 1980 年前后开始，气温呈波动上升的趋势，到 1991 年以后，气温距平多在 0 ℃以上，进入全球变暖后的温暖时段。总体来看，近百年长江流域的气温上升明显，特别是最低气温，线性趋势系数达到 0.12 ℃/10 a，最高气温升速较慢，线性趋势为 0.05 ℃/10 a。对重庆、宜昌、上海三个重点城市的长时间气温变化分析（图 2.10），均发现气温存在波动变化。上海由于近几十年城市快速发展，受城市化影响，气温上升最为迅速。

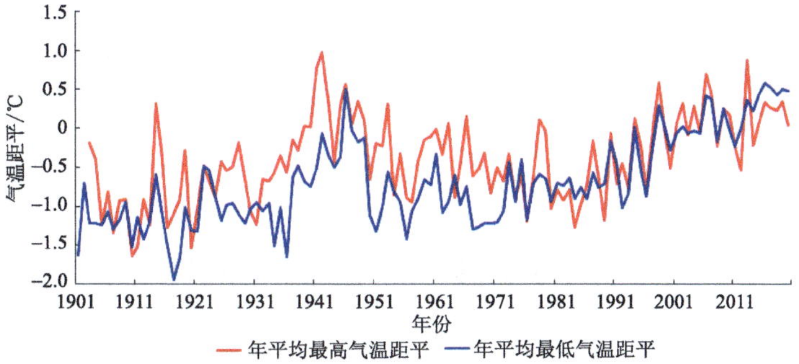

图 2.9　长江流域 1921—2020 年平均最高、最低气温距平

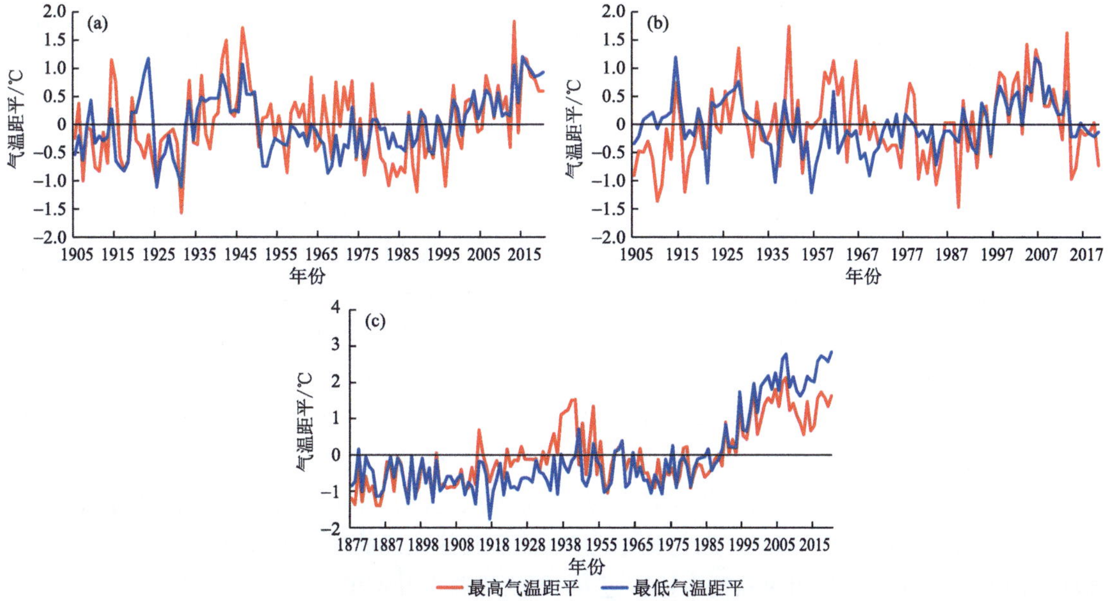

图 2.10　长江流域重点城市气温变化

（a. 重庆，b. 宜昌，c. 上海）

2.2.2　干湿变化

利用新中国成立前上海、重庆、南京等长江流域重点城市的器测资料，重建了流域降水序列，将1921—2020年的降水平均值作为标准，对长江流域近百年干湿变化进行分析（图2.11）。结果发现，1921—1935年长江流域处于相对干旱的阶段，15年中仅有3年降水为正距平，相对百年平均值偏多，其他均为偏少。1944—1957年处于多雨的阶段，14年中只有3年的降水相对偏少。2010年以来也处于多雨时段，降水量以偏多为主。其他时段，干湿交替出现。总体而言，长江流域干湿变化趋势不明显，近百年降水量的线性趋势为1.26 mm/a。

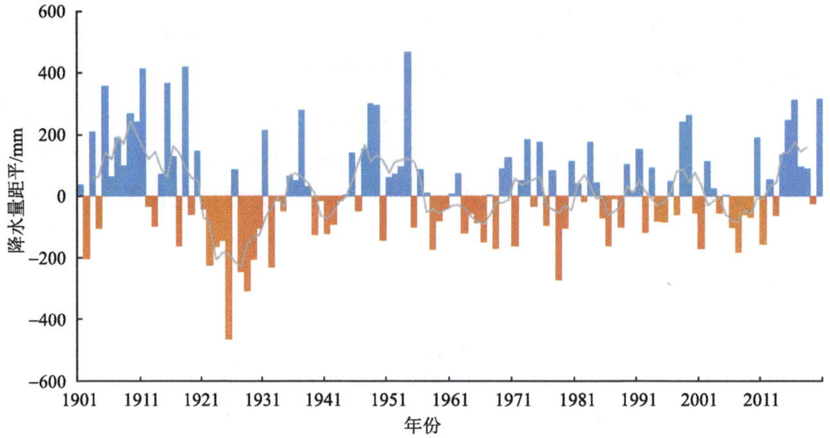

图2.11　长江流域1901—2020年降水量距平

2.3　近60年来气候变化特征

使用1961—2020年长江流域气象站气温、降水、相对湿度、日照时数、风速等主要气候要素历年值，通过最小二乘法计算分析各要素60年的线性变化趋势及其显著性水平，分析长江流域近60年的气候变化特征。

2.3.1　气温

1961—2020年长江流域区域平均的年平均气温呈显著上升趋势，线性趋势系数达到0.18 ℃/10 a（图2.12）。近60年长江流域的气温变化并不是单边上升，而是经历了变冷和变暖两个时期。以1990年为界，前期变冷，后期变暖。增温主要发生在近20年，1991—2020年平均气温比1961—1990年高0.7 ℃。从空间上看，近60年长江流域均呈上升趋势，上升速率总体呈高—低—高的分布态势（图2.13）。金沙江上游、洞庭湖北部地区、入海口的长三角地区上升速度最快，年平均气温的上升趋势超过0.35 ℃/10 a。长江上游的干流、四川盆地东部的平原地区和嘉陵江流域南部升温速度偏慢，大部分地区不超过0.1 ℃/10 a，但通过了0.05的显著性检验，说明这些地方的升温虽然相对缓慢，但更为稳定。长江中下游地势低缓的地区增温速度更快，北岸的大部分地区和南岸湖南的东北部、江西北部地区的增温速度在0.3 ℃/10 a以上。流域内的四川中部、贵州、湘西和赣南地区近60年的气温上升速度在0.1～0.2 ℃/10 a。

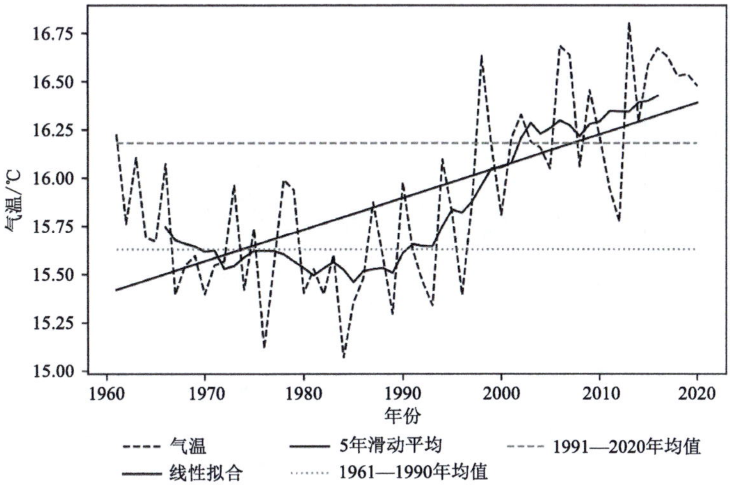

图 2.12　1961—2020 年长江流域年平均气温序列

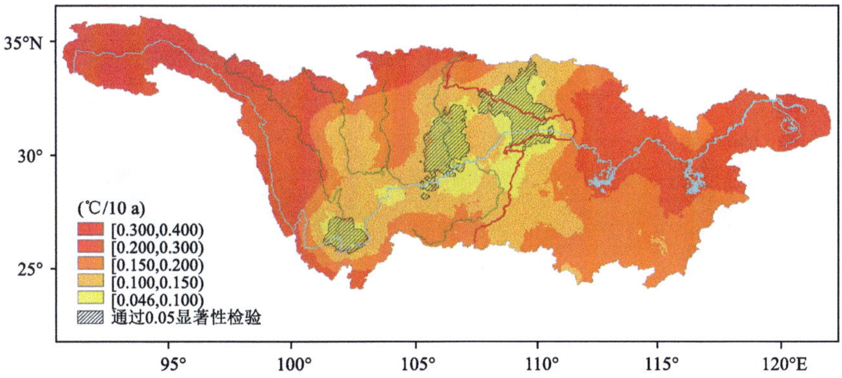

图 2.13　长江流域年平均气温变化线性趋势分布

2.3.2　降水

长江流域近 60 年降水量呈波动变化，长期呈上升趋势，每 10 年增加 14 mm(图 2.14)。从空间分布上看，降水整体呈增多的趋势，但上中下游差异明显，上游降水增多和减少的地区交错分布，整体呈微弱的增多趋势(图 2.15)。金沙江流域北部中部、岷沱江流域西部和重庆长江干流两岸地区降水以增多为主，大部分地区增加速率超过 10 mm/10 a。岷江中下游东部、湖北西南部山区、乌江流域和金沙江流域南部的部分地区，降水有减少的趋势，部分地区的减少速度超过 10 mm/10 a。长江中下游流域降水量则整体呈增多的趋势，且自西向东降水的增加速率逐渐增大，下游的东部地区降水增加趋势最为明显，每 10 年超过 20 mm，部分地区每 10 年超过 40 mm。最西的高寒山区和最东的入海口地区降水的变化趋势通过了 0.05 的显著性检验。

2.3.3　其他气候要素

长江流域相对湿度呈波动变化，在 1990 年前上升，1990—2000 年有一个阶段性的下降，2000 年后进入迅速上升过程(图 2.16)。从近 60 年整体看，长江流域的相对湿度呈明显的上

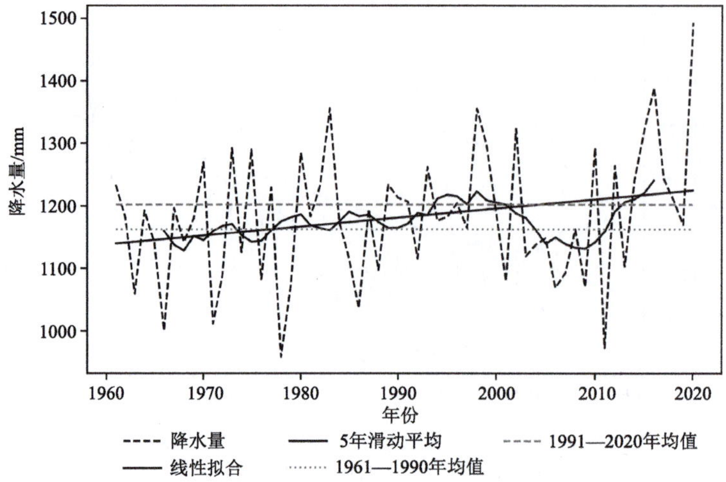

图 2.14　长江流域 1961—2020 年降水量序列

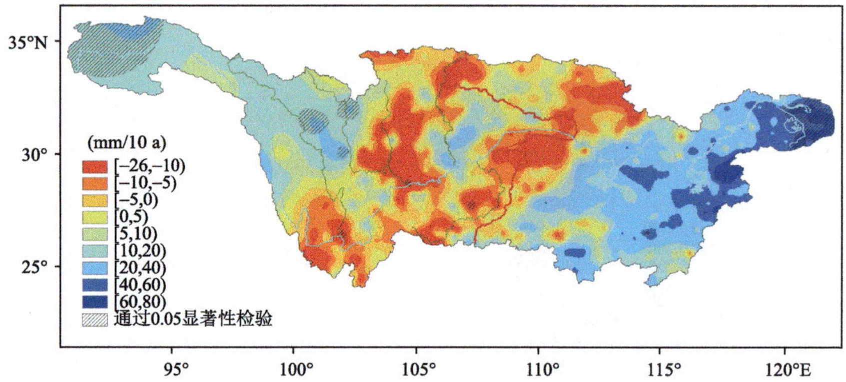

图 2.15　长江流域年总降水量变化线性趋势分布

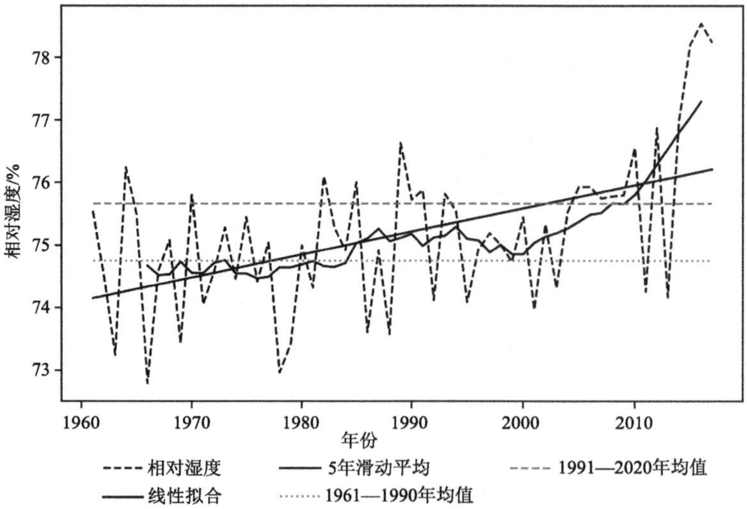

图 2.16　1961—2020 年长江流域年平均相对湿度序列

升趋势，每 10 年增加 0.5%。从空间分布看，长江流域近 60 年的相对湿度变化有明显的差异性(图 2.17)。西部金沙江中北部地区和东南福建省相对湿度快速上升，每 10 年上升 0.6%以上。金沙江流域南部边缘地区、乌江流域南部、嘉陵江西北部、长江中游两岸和北侧湖北省、下游入海口附近地区相对湿度呈下降趋势，特别是中游北岸的湖北中南部和下游江苏上海的相对湿度下降趋势超过每 10 年 0.5%。

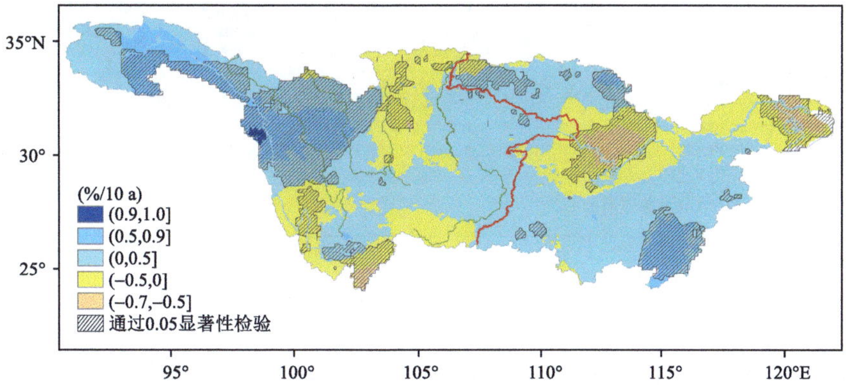

图 2.17　长江流域年平均相对湿度变化线性趋势分布

长江流域日照时数总体呈下降趋势，每 10 年下降约 40 h(图 2.18)。大致以 1990 年为界，前后 30 年的下降趋势有明显的不同，前 30 年的日照时数下降迅速，超过 70 h/10 a，1990 年以后，虽然日照时数仍在波动下降，但下降趋势不足 20 h/10 a。从空间分布看，日照时数下降以下游最为迅速，其次为中游(图 2.19)。长江流域大部分地区的日照时数呈下降趋势，仅金沙江下游邻近云南省的部分地区有上升的趋势，上升速率不超过 30 h/10 a，且未通过显著性检验。其余地区的年日照时数在近 60 年均为下降趋势，特别是下游的江浙沪、流域内的河南东部和湖北中部地区，日照时数的下降速率超过 60 h/10 a。上游金沙江流域的大部分地

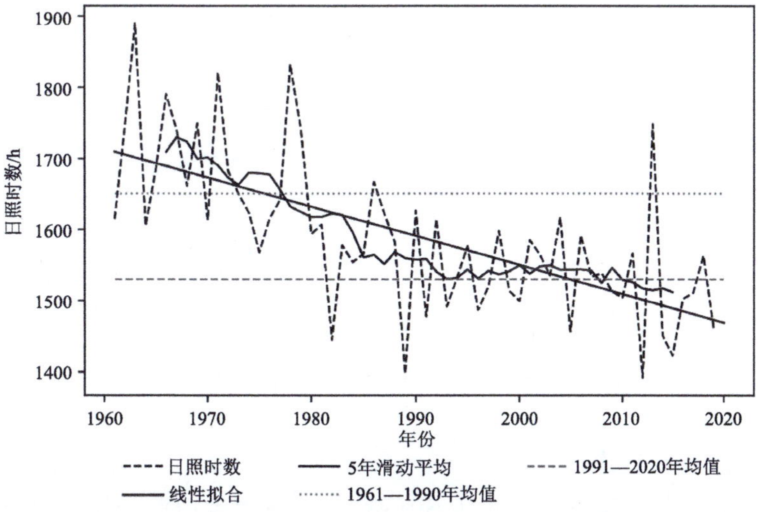

图 2.18　1961—2020 年长江流域年总日照时数序列

区，岷沱江流域的西部地区和嘉陵江流域的西北部地区日照时数虽然也呈下降趋势，但下降速度不超过 30 h/10 a。上游东部的乌江流域、岷沱江流域东南部的部分地区、嘉陵江东部的大部分地区日照时数的下降趋势低于 60 h/10 a。

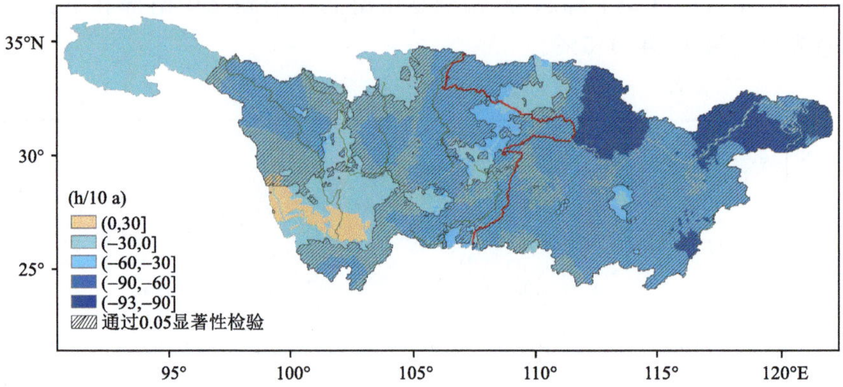

图 2.19　长江流域年总日照时数变化线性趋势分布

年平均风速呈显著下降趋势，下降幅度约为 0.16(m/s)/10 a(图 2.20)。风速变化有明显的阶段性特点，20 世纪 70 年代中期以前风速大，且下降幅度不明显，70 年代中期至 2010 年急剧减小，最近 10 年风速有微弱的上升。四季变化趋势和年变化基本一致。从空间分布看，长江流域全流域的风速均呈下降趋势，特别是中下游大部分地区风速下降超过 0.2(m/s)/10 a(图 2.21)。上游风速下降最为明显的为金沙江流域南部和乌江流域南部，风速下降速度超过 0.1(m/s)/10 a，部分地区超过 0.2(m/s)/10 a。金沙江流域中部、嘉陵江流域西部、长江上游干流大部分地区、乌江流域北部风速下降速度相对和缓，不超过 0.1(m/s)/10 a。

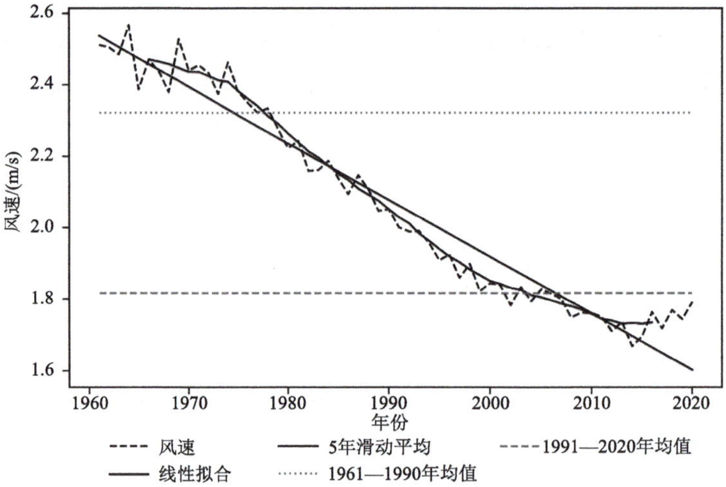

图 2.20　1961—2020 年长江流域年平均风速序列

2.3.4　长江流域旱涝气候变化特征

通过计算长江流域 1961—2020 年年 SPI 指数，分析流域内的干旱情况，SPI 指数越低说明干旱越严重，越高则说明洪涝越严重(图 2.22)。分析发现，长江流域整体的干湿形势变化

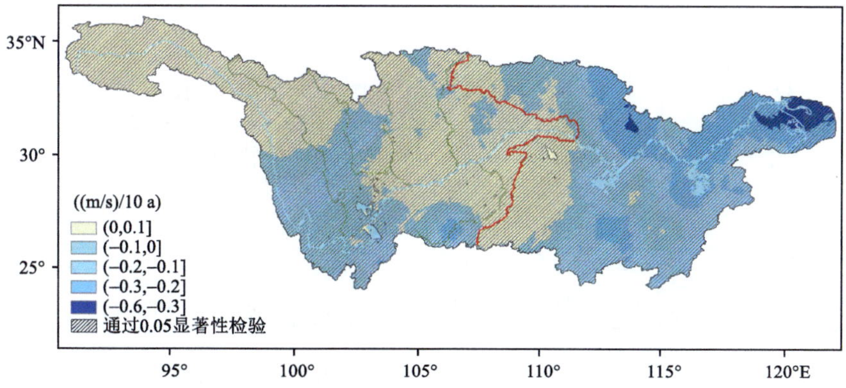

图 2.21　长江流域年平均风速变化线性趋势分布

且有阶段性特点，1961—2000 年 SPI 指数上升，说明长江流域在 1961—2000 年变湿，而 2000 年后 SPI 指数以 2011 年为界先降后升，说明长江流域 2001—2010 变干，2011—2020 年变湿。长江上游的干湿形势也有类似的变化，但变幅比全流域平缓。计算不同时段 SPI 指数的线性趋势系数(表 2.1)，1961—2020 年长江流域 SPI 指数呈弱的上升趋势，约每 10 年上升 0.04，长江上游每 10 年约为 0.02；其中，1961—2000 年长江流域 SPI 指数上升趋势每 10 年为 0.04，长江上游则每 10 年上升 0.01；2001—2011 年 SPI 指数则呈明显的下降趋势，全流域和上游每 10 年分别为 0.3 和 0.25；2011—2020 年呈显著的上升趋势，系数每 10 年分别为 0.71 和 0.65。

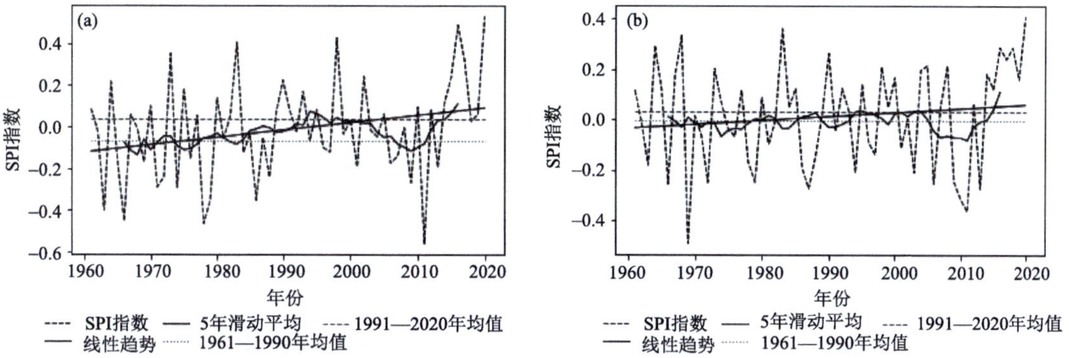

图 2.22　长江流域(a)和长江上游(b)干旱指数(SPI)变化

表 2.1　长江流域和长江上游不同时段干旱指数变化趋势　　单位：/10 a

	1961—2000 年	2001—2020 年	2001—2011 年	2011—2020 年	1961—2020 年
长江流域	0.04	0.19	−0.30	0.71	0.04
长江上游	0.01	0.18	−0.25	0.65	0.02

计算长江流域和长江上游地区 1961—2020 年区域平均年降水距平百分率，也发现了类似的趋势，但长江上游在 1961—2020 年呈弱的下降趋势(图 2.23)。各时段的线性变化趋势见表 2.2。

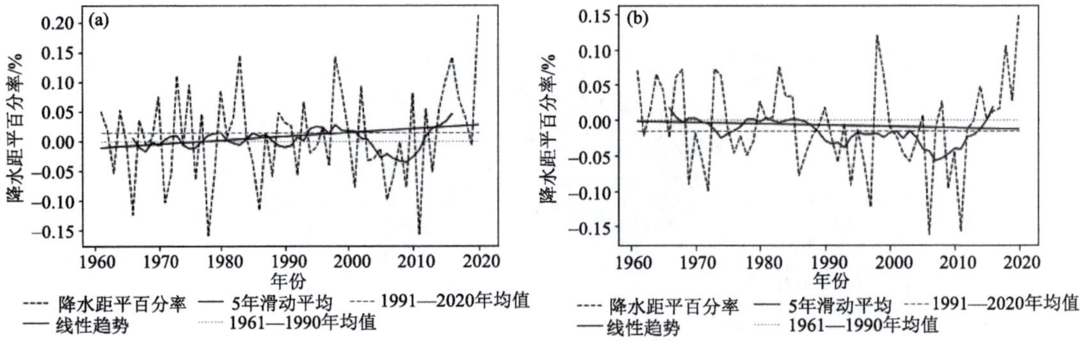

图 2.23　长江流域(a)和长江上游(b)降水距平百分率变化特征

表 2.2　长江流域和长江上游不同时段降水距平百分率变化趋势　　%/10 a

	1961—2000 年	2001—2020 年	2001—2011 年	2011—2020 年	1961—2020 年
长江流域	0.01	0.08	−0.05	0.21	0.01
长江上游	−0.01	0.07	−0.06	0.21	0.00

分别计算各气象观测站 1961—2020 年的 SPI 指数，分析长江流域干湿变化的空间分布(图 2.24)。就整体而言，长江流域下游有明显的变湿趋势，中游和上游的大部分地区以变干趋势为主。上游地区仅宜宾—重庆的干流和金沙江下游部分地区呈变湿的趋势。如果仅考虑降水变化(图 2.25)，则金沙江上游地区也呈变湿趋势，但下游和宜宾—重庆段的降水也在减少，转为变干趋势。

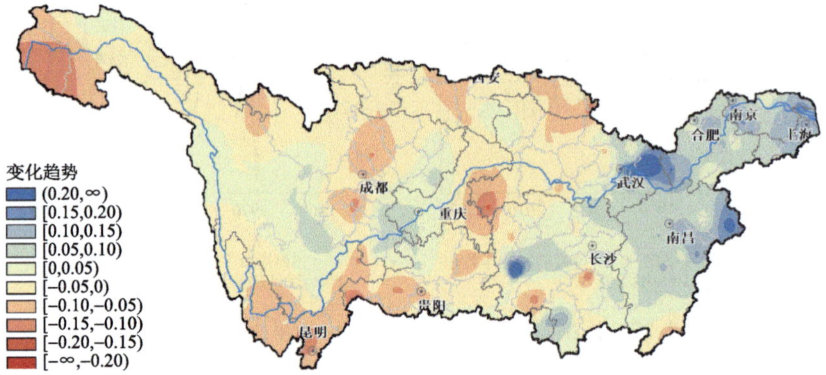

图 2.24　长江流域干旱指数年 SPI 变化分布

对上游各支流 SPI 指数的分析也发现明显的阶段性特点，特别是金沙江、嘉陵江和乌江流域(图 2.26)。金沙江流域在 20 世纪 90 年代中期之前一直在不断变湿，但在 90 年代中后期至 2010 年，突然出现变干的趋势，在 2011—2020 年再次反转，出现变湿的倾向。嘉陵江流域则以 1980 年、1990 年和 2000 年为界，出现变干—变湿—变干—变湿的波动特征。乌江流域在 1980 年前呈弱的变湿趋势，其后以 1990 年、2000 年和 2010 年为界，呈变干—变湿—变干—变湿的波动变化，存在明显的年代际特征(图 2.27)。

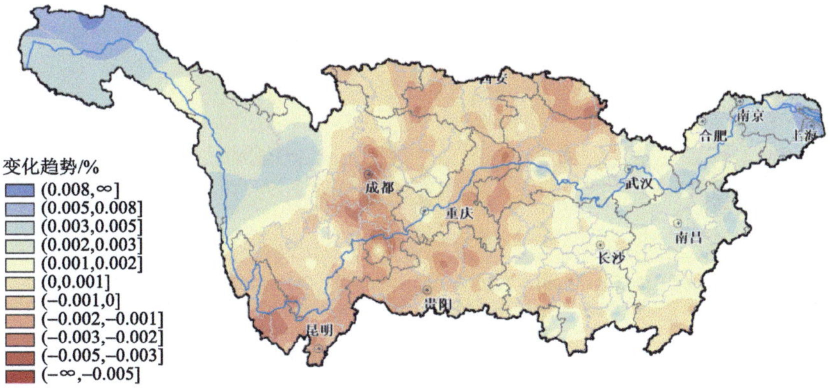

图 2.25　长江流域年降水距平百分率变化分布

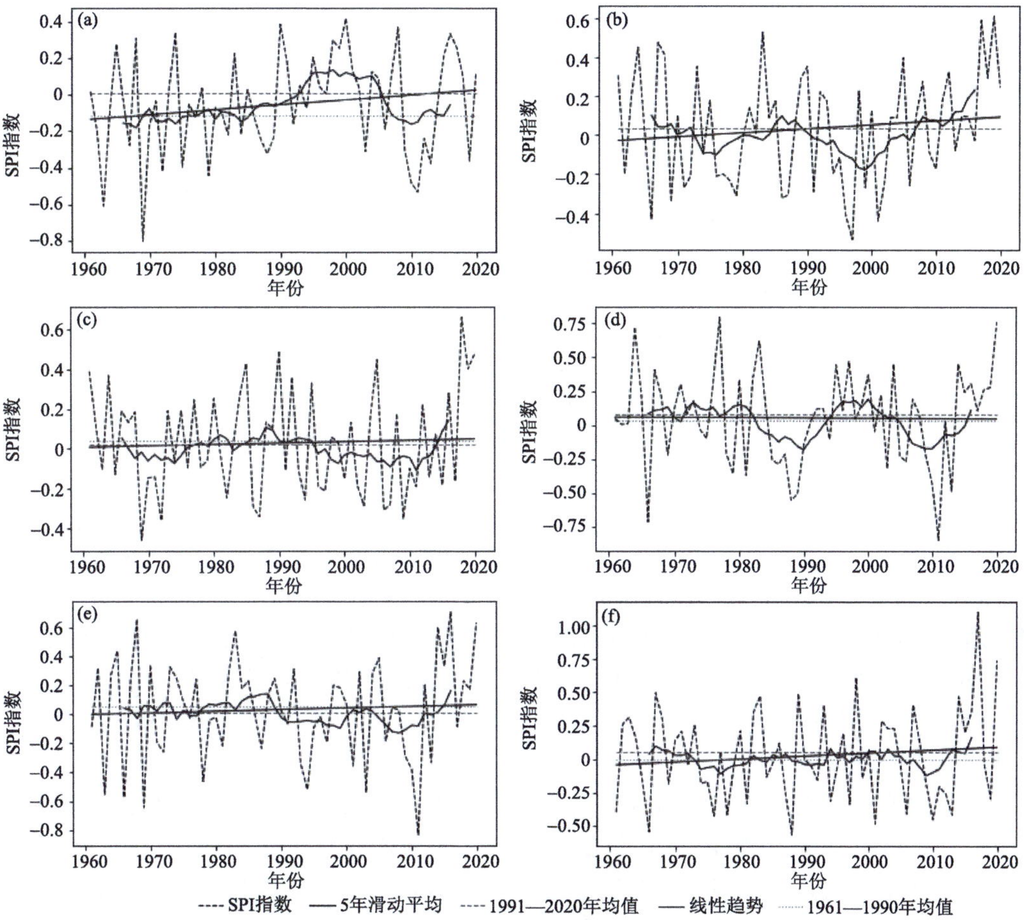

图 2.26　1961—2020 年长江上游各支流 SPI 指数序列

（a. 金沙江，b. 岷江、沱江，c. 嘉陵江，d. 乌江，e. 宜宾—重庆，f. 重庆—宜昌）

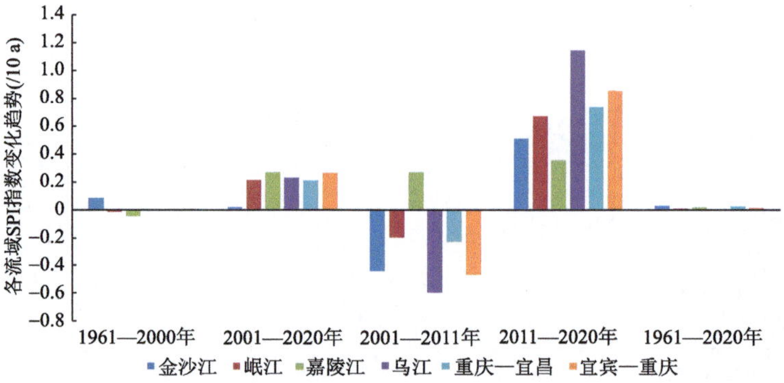

图 2.27　不同时段各支流 SPI 指数变化趋势

分别计算长江上游各支流各年代 SPI 指数的平均值，分析其干湿状态(图 2.28)。总体来看，金沙江流域多数时间较为干旱，乌江流域较为湿润，嘉陵江流域干湿状态波动较大，几个流域在 2001—2010 年均为弱的干旱，除金沙江流域，其他几个主要支流进入 2010 年后均为相对湿润。

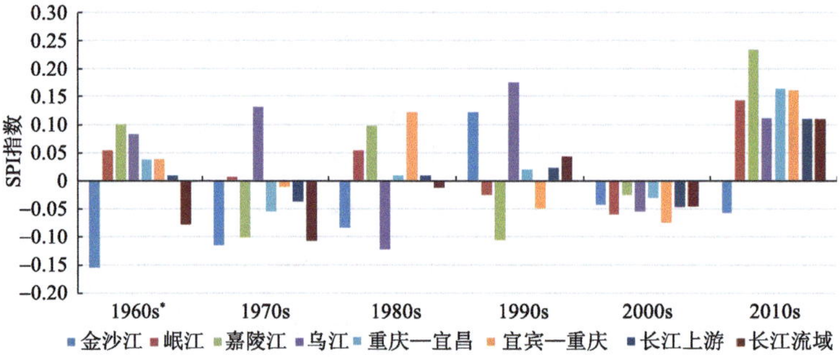

图 2.28　长江流域和长江上游各支流各年代 SPI 指数对比

2.3.5　重点水电站上游气候及气候变化

2.3.5.1　降水

分析金沙江乌东德—白鹤滩—溪洛渡—向家坝水电站上游地区降水量在年内的分布发现(图 2.29)，4 月中下旬各区日降水量稳定超过 1 mm，同时进入迅速增加期，在 6 月上旬日降水量稳定超过4 mm，进入雨季，4 个地区进入雨季的时间类似。6 月下旬日降水量稳定超过 6 mm，进入汛期。此后降水迅速上升，在 7 月上旬中期达到顶点后缓慢下降，在 7 月上旬末或中旬前出汛。其后降水持续缓慢下降至 9 月下旬，雨季结束，整个雨季降水量超过 570 mm，占全年总降水量的 70%左右。

金沙江乌东德—白鹤滩—溪洛度—向家坝水电站上游地区年降水量有明显的年代际变化(图 2.30)。1961—1981 年降水量均没有明显的变化趋势，1981—2000 年降水量有明显的上升趋势，至 21 世纪的最初 10 年，则为明显的下降趋势，在 2011 年以后降水量再次波动上升。计算各水库上游降水量线性变化趋势系数，在 1961—2020 年的 60 年中，降水量仅有微弱的上

* 为方便制图，1960s 表示 20 世纪 60 年代，其余类推，全书同。

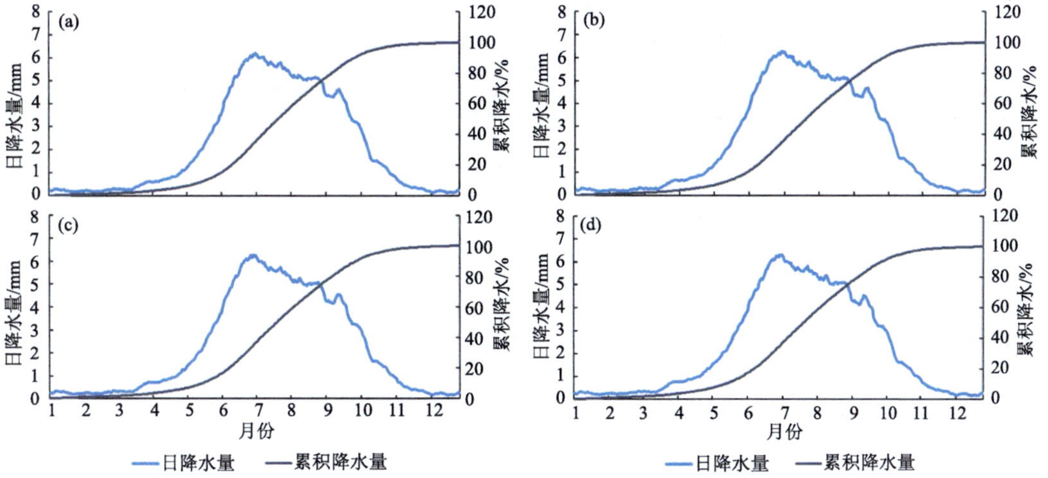

图 2.29　金沙江 4 个水电站上游地区降水量年内分布
（a. 乌东德，b. 白鹤滩，c. 溪洛渡，d. 向家坝）

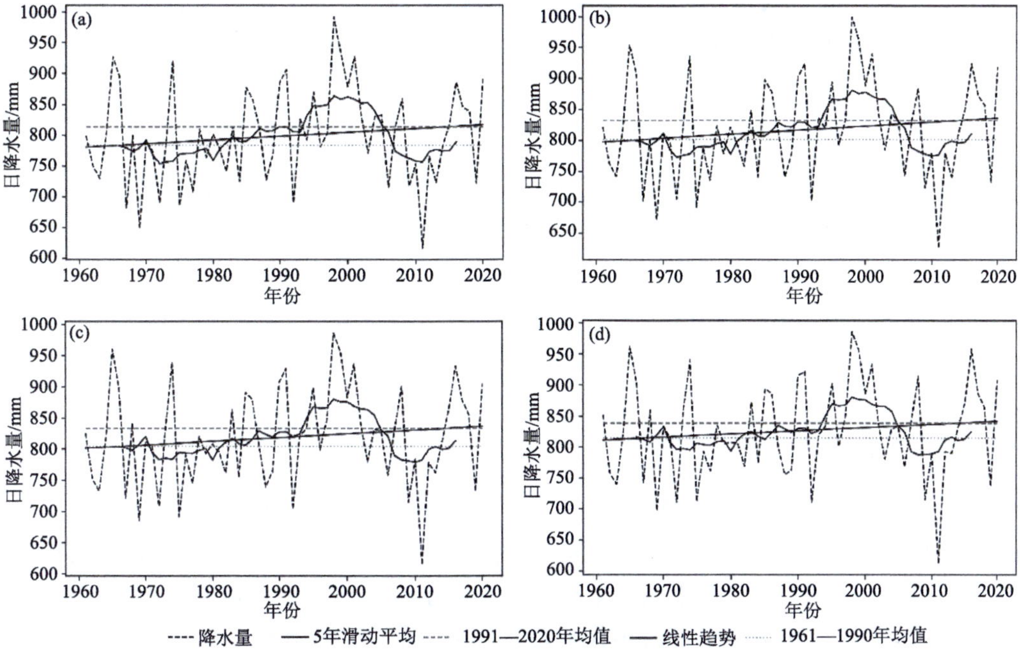

图 2.30　金沙江 4 个水电站上游年降水量序列
（a. 乌东德，b. 白鹤滩，c. 溪洛渡，d. 向家坝）

升，乌东德—白鹤滩—溪洛度—向家坝水库上游降水量的变化趋势分别为 0.62 mm/a、0.65 mm/a、0.6 mm/a、0.51 mm/a。在 1961—1980 年则为下降趋势，趋势系数分别为－1.29 mm/a、－1.16 mm/a、－1.03 mm/a、－1.17 mm/a，在 1981—2000 年转为明显的上升趋势，趋势系数分别为 6.06 mm/a、6.03 mm/a、5.74 mm/a、5.17 mm/a。虽然进入 2000 年以后的 20 年没有明显的线性趋势，但分析可见，在前 10 年有明显的下降趋势，系数分别为－12.66 mm/a、－11.46 mm/a、－10.43 mm/a、－9.19 mm/a，后 10 年则为明显的上升趋势，系数分别为 18.16 mm/a、19.04 mm/a、18.36 mm/a、17.54 mm/a(表 2.3)。

表 2.3　不同时段金沙江 4 个水电站上游年降水量线性变化趋势　　单位：mm/a

年份	乌东德	白鹤滩	溪洛渡	向家坝
1961—1980 年	−1.29	−1.16	−1.03	−1.17
1981—2000 年	6.06	6.03	5.74	5.17
2001—2020 年	−0.52	0.26	0.41	1.08
2000—2010 年	−12.66	−11.46	−10.43	−9.19
2010—2020 年	18.16	19.04	18.36	17.54
1961—2020 年	0.62	0.65	0.60	0.51

对各个水库上游降水量年代平均值的分析发现,在 1961—2020 年的 6 个年代中,1991—2000 年的降水量最大,1971—1980 年的降水量最小,但偏少的幅度远小于 1991—2000 年偏大的幅度(图 2.31)。位于上游的乌东德—白鹤滩—溪洛渡 2011—2020 年的平均值小于 2001—2010 年,位于历史第三低值,且越向下游偏少的程度越小,位于相对下游的向家坝水库在 2011—2020 年的降水量相对偏多。

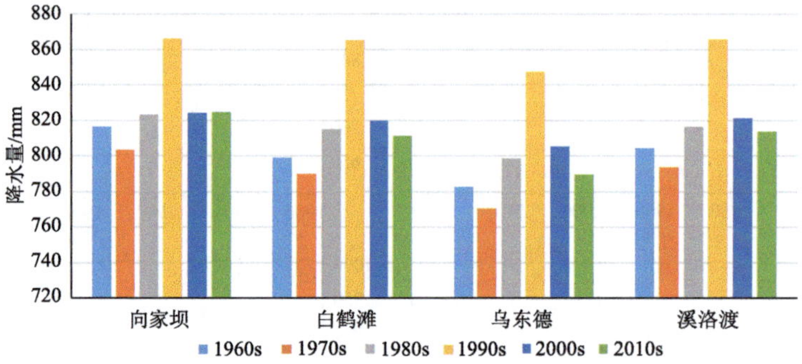

图 2.31　1961—2020 年金沙江 4 个水电站上游各年代降水量平均值

对金沙江 4 个水电站上游各季降水量的年代差异分析发现,1991—2000 年夏季降水量异常偏大是造成全年降水量偏大的主要原因,同时 1991—2000 年的秋冬季降水量也相对偏大(图 2.32)。2000—2011 年 4 个水电站上游的春季降水也相对偏多。需要注意的是,春季的降水量相对稳定,夏季和秋季降水量的年代际差异较大,同时这两个季节也是主要的降水时段,降水的波动会对水利工程调度和防洪抗旱造成较大的干扰。此外,2011—2020 年各个季节降水量相对其他年代的增加量有按照上游向下游的顺序逐渐增大的趋势。

2.3.5.2　气温

金沙江 4 个水电站上游地区年平均气温在 1961—2020 年整体呈上升趋势,但变化有明显的阶段性特征(图 2.33)。前 30 年的气温有弱的下降趋势,但变化趋势不明显,1991—2020 年则 4 个水电站从上游向下游均呈显著的上升趋势,线性趋势系数分别为 0.44 ℃/10 a、0.44 ℃/10 a、0.42 ℃/10 a 和 0.41 ℃/10 a,1961—2020 年的线性趋势分别为 0.18 ℃/10 a、0.18 ℃/10 a、0.17 ℃/10 a 和 0.16 ℃/10 a(表 2.4)。

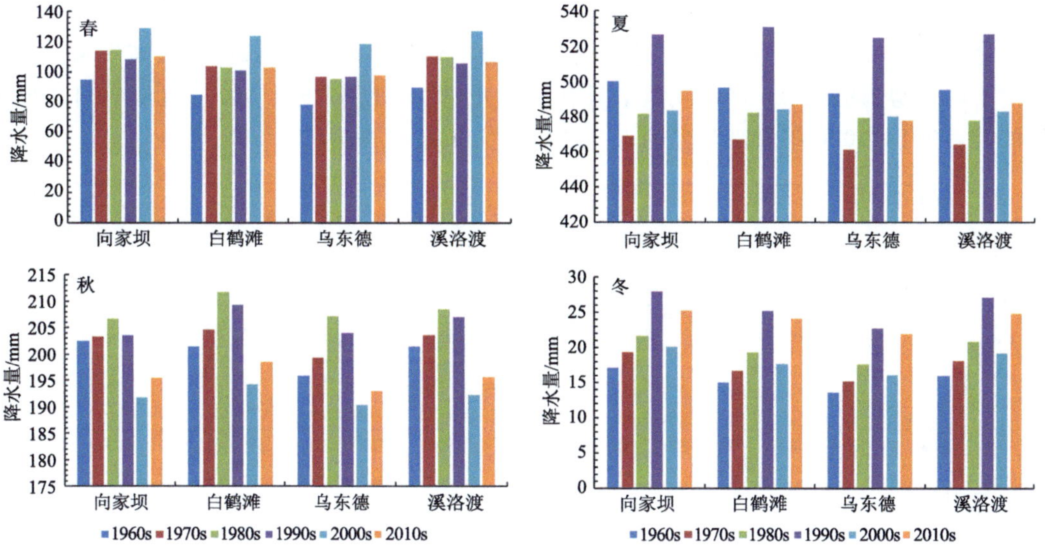

图 2.32 1961—2020 年金沙江 4 个水电站上游各年代季节降水量平均值

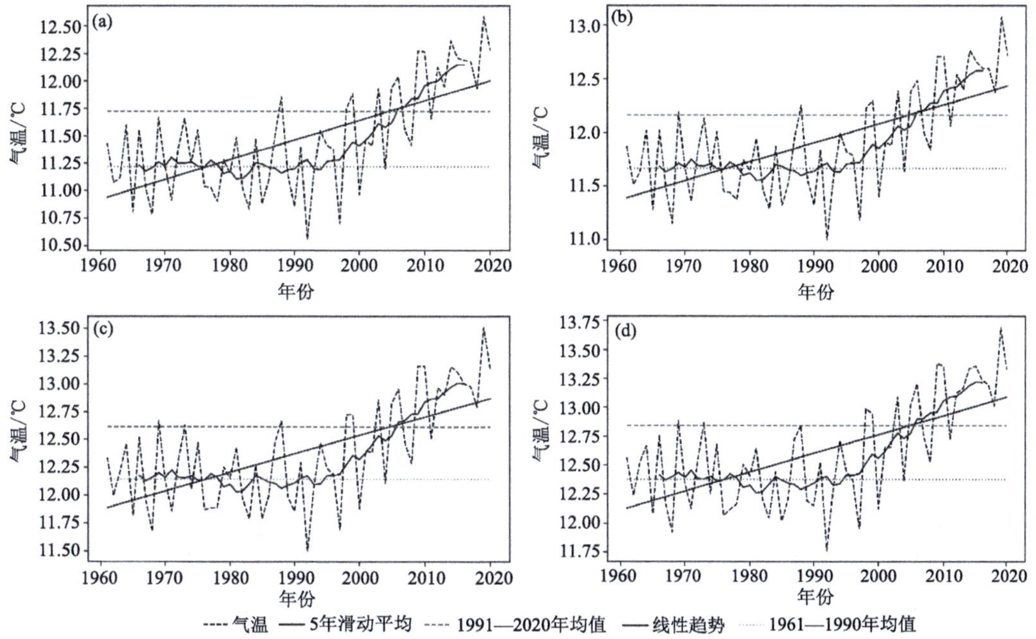

图 2.33 金沙江 4 个水电站上游年平均气温序列
（a. 乌东德，b. 白鹤滩，c. 溪洛渡，d. 向家坝）

表 2.4 不同时段 4 个水电站上游年平均气温的线性变化趋势 单位：℃/10 a

时间	乌东德	白鹤滩	溪洛渡	向家坝
1961—1990 年	−0.01	−0.02	−0.03	−0.04
1991—2020 年	0.44	0.44	0.42	0.41
1961—2020 年	0.18	0.18	0.17	0.16

年平均最低、最高气温的变化也呈类似的特征，1961—2020 年呈上升趋势，最低气温的上升速度最快，前 30 年的变化趋势不明显，最低气温平均值呈弱的上升趋势，最高气温的平均值呈弱的下降趋势，1991—2020 年气温呈显著的上升（图 2.34 和图 2.35）。但与全国其他地区不同的是，1991—2020 年最高气温的上升速度略大于最低气温（表 2.5）。

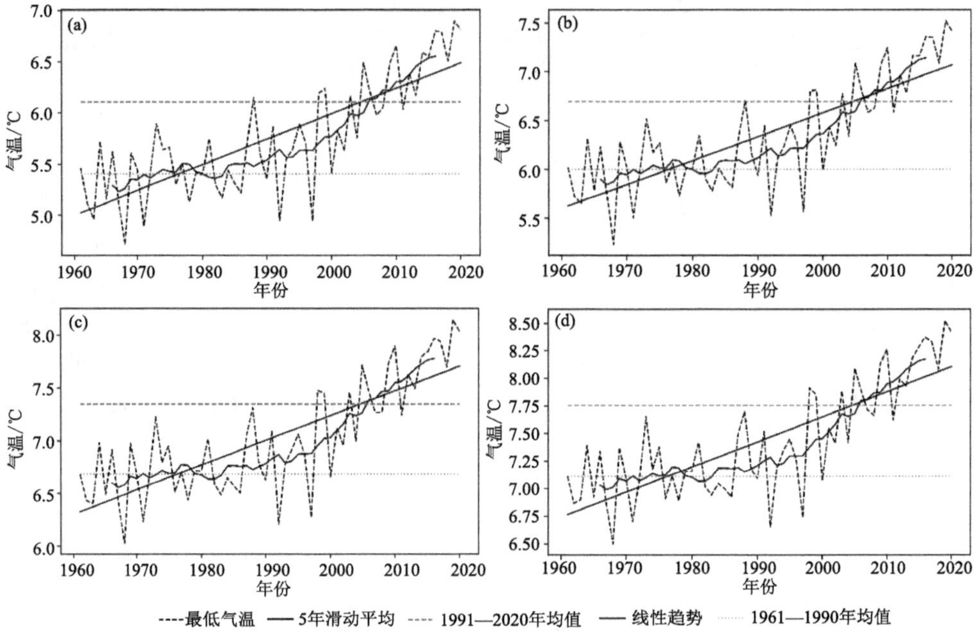

图 2.34　金沙江 4 个水电站上游年平均最低气温序列

（a. 乌东德，b. 白鹤滩，c. 溪洛渡，d. 向家坝）

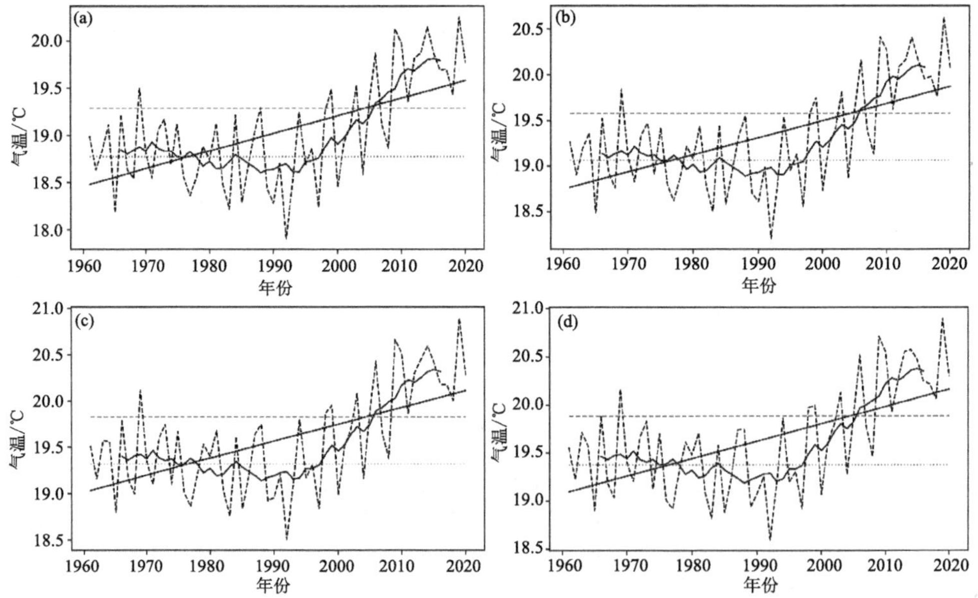

图 2.35　金沙江 4 个水电站上游年平均最高气温序列

（a. 乌东德，b. 白鹤滩，c. 溪洛渡，d. 向家坝）

表 2.5　不同时段 4 个水电站上游年平均最低/最高气温的线性变化趋势　单位:℃/10 a

时间		乌东德	白鹤滩	溪洛渡	向家坝
年平均最低气温	1961—1990 年	0.10	0.09	0.08	0.07
	1991—2020 年	0.48	0.48	0.47	0.45
	1961—2020 年	0.25	0.24	0.23	0.23
年平均最高气温	1961—1990 年	−0.07	−0.07	−0.08	−0.08
	1991—2020 年	0.53	0.53	0.53	0.51
	1961—2020 年	0.19	0.19	0.18	0.18

2.4　梯级电站建成前后局地气候对比分析

使用水库周边气象站观测到的信息代表局地气候，分析梯级电站的气候影响。一般认为三峡库区的气候影响范围不超过 20 km，这里选择(27°N，103°E)为中心，大圆距离 200 km 为半径的范围内的气象站的平均值代表自然的背景状态。分别提取与 4 个水电站水库水体蓄水期中心位置不同距离气象站的观测资料，对比建设前(自然状态)、建设期和运行期局地气候与背景气候差异的变化，分析电站对局地气候的影响。

溪洛渡水电站于 2007 年 4 月正式开工，2013 年 7 月首批机组发电。提取距离溪洛渡水库 10 km、50 km 和 100 km 的气象站分别分析溪洛渡水电站 1961—2006 年(建设前的自然状态)，2007—2013 年(建设中)和 2014—2022 年运行阶段各个气候要素的表现，分析水库的建设对周边气候环境影响的范围和程度(图 2.36)。溪洛渡水电站水库周边 10 km 范围内的年平均气温在建设前、建设期和运行期的平均值分别为 15.4 ℃、15.6 ℃和 15.8 ℃，背景区在相应时段的平均值分别为 15.7 ℃、16.2 ℃和 16.5 ℃，说明在建设和运行间，水库对周边 10 km 范围内的平均气温的降温作用不足 0.4 ℃，小于建设前 30 年附近地区平均气温的标准差。范围扩展到 100 km 时，水库的降温作用不足 0.1 ℃，而标准差达 0.4 ℃。水库的降温作用远不及气温的正常波动幅度，说明水库的气候效应非常有限。对平均最高和最低气温的分析也有类似发现。水库周边 10 km 范围内的站在建设前、建设中和运行期的年降水量分别为 753 mm、751 mm 和 789 mm，200 km 背景区内的降水量分别为 1026 mm、970 mm和 1049 mm。水库运行期对 10 km 的周边地区的增雨作用为 14 mm，其标准差为102 mm，影响不明显。相对湿度的增加约为 0.22%，标准差约为 1.2%。风速的影响随距离的增加而减小。在 10 km 范围其影响约为 0.7 m/s，为背景风速(1.67 m/s)的 43%，50 km 降为 0.4 m/s，至 100 km 影响降为0.09 m/s。总体来看，水库的建设对周边气候造成了一定的影响，特别是下垫面性质改变使得粗糙度下降，风速有所增大，但范围和程度均有限。对比溪洛渡周边各个气候要素与溪洛渡上游全流域区域平均的差异，分析电站对局地气候要素的影响随时间的变化情况(图 2.37)，也发现水库的建设对周边相对湿度和风速有增大作用。

对向家坝水库的分析也得到类似的结论(图 2.38)。向家坝水电站于 2006 年 11 月开工建设，2014 年 7 月全面投产发电。水库运行后对周边 20 km 范围内站气温的影响仅 0.23 ℃，而标准差达 0.6 ℃，降水量的影响也从 20 km 的 40 mm 迅速下降至 50 km 的 22 mm，均远低于其正常的年际波动。以 2014 年为界，对比向家坝周边各个气候要素与向家坝上游全流域区

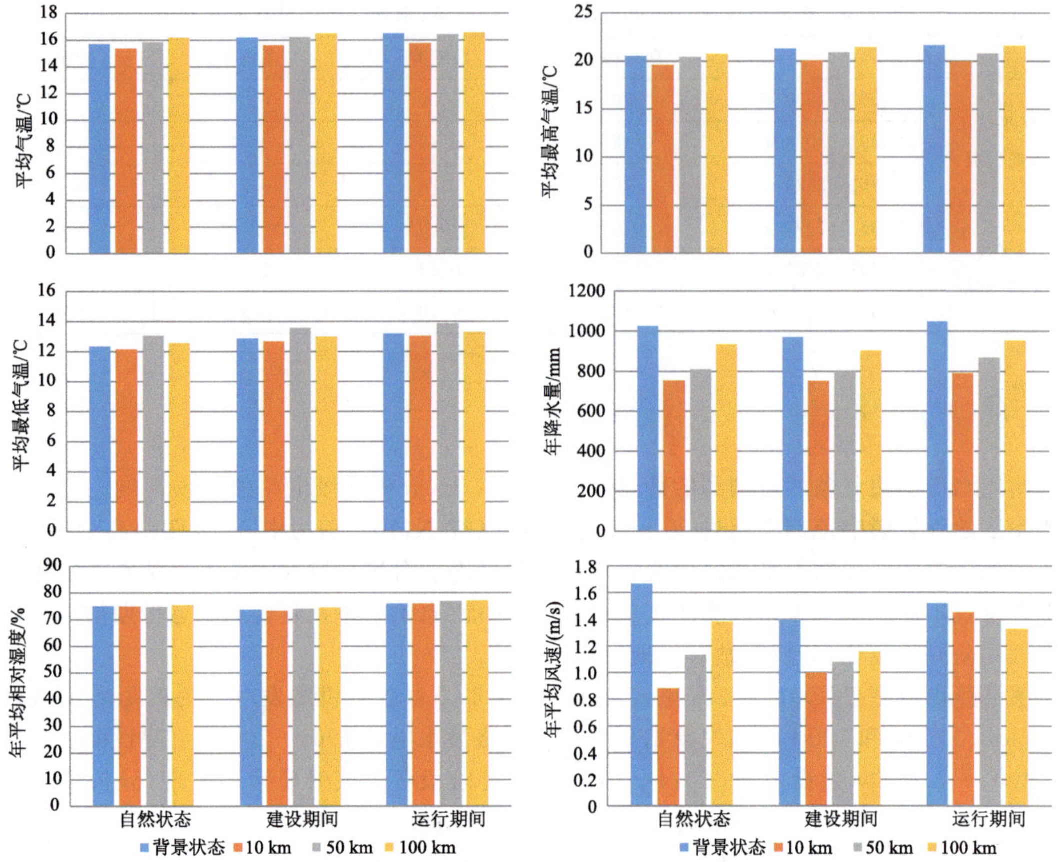

图 2.36　溪洛渡水库周边不同阶段的气候

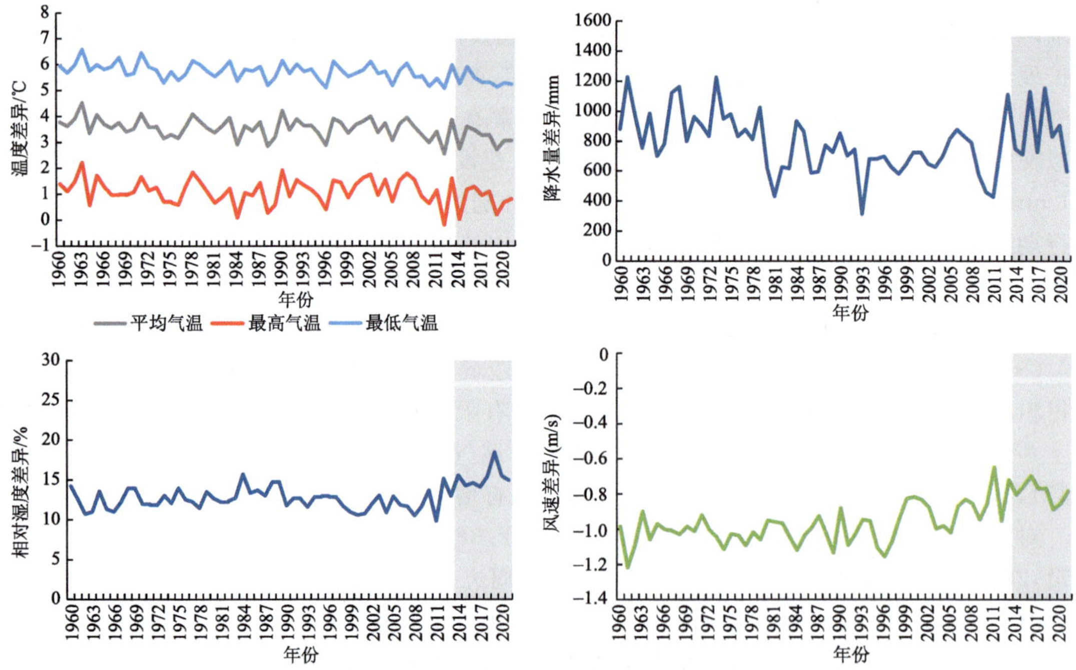

图 2.37　溪洛渡周边地区与金沙江流域气候差异随时间的变化

域平均的差异，分析向家坝水电站对局地气候要素的影响(图 2.39)。可以看出，2014 年以后，向家坝周边地区的风速有一个迅速的增大，至 2017 年开始增速放缓。2014 年以来的风速平均值较 1960—2013 年偏大 0.13 m/s，超过 1960—2013 年风速标准差的 3 倍，较 1981—2010 年的平均值偏大 0.14 m/s，也超过标准差的 3 倍，说明水库建设对局地风速有明显的影响。相对湿度则是在 2017 年之后有一个跃变式的上升，日照时数的差异在 2014 年之后也有一个微弱的上升，但均相对偏弱。总体而言，对向家坝水库周边风速的影响最为明显，这可能与水库建成后水域面积扩大，下垫面粗糙度下降、热力学属性差异变大有关。

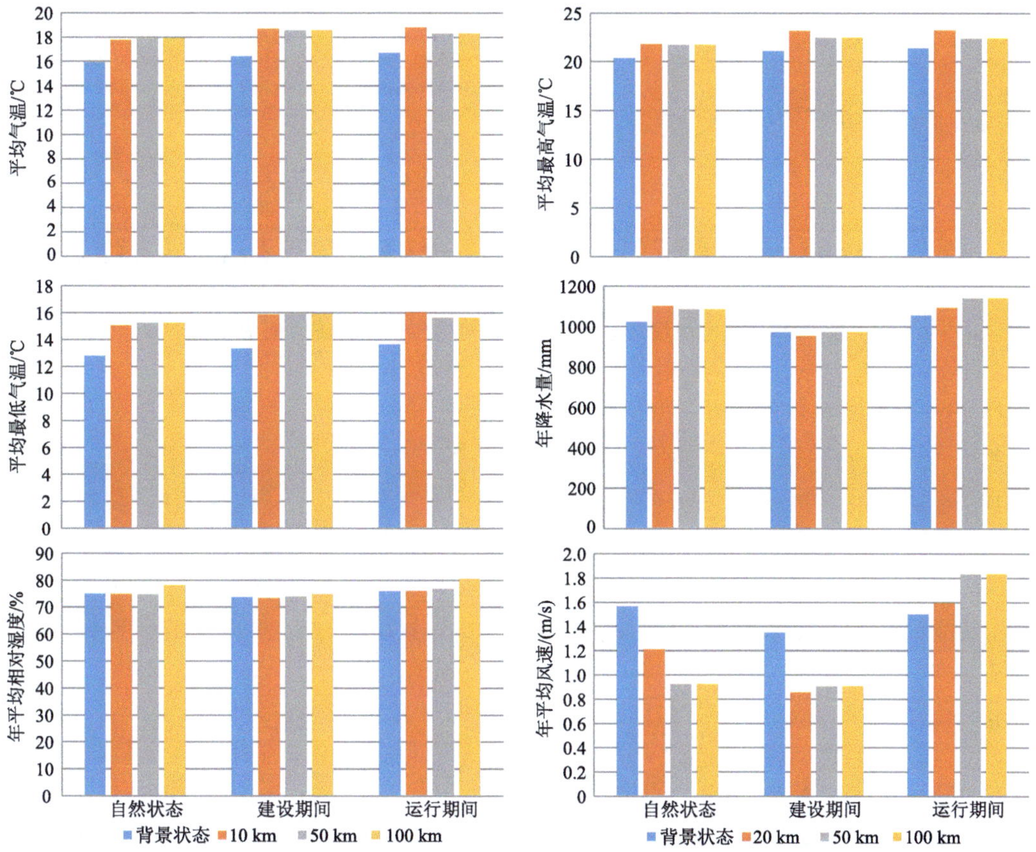

图 2.38　向家坝水库周边不同阶段的气候

2015 年 12 月 24 日，乌东德水电站全面开工，2020 年 6 月 29 日，首批机组投产发电，2021 年 6 月 16 日实现全部机组投产发电。白鹤滩电站于 2017 年 7 月主体工程正式开工，2021 年 6 月 28 日首批机组发电。对乌东德和白鹤滩两个水库气候效应的分析也均发现了水库对周边气候要素有一定的影响，受影响的程度随距离增大迅速下降(图 2.40 和图 2.41)。在 20 km 范围内的影响与年际波动量级相当或更小。到 100 km 范围的影响大多小于年际波动量级。对比不同距离的气候状况可以看出，不同地区的气候差异远大于水库的影响。这里需要注意的是，乌东德和白鹤滩水电站建成时间较短，参与统计分析的数据量较少。

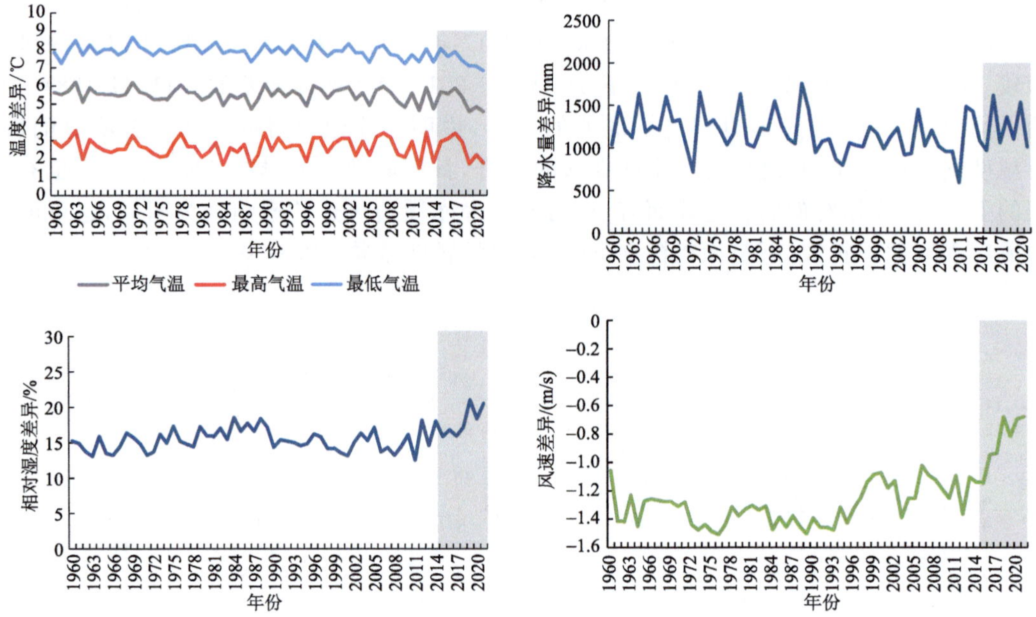

图 2.39　向家坝周边地区与金沙江流域气候差异随时间的变化

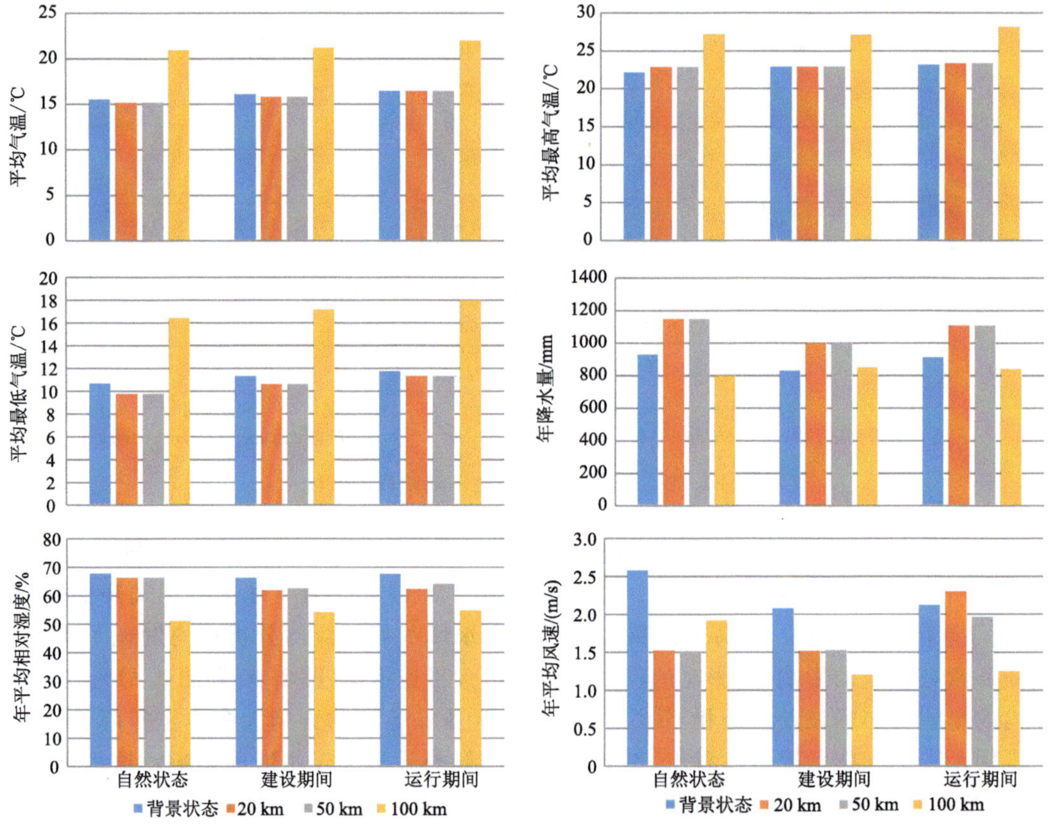

图 2.40　乌东德水库周边不同阶段的气候

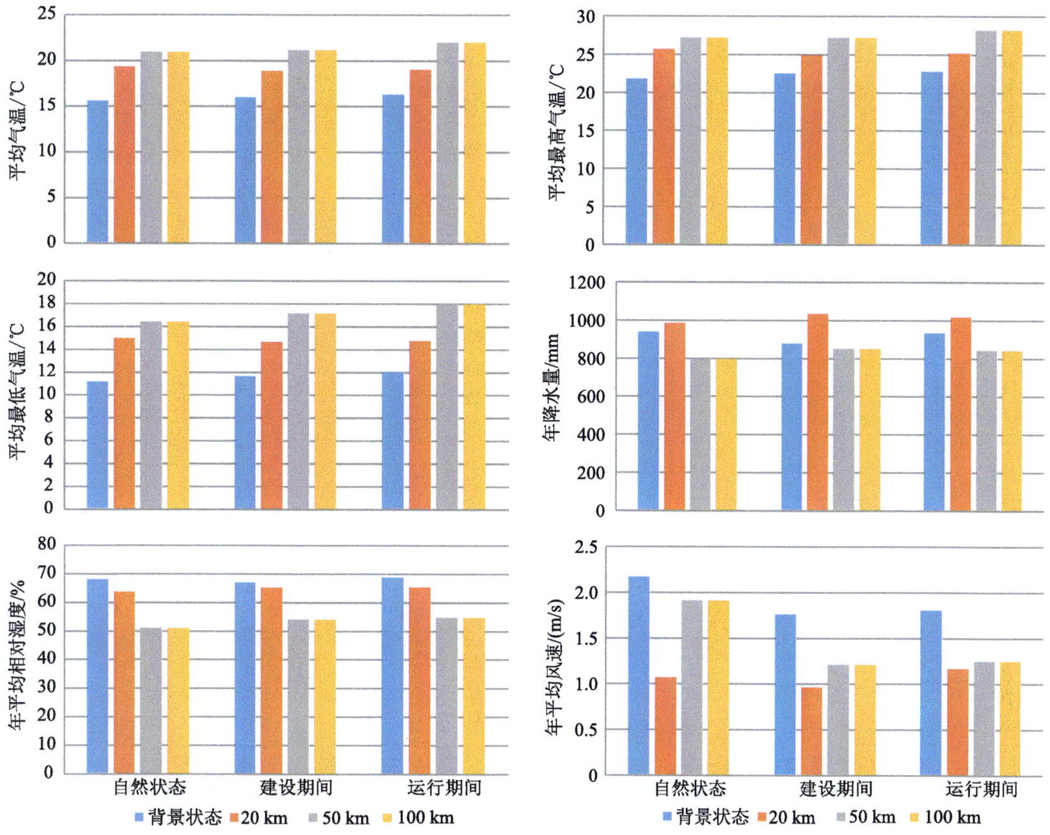

图 2.41　白鹤滩水库周边不同阶段的气候

三峡工程于 1994 年正式动工，2003 年 6 月开始蓄水发电，2009 年全部完工。这里选择 1961—1993 年作为建设前阶段，反映当地自然的气候状态，1994—2003 年作为施工阶段或建设阶段，2004—2022 年作为运行阶段，对比距离库区直线距离 20 km、50 km 和 100 km 范围内的气象观测记录的差异，分析三峡水库的气候效应（图 2.42）。在 20 km 范围内，平均气温的差异约为 0.98 ℃，1961—1993 年的标准差约为 0.65 ℃，在 50 km 范围，平均气温的差异迅速降为 0.39 ℃，小于标准差（0.45 ℃）。降水量的差值仅 33 mm，远小于 292 mm 的年降水标准差，相对湿度和风速均较未建水库前有所上升。

使用 CLDAS 资料对选取的乌东德水电站库区自然期和建设期，向家坝水电站建设期和运行期气候与金沙江下游背景场的差异随距离的变化进行分析。乌东德水电站建设前和建设期的风速差异不大，大约在 12 km 附近气温的走势趋于一致。再向外随距离增加气候特征差值的变化不明显。在距向家坝水库 13 km 左右，建设期和运行期的气温变化趋于一致，在距水库接近 20 km 的地区，风速的数值也趋于一致。说明水库对气候的影响范围基本不超过 20 km。

总体来看，水库的建成造成区域内下垫面性质的一定变化，必然会对气候造成的一定的影响。但金沙江下游梯级电站和三峡水库的气候效应范围和强度均有限，不会对区域气候造成大的影响。

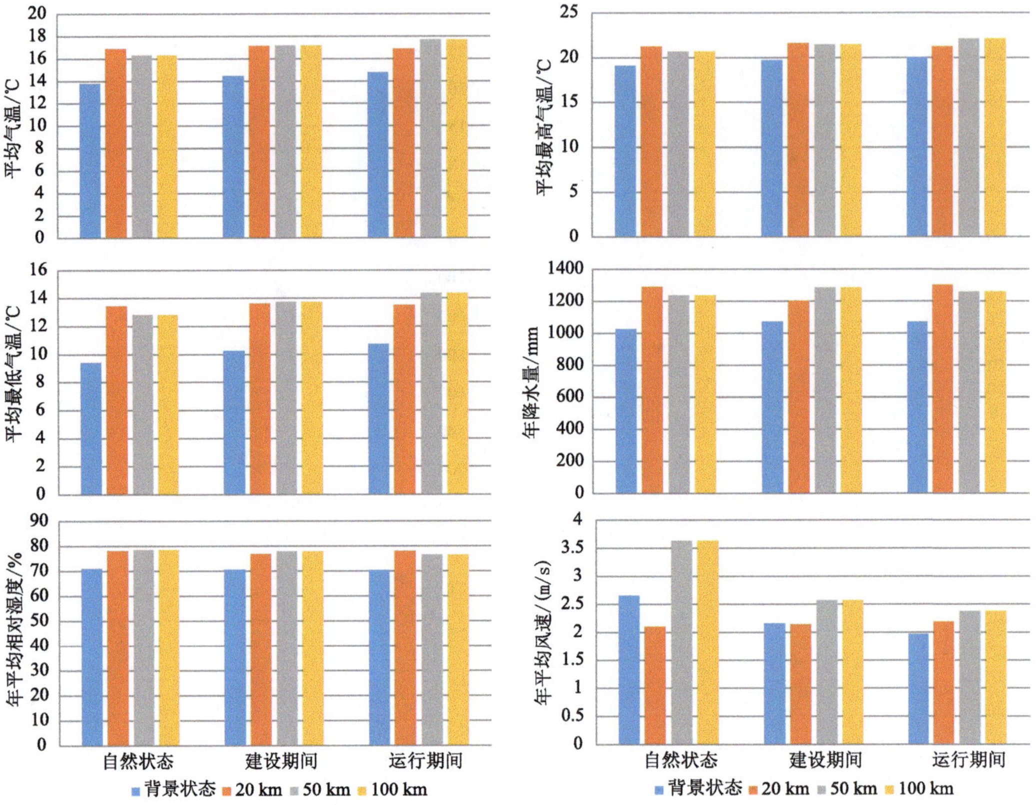

图 2.42　三峡水库周边不同阶段的气候

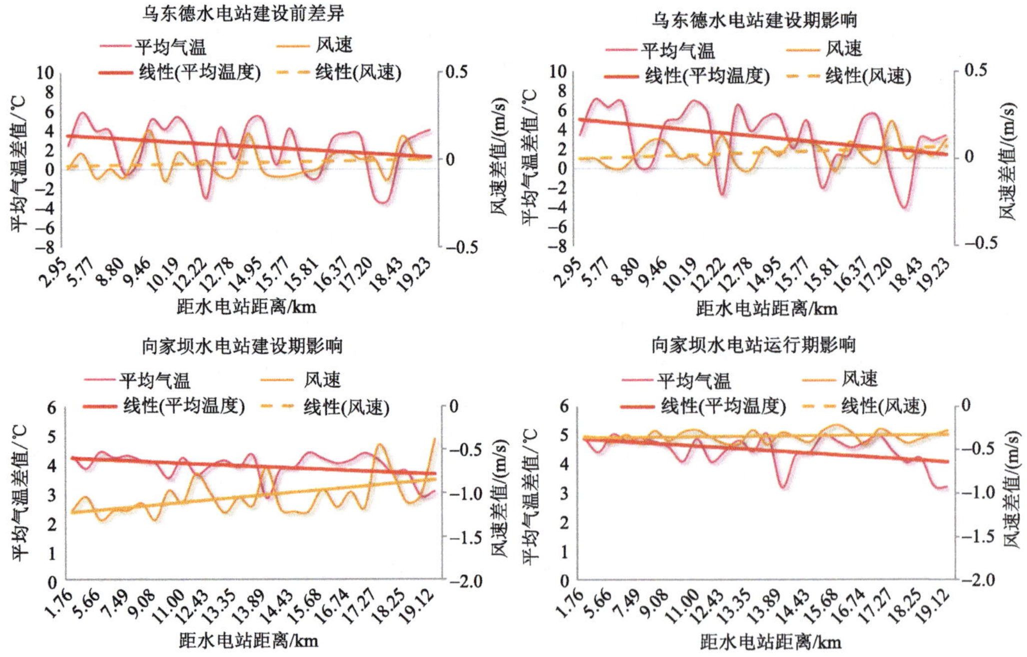

图 2.43　典型库区建设前、建设期和运行期气候差异与距离的关系(趋势线实线表示通过 0.05 显著性检验)

2.5　本章小结

使用长江流域 1961—2020 年气象观测资料，分析了长江流域主要气候要素近 60 年的平均气候场特征和线性变化趋势。结果表明，长江流域气候相对温和湿润，近 60 年全流域平均气温一般在 16 ℃上下波动，降水量约 1200 mm，大部分地区年总日照时数在 1000～2500 h，相对湿度在 55%～85%。流域内各气候要素的分布有明显的区域性差异，受海拔和纬度的双重影响，气温空间分布呈东南高西北低的趋势，上游降水量低于中下游。上游的金沙江流域日照资源充足，四川盆地日照资源在全流域最低。近 60 年，长江流域的平均气温先降后升，整体呈显著上升趋势，升温的线性趋势达到 0.18 ℃/10 a。降水量呈波动变化，整体呈长期上升趋势，降水量每 10 年增加 14 mm。日照时数和年平均风速则呈下降趋势。各气候要素变化空间分布差异明显。以长江上游的干流、四川盆地东部的平原地区和嘉陵江流域南部为中心，升温速度偏慢，两侧特别是中下游地势低缓的地区增温迅速。上中下游降水量的空间变化差异也很明显，上游降水增多和减少的地区交错分布，整体呈微弱的上升趋势，中下游流域降水量则整体呈增多的趋势，且自西向东降水的增速逐渐加大。金沙江下游 4 个水电站区域，近几十年年降水量、气温、日照时数、相对湿度和风速的变化有明显的年代际差异。长江流域 1961—2020 年干湿变化也有阶段性特点，1961—2000 年变湿，2001—2010 年变干，2011—2020 年再次转为变湿。上游的干湿形势与全流域类似，但变幅比全流域小。下游以变湿为主，中游和上游的大部分地区以变干为主。

参考文献

GEMMER M, JIANG T, SU B D, et al, 2008. Seasonal precipitation changes in the wet season and their influence on flood drought hazards in the Yangtze River Basin, China[J]. Quaternary International, 186: 12-21.

IPCC, 2021. Climate Change 2021: The Physical Science Basis [M]. Cambridge: Cambridge University Press. https://www.ipcc.ch/report/ar6/wg1/#FullReport.

JIANG T, ZHANG Q, ZHU D, et al, 2006. Yangtze floods and droughts (China) and teleconnections with ENSO activities (1470-2003) [J]. Quaternary International, 144: 29-37.

LU E, LIU S Y, LUO Y L, et al, 2014. The atmospheric anomalies associated with the drought over the Yangtze River Basin during spring 2011[J]. Journal of Geophysical Research-Atmospheres, 119(10): 5881-5894.

第 3 章　长江流域极端气候变化评估

引言

IPCC 第六次评估报告指出，1880—2020 年全球平均地表温度显著升高，全球变暖是毋庸置疑的事实。全球变暖直接影响极端气候的变化，使大气持水量增多，全球异常极端气候事件频繁出现，高温热浪、暴雨洪涝、冰雹、龙卷等极端天气气候事件的频繁发生，由此引发突发事故及地质灾害频现，对世界范围内的农业、能源、生态系统和人类健康等造成非常大的影响，因而受到全球各界的广泛关注。全球平均气温在近百年来快速上升，20 世纪 50 年代以来，高温热浪等极端热事件在全球陆地区域增强、增多；海洋热浪从 80 年代以来频率几乎翻番；极端强降水在大部分数据完备的陆地区域增强、增多；一些区域干旱增强（IPCC，2021）。与 20 世纪中期或更早时期相比，所有区域的气候因子都发生了明显的变化，造成了相关气候指数的强度、频率、季节性、空间范围偏移（Zhai et al.，2021）。通过多重证据评估得到，随着全球升温的进一步加剧，每一个区域都将越来越多地经历多种气候因子的同时变化。与全球升温 1.5 ℃相比，升温 2 ℃时的变化将更加广泛；在更高的升温水平下，其变化将更广泛或更显著。另外，城市气候变化、复合型极端事件、低概率高风险事件也得到了加强。随着全球变暖加剧，许多区域发生复合型极端事件的可能性将会增加（高信度）（任国玉 等，2010）。特别是，复合高温干旱事件可能会变得更加频繁。全球升温 2 ℃及以上与升温 1.5 ℃相比，多个地点同时发生的极端事件将变得更加频繁，包括在主要作物产区（高信度）。

长江流域是世界第三、中国第一大流域，包括长江干流和支流流经的广大区域，其支流较多，水资源相对丰富，是我国水资源配置的战略水源地。长江流域幅员辽阔，横跨青藏高寒区、西南热带季风区和华中亚热带季风区（Gemmer et al.，2008；Jiang et al.，2006；Lu et al.，2014），气候条件十分复杂。受纬度和海拔的共同作用，西部高寒的三江源地区和东南部鄱阳湖流域年平均气温差别极大。受季风影响，降水的空间和时间分布由西北高寒区到东南亚热带季风区的差异性也很大（任国玉 等，2003；陈鲜艳 等，2013）。在全球变暖背景下，长江流域的气候变化特别是极端冷暖事件特征直接关系到整个流域和周边地区人类的生存和工农业的发展，并对全国的生态、水资源、粮食安全等产生重要的影响（丁一汇 等，2008；赵琳娜 等，2008；Stillman，2019）。同时，该区域也是地质灾害易发、高发的地区，山洪、滑坡、泥石流持续发生。近年来，受汶川、雅安等多次大地震的影响，该横断山区孕灾环境充分发育，灾害发生临界气象条件进一步降低。为适应气象变化影响，减缓地质灾害风险，亟须开展长江流域极端气候变化和重点区域地质灾害风险的评估，有针对性地制订长江流域适应气候变化的减灾战略。

3.1　长江流域主要气象灾害特征

长江流域作为我国最主要的水系之一，是世界第三大流域，流域总面积 180 万 km^2，约占我国国土面积的 18.8%。长江流域多年平均降雨量 1067 mm，大部分地区属湿润半湿润气候，受东亚季风影响，长江流域主要气象灾害包含暴雨洪涝、高温干旱以及低温冰冻等。

3.1.1　长江流域暴雨洪涝灾害

20 世纪以来，长江流域暴雨洪涝对国民生产安全带来了极大的影响。如有 1954 年、1998 年全流域性的特大洪水，以及 1980 年、1981 年、1983 年、1995 年、1996 年、1999 年和 2002 年等区域性大洪水。其中，全流域每年水灾受影响面积达 2860.2 万亩*，占耕地面积的 7.9%；年平均成灾面积 1776.5 万亩，占总耕地面积的 4.9%，占受灾面积的 62.1%。1954 年长江发生了全流域性特大洪水，该年长江中下游地区雨季提前到来，洪水发生也比一般年份早，洞庭湖、鄱阳湖水系于 4 月即进入汛期，长江中下游干流高水位持续时间长，汉口至南京段水位自 6 月 25 日起全线超过警戒水位，中下游洪水位全线突破当时的历史最高值。该年长江上游宜昌水文站最大洪峰流量 66800 m^3/s，在荆江采取分洪措施后，沙市最高水位仍达 44.67 m；中游汉口水文站最高水位 29.73 m，超过 1931 年的最高水位，相应流量 76100 m^3/s；下游大通水文站最高水位 16.64 m，相应流量 92600 m^3/s。最大 30 d 洪量，1954 年分洪溃口水量达 1023 亿 m^3。1998 年，长江流域发生了 20 世纪以来仅次于 1954 年的又一次全流域的大洪水。长江中下游干流沙市至螺山、武穴至九江共计 359 km 的河段水位超过了历史最高水位。鄱阳湖水系五河、洞庭湖水系四水发生大洪水后，长江上中游干支流又相继发生了较大洪水，长江上游接连出现 8 次洪峰。据初步分析，1998 年 7 月和 8 月，长江上游来水量略大于 1954 年，中、下游水量略小于 1954 年。1998 年最大 30 d 洪量，宜昌、汉口、大通站分别为 1379 亿 m^3、1885 亿 m^3 和 2193 亿 m^3，而 1954 年上述三站最大 30 d 洪量分别为 1386 亿 m^3、2182 亿 m^3 和 2576 亿 m^3。总体而言，1954 年和 1998 年洪水给全国的生态、水资源、粮食安全、人民财产安全等产生了严重影响(李勇先 等，2022)。

3.1.2　长江流域高温干旱灾害

相较于洪水灾害，长江流域高温干旱灾害十分频繁，干旱灾害的破坏力同样十分巨大。《长江流域干旱年天气背景分析》分析了 1951 年以来长江流域主要干旱年降水的时空分布，通过对长江流域典型干旱年、偏旱年及平水年中极涡、西风带、副热带高压的演变规律，以及地转风、角动量输送特点的比较分析，归纳了高温干旱年份的天气环流特征。此外，《长江上游干旱灾害分析及防灾减灾措施》《长江中下游地区干旱变化特征分析》《长江流域 1961—2015 年不同等级干旱时空变化分析》《长江中下游地区气象干旱特征》等也对长江流域干旱变化规律进行了分析和解释。

21 世纪以来，随着全球变暖加剧，近年来大范围干旱事件频繁发生。特别是 2022 年夏季，长江流域降雨量较常年同期严重偏少，流域高温天气持续时间较长。造成了历史同期最为严重的高温干旱事件。2022 年 7 月以来，长江流域四川、重庆、湖北、湖南、安徽、江西省(直辖市)发生旱情。与长江流域发生过的历史典型夏伏旱过程对比看来，2006 年主要发生在长江上游，2008 年、2009 年、2013 年、2017 年、2018 年和 2019 年主要发生在长江中下游，而 2022 年的旱情发生空间范围大，覆盖了长江干流的上游、中游和下游，较为少见，也给流域内水资源应急调度造成一定困难。

---

* 1 亩 = 1/15 hm^2(公顷)，下同。

3.1.3 长江流域低温冰冻灾害

长江流域冬季近几十年来接连不断地受到大范围低温雨雪气候事件和冰冻灾害的影响。低温雨雪冰冻灾害天气对电力、农业、林业、通讯、交通运输等行业产生不同程度的危害。如：2008年1—2月，我国多个省（区、市）在连续20多天遭受了冰冻雨雪袭击，造成的影响几乎涉及各行各业，给南方的电力传输、能源供给、通信设备、交通、农业和人民的健康均造成了严重影响，受灾人口达1亿多，直接经济损失超过1516亿元，受灾人口之多为近50年来同类灾害之最，这次持续性低温雨雪天气过程中，其最大连续低温日数、最大连续降雪量和最大连续冰冻日数均为1951年以来历年冬季的最大值，其强度则为百年一遇，引起了国内许多学者的高度关注（万素琴 等，2008；杨贵名 等，2008）；2011年初，西南地区又发生了一次较强的冰冻雨雪过程；从2012年1月下旬开始的持续性极寒天气席卷了整个欧亚大陆，给多个国家带来严重的损失；而2016年1月中国发生的低温雨雪天气则导致19个省最低气温跌破历史极值；2018年我国多个地区出现了灾害性持续性异常天气，中东部地区出现多次大范围持续性雨雪天气。因此，对我国南方冰冻雨雪事件开展研究具有重要的意义，对其成因机理研究已成为目前国际上备受关注的热点问题（彭京备 等，2019；武炳义，2019）。

3.2 历史时期长江流域极端气候事件演变特征

20世纪以来，全球地表温度持续升高，长江流域百年尺度极端气候变化特征备受关注。本节收集整理国家气象信息中心逐日气温、全国60个重点城市新中国成立前和成立初期的逐日气温统计表等多种纸质档案之中气温资料的数字化、ACRE-China（国际大气环流重建计划—中国子计划）以及省级气象部门早期台站气温日数据。选取长江流域659个国家级气象观测站1961—2020年逐日最高气温、最低气温和降水量资料以及17个1901—2020年经过数字化、质量控制和缺测值插补的气象观测资料（气温10个台站，降水17个台站）。金沙江是长江流域的重要河段，近年来地质灾害事件频发，严重影响国家建设与人民安居乐业。选取金沙江下游河段梯级电站所在区域为重点研究区域，利用1961—2020年逐日最高气温，最低气温和降水量等资料开展极端气候事件分析，其中，重点区域选取金沙江下游流域4个库区的气象站资料进行分析，分别是向家坝附近有9个站、溪洛渡附近有6个站、白鹤滩附近有9个站、乌东德附近有6个站。在计算典型库区水电站建站前后对极端气候的影响时，选取国家气象信息中心《CLDAS大气驱动场产品V2.0》进行分析。利用世界气象组织（WMO）和世界气候研究计划（WCRP）等联合成立的气候变化检测和指数专家（ETCCDI）定义的27个具有代表性的极端气候指数进行时空分析。参考长江流域极端气候及变化特征，最终选取其中8个极端气温指数（TXX：最高气温最高值；TNN：最低气温最低值；TN10P：冷夜；TX10P：冷日；TN90P：暖夜；TX90P：暖日；FD：霜冻日数；SU：夏日日数）和8个极端降水指数（RX1day：最大1日降水量；RX5day：最大5日降水量；R95P：强降水总量；R99P：极端强降水总量；R20mm：大雨日数；R50mm：暴雨日数；CDD：最长连续干旱日数；CWD：最长连续降雨日数）进行分析。详细定义见表3.1。这些指数可以有效反映长江流域百年尺度暴雨洪涝、高温干旱及低温冰冻等极端天气气候事件变化特征。

表 3.1　极端事件指数定义

指数	定义	单位
最高气温最高值(TXX)	每年日最高气温的最大值	℃
最低气温最低值(TNN)	每年日最低气温的最小值	℃
冷夜(TN10P)	最低气温小于 10%分位值天数百分比	%
冷日(TX10P)	最高气温小于 10%分位值天数百分比	%
暖夜(TN90P)	最低气温大于 90%分位值天数百分比	%
暖日(TX90P)	最高气温大于 90%分位值天数百分比	%
夏季日数(SU)	每年日最高气温大于 25 ℃的全部天数	d
霜冻日数(FD)	每年日最低气温小于 0 ℃的全部天数	d
最大 1 日降水量(RX1day)	每年最大的 1 d 降水量	mm
最大 5 日降水量(RX5day)	每年最大的连续 5 d 降水量	mm
强降水量(R95P)	每年大于基准期内 95%分位点的日降水量的总和	mm
极端强降水量(R99P)	每年大于基准期内 99%分位点的日降水量的总和	mm
暴雨日数(R50mm)	每年日降水量大于或等于 50 mm 的天数	d
大雨日数(R20mm)	每年日降水量大于或等于 20 mm 的天数	d
最长连续干旱日数(CDD)	每年最长连续无降水日数	d
最长连续降雨日数(CWD)	每年最长连续有效降水日数	d

3.2.1　近 120 年极端气温变化特征

图 3.1 和表 3.2 为长江流域 120 年 8 个极端气温指数时间序列和变化趋势，其中，多个极端气温指数趋势变化特征较为显著。1901—2020 年 FD、TN10P、TX10P 和 TN90P 等变化较为显著(均通过 95%显著性检验)，除了 SU、TNN、TXX、TX90P 和 TN90P 为上升趋势外，其他指数均为显著下降趋势，说明长江流域在百年尺度上极端低温事件发生频率呈下降趋势，而极端高温事件发生频率呈上升趋势。20 世纪前 60 年极端气温变化趋势较后近 60 年(1961—2020 年)变化趋势偏小。

图 3.2 给出了 1901—2020 年长江流域不同时期极端气温指数(TX90P、TN90P、TX10P 和 TN10P)线性趋势分布。1901—1960 年，TX90P 和 TN90P 为下降趋势，TX10P 和 TN10P 为上升趋势，TX90P 和 TX10P 趋势显著，其特征主要受到长江上游和中游部分台站影响较大。1961—2020 年 TX90P 和 TN90P 主要为上升趋势，而 TX10P 和 TN10P 为下降趋势，各个指数变化趋势均达到显著性检验，其上升或下降特征在长江全流域多数台站较为显著。1901—2020 年，全流域多数台站 TX90P 和 TN90P 总体为上升趋势，TX10P 和 TN10P 为下降趋势，长江中下游台站趋势特征更为明显。综上所述，1961—2020 年各个指数的变化趋势与早期变化趋势相反，且趋势变化更为显著。

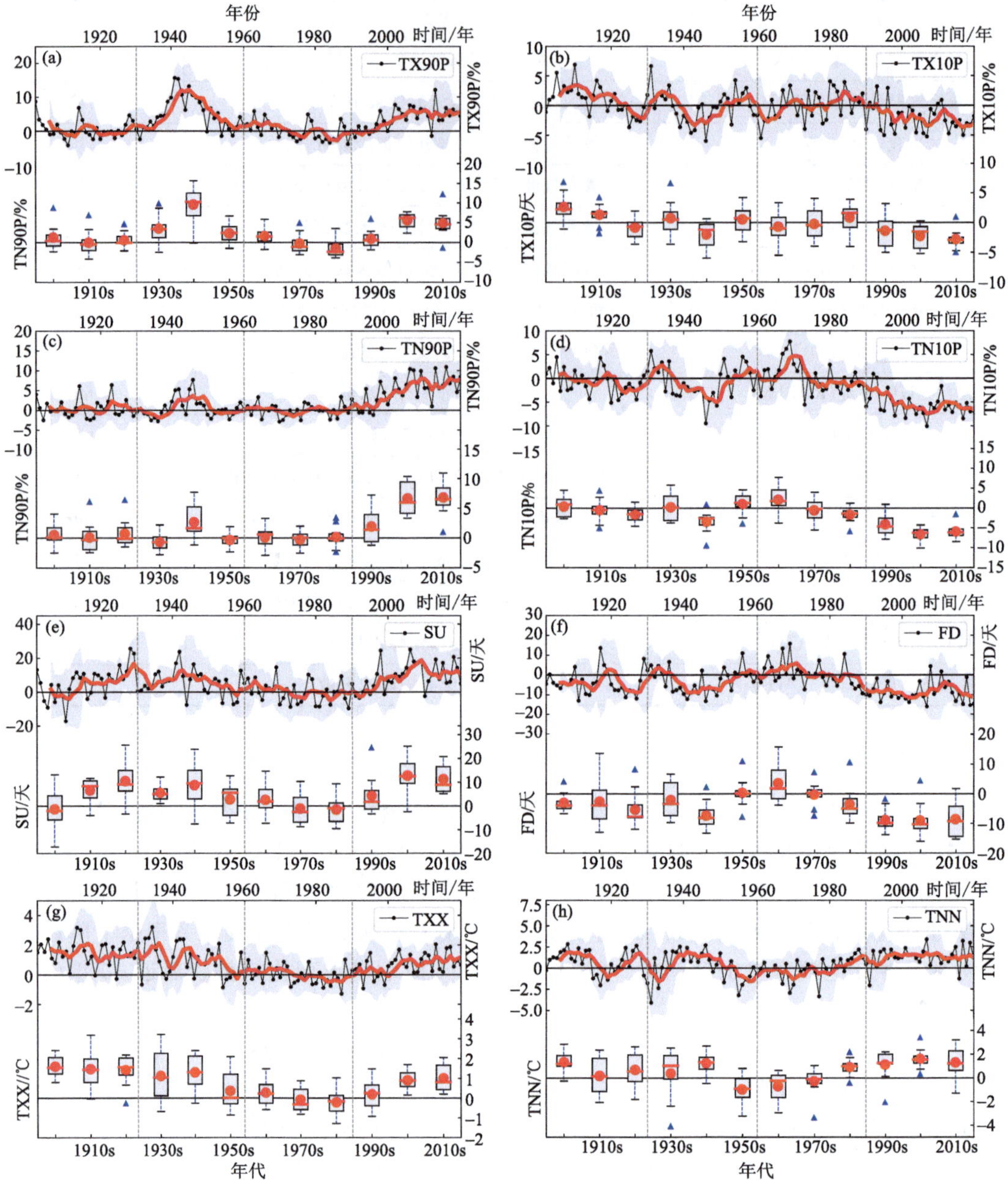

图 3.1　1901—2020 年长江流域极端气温指数时间序列及箱形图

（a. TX90P：暖日，b. TX10P：冷日，c. TN90P：暖夜，d. TN10P：冷夜，e. SU：夏日日数，f. FD：霜冻日数，g. TXX：最高气温最高值，h. TNN：最低气温最低值；时间序列中的红线代表滑动平均值；阴影部分表示 5 年滑动平均值加上或减去 5 年滑动标准差的范围，箱形图表示不同年代的气温值分布特征，箱形图中的点、线和三角形分别表示每 10 年中的气温平均值、中位数和异常值）

表 3.2　1901—2020 长江流域极端气温指数线性趋势(TX90P:暖日(%/10 a),TX10P:冷日(%/10 a),TN90P:暖夜(%/10 a),TN10P:冷夜(%/10 a),SU:夏日日数(d/10 a),FD:霜冻日数(d/10 a),TXX:最高气温最高值(℃/10 a),TNN:最低气温最低值(℃/10 a))(下划线表示通过 0.05 显著性检验)

时间	FD	SU	TXX	TNN	TN10P	TX10P	TN90P	TX90P
1901—2020 年	−0.44	0.27	0.11	0.05	−0.51	−0.31	0.47	0.11
1901—1960 年	0.22	0.45	−0.21	−0.21	0.20	0.49	−0.07	−0.91
1961—2020 年	−2.65	2.64	0.19	0.44	−1.71	−0.53	1.62	1.05

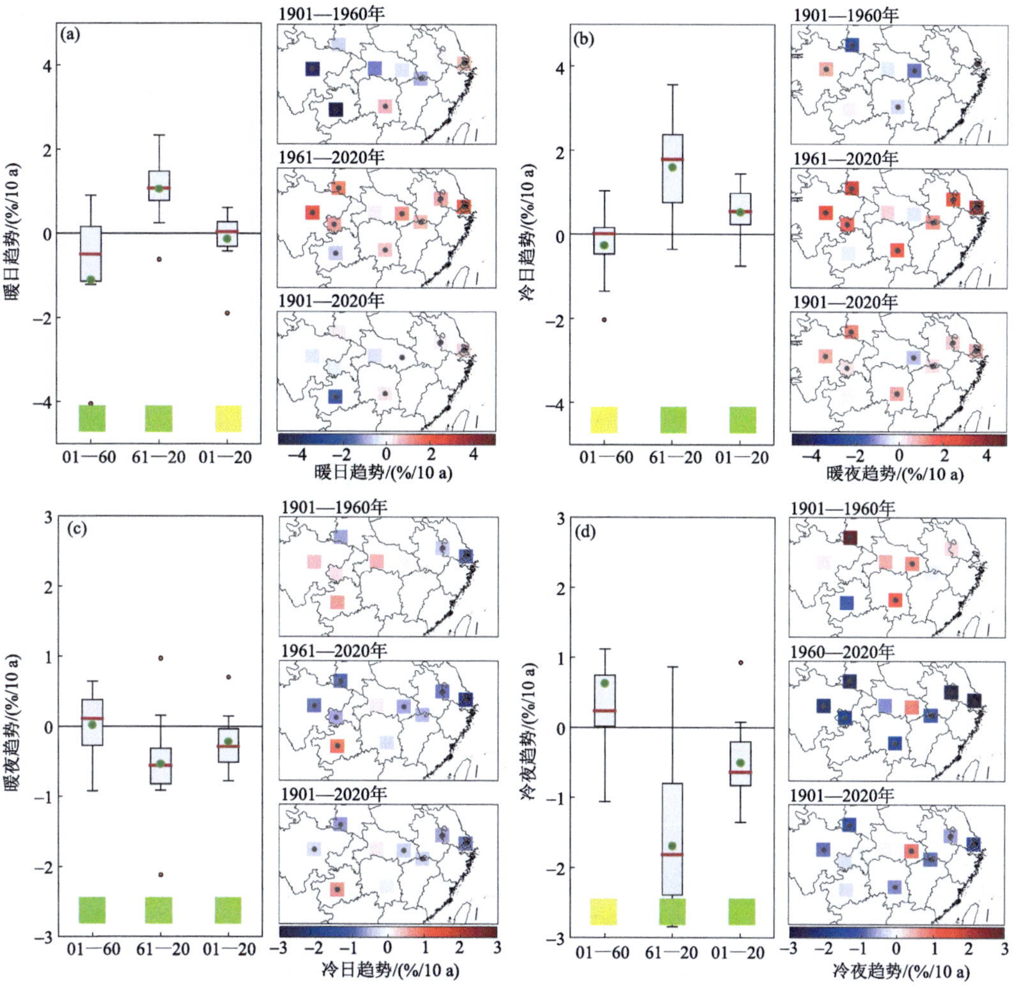

图 3.2　长江流域不同时期气温线性趋势的箱形图和空间分布

(a. TX90P:暖日,b. TN90P:暖夜,c. TX10P:冷日,d. TN10P:冷夜;01—60 表示 1901—1960 年,61—20 表示 1961—2020 年,01—20 表示 1901—2020 年;箱形图表示每个时期相应指数的线性趋势分布特征,黑点、绿点和红线分别表示相应指数的异常值、平均值和中位数线性趋势,框图中绿色、黄色方框分别代表统计学显著性($P<0.05$)和无统计学显著性,空间分布图中黑点表示线性趋势统计学显著性($P<0.05$))

图 3.3 给出 1901—2020 年长江流域不同时期极端气温指数(SU、FD、TXX 和 TNN)线性趋势分布特征。1901—1960 年,SU 的区域中位数为下降趋势,FD 为上升趋势,其特征多数反

映在长江上游区域，即 SU 在上游部分台站下降趋势显著，FD 则为上升趋势显著。TXX 和 TNN 在早期表现为长江流域多数台站为显著的下降趋势，且这两个指数区域平均值也均为显著的下降趋势。1961—2020 年以及 1901—2020 年 SU 为上升趋势而 FD 为下降趋势，其上升和下降特征在长江流域多数台站上均有体现，1961 年的趋势特征更显著于 1901—2020 年时期。TXX 和 TNN 在 1961—2020 年上升趋势较 1901—2020 年更加显著，说明近 60 年城市的快速发展进程影响了极端指数的上升速率。

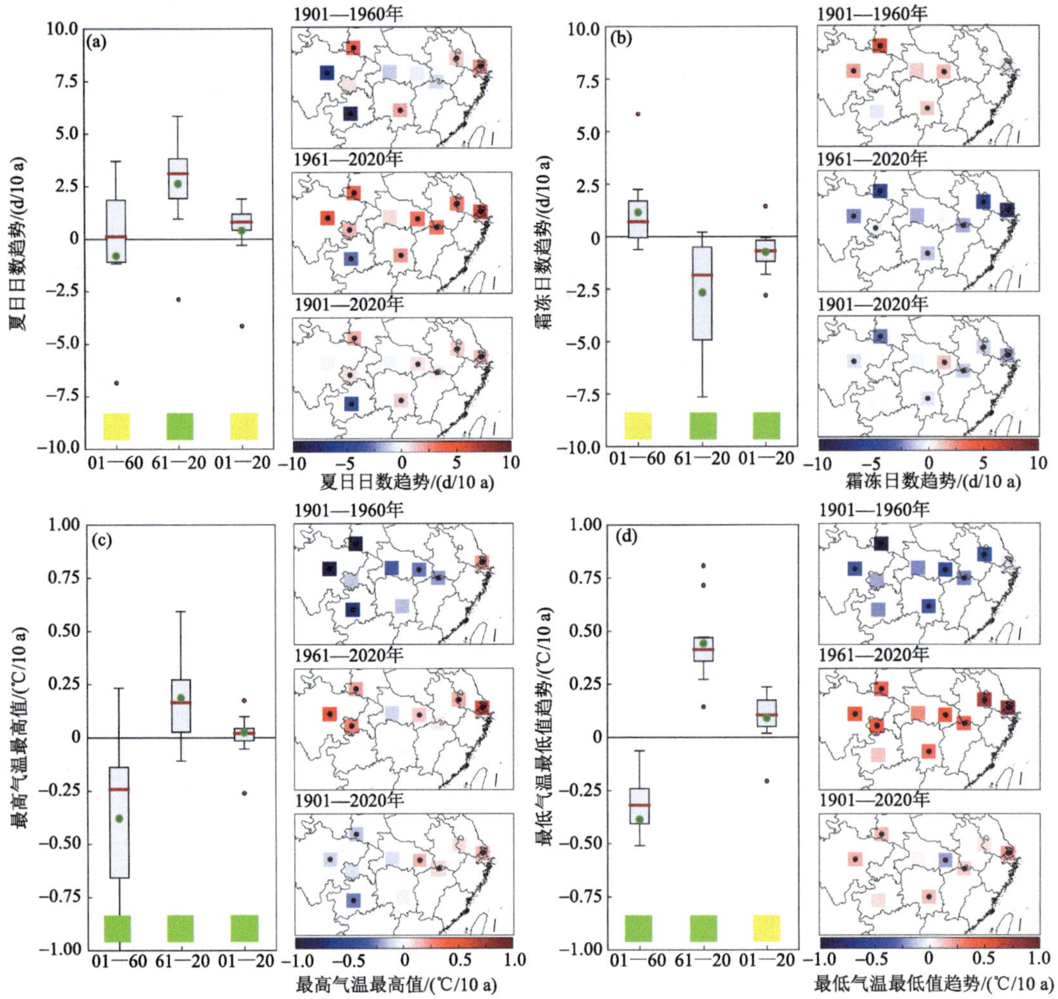

图 3.3　长江流域不同时期气温线性趋势的箱形图和空间分布

(a. SU：夏日日数，b. FD：霜冻日数，c. TXX：最高气温最高值，d. TNN：最低气温最低值；01—60 表示 1901—1960 年，61—20 表示 1961—2020 年，01—20 表示 1901—2020 年；箱形图表示每个时期相应指数的线性趋势分布特征，黑点、绿点和红线分别表示相应指数的异常值、平均值和中位数线性趋势，框图中绿色、黄色方框分别代表统计学显著性($P<0.05$)和无统计学显著性，空间分布图中黑点表示线性趋势统计学显著性($P<0.05$))

图 3.4 给出长江流域上游和中下游极端气温指数年代际变化时间序列和箱形图。从图中得出，各个极端气温指数均存在年代际变率特征。TX90P 和 TN90P 在 20 世纪 40 年代存在显著的增大特征，而后在 80 年代转为冷期，并在最近 20 年又转为增大。其中，TX90P 在 40 年

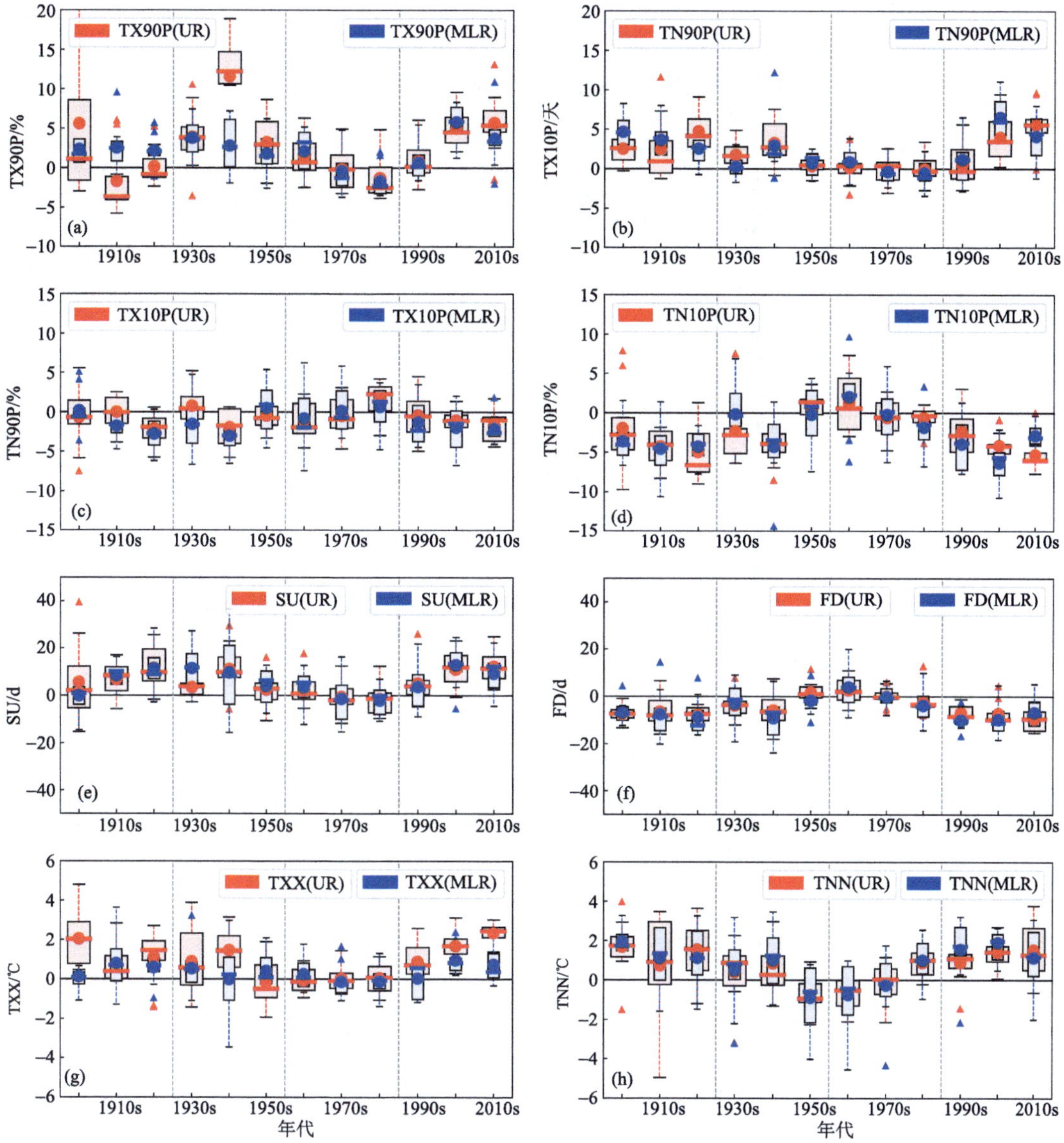

图 3.4　1901—2020 年长江全流域极端气温指数上游（UR）和中下游（MLR）年代际变率箱形图（a. TX90P：暖日，b. TN90P：暖夜，c. TX10P：冷日，d. TN10P：冷夜，e. SU：夏日日数，f. FD：霜冻日数，g. TXX：最高气温最高值，h. TNN：最低气温最低值；箱形图表示每 10 年的气温值分布特征，箱形图中的点、线和三角形表示每 10 年中的气温平均值、中位数和异常值）

代增大特征更为明显。TX10P 和 TN10P 在 40 年代相对较小，而后上升，并在 20 世纪 80 年代以后又转为下降。SU 和 FD 年代际变率特征相反，SU 在早期先上升，在 40 年代达到峰值，之后转为下降，在 80 年代达到低谷而后转为上升。FD 年代际变化则在早期为上升趋势，60 年代达到峰值而又转为下降趋势。TXX 和 TNN 早期年代际变率不明显，在 50 年代存在明显的低谷，而后缓慢上升。综上所述，长江上游和长江中下游各个极端气温指数年代际变率特征较为一致，个别极端指数在上游区域波动较大。例如，长江上游 TX90P 在早期有明显的下降趋势，而后上升并在 40 年代存在明显的峰值。而长江中下游 TN90P 在早期则没有明显的上升或下降趋势。

其他极端气温指数年代际变率特征也说明在早期长江上游较长江中下游波动性偏大。

图 3.5 是长江全流域、上游和中下游近 120 年周期特征。其中，TN90P、TX10P、TN10P、SU、FD 和 TNN 存在 10～20 年的周期特征，并且周期特征多发在 20 世纪 20—30 年代。同时，所有

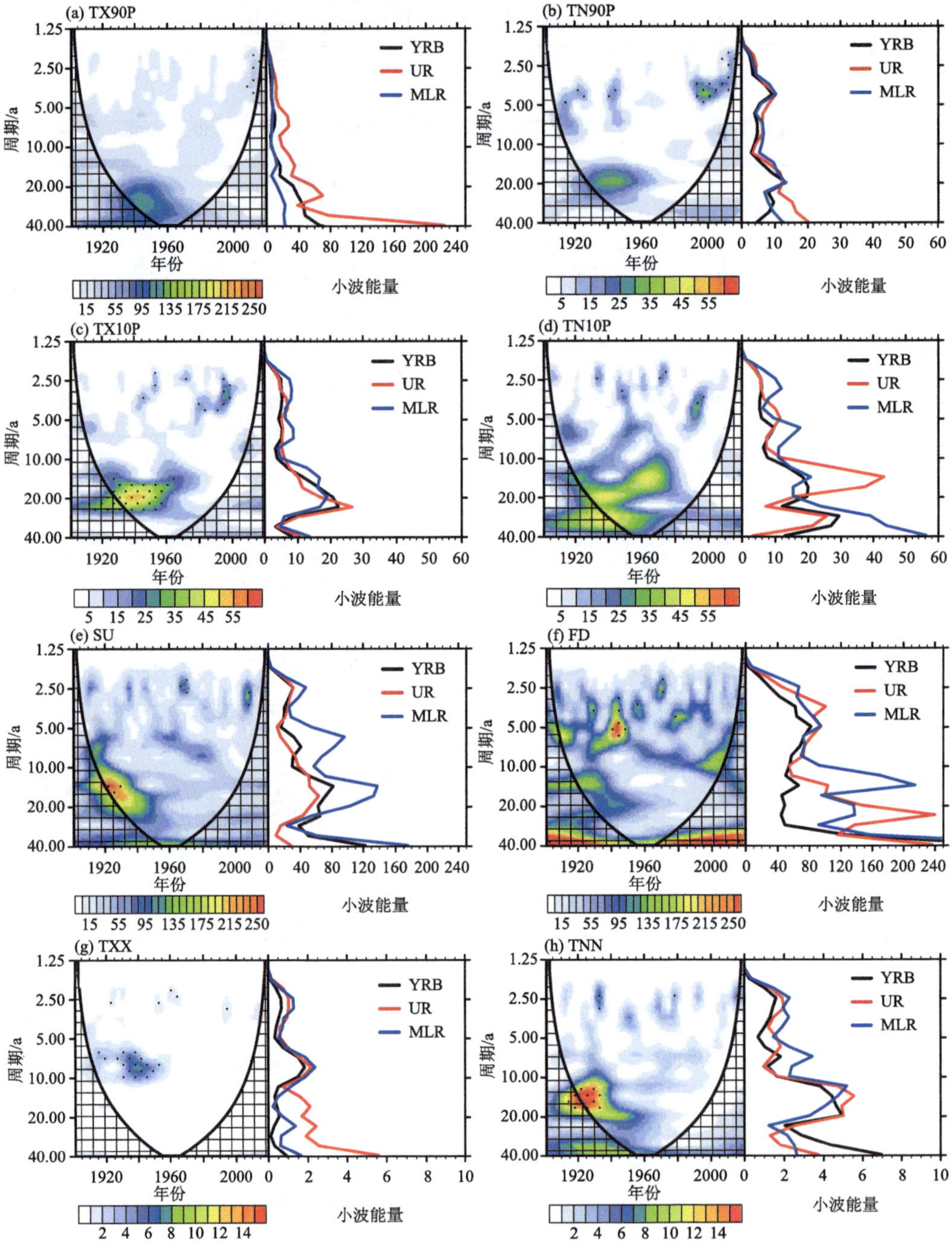

图 3.5　1901—2020 年长江流域极端气温指数小波分析图

（a. TX90P：暖日，b. TN90P：冷日，c. TX10P：暖夜，d. TN10P：冷夜，e. SU：夏日日数，f. FD：霜冻日数，g. TXX：最高气温最高值，h. TNN：最低气温最低值；YRB 表示长江流域，UR 表示长江上游区域，MLR 表示长江中下游区域）

极端气温指数在 120 年期间均存在 2.5～5 年的周期特征。从功率谱强度特征看出，TX90P、TN90P、TN10P 和 TXX 和的周期功率在长江上游要强于长江中下游。SU 和 FD 的周期功率则为长江中下游强于长江上游。综上所述，1901—2020 年极端气温指数存在显著的周期性特征，其中，主要在 20 世纪 40—50 年代存在 20 年左右的周期性特征。这也与极端气温指数年代际变率特征存在一定联系。长江上游的周期性特征功率强度要高于中下游。这对今后长江流域未来极端气候预估和预判提供了有力的参考。

3.2.2　近 120 年极端降水变化特征

图 3.6 和表 3.3 为长江流域 120 年 8 个极端降水指数时间序列和变化趋势特征。其中，多个极端降水指数趋势变化特征不显著。但是如果分为 1901—1960 年和 1961—2020 年两个时段

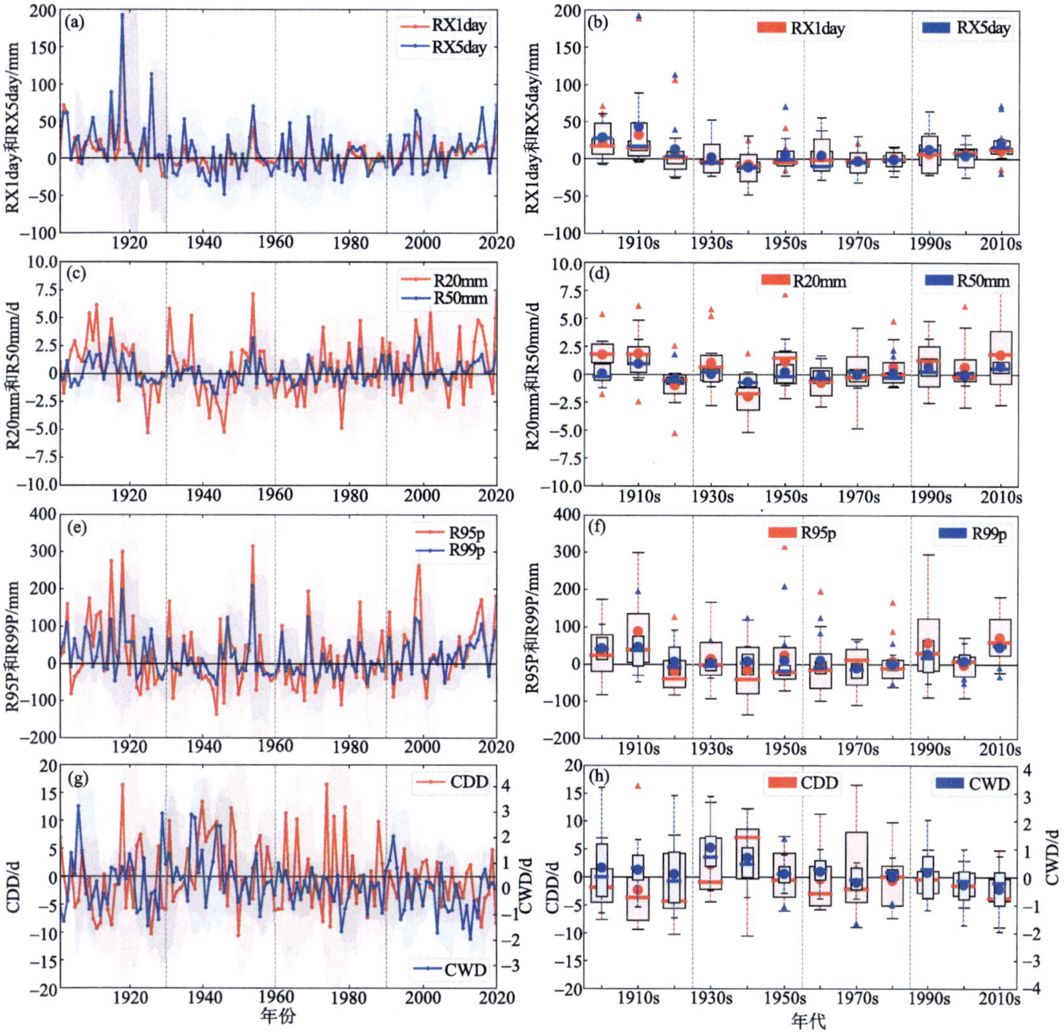

图 3.6　1901—2020 年长江流域极端降水指数时间序列及箱形图

（a 和 b. RX1day 和 RX5day：最大 1 日降水量和最大 5 日降水量，c 和 d. R20mm 和 R50mm：大雨日数和暴雨日数，e 和 f. R95P 和 R99P：强降水量和极端强降水量，g 和 h. CDD 和 CWD：最长连续干旱日数和最强连续降雨日数；时间序列中的阴影部分表示 5 年滑动平均值加上或减去 5 年滑动标准差的范围，箱形图表示每 10 年的气温值分布特征，箱形图中的点、线和三角形表示每 10 年中的气温平均值、中位数和异常值）

进行分析，多数极端降水指数变化较为显著（均通过 0.05 显著性检验）。1901—1960 年多数极端降水指数为下降趋势，且早期极端降水发生频次更为突出，1961—2020 年多数极端降水指数为上升趋势，CDD 指数下降表明近 60 年极端降水增多，干旱有所缓解。综上所述，近 120 年极端降水指数变化不明显，其中，早期为下降趋势，近 60 年为上升趋势，干旱在近 60 年有所缓解。

表 3.3　1901—2020 长江流域极端降水指数线性趋势（RX1day：最大 1 日降水量（mm/10 a），RX5day：最大 5 日降水量（mm/10 a），R20mm：大雨日数（d/10 a），R50mm：暴雨日数（d/10 a），R95P：强降水量（mm/10 a），R99P：极端强降水量（mm/10 a），CDD：连续最长干旱日数（d/10 a），CWD：连续最长降水日数（d/10 a））（下划线表示通过 0.05 显著性检验）

时间	RX1day	RX5day	R20mm	R50mm	R95P	R99P	CDD	CWD
1901—2020 年	−1.13	−1.40	0.02	0.03	0.36	−0.77	−0.08	−0.07
1901—1960 年	−6.61	−7.95	−0.35	−0.11	−9.51	−7.75	0.28	−0.07
1961—2020 年	2.12	2.87	0.37	0.13	11.29	7.29	−0.42	−0.10

图 3.7 和图 3.8 为长江流域极端降水线性趋势空间分布。其中，RX1day、RX5day、R20mm

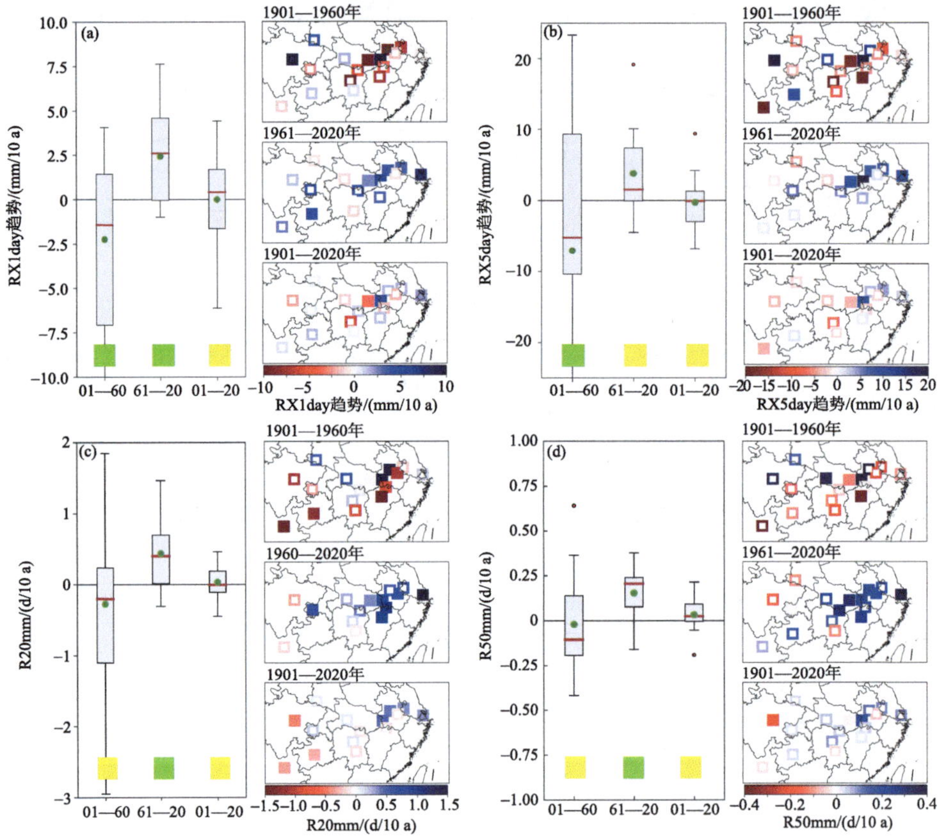

图 3.7　长江流域不同时期极端降水线性趋势的箱形图和空间分布

（a. RX1day：最大 1 日降水量，b. RX5day：最大 5 日降水量，c. R20mm：大雨日数，d. R50mm：暴雨日数；01—60 表示 1901—1960 年，61—20 表示 1961—2020 年，01—20 表示 1901—2020 年；箱形图表示每个时期相应指数的线性趋势分布特征，黑点、绿点和红线分别表示相应指数的异常值、平均值和中位数线性趋势，框图中绿色、黄色方框分别代表统计学显著性（$P<0.05$）和无统计学显著性，空间分布图中实心表示线性趋势统计学显著性（$P<0.05$））

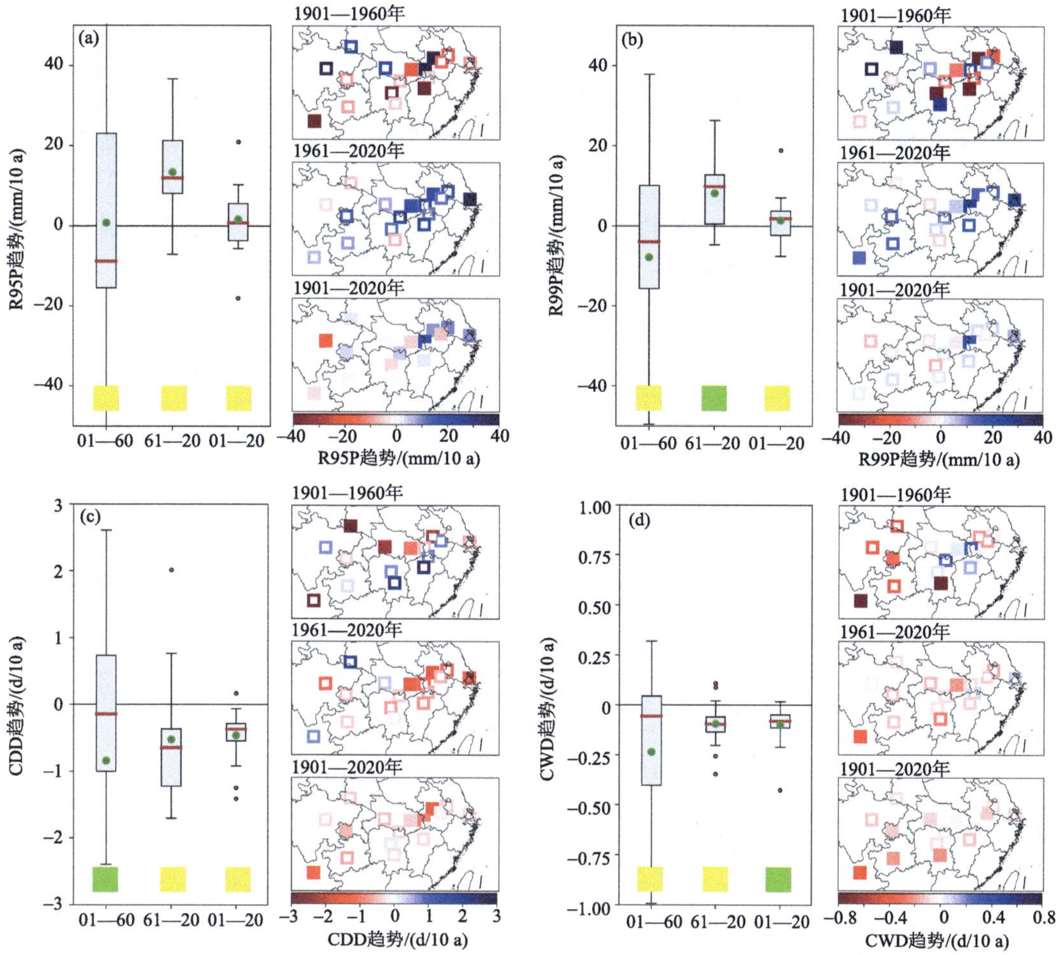

图 3.8　长江流域不同时期极端降水线性趋势的箱形图和空间分布

(a. R95P：强降水量，b. R99P：极端强降水量，c. CDD：连续最长干旱日数，d. CWD：连续最长降水日数；01—60 表示 1901—1960 年，61—20 表示 1961—2020 年，01—20 表示 1901—2020 年；箱形图表示每个时期相应指数的线性趋势分布特征，红线、绿点和黑点分别表示相应指数的异常值、平均值和中位数线性趋势，框图中绿色、黄色方框分别代表统计学显著性(P<0.05)和无统计学显著性，空间分布图中实心表示线性趋势统计学显著性(P<0.05))

和 R50mm 在早期为下降趋势，其特征主要受到长江中下游部分台站影响较大。近 60 年 RX1day、RX5day、R20mm 和 R50mm 主要为上升趋势，其上升特征在长江中下游多数台站较为显著。1901—2020 年，全流域多数台站变化趋势不显著，RX1day、RX5day、R20mm 和 R50mm 多数台站在上游以下降趋势，中下游以上升趋势为主。R95P 和 R99P 在早期为下降趋势，其特征多数反映在长江流域以南区域。近 60 年 R95P 和 R99P 为上升趋势，近 120 年来变化趋势不显著，其特征在长江流域多数台站上均有体现。CWD 在早期为下降趋势，CDD 在中下游部分台站为上升趋势。而近 60 年趋势下降。近 120 年来下降趋势在多数台站也均有体现。

图 3.9 为长江流域极端降水指数年代际变化时间序列和箱形图。从图中得出，RX1day 和 RX5day 的变化具有较高的一致性，在 20 世纪 10 年代形成明显的峰值，在 40 年代形成波谷。RX1day 和 RX5day 在 20 世纪最初 10 年略有增加，到 40 年代下降，然后再次增加。

R20mm 和 R50mm 呈正负值交替波动，在 20 世纪 40 年代前呈波动下降趋势，近 60 年呈上升趋势。R95P 和 R99P 的趋势异常表现为正值多于负值。指数最高的年份是 1953 年，其次是 1918 年，最低的年份是 1944 年。20 世纪 40 年代以前，CDD 和 CWD 指数呈上升趋势，1950—2020 年略有下降，1910—1980 年波动较大。CDD 和 CWD 指数最高的年份分别是 1977 年和 1907 年，其次是 1918 年和 1929 年。长江上游 RX1day 在 20 世纪初迅速上升，20 年代下降，并在 10 年代形成明显的峰值。而中下游的 RX1day 在 30 年代先下降后略有上升。虽然 RX5day 的变化与 RX1day 相似，但 RX5day 的异常值和年际波动更加剧烈。RX1day 和

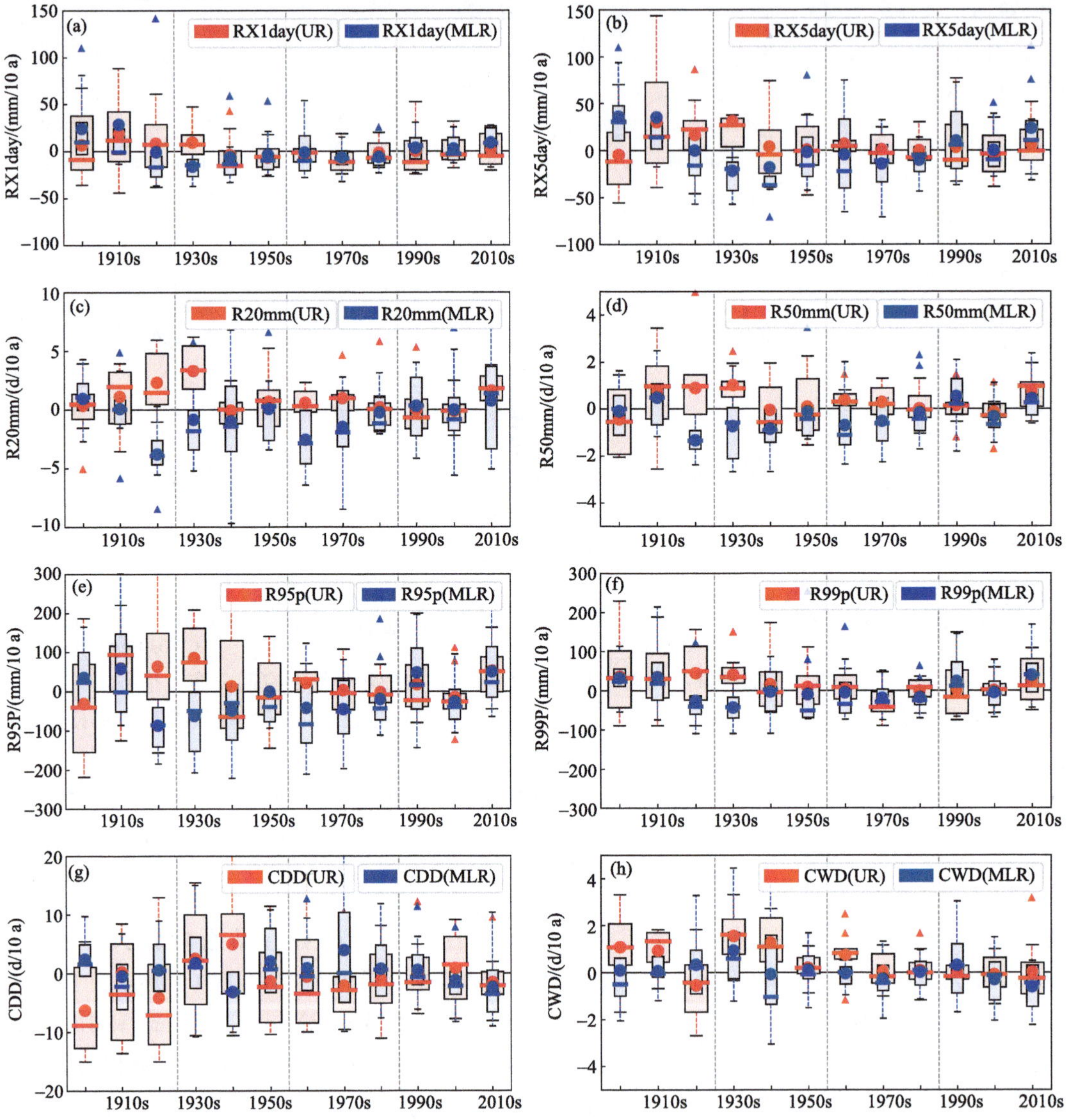

图 3.9　1901—2020 年长江全流域极端降水指数上游(UR)和中下游(MLR)年代际变率箱形图

(a. RX1day：最大 1 日降水量，b. RX5day：最大 5 日降水量，c. R20mm：大雨日数，d. R50mm：暴雨日数，e. R95P：强降水量，f. R99P：极端强降水量，g. CDD：连续最长干旱日数，h. CWD：连续最长降水日数；箱形图表示每 10 年的降水指数值分布特征，箱形图中的点、线和三角形表示每 10 年中的降水指数平均值、中位数和异常值)

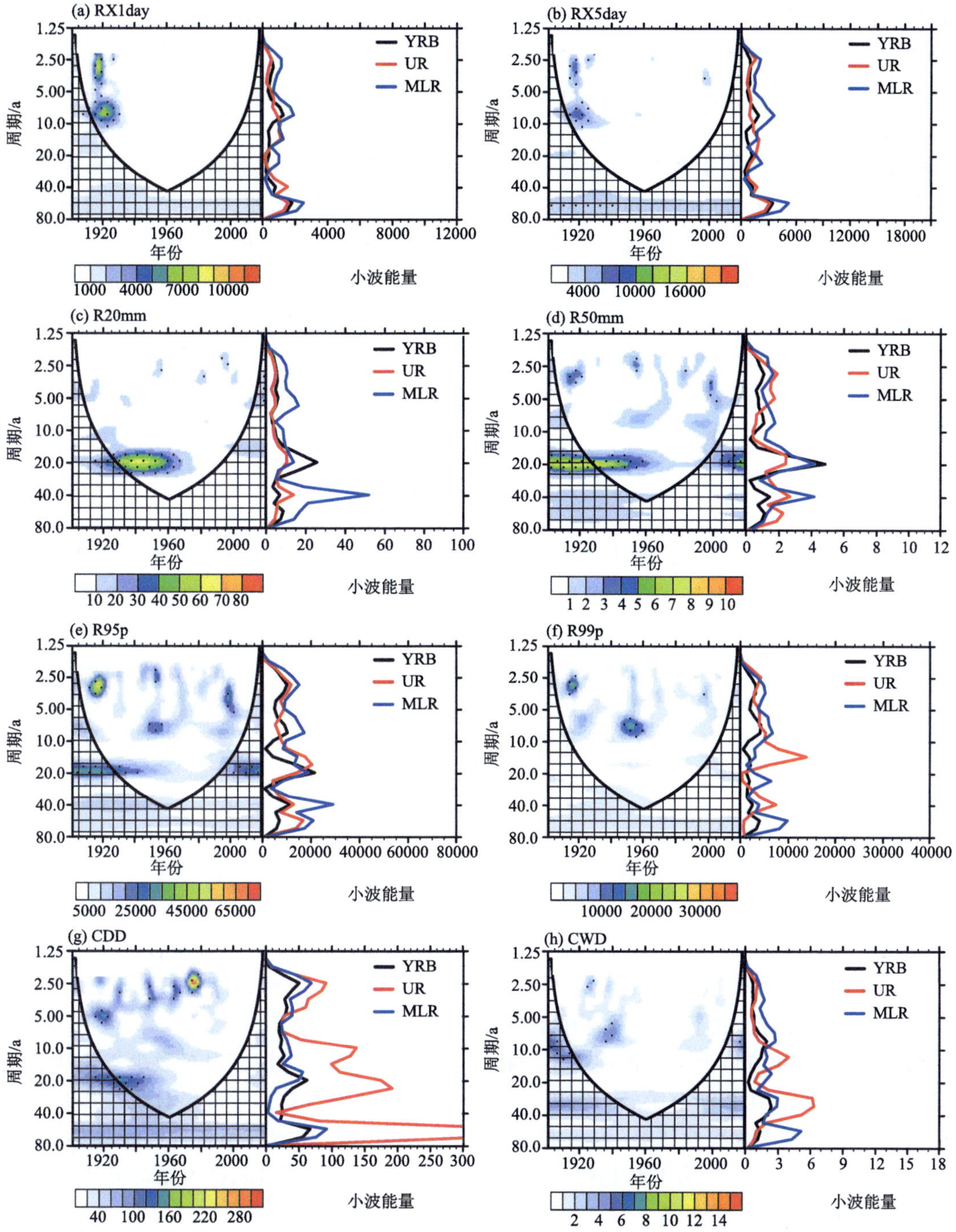

图 3.10　1901—2020 年长江流域极端降水指数小波分析

（a. RX1day：最大 1 日降水量，b. RX5day：最大 5 日降水量，c. R20mm：大雨日数，d. R50mm：暴雨日数，e. R95P：强降水量，f. R99P：极端强降水量，g. CDD：连续最长干旱日数，h. CWD：连续最长降水日数；YRB 表示长江流域，UR 表示长江上游区域，MLR 表示长江中下游区域）

RX5day 的异常值主要受长江上游异常值的影响。上游 R20mm 和 R50mm 呈正负交替波动。中下游 R20mm 和 R50mm 在 1930 年以前迅速减少，到 2020 年略有增加。上游 R95P 和 R99P 的波动比中下游更剧烈。R95P 和 R99P 的变化特征与 R20mm 和 RX1day 相似。CDD 分别在 20 世纪 40 年代有明显的峰值和低谷。CWD 分别在 20 世纪 20 年代和 40 年代形成明显的峰值和波谷。

RX1day 和 RX5day 指数在 20 世纪 20 年代具有 2.5～10 年的显著周期，YRB 的小波能量约为 1800。R20mm 和 R50mm 在 20 世纪 10 年代、30—50 年代和 90 年代有轻微的 2.5～5 年周期特征。显著的 20 年周期发生在 1920—1960 年。R20mm 和 R50mm 的 20 年周期小波能量分别可达 70 和 30。上游功率在 20 年周期内高于中下游。中下游 5 年周期指数高于上游。R95P 和 R99P 指数分别在 20 世纪 10 年代和 50 年代具有显著的 2.5～5 年和 5～10 年周期。中下游的功率特性高于上游。CDD 在 70 年代具有 2.5 年显著周期特征，在 20 年代和 50 年代具有 2.5～5 年轻微周期。20—40 年代平均有 2.5～10 年的显著周期。CDD 和 CWD 在中下游的功率高于上游。

3.3 近 60 年长江流域极端气候事件变化特征

3.2.2 节主要对 1901—2020 年长江流域 120 年极端气温和降水指数变化进行了分析，作为长江流域区域百年尺度气候变化的背景分析，还需要对流域内不同区域进行详细分析。20 世纪 50 年代以来，随着中国地面气象观测站网的建立和完善，截至 2020 年长江流域国家长序列气象站数量已超过 600 个，本节将选取长江流域 658 个站 1961—2020 年经过质量控制和非均一性订正的气象观测资料。同时利用 3.2.2 节采用的世界气象组织（WMO）和世界气候研究计划（WCRP）等联合成立的气候变化检测和指数专家（ETCCDI）定义的极端气候指数进行分区域时空变化分析。

3.3.1 近 60 年极端气温变化特征

图 3.11 为 8 个长江流域极端气温指数时间序列，其中，长江全流域 TXX 和 TNN 分别为 36 ℃和－6 ℃，TXX 显示长江全流域高于长江上游且低于长江中下游，TNN 显示长江全流域高于长江中下游且高于长江上游。TN10P、TX10P、TN90P 和 TX90P 显示长江全流域与上、中和下游变化特征基本一致。FD 显示长江全流域高于长江中下游且低于长江上游，SU 显示长江全流域高于长江上游且低于长江中下游。

综上所述，长江流域极端高温在中下游特征更为突出，长江上游高温日数少于长江全流域高温日数，极端低温在长江上游较为突出，但整体霜冻和冰冻日数低于高温日数。1961—2020 长江流域极端气温指数线性趋势（表 3.4）表明，长江流域各个极端气温指数线性趋势显著，其中，FD、TN10P 和 TX10P 为下降趋势，其余指数为上升趋势。并且长江上游部分指数上升和下降趋势不如长江中下游显著。

图 3.12 为近 60 年长江流域极端气温线性趋势空间分布。TX90P 和 TN90P 在长江流域显著上升，中游部分区域轻微下降。TX10P 和 TN10P 在上游和下游部分为显著下降趋势，长江中游为弱的上升趋势。SU 和 FD 在长江上游区域为显著下降趋势。SU 在中游多数区域下降，FD 在中游大部分区域弱的上升，SU 在下游多数区域为上升趋势，FD 为下降趋势。TXX 在上游为上升趋势，中下游为弱的下降趋势。TNN 则在上游和下游为上升趋势，中游为弱下降趋势。综

上所述，长江流域极端高温在大部分区域显著上升，极端低温显著下降，这表明在全球变暖的背景下，长江流域极端天气气候事件在逐渐增多、增强，并且主要集中于长江上游和下游等地区。

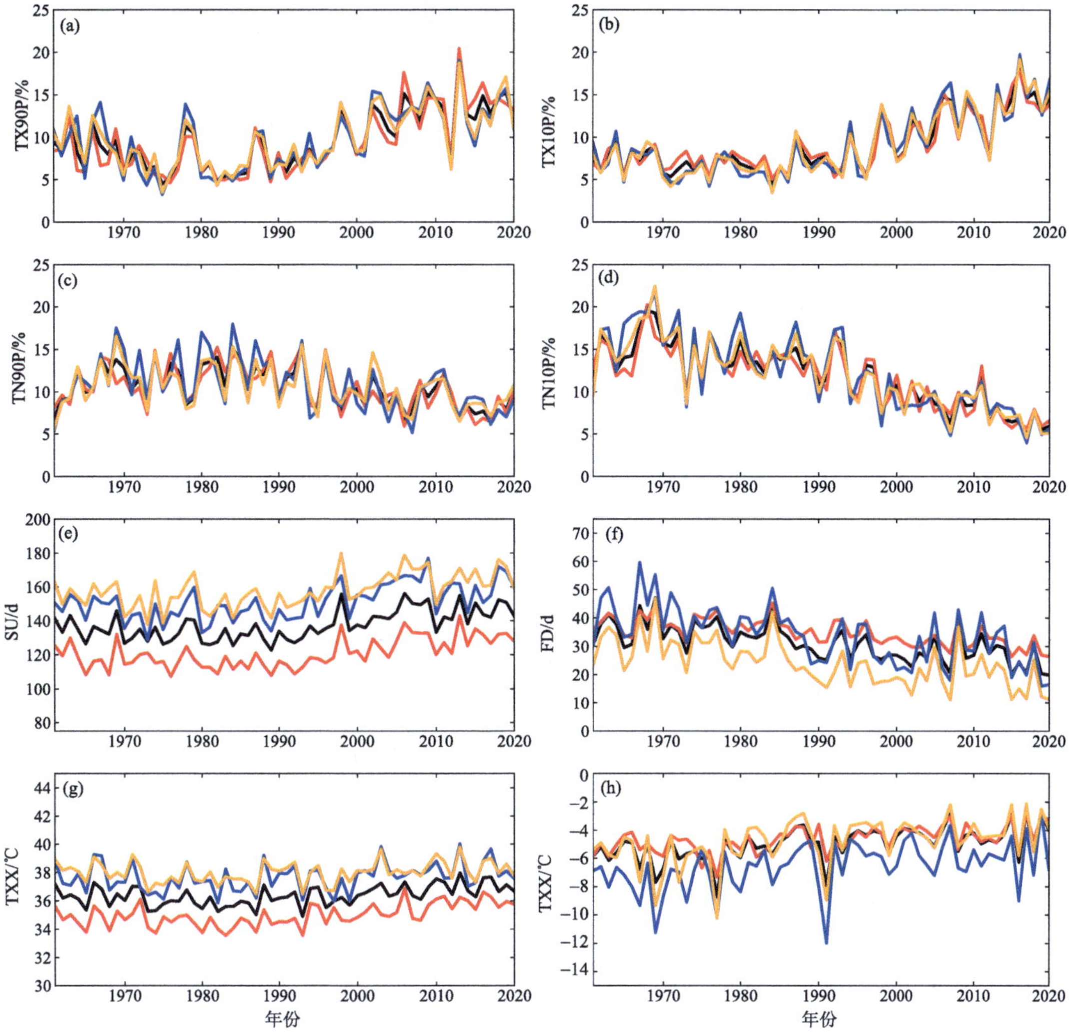

图 3.11　1961—2020 年长江流域极端气温指数时间序列

（a. TX90P：暖日，b. TN90P：暖夜，c. TX10P：冷日，d. TN10P：冷夜，e. SU：夏日天数，f. FD：霜冻日数，g. TXX：最高气温最高值，h. TNN：最低气温最低值；黑色表示长江全流域，红色表示长江上游，黄色表示长江中游，蓝色表示长江下游）

表 3.4　1961—2020 年长江流域极端气温指数线性趋势（TX90P：暖日（%/10 a），TX10P：冷日（%/10 a），TN90P：暖夜（%10 a），TN10P：冷夜（%/10 a），SU：夏日日数（d/10 a），FD：霜冻日数（d/10 a），TXX：最高气温最高值（℃/10 a），TNN：最低气温最低值（℃/10 a））（下划线表示通过 0.05 显著性检验）

名称	FD	SU	TXX	TNN	TN10P	TX10P	TN90P	TX90P
全流域	−2.38	2.75	0.16	0.35	−1.73	−0.55	1.43	1.19
上游	−1.77	2.64	0.23	0.28	−1.59	−0.59	1.32	1.35
中游	−2.87	2.82	0.08	0.43	−1.82	−0.42	1.54	1.00
下游	−3.52	3.21	0.13	0.43	−1.99	−0.68	1.56	1.05

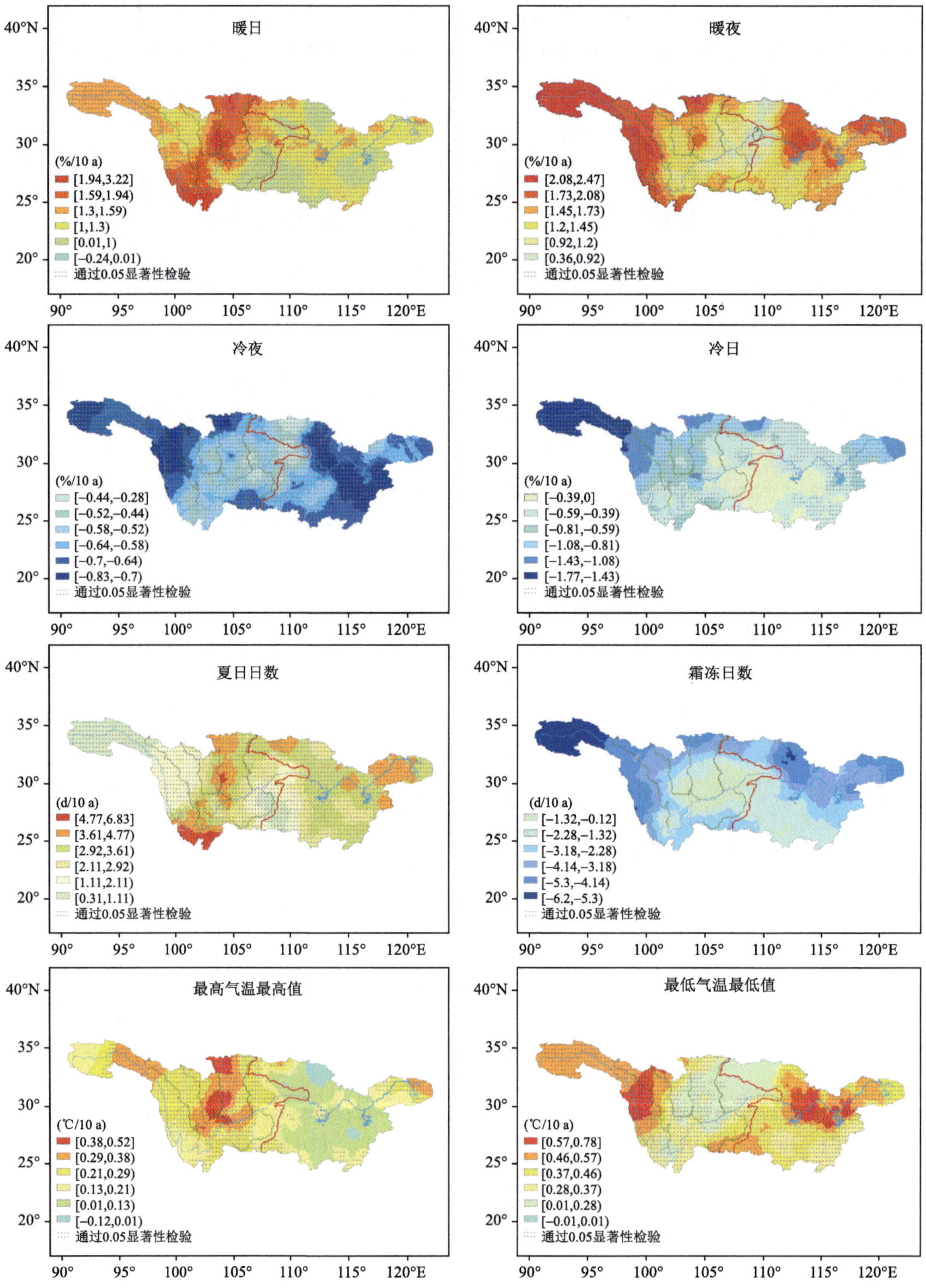

图 3.12 1961—2020 长江流域极端气温指数线性趋势空间分布

（阴影表示通过 0.05 显著性检验）

3.3.2　近 60 年极端降水变化特征

图 3.13 为长江流域 8 个极端降水指数时间序列，其中，长江全流域极端降水指数总体高于长江上游降水指数且低于长江中下游降水指数。R20mm 和 R50mm 长江下游明显高于长江中游和长江上游，且下游大雨日数、极端大雨日数和暴雨日数分别达 30 d 和 9 d，而长江上游大雨日数、极端大雨日数和暴雨日数分别为 15 d 和 4 d。且从 RX1day、RX5day、R95P 和 R99P 中也可表现出相同的极端降水特征。CDD 表明长江上游持续干燥天数较多，这与 RX1day、RX5day、R95P 和 R99P 等指数中长江上游极端降水偏少有关。综上所述，长江流域极端降水在中下游特征更为突出。上游极端强降水量低于长江中下游，持续干燥指数在长江上游流域较为突出，表明长江上游较长江中下游整体偏干。1961—2020 年长江流域极端降水

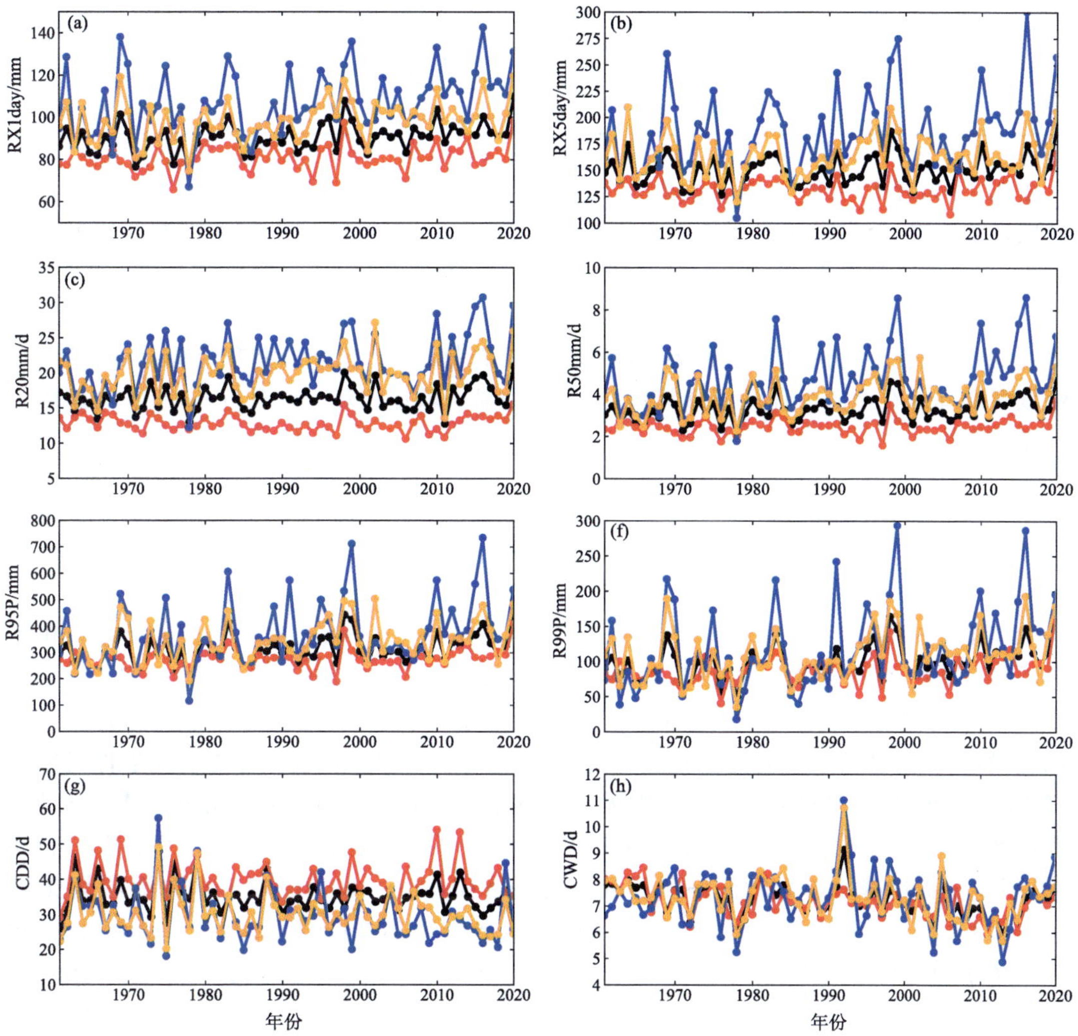

图 3.13　1961—2020 年长江流域极端降水指数时间序列

（a. RX1day：最大 1 日降水量，b. RX5day：最大 5 日降水量，c. R20mm：大雨日数，d. R50mm：暴雨日数，e. R95P：强降水量，f. R99P：极端强降水量，g. CDD：连续最长干旱日数，h. CWD：连续最长降水日数；黑色表示长江全流域，红色表示长江上游，黄色表示长江中游，蓝色表示长江下游）

指数线性趋势(表3.5)表明,长江全流域多个极端降水指数线性趋势显著,其中,CDD和CWD为下降趋势,其余指数为上升趋势。长江上游多数指数变化趋势不如长江中下游显著,这与长江上游极端降水变化较中下游偏小有关。

表3.5 1961—2020长江流域极端降水指数线性趋势(RX1day:最大1日降水量(mm/10 a),RX5day:最大5日降水量(mm/10 a),R20mm:大雨日数(d/10 a),R50mm:暴雨日数(d/10 a),R95P:强降水量(mm/10 a),R99P:极端强降水量(mm/10 a),CDD:连续最长干旱日数(d/10 a),CWD:连续最长降水日数(d/10 a))(下划线表示通过0.05显著性检验)

名称	RX1day	RX5day	R20mm	R50mm	R95P	R99P	CDD	CWD
全流域	1.48	1.75	0.25	0.11	10.68	5.72	−0.27	−0.12
上游	0.89	0.54	0.01	0.04	5.12	3.61	−0.04	−0.17
中游	1.76	1.91	0.41	0.15	13.28	6.60	−0.40	−0.10
下游	3.05	5.90	0.77	0.30	25.23	11.58	−0.85	0.01

图3.14为近60年长江流域极端降水线性趋势空间分布。RX1day和RX5day在长江上游区域显著下降,而在长江中下游显著上升。R20mm和R50mm在上游和中游部分为显著下降趋势,在长江下游部分区域为上升趋势。R95P和R99P在长江上游区域为弱下降趋势,两者在下游多数区域为上升趋势。CDD在上游高原区域和中下游为上升趋势,其余部分为下降趋势。CWD则在上游南部和中游部分区域为下降趋势,其余部分为上升趋势。综上所述,长江流域极端降水在上游为轻微下降趋势,中下游为显著增加趋势。并且近60年长江流域干旱事件显著增多。

3.4 金沙江下游流域极端气候事件变化特征

3.4.1 金沙江下游流域极端气温、极端降水变化特征

图3.15a—d和表3.6给出了金沙江下游流域近60年8个极端气温指数时间序列和变化趋势特征,其中,多个极端气温指数趋势变化特征较为显著。1961—2020年FD、TN10P和TX10P等下降趋势较为显著(均通过0.05显著性检验),其他气温指数均为上升趋势,说明在全球变暖环境下,极端气温的变化在逐年升高,但是冷夜、冷昼、低温霜冻等极端事件发生频率下降而暖夜、暖昼、夏日日数等极端高温发生频率上升。并且夏日日数较霜冻日数明显偏多,说明金沙江下游流域主要是受到高温热浪影响。图3.15e—h和表3.6给出了金沙江下游流域60年8个极端降水指数时间序列和变化趋势特征,其中,多个极端降水指数趋势变化不显著。但是,1961—2020年大雨日数和暴雨日数分别可达20 d和4 d,并且强降水总量和极端强降水总量分别达到400 mm和150 mm。CDD指数有所升高,表明金沙江下游干旱有所增强。

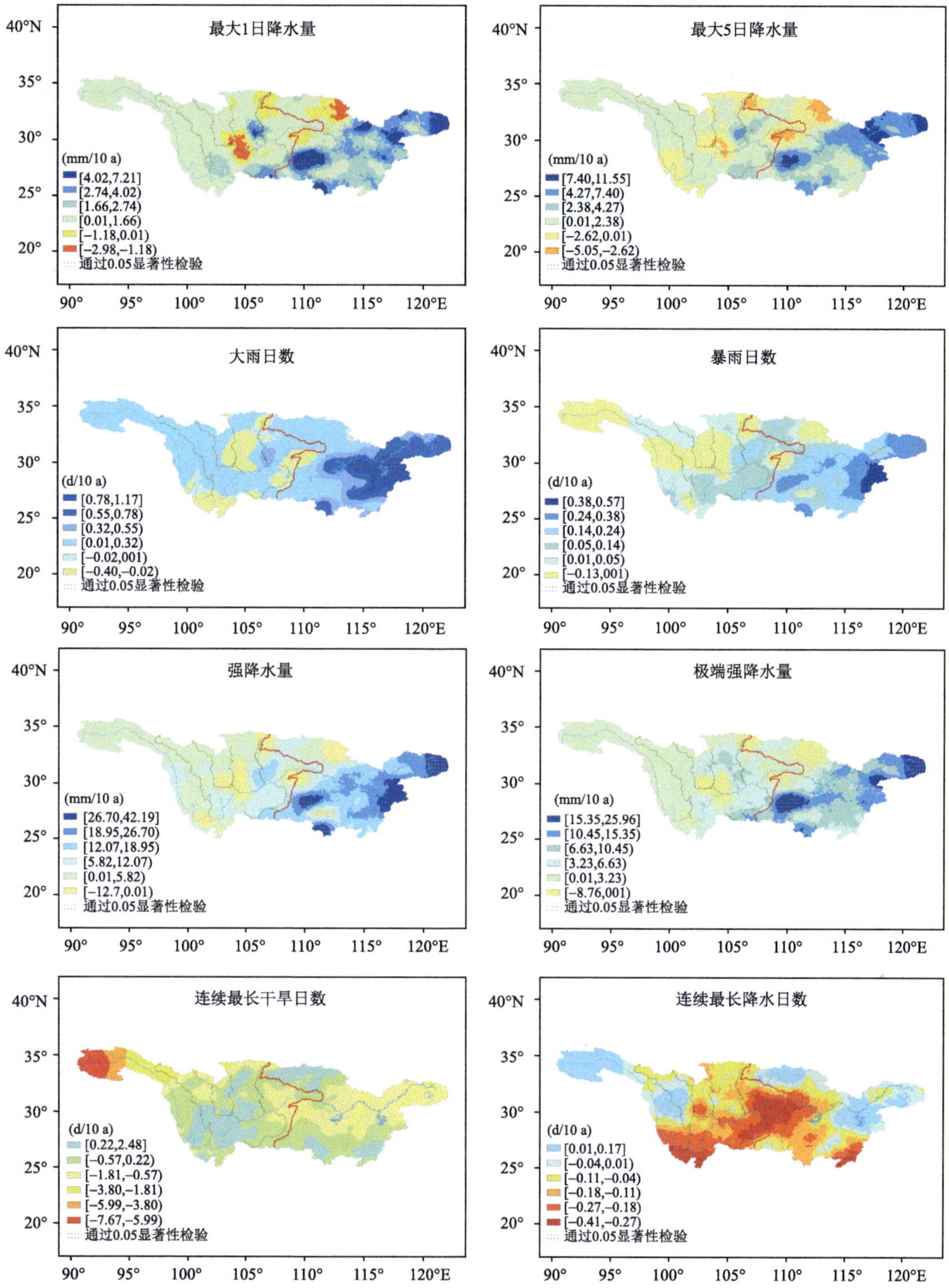

图 3.14　1961—2020 长江流域极端降水指数线性趋势空间分布

（阴影表示通过 0.05 显著性检验）

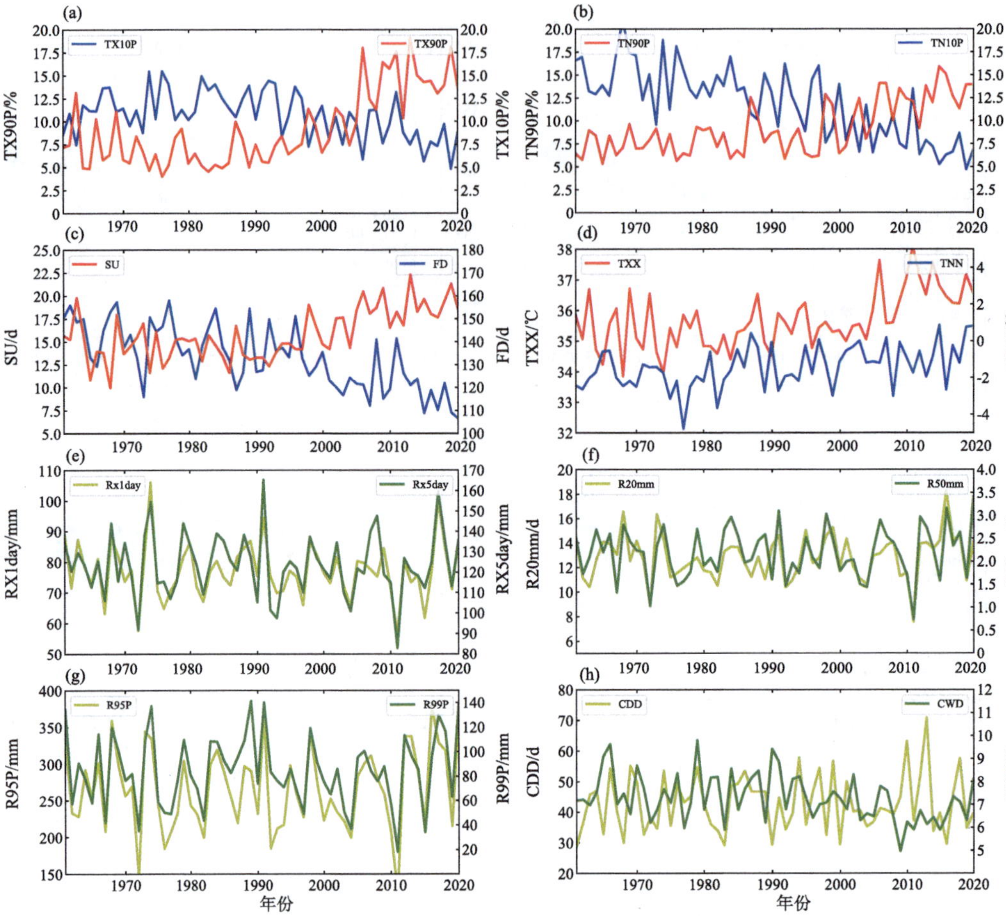

图 3.15　金沙江下游流域极端气温和降水指数时间序列

(a. TX90P 和 TX10P:暖日和冷日,b. TN90P 和 TN10P:暖夜和冷夜,c. SU 和 FD:夏日天数和霜冻日数,d. TXX 和 TNN:最高气温最高值和最低气温最低值,e. RX1day 和 RX5day:最大 1 d 降水量和最大 5 d 降水量, f. R20mm 和 R50mm:大雨日数和暴雨日数, g. R95P 和 R99P:强降水量和极端强降水量, h. CDD 和 CWD:连续最长干旱日数和连续最长降水日数)

表 3.6　1961—2020 金沙江下游流域极端气温和极端降水指数线性趋势(TX90P:暖日(%/10 a),TX10P:冷日(%/10 a),TN90P:暖夜(%/10 a),TN10P:冷夜(%/10 a),SU:夏日日数(d/10 a),FD:霜冻日数(d/10 a),TXX:最高气温最高值(℃/10 a),TNN:最低气温最低值(℃/10 a),Rx1day:最大 1 日降水量(mm/10 a),Rx5day:最大 5 日降水量(mm/10 a),R20mm:大雨日数(d/10 a),R50mm:暴雨日数(d/10 a),R95P:强降水量(mm/10 a),R99P:极端强降水量(mm/10 a),CDD:连续最长干旱日数(d/10 a),CWD:连续最长降水日数(d/10 a))(下划线表示通过 0.05 显著性检验)

极端气温	FD	SU	TXX	TNN	TN10P	TX10P	TN90P	TX90P
1961—2020 年	−1.39	3.59	0.28	0.29	−1.71	−0.64	1.15	1.58
极端降水	RX1day	RX5day	R20mm	R50mm	R95P	R99P	CDD	CWD
1961—2020 年	−0.20	−0.10	0.10	0.03	3.11	0.16	0.51	−0.20

3.4.2　金沙江下游水电站库区极端天气气候事件变化特征

图 3.16 为金沙江下游水电站库区 8 个极端气温指数时间序列,其中,向家坝库区 TXX 和

TNN 高于乌东德、白鹤滩和溪洛渡库区。这两个气温指数白鹤滩库区较其他库区最低。TN10P、TX10P、TN90P 和 TX90P 显示向家坝、乌东德、白鹤滩和溪洛渡库区变化特征基本一致，TN10P 和 TX10P 在 1990 年前有所上升，而近 30 年加速下降。TN90P 和 TX90P 在 1990 年前有所下降，而近 30 年加速上升。FD 显示白鹤滩库区低温日数高于其他库区，SU 显示向家坝库区高温日数高于白鹤滩和溪洛渡库区。综上所述，金沙江下游水电站库区极端气温变化在向家坝库区特征更为突出，夏日日数和热夜日数均偏多，低温冰冻在白鹤滩库区较为突出，但整体霜冻和冰冻日数低于高温日数。1961—2020 金沙江下游水电站库区极端气温指数线性趋势表明(表 3.7)，4 个库区各个极端气温指数线性趋势基本显著，其中，多地库区 FD、TN10P 和 TX10P 为下降趋势，其余指数为上升趋势。

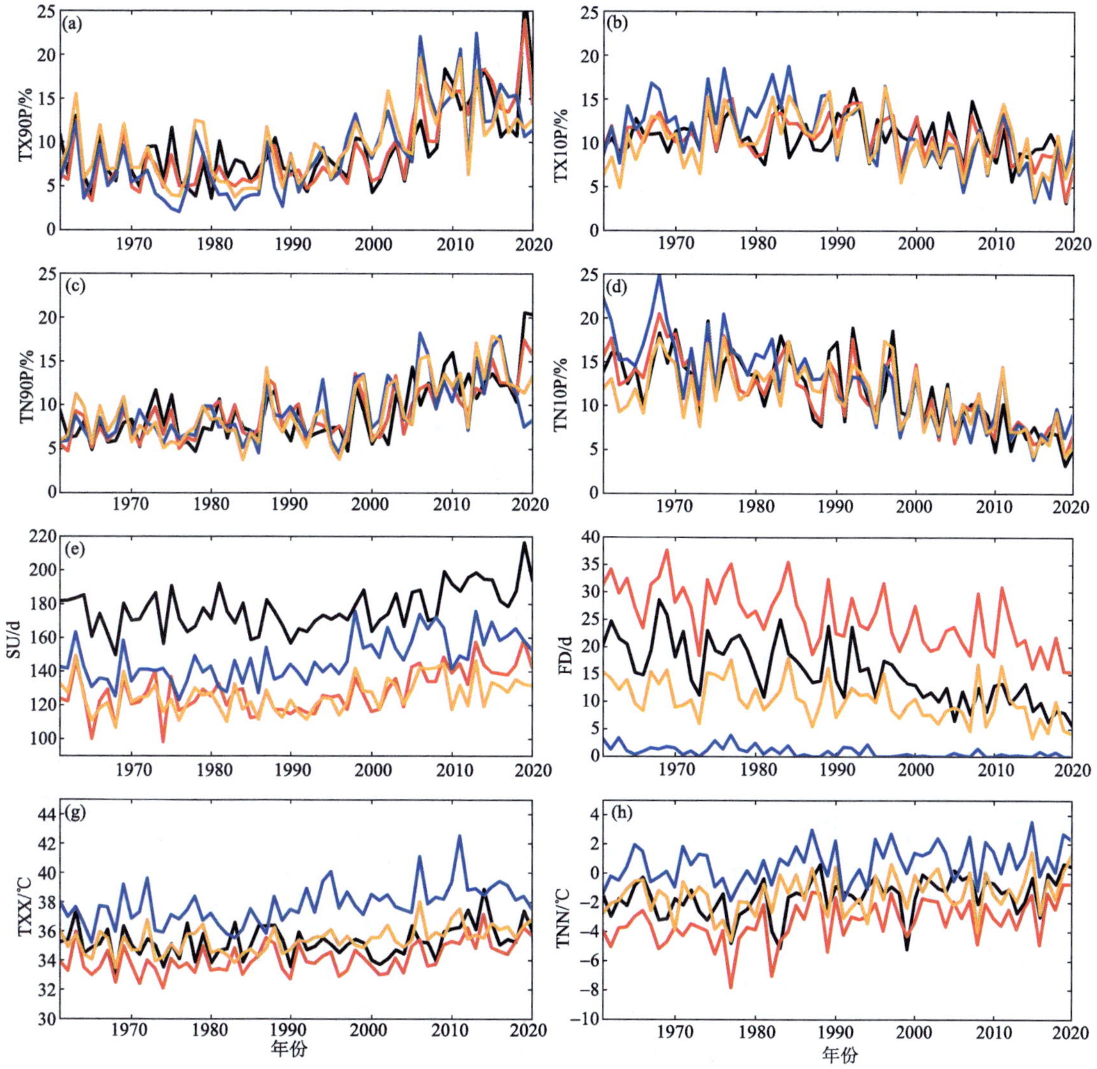

图 3.16　水电站库区极端气温指数时间序列

(a. TX90P：暖日，b. TX10P：冷日，c. TN90P：暖夜，d. TN10P：冷夜，e. SU：夏日天数，f. FD：霜冻日数，g. TXX：最高气温最高值，h. TNN：最低气温最低值；黑色表示乌东德，红色表示白鹤滩，蓝色表示向家坝，橙色表示溪洛渡)

表 3.7　1961—2020 典型区域极端气温指数线性趋势(TX90P:暖日(%/10 a),TX10P:冷日(%/10 a),TN90P:暖夜(%10 a),TN10P:冷夜(%/10 a),SU:夏日日数(d/10 a),FD:霜冻日数(d/10 a),TXX:最高气温最高值(℃/10 a),TNN:最低气温最低值(℃/10 a))(下划线表示通过 0.05 显著性检验)

名称	FD	SU	TXX	TNN	TN10P	TX10P	TN90P	TX90P
乌东德	−2.38	3.33	0.17	−1.65	−1.65	−0.35	1.27	1.38
白鹤滩	−2.16	3.89	0.29	0.38	−1.67	−0.56	1.11	1.79
溪洛渡	−1.04	1.74	0.26	0.23	−1.14	−0.35	1.20	1.18
向家坝	−0.30	4.72	0.40	0.27	−2.17	−1.10	1.10	1.81

图 3.17 为 8 个金沙江下游水电站库区极端降水指数时间序列,其中,4 个库区极端降水指

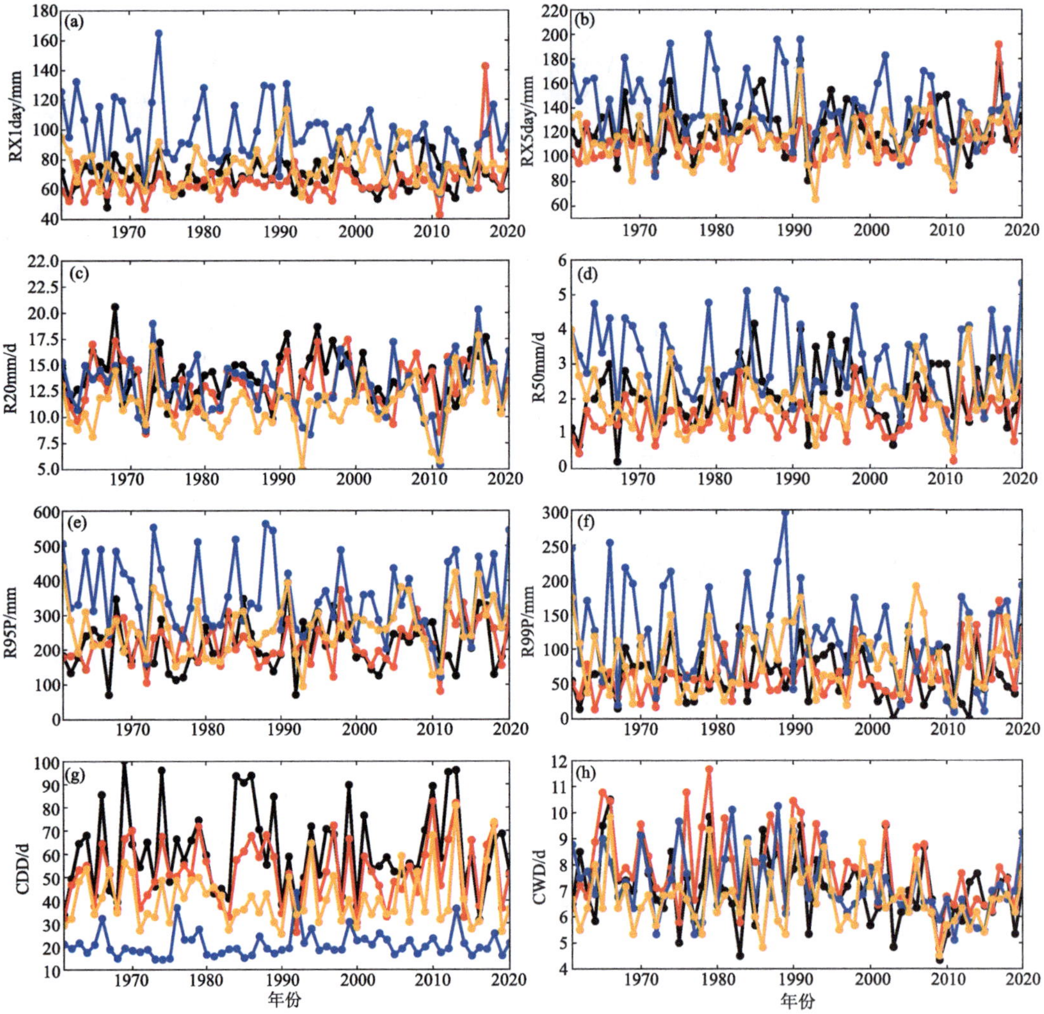

图 3.17　水电站库区极端降水指数时间序列

(a. RX1day:最大 1 d 降水量,b. RX5day:最大 5 d 降水量,c. R20mm:大雨日数,d. R50mm:暴雨日数,e. R95P:强降水量,f. R99P:极端强降水量,g. CDD:连续最长干旱日数,h. CWD:连续最长降水日数;黑色表示乌东德,红色表示白鹤滩,蓝色表示向家坝,橙色表示溪洛渡)

数总体变化较为一致。R20mm 表明 4 个库区极端降水日数特征基本相似，最高可达 20 d，R50mm 所示向家坝库区极端暴雨日数可达 6 d，明显高于其他库区。从 RX1day、RX5day、R95P 和 R99P 也可表现出相同极端降水特征，即向家坝库区极端降水量偏大。CDD 表明乌东德库区持续干燥天数较多，这与 RX1day、RX5day、R95P 和 R99P 等指数中乌东德极端降水较其他库区相对偏少有关。综上所述，金沙江下游水电站库区极端降水在向家坝库区特征更为突出，持续干燥指数在乌东德库区较为突出，表明金沙江下游库区中乌东德整体偏干旱。1961—2020 年金沙江下游库区极端降水指数线性趋势（表 3.8）表明，金沙江下游库区多个极端降水指数线性趋势不显著，整体极端降水变化不大。

表 3.8　1961—2020 典型区域极端降水指数线性趋势（RX1day：最大 1 日降水量（mm/10 a），RX5day：最大 5 日降水量（mm/10 a），R20mm：大雨日数（d/10 a），R50mm：暴雨日数（d/10 a），R95P：强降水量（mm/10 a），R99P：极端强降水量（mm/10 a），CDD：连续最长干旱日数（d/10 a），CWD：连续最长降水日数（d/10 a））（下划线表示通过 0.05 显著性检验）

名称	RX1day	RX5day	R20mm	R50mm	R95P	R99P	CDD	CWD
乌东德	0.39	0.64	−0.01	0.08	6.79	0.29	0.30	<u>−0.21</u>
白鹤滩	<u>2.25</u>	2.10	0.14	0.07	<u>8.73</u>	<u>6.33</u>	0.77	<u>−0.28</u>
溪洛渡	0.39	1.36	0.23	0.06	7.43	1.71	0.57	−0.07
向家坝	<u>−3.31</u>	−3.78	0.02	−0.08	−7.39	−6.80	0.29	<u>−0.22</u>

3.4.3　金沙江下游研究区水电站建站前后极端气候变化

表 3.9 是金沙江下游库区梯级水电站建站前后（自然期、建设期和使用期）极端高温和极端低温特征，以及与金沙江下游对应的气候特征量的偏差。由表可见，FD 在建设前高于建设期和使用期，SU 在建设前低于建设期和使用期。为了研究水库建设不同时期对气候的影响，采用水库不同时期极端气温指数与金沙江下游背景下极端气温指数进行差值。其中，FD 在乌东德建设期偏差明显小于自然期，溪洛渡和向家坝在建设期和使用期偏差数值也小于自然期。SU 在溪洛渡偏差表现为建设期最低。综上所述，金沙江下游水电站库区极端气温在建设和使用期存在变化。

表 3.9　金沙江下游库区梯级水电站建站前后年极端气温特征以及与金沙江下游年极端气温气候背景的差值

名称	时段	水电站数值		与金沙江下游背景偏差	
		FD/d	SU/d	FD/d	SU/d
乌东德	自然期	41.85	55.26	28.02	−86.40
	建设期	26.80	69.00	18.51	−86.81
	运行期	—	—	—	—
白鹤滩	自然期	10.11	103.91	−3.71	−37.75
	建设期	5.00	121.66	−3.28	−34.15
	运行期	—	—	—	—

续表

名称	时段	水电站数值		与金沙江下游背景偏差	
		FD	SU	FD	SU
溪洛渡	自然期	0.41	147.78	−13.86	8.39
	建设期	0.4	153.6	−11.05	0.88
	运行期	0.14	158.28	−8.36	−7.48
向家坝	自然期	0.99	142.78	−13.28	3.40
	建设期	0.33	156.94	−11.11	4.23
	运行期	0.27	162.34	−8.23	4.56

表 3.10 是金沙江下游库区梯级水电站建站前后(自然期、建设期和使用期)极端降水,以及与金沙江下游对应气候因子的差。由表可见,R20mm 和 R50mm 在建设前(自然期)高于建设期,而低于使用期。为了研究水库建设不同时期对气候的影响,采用水库不同时期极端降水指数与金沙江下游背景下极端降水指数进行差值。其中,极端降雨指数虽然在建设期和使用期偏差大于自然期,但是整体偏差日数变化不大。

表 3.10 金沙江下游库区梯级水电站建站前后年极端降水特征以及与金沙江下游年极端降水气候背景特征差值

名称	时段	水电站数值		与金沙江下游背景偏差	
		R20mm/d	R50mm/d	R20mm/d	R50mm/d
乌东德	自然期	10.33	0.81	−2.34	−1.34
	建设期	9.4	1.6	−5.03	−1.03
	使用期	—	—	—	—
白鹤滩	自然期	12.35	2.01	−0.31	−0.14
	建设期	11.33	3	−3.09	0.36
	使用期	—	—	—	—
溪洛渡	自然期	11.45	2.41	−1.22	0.25
	建设期	11	1.83	−3.42	−0.8
	使用期	14.42	2.71	0.16	0.28
向家坝	自然期	12.84	3.09	−9.58	18.78
	建设期	10.98	2.38	−12.03	17.27
	使用期	14.97	3.30	−10.92	19.43

3.5 金沙江下游地质灾害现状及形成机理

3.5.1 研究区地质灾害分布

如图 3.18 所示,研究区内 22 个区(县)均有地质灾害点,本次主要对崩塌、滑坡及泥石流进行研究,区内滑坡灾害最多,达 2643 处,占比 74.3%;其次为泥石流,共 619 处,占比 17.4%;崩塌发育较少,共 295 处,占比 8.29%。各区(县)按灾种统计信息见表 3.11,其中,会泽县、宁南县、会东县发育地质灾害较多。

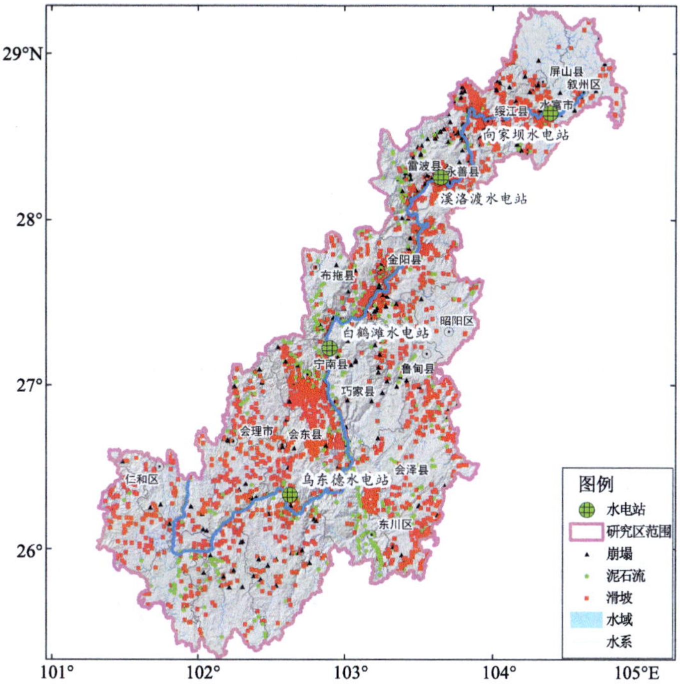

图 3.18　研究区地质灾害点分布

表 3.11　研究区地质灾害分布统计

区(县)名	崩塌	滑坡	泥石流	合计
布拖县	8	34	35	77
翠屏区	4	38		42
东川区		20	76	96
会东县	11	300	41	352
会理县	19	185	32	236
会泽县	12	375	62	449
金阳县	24	122	50	196
雷波县	59	98	44	201
鲁甸县	4	63	15	82
禄劝彝族苗族自治县	13	108	20	141
宁南县	7	279	82	368
屏山县	34	212	10	256
巧家县	18	35	31	84
仁和区	4	40	1	45
水富市	14	81	24	119

续表

县(区)名	崩塌	滑坡	泥石流	合计
绥江县	22	98	2	122
武定县	11	60	25	96
叙州区	11	45		56
永仁县	1	101	5	107
永善县	1	239	20	260
元谋县		52	30	82
昭阳区	18	58	14	90
合计	295	2643	619	3557

3.5.2 地质灾害形成机理分析

地质灾害的发生、发展与降雨关系密切，降雨是研究区(县)地质灾害的主要诱发因素。研究区近5年来多年年均降水量960.0 mm，年最大降水量1547.8 mm，降水多集中在每年雨季(5—9月)，约占全年降水量的75%。而且由于山区地形复杂，往往形成局域性的强暴雨天气过程，并诱发严重的滑坡、崩塌、泥石流等地质灾害。根据地质灾害发生或出现变形破坏迹象的时间统计，全区(县)489处地质灾害点，发生或出现变形破坏在1—4月的有3处，5—9月的有483处，10—12月的有3处。可见，研究区地质灾害基本上都发生于雨季(5—9月)，占发生总数的98.77%。由此可见，研究区地质灾害发生时间的分布特征与年降水量集中产生的时间一致，每年雨季是境内地质灾害的易发期，降雨是地质灾害发育的主要诱发因素。地质灾害的发生与降雨历时、降水量等有密切的正相关关系，地质灾害的发生与降雨在时间上具有较好的对应关系，在强降雨过程中地质灾害与降雨具有同步发生的特点，在降雨强度不大但连续降雨过程中，地质灾害具有一定的滞后效应，局地暴雨型降雨诱发的地质灾害往往集中发生在出现局地暴雨的当日。降雨对泥石流形成的作用体现在两个方面：一是为泥石流形成提供水动力条件，降雨通过地表汇流、侵蚀、揭底等途径，导致土体启动形成泥石流；二是成为泥石流体的重要组成成分之一，是泥石流暴发不可缺少的条件。近年来研究区泥石流灾害逐年增多，到目前已有泥石流100处，根据对研究区近年泥石流灾害史访问结果以及调查情况来看，境内泥石流均发生于5—9月(图3.19)，其他月份基本没有泥石流发生，且多处存在每年雨季多次爆发现象，这与宁南县境内月降水量分布具有明显的一致性，表明降水是该区泥石流发生的重要触发因素。斜坡灾害包括崩塌、滑坡和不稳定斜坡等。降雨对斜坡灾害的作用主要体现在三个方面：一是增加斜坡体自重，加速斜坡在重力作用下失稳，二是浸润斜坡的软弱结构面，减弱了其抗剪强度，三是降雨形成坡面洪流，对坡体冲刷、侵蚀，掏蚀斜坡前缘、两翼和坡脚，降低斜坡稳定性。根据对宁南县崩塌、滑坡、不稳定斜坡等地质灾害调查结果和访问情况，查明的389处滑坡、崩塌地质灾害的发生时间及变形加剧时间主要集中在每年的5—9月，斜坡变形时间同境内强降雨时间一致，表明斜坡变形或失稳与降雨关系密切。此外，地质灾害的发育与降水量的空间分布也具有直接的关联。图3.20所示为月累积降水量与地质灾害的频数和灾害点密度的关系，灾害点密度随降水量等值线呈近似指数的关系。当月累积降水量等值线>400 mm时，灾害点密度呈指数增加。根据降水量等值线分布，在宁南县南部的石梨镇、竹寿镇和西瑶镇，月累积降水量为全县域降水量最大的区域（普遍＞400 mm），而该区域也是地质灾害最为集中发育的地区。此外，松新镇的局部地质灾害集中区域也是月累积降水量普遍＞400 mm，局部集中区域月累积降水量＞430 mm。根据地质灾害的诱发条件调查统计，宁南县域内的所有滑坡、泥石流灾害都与降雨密切相关，绝大部分为降雨诱发。

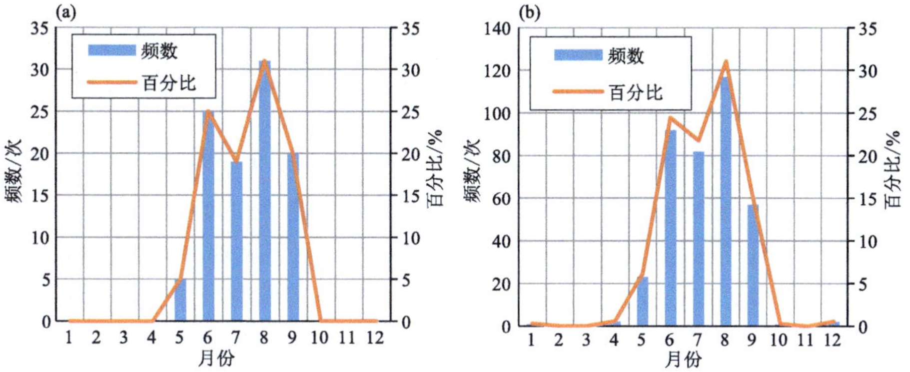

图 3.19　泥石流、滑坡地质灾害发生月份统计

（a. 泥石流发生频数与月份关系，b. 滑坡发生频数与月份关系）

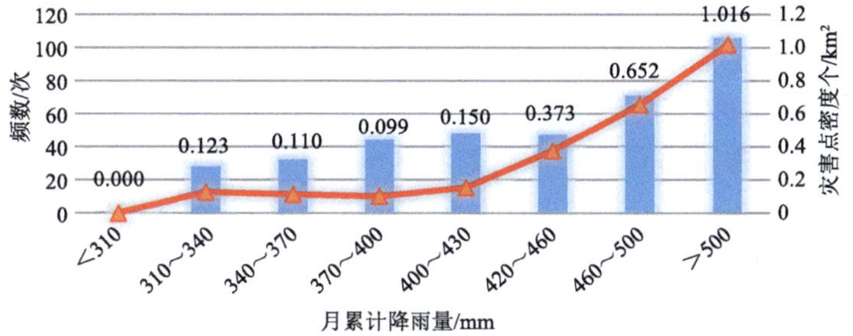

图 3.20　滑坡与月累积降水量的相关性分析

地震是诱发地质灾害另一个重要因素。第四纪以来，宁南县境内新构造运动强烈，根据《建筑抗震设计规范》(GB 50011—2010)，工作区抗震设防烈度为 8 度，设计基本地震加速度为 0.20 g[①]。根据国家标准《中国地震动参数区划图》(GB 18306—2015)的相关规定，宁南县地震动峰值加速度为：东北部 0.30 g，西南部 0.20 g。地震动反应谱特征周期为 0.45 s。受地质构造条件影响，县内及邻近区域地震活动频繁，历史上发生多次中强度地震。如 2010 年 8 月 29 日 08 时 53 分 25 秒川云交界处 4.8 级地震，造成宁南县跑马镇、骑骡沟镇、白鹤滩镇、华弹镇等 6 个乡镇大部分土墙小瓦房普遍掉瓦，局部坍塌，造成 36 间房屋开裂，7 间房屋倒塌，1 人轻伤。2014 年 8 月 3 日 16 时 30 分，云南省昭通市鲁甸县发生 6.5 级地震，宁南县境内震感强烈，造成宁南县跑马乡、大同镇、白鹤滩镇等 8 个乡镇 11500 余人受灾，987 户农户房屋受损，其中，房屋垮塌 23 间，农房受损 2579 间，灾害造成直接经济损失 2630 余万元。地震是区内地质灾害的主要诱发因素之一。通过对宁南县前期资料调查收集分析，由地震导致的地质灾害，增加最多的灾种为小型滑坡、崩塌，且发育分布范围明显扩大，不仅河谷地区有大量发育

① 1 $g=9.8\ m/s^2$，全书同。

和分布，且在中高山区也有大量发育。这些分布于中高山区的地质灾害，主要以滑坡、崩塌和不稳定斜坡为主，其往往所处位置较高，影响范围（危险区）一般较大，具有难以发现、发生突然、危险性大、难以预防等特点。地震对地质灾害的影响随着灾害类型的不同而有差异，对崩塌、滑坡和不稳定斜坡的影响起到直接作用，主要体现在两个方面：(1)地震的活动破坏了斜坡岩土体的完整性，震动力使山体或斜坡上部破碎岩块产生活动，形成危岩或岩滑等地质灾害；地震活动加剧斜坡的变形，使得原有变形加剧，裂缝变宽或者岩体坠落；(2)地震对泥石流的影响可以认为属于间接影响，大量滑坡、崩塌等不良地质现象为泥石流提供物源，从而使得影响周期延长。

地质灾害的形成除了自然发展内在因素作用以外，往往和人类工程活动（切坡建房和公路开挖）息息相关。随着经济建设的发展，人类工程活动无论是在深度上或是在广度上都日益加剧，特别是对自然地质环境的干扰和破坏方面更为突出。主要表现在对自然斜坡的不合理的震动，打破了地质发展历史。在目前的 489 个灾害点中，目前没有因切坡建房诱发形成地质灾害。在本次调查中，重点对切坡建房共调查了 253 处。目前来看，切坡建房的切坡高度有限，开挖高度大多小于 6 m，更多的是造成地质条件的局部扰动，整体稳定性较好。经过现场调查，确认的具有潜在隐患的有 12 处。

根据现场调查及分析，该边坡变形模式为前缘开挖临空后，同时由于受区域构造、地震及人类活动等因素影响，坡体上岩体较破碎，上部岩体沿该组裂隙面发生坠落式变形破坏，表层岩体时有崩落掉块现象发生，威胁到过往车辆及行人的安全。目前，该工程边坡已采用“清危＋锚喷支护”的治理措施进行了治理。

水库蓄水也是另一诱发因素之一。白鹤滩水电站于 2021 年 8 月上旬开始水位抬升，控制每天库水位抬升不超过 3 m，2021 年 9 月上旬蓄水至 800 m，9 月中旬承接800 m水位开始蓄洪，9 月下旬蓄洪至水位 822 m。本次共调查塌岸隐患点 17 处（华弹镇 8 处、白鹤滩镇 2 处、大同镇 2 处、西瑶镇 3 处、竹寿镇 1 处、宁远镇 1 处），其中，有 5 处隐患点发育地质灾害（滑坡 4 处、泥石流 1 处）。根据现场实地勘察地形地貌、地质结构、同类工程及相关规范，初步划出塌岸影响处理区和影响待观察区。其中，影响处理区包含 158 户 642 人（已于 2021 年 9 月 26 日前全部搬迁避让），影响待观察区包含约 102 户 403 人。17 个塌岸区中 15 个均为土质边坡，受库水水位影响，土体的力学性质将会降低。特别是含砾粉质黏土呈透镜体，分布不连续不均匀，库岸边坡局部稳定性差，故存在塌岸危险。随着水位上升，大部分岸坡前缘已发生塌岸。其余两个为浅层岩、土质滑动破坏，其覆盖层较薄，下伏岩体中含泥岩、页岩，且风化程度较高、裂隙切割严重，较为破碎，在库水软化及冲刷剥蚀作用下，极不稳定。

3.6　金沙江下游地质灾害风险评估

3.6.1　崩塌、滑坡易发性评价

对于易发性评价来说，指标体系的构建是相当重要的步骤，一般常用的滑坡易发性评价指标包括地形：高程、坡度、沟壑密度、地势起伏度等；地貌：地貌单元、微地貌形态、总体地势等；地层岩性：岩性特征、岩层厚度、岩石成因类型等；地质构造：断层、褶皱、节理裂隙等；地震：烈度、震动峰值加速度、历史地震活动情况等；工程地质：区域地壳稳定性，基岩埋深，主要持力层岩性、承载力、岩土体工程地质分区等。

要建立一个包含所有地质环境因素的模型来评价易发性，在实际工作中几乎是不可能的。因为某些因素所包含的参数有时很难取得，评价参数多，参数之间就可能存在错综复杂的协同或影响关系。因此，合理选择对评价目标起主导作用、比较稳定、可量化表示的参评因子是评价的关键。

从调查区地质背景来看，研究区的地形地貌、地层岩性、地质构造、水文地质等地质环境条件是非常复杂的，但综合起来可以发现：整个地质背景主要是由岷江断裂带—雪山断裂—虎牙断裂等构造格局所决定和控制的。例如，虽然整个区内都沟壑纵横，但明显的黄龙、小河、白羊一带的沟壑密度更大，切割更深，从而引发众多地质灾害，同时地层岩性的出露分布与构造格局的分布也有一定的关联。因此，从这一层面来看可以选择地质构造、工程地质岩组及沟壑密度因子。

然后，再从地质灾害形成机制及孕灾因子数理统计分析来看，不同变形破坏模式的地质灾害其控制因素是不一样的，例如区内发育的大量蠕滑—拉裂机制的滑坡，其主要控制条件则体现在地形坡度上，这也使在孕灾条件统计分析中滑坡的发育与地形坡度呈较好的相关性。在此基础上，通过对孕灾条件的分析，在暴雨条件下，影响地质灾害发生的因素概括起来主要有：坡度、平面曲率、斜坡结构、人类工程活动、河流地质作用等。

据此，研究区滑坡易发性评价(1∶50000)可初步选取的评价因子如表 3.12 所示。

表 3.12　滑坡易发性评价因子初步选取

一级因子	地形地貌条件					地质构造	其他				
二级因子	高程	坡度	地形起伏度	平面曲率	剖面曲率	与断裂带距离	工程地质岩组	斜坡结构	与公路距离	与水系距离	植被覆盖度

当然，对于初步选取的易发性评价因子，这些因素并不是绝对的相互独立，而是彼此间存在一定的相关性。如果不经过处理，各指标因素之间的影响权重可能会叠加，进而导致评价结果的错误或不准确。因此，为了保证指标因素的相互独立性得到满足。模型输入参数的准确性，需要对所选各指标因素进行筛选。综上所述，应用 ArcGIS 空间分析工具中对所有初选指标因素进行相关性分析，通过计算相关性系数(R)来衡量各指标之间的相关程度，R 的取值范围为[−1,1]，$|R|$越接近 1，则表示两者指标相关性越高。

通过 ArcGIS 软件提取各因子图层的属性数据，运用空间分析工具计算得到的各因素之间的相关性系数矩阵见表 3.13。

表 3.13　评价因子相关性矩阵表

	G1	G2	G3	G4	G5	G6	G7	G8	G9	G10
G1	1.000									
G2	0.124	1.000								
G3	−0.032	−0.106	1.000							
G4	0.041	−0.092	0.095	1.000						
G5	−0.027	−0.065	0.085	−0.006	1.000					
G6	−0.006	0.005	0.121	0.210	−0.054	1.000				
G7	0.050	0.537	−0.066	−0.056	−0.018	0.004	1.000			

续表

	G1	G2	G3	G4	G5	G6	G7	G8	G9	G10
G8	−0.028	−0.096	0.690	0.082	0.002	0.086	−0.048	1.000		
G9	−0.009	−0.099	−0.060	0.038	−0.045	−0.148	−0.098	−0.050	1.000	
G10	−0.028	−0.045	−0.061	0.012	0.356	−0.020	0.010	−0.257	0.000	1.000
	G1 断层,G2 工程地质岩组,G3 地形起伏度,G4 道路,G5 剖面曲率;G6 水系,G7 斜坡结构,G8 坡度,G9 平面曲率,G10 植被覆盖度									

结合计算得到的各因子相关性矩阵表,根据表 3.14 所示的 $|R|$ 表征相关程度表。最终结合地质灾害发育分布规律、主控因素分析以及野外调查结果,初步确定采用坡度、工程地质岩组、斜坡结构类型、与道路距离、地形起伏度、与断层距离、与水系距离、植被覆盖率、剖面曲率等 9 个指标作为滑坡易发性评价指标。

表 3.14　$|R|$ 表征相关程度表

	取值范围	相关程度
$\|R\|$	<0.4	低相关
	0.4～0.7	显著相关
	0.7～1.0	高相关

采用信息量模型方法对研究区地质灾害易发性进行初步评价。将灾害区域致灾因子图层分级后,计算各因子的分级面积及区域内分布的斜坡滑坡灾害面积,得到各因子分级的信息值,利用软件重分类功能,对各因子图层赋值,形成下一步易发性叠加的基础数据(表 3.15)。

表 3.15　滑坡评价因子权重统计表

评价指标	坡度	工程地质岩组	与断层距离	斜坡结构	植被覆盖度
权重	0.2748	0.1664	0.0517	0.2209	0.0398
评价指标	与水系距离	与道路距离	剖面曲率	地形起伏度	
权重	0.027	0.027	0.0914	0.101	

基于 GIS 平台对赋予信息量值的栅格图层按照权重叠加计算,得到滑坡易发性综合指数,根据结果可以看出综合易发性指数近似呈正态分布(图 3.21)。

经过多次试验分析发现以自然间隔法来划分易发性等级并不是很合理。为了便于分析,将信息量值归一化处理成[0,1],将归一化处理后的信息量值作信息量累计频度分布曲线(图 3.22)。按照《四川省地质灾害风险调查评价技术要求细则》的要求,易发性等级为高、中、低三级,结合分布曲线分布特点,分布曲线在 0.64、0.84 处有明显拐点。故此将调查区滑坡的易发性分为“低易发”(0～0.64)、“中易发”(0.64～0.84)、“高易发”(0.84～1.00)3 个级别,结果如图 3.22。

在模型评价结束后,还应对评价结果进行验证,工作特征曲线(ROC)是衡量评价模型预测精度的指标,以信息量值从高到低的区域累计栅格与总栅格的百分比作为横轴,以对应信息量区间内地质灾害累计点数与地质灾害总数百分比作为纵轴,ROC 曲线下方的面积越接近于 1,则说明越符合真实情况(图 2.23)。根据验证结果,得到 ROC 曲线以下面积为 0.81,说明易发性预测结果良好。

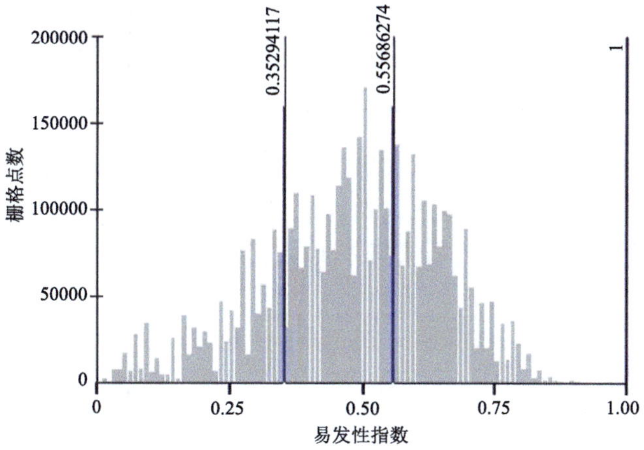

图 3.21　一般调查区崩滑综合易发性指数分布

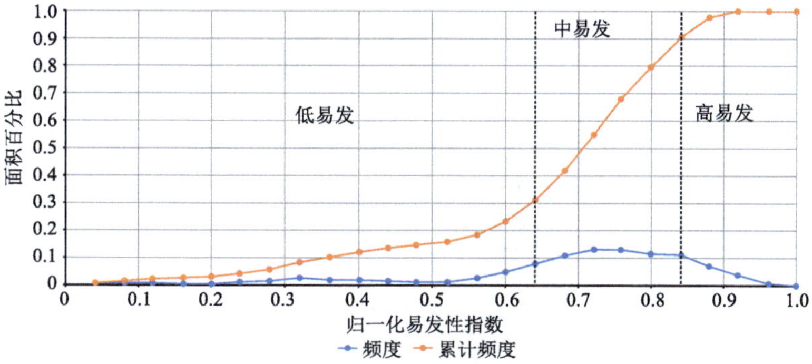

图 3.22　信息量频度分布

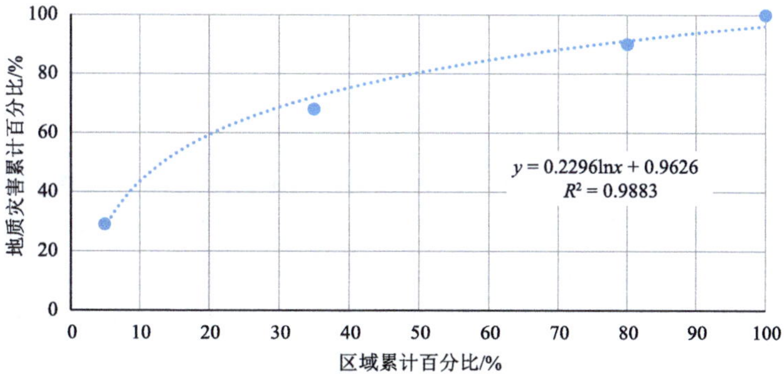

图 3.23　易发性评价结果 ROC 曲线

根据评价结果，研究区滑坡高易发区面积约 3388 km²，占比 6.5%；中易发区面积约 14554 km²，占比 27.96%；低易发区面积约 34.95 km²，占比 65.5%(表 3.16)。

表 3.16　易发性与灾害统计

低易发			中易发			高易发		
面积/km^2	占比/%	灾害点/处	面积/km^2	占比/%	灾害点/处	面积/km^2	占比/%	灾害点/处
34095	65.5	659	14554	27.96	608	3388	6.50	239

易发性初步评价图显示研究区地质灾害高易发区主要集中分布于金沙江干流及一级支流两侧、城镇集中开发区。其中，白鹤滩水电站库区、溪洛渡库区、向家坝库区大部分处于地质灾害高中易发区，乌东德库区则处于地质灾害中低易发区（图 3.24 和图 3.25）。

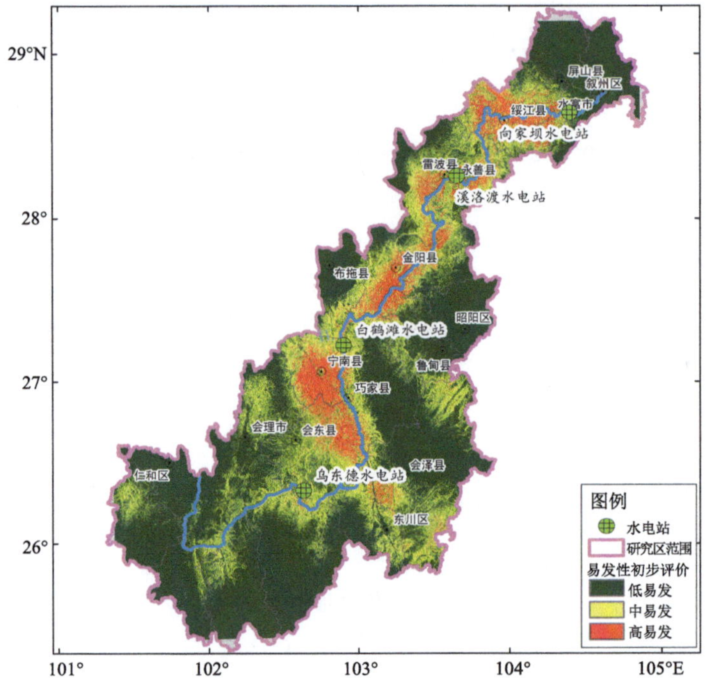

图 3.24　滑坡易发性初步评价

3.6.2　泥石流易发性评价

泥石流的形成条件分为：地形、物源及水源条件。由于区内泥石流均为暴雨型泥石流，泥石流易发性评价指标的选取则从地形和物源两方面来考虑，根据前面泥石流孕灾条件分析及孕灾因子相关性分析，初步选取流域内崩滑核密度、流域内平均侵蚀力指数 SPI、流域内平均 melton 比率、流域面积、流域相对高差、流域内平均地势起伏度、流域内平均坡度等因子，进行相关性分析，得到相关性矩阵，根据分析结果及已有的研究成果，在拟选因子中剔除掉相关性较高的因子，得到一般评价区泥石流易发性评价因子：平均坡度、平均起伏度、流域崩塌滑坡密度、melton 比率 4 个因子。

在 ArcGIS 系统中制作完各因子图层后，即通过层次分析法计算各因子的权重，两两比较，矩阵运算后得到各因子的权重值如表 3.17。

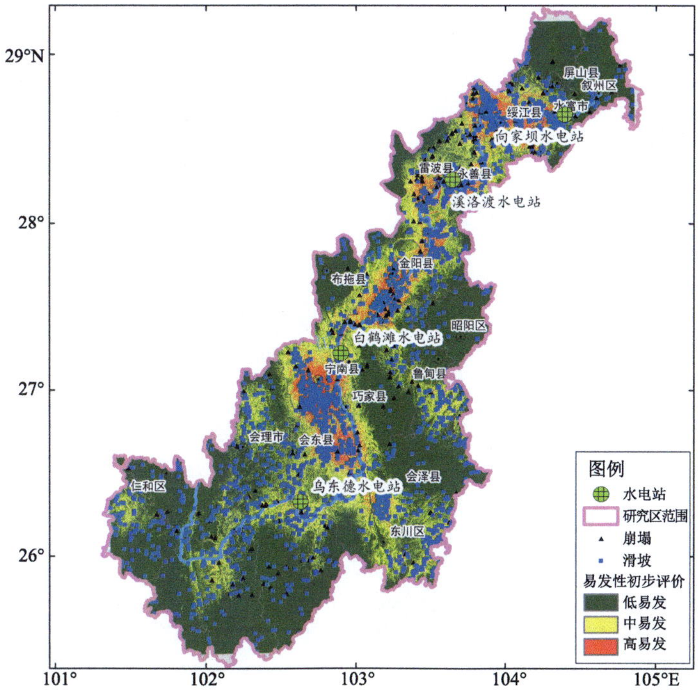

图 3.25　滑坡易发性初步评价(叠加灾害点)

表 3.17　一般评价区泥石流易发性评价因子权重值

因子	流域平均坡度	平均起伏度	流域崩塌滑坡密度	流域 melton 比率
权重	0.173	0.161	0.182	0.189

初步评价结果见图 3.26,高易发性的流域单元共 497 个,面积 3836 km^2,中易发流域单元共 696 个,面积 6046 km^2。高易发流域单元主要分布在元谋、武定、东川、会泽、会东、巧家、宁南、雷波等县。其中,白鹤滩库区宁南、巧家、会东、东川段泥石流集中分布,易发性高。向家坝库区段金沙江支流泥石流亦较为发育,部分流域单元为高、中易发性。

3.6.3　金沙江下游研究区地质灾害易损性初步评价

参考《四川省地质灾害风险调查评价技术要求细则(1∶50000)(试行)》,结合本次研究收集数据及研究区的具体情况,对研究区开展易损性评价。主要分为人口易损、道路易损和建筑物易损评价,最后叠加获取评价区内的综合易损性。

人口易损性评价:本次评价尚未收集完成全部研究区内准确的现有人口空间分布,故无法采用常规的人口密度分级作为人口易损性的评价依据。而是采用用地类型模拟研究区人口空间分布,认为居民地、厂房等人口密集,且停留时间长,这类区域定性认定为高易损区,其他如耕地、园地等有人员活动,但相对较稀疏的用地类型区域定性认定为中易损区,其余为低易损区。评价结果见图 3.27a。从评价结果可以看出,研究区人口易损性整体较低,这和研究区主要为地广人稀的山地有关。人口易损性高的区域面积为 164 km^2,占总面积的 0.25%,主要集中在县城及其他人口密度高的乡镇驻地,人口易损性中等的区域面积为 881 km^2,占总面积的 1.33%,中易损区域则分布于高易损区域周边,坡度相对平缓、与人类活动较为相关的区域。

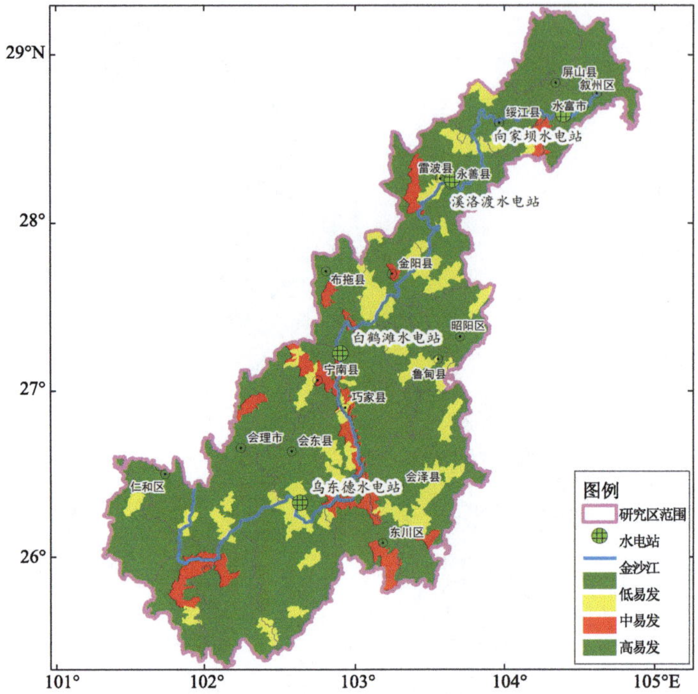

图 3.26 泥石流易发初步评价

建筑易损性评价：收集到了研究区内建筑空间分布数据，但没有详细的建筑结构、年代等属性信息，无法对承载体抵抗地质灾害风险的能力进行评价，考虑到研究区内县(市)经过多年的地质灾害防治及宣传工作，认为研究区内建筑具备一定的抵抗地质灾害风险的能力或者为价值较低的建筑，故综合评估为研究区内建筑分布区域易损性为中等。评价结果见图 3.27b。从评价结果可以看出，研究区建筑易损性整体很低，研究区内建筑面积为 7.26 km^2，占总面积的 0.01%。这和研究区主要为地广人稀的山地有关。建筑易损性中等的区域主要集中在县城及其他建筑密度高的乡镇驻地。

交通设施易损性评价：收集到了研究区内公路、铁路分布数据，但没有详细的道路等级、边坡情况、年代等属性信息，无法对承灾体抵抗地质灾害风险的能力进行评价，考虑到研究区内县(市)经过多年的地质灾害防治及宣传工作，认为研究区内道路具备一定的抵抗地质灾害风险的能力，故综合评估为研究区内道路分布区域易损性为中等。评价结果见图 3.27c。经统计，研究区内路网密度为 0.44 km/km^2，路网密度较低。由于没有道路详细的宽度等信息，无法准确计算道路受影响面积，按平均道路宽度 50 m 估计道路面积为 1449.7 km^2，故研究区交通设施易损性中等的区域面积为 1449.7 km^2，占总面积的 2.18%。

综合人口易损性、建筑易损性及交通设施易损性，获取研究区综合易损性结果(图 3.27，表 3.18)。

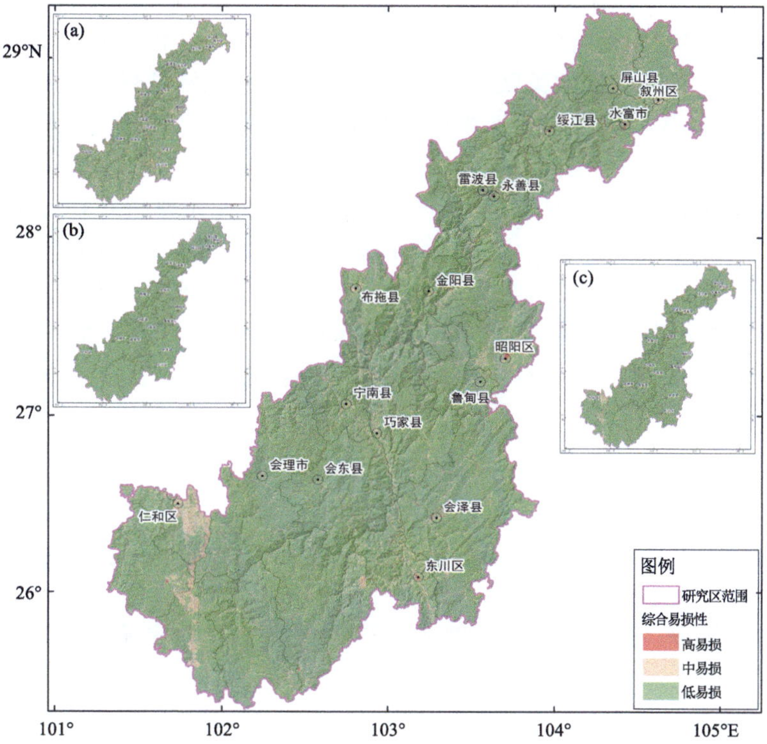

图 3.27　易损性评价

（a. 人口易损性，b. 建筑易损性，c. 交通设施易损性）

表 3.18　易损性评价结果表

类型	高		中		低	
	面积/km²	百分比	面积/km²	百分比	面积/km²	百分比
人口易损性	146	0.25	881	1.33	65324	98.45
建筑易损性			7.26	0.01	66343.74	99.99
交通易损性			1449.7	2.18	64901.3	97.82
综合易损性	146	0.25	2337.96	3.52	63867.04	96.26

3.7　本章小结

(1)长江流域极端高温的发生在中下游更加突出，长江上游高温日数少于长江全流域高温，极端低温在长江上游流域较为突出，但整体霜冻和冰冻日数少于高温日数。长江流域极端降水在中下游更加突出，长江上游极端强降水量低于长江中下游，持续干燥指数在长江上游流域较为突出，表明长江上游较中下游整体偏干。近 120 年极端低温指数变化减小，其中，近 60 年下降趋势较早期更为显著。近 120 年极端高温指数增大，其中，近 60 年上升趋势较早期更为显著。近 120 年极端降水指数变化不明显，其中，早期为下降趋势，近 60 年为上升趋势，早期部分地区干旱有所加剧，近 60 年有所缓解。

(2)结合近 60 年金沙江流域极端天气气候事件变化特征,发现降雨是地质灾害发育的主要诱发因素,地质灾害的发生与降雨历时、降水量等有密切的正相关关系,地质灾害的发育与降水量的空间分布也具有直接的关联。对研究区进行了崩塌、滑坡易发性初步评价,评价结果表明崩塌、滑坡地质灾害高易发区主要集中分布于金沙江干流及一级支流两侧、城镇集中开发区。其中白鹤滩水电站库区、溪洛渡库区、向家坝库区大部分处于地质灾害高、中易发区,乌东德库区则处于地质灾害中低易发区。泥石流高易发流域单元主要分布在元谋、武定、东川、会泽、会东、巧家、宁南、雷波等县。其中白鹤滩库区宁南、巧家、会东、东川段泥石流集中分布,易发性高。向家坝库区段金沙江支流泥石流亦较为发育,部分流域单元为高、中易发性。对研究区进行人口、建筑和交通设施易损性初步评价,评价结果表明人口高易损性面积占比 0.25%,建筑多为中低易损性,综合高易损性占比 0.25%,中易损性面积占比 3.52%,低易损性面积占比 96.26%。

参考文献

陈鲜艳,宋连春,郭占峰,等,2013. 长江三峡库区和上游气候变化特点及其影响[J]. 长江流域资源与环境,22(11):1466-1471.

丁一汇,王遵娅,宋亚芳,等,2008. 中国南方 2008 年 1 月罕见低温雨雪冰冻灾害发生的原因及其与气候变暖的关系[J]. 气象学报,66(5):158-175.

李勇先,等,2022. 史志研究[M]. 成都:四川人民出版社.

彭京备,孙淑清,2019. 2018 年 1 月南方雨雪天气的形成及其与冬季风异常的关系[J]. 大气科学,43(6):1233-1244.

任国玉,陈正洪,杨宏青,2003. 长江流域近 50 年降水变化及其对干流洪水的影响[J]. 湖泊科学,15(Z1):49-55.

任国玉,封国林,严中伟,2010. 中国极端气候变化观测研究回顾与展望[J]. 气候与环境研究,15(4):337-353.

万素琴,周月华,李兰,等,2008. 低温雨雪冰冻极端气候事件的多指标综合评估技术[J]. 气象,34(11):40-46.

武炳义,2019. 2012 年 1 月,2016 年 1 月东亚两次极端严寒事件及其与北极增暖的可能联系[J]. 大气科学学报,42(1):14-27.

杨贵名,孔期,毛冬艳,等,2008. 2008 年初"低温雨雪冰冻"灾害天气的持续性原因分析[J]. 气象学报,66(5):836-849.

赵琳娜,马清云,杨贵名,等,2008. 2008 年初我国低温雨雪冰冻对重点行业的影响及致灾成因分析[J]. 气候与环境研究,13(4):556-566.

GEMMER M,JIANG T,SU B,et al,2008. Seasonal precipitation changes in the wet season and their influence on flood drought hazards in the Yangtze River Basin,China[J]. Quaternary International,186(1):12-21.

IPCC,2021. Climate Change 2021:The Physical-Sscience Basis[M]. Cambridge:Cambridge University Press. https://www.ipcc.ch/report/ar6/wg1/#FullReport.

JIANG T,ZHANG Q,ZHU D M,et al,2006. Yangtze floods and droughts(China) and teleconnections with ENSO activities(1470-2003)[J]. Quaternary International,144(1):29-37.

LU E,LIU S Y,LUO Y L,et al,2014. The atmospheric anomalies associated with the drought over the Yangtze River Basin during spring 2011[J]. Journal of Geophysical Research-Atmospheres,119(10):5881-5894.

STILLMAN J H,2019. Heat waves,the new ormal:Summertime temperature extremes will impact animals,Ecosystems,and Human Communities[J]. Physiology,34(2):86-100.

ZHAI P M,ZHOU B Q,CHEN Y,2021. Several new understandings in the climate change science[J]. Climate Change Research,17(6):629-635.

第4章 长江流域水资源变化评估

引言

20世纪以来全球正经历明显的人为变暖。过去130多年(1880—2012年)来全球地表平均温度上升了约0.85 ℃,最近的三个10年全球气温比1850年以来任何一个10年都高。预估21世纪末全球地表气温将在21世纪初的基础上升高0.3~4.8 ℃。为减小气候变化带来的不利影响,《联合国气候变化框架公约》近200个缔约方于2015年通过了《巴黎协定》,规定"把全球平均气温升幅控制在工业化前水平的2.0 ℃之内,并努力将气温升幅限制在工业化前水平的1.5 ℃之内"。

陆地淡水资源以降水作为输入,并通过蒸发和蒸腾的形式进入大气而损失。由于气候系统与水循环的交互作用,使得气候变暖最重要和最直接的效应就是水资源可利用性的改变。大量证据表明近几十年来,全球水循环已经对观测到的全球升温产生响应,在许多地区,降水或融雪的变化已经改变了水文系统,进而对水资源产生影响(Caretta et al.,2022)。不同数据集都揭示出全球降水在1901—2005年没有显著的趋势性变化;自20世纪60年代以来,由于降水、气温日较差、气溶胶、净辐射、水汽压亏缺和风速等多要素的变化,已经导致全球和区域蒸发皿蒸发量和实际蒸散量的稳定下降;自50年代以来,检测到的径流变化与观测到的区域降水和气温变化大体一致,模拟结果揭示出全球200条河流的径流量有1/3发生显著的趋势性变化,其中,45条河流的径流量减少,19条河流增多(Jiménez et al.,2014)。在全球增温1.5 ℃和2.0 ℃情景下,降水强度和空间格局将发生改变,2070年之前强降水出现频率在全球范围内增大,以全球增温2.0 ℃情景下增加更显著;而干旱风险也在增大,其中,欧洲、地中海、亚马孙和南非等地干旱风险在全球增温2.0 ℃下更为显著。从全球来看,在全球增温2.0 ℃情景下,气候变化将加剧全球和区域水资源短缺。与此同时,为了实现水资源的合理配置和高效利用,人类通过广泛修建水库、大坝、堤防等工程设施,对天然河川径流进行管理和开发,在气候变化影响下,水利工程设施的运行效益及其自身安全均可能受到严重影响。因此,开展气候变化对水资源及其管理系统的影响评估,尤其是对未来气候变化的影响预估,对水资源的规划管理及其可持续发展具有重要意义。

在全球气温上升的背景下,中国经历了明显的变暖,增温速率超过全球平均水平。1960—2019年,全国平均增温速率约为0.27 ℃/10 a,其中,北方地区年平均气温上升速度明显大于南方。气候变化在过去几十年中已经引起了我国水文循环的变化。20世纪80年代以来,长江、西北内陆河地表水资源量总体呈增大趋势,海河、黄河等流域表现为减少趋势;自2000年以来,全国水资源总量呈非显著的增大趋势。干旱和半干旱气候地区的中国北方的河流径流对降水比南方更敏感。受人类活动和气候变化的影响,主要江河重要水文控制站的观测径流量揭示出长江流域的宜昌站径流减少,而大通站实测径流量略微上升,黄河花园口站、海河官台站、辽河铁岭站和松花江哈尔滨站的年径流量都显著下降(王国庆 等,2022))。研究结果表明,在 RCP4.5 和 RCP8.5 情景下,中国的平均升温阈值将在 2033±15 年和 2029±10 年前后超过 2.0 ℃(Chen et al.,2016)。模拟表明,在全球升温 1.5 ℃和 2.0 ℃情景下,中国北方黄河流域的伊洛河年径流量将会减少,但汛期径流量将增大,而中国南方珠江流域的北江年径流量会略有增大,但汛期径流量略有减少(Liu et al.,2017)。全球升温 1.5 ℃情景下,长江流域模拟的径流变化呈下降趋势;而在全球升温 2.0 ℃情景下,则呈相反的变化(Chen et al.,2017)。

长江上游流域水量充沛且地势落差大,水能资源蕴藏量极其丰富,是我国水电开发的重要基地。同时,因汛期降水集中,上下游洪峰叠加,又可对中下游流域造成严重洪涝灾害。因此,明确长江上游流域水资源和极端径流分布特征及其变化趋势,对科学制订防洪兴利调度计划,充分利用水资源和保障防洪安全具有重要意义。根据水电开发规划,未来长江上游规划建设的水库与当前现有库容相当,因气候变化引起的水资源量变化将对未来水库的建设开发和预期效益带来较大的不确定性。此外,长江上游大部分水库属于季节性调节水库,径流季节分布以及极端径流的变化对防洪调度和水库综合效益的发挥也会产生重要影响。

本研究利用模式再分析资料、遥感资料和探空资料,对长江流域空中水汽资源和水汽收支情况进行分析评估,以揭示长江流域空中水汽资源和水汽收支情况;通过水文模型在长江上游金沙江流域本地化应用,开展气候变化对长江上游金沙江流域乌东德—白鹤滩—溪洛渡—向家坝区间主要支流的径流量影响评估;开展未来气候变化下金沙江流域的水量平衡,以及主要水文控制站和主要水库入库流量预估;以期为长江上游水资源管理、水电开发和防洪规划提供科学依据。

4.1　长江流域水资源特征

水汽一方面成云致雨,另一方面通过辐射以及凝结释放潜热来影响大气的能量平衡,同时水汽也直接提供水资源。大气水汽输送在能量与水分循环中具有重要作用,它是水分循环的一个重要部分,其异常变化对降水有重要的影响。长江流域地处东亚季风区,直接受东亚季风的影响,同时也间接受到印度季风的影响,季风气流带来的水汽是其降水的主要水汽来源。西太平洋、南海、孟加拉湾和印度洋是长江流域的水汽源区,并通过 4 条重要通道将水汽输送至长江流域,包括:来自中国南海西南季风的水汽输送;西太平洋副热带高压(简称副高)西侧的西南气流水汽输送;来自印度洋和孟加拉湾的西南季风水汽输送,该输送带不经过中国南海地区而是直接进入中国大陆;另外,中高纬西风带水汽输送也是长江水汽来源之一,但水汽输送量较少,主要影响长江上游地区的冬春季节(蒋兴文 等,2009)。

一个地区的降水主要有来自其他地区输送的水汽和本地区蒸散发产生的水汽这两种来源(Zangvil et al.,2004),由本地下垫面蒸散发的一部分水汽形成降水落到该地区的现象称之为再循环降水,也是该区域的水文内循环(Brubaker et al.,1993;Eltahir et al.,1994)。早从 20 世纪 50 年代开始,人们就已开展陆地蒸发水汽在水循环中的作用研究,并发现在某些地区某些时候陆地也是相当重要的水汽源地(Starr et al.,1958;Rasmusson,1967,1968)。1998 年长江流域发生大洪水,局地蒸发的贡献约占到 1/3(丁一汇 等,2003)。由本地下垫面蒸散发的水汽进入上空后凝结形成的降水占本地总降水量的比率称之为降水再循环率,它可以定量化给出本地蒸发对该地区降水的贡献,同时也表征一个地区陆面水循环与区域气候相互作用的强弱(Eltahir et al.,1994)。

在气候变化和人类活动的共同影响下,长江上游径流已经发生了显著变化。自宜昌站有观测记录的120年来,年最小径流、平均径流分别减小了6%、8%,近60年来年平均径流的下降趋势更显著,与此同时,径流的年内分布也发生了明显变化。夏军等(2008)、王艳君等(2005)对长江上游各子流域近50年径流趋势的分析显示,除金沙江流域外,其他子流域径流均呈减少的趋势。在百年尺度上,径流变化主要受气候变化影响控制,人类活动仅对径流的年内分布产生影响,但近30年来随着上游水利工程的修建以及用水需求的增加,人类活动对年径流量的影响也在增大。

一些研究也开展了未来气候变化对长江上游寸滩、三峡和宜昌站径流影响的预估,曹丽娟等(2013)研究了在IPCC SRES排放情景下,长江上游水资源的时空分布特征,结果显示由于预估流域降水减少,未来径流相对于当前将下降。利用第五次耦合模式比较计划(CMIP5)的5个气候模式,研究不同典型浓度路径情景(RCPs)下长江上游径流的变化表明(Su et al.,2017),21世纪年径流、汛期最高径流以及日径流峰随着预估降水的增加均将有所增大。采用CMIP5的78组气候模式结果研究显示,在RCP8.5下,2041—2070年三峡上游降水将增加4.1%,但由于气温升高导致蒸散量明显增大,三峡水库来水量仍将减少11.1%(Birkinshaw et al.,2017)。可见,由于温室气体排放情景、气候模式以及水文模型的不确定性,对未来气候变化及其对水资源的影响预估结果还存在较大的不确定性。

金沙江流域地形复杂,众多高山深谷相间并列,峰谷高差可达1000~3000 m。气候不仅时空变化大,而且垂直差异十分显著。流域多年平均降水量200~1200 mm,总体呈西北部向东南部增加的趋势。上游河源地区位于海拔5000 m以上的高寒气候区,年平均气温只有−4.2 ℃,年平均降水量200 mm左右,存在大量的冰川和冻土,下游出口的宜宾地区海拔仅500 m左右,属于温带气候,年平均气温18 ℃,年平均降水量可达1200 mm。降水的年内分布极不均匀,汛期(5—10月)降水量约占年降水量的80%~95%,6—9月降水量占全年降水量的60%~85%。金沙江流域河川径流丰富且稳定,多年平均年径流量达1498亿 m^3,构成长江干流比较稳定的基本流量。水力资源超过1亿kW,占长江水力资源的40%以上。

4.2 长江流域水汽收支变化特征

4.2.1 数据和方法

4.2.1.1 数据

(1)1961—2020年日本气象厅JRA55逐月再分析资料,水平分辨率为1.25°×1.25°,要素包括 u 和 v 风、比湿、地面气压。

(2)1961—2020年NCEP/NCAR逐月再分析资料,水平分辨率为2.5°×2.5°,要素包括 u 和 v 风、比湿、地面气压。

4.2.1.2 方法

垂直积分水汽输送通量计算公式为:

$$Q = Q_\lambda \boldsymbol{i} + Q_\phi \boldsymbol{j} \tag{4.1}$$

式中:$Q_\lambda = \frac{1}{g}\int_{300}^{p_s} qu\,\mathrm{d}p$,为整层气柱纬向水汽输送通量;$Q_\phi = \frac{1}{g}\int_{300}^{p_s} qv\,\mathrm{d}p$,为整层气柱经向水

汽输送通量；p_s 为地面气压，u 和 v 是纬向风和经向风，q 为比湿。

边界水汽收支定义：

$$\mathrm{WVB}=\oint Q\mathrm{d}l \tag{4.2}$$

式中：$\mathrm{WVB}_u=\int Q_\lambda a\,\mathrm{d}\Phi$，为纬向边界水汽收支；$\mathrm{WVB}_v=\int Q_\Phi a\cos\Phi\mathrm{d}\lambda$，为经向边界水汽收支；$a$ 表示地球半径，Φ 为纬度，λ 为经度，长江流域各边界划分如图 4.1。

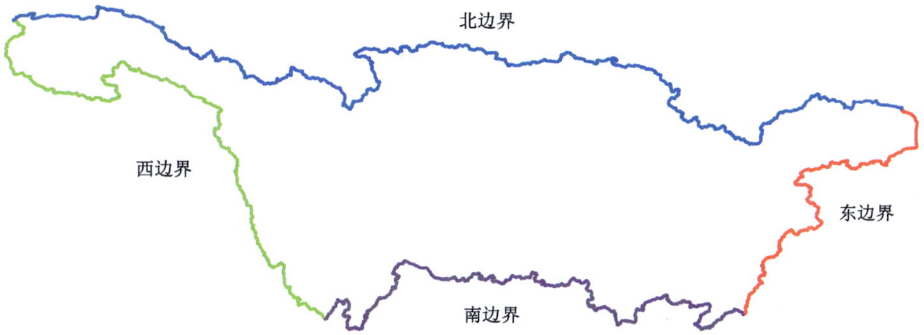

图 4.1　长江流域水汽收支各边界(净纬向水汽收支：西边界水汽通量—东边界水汽通量；净经向水汽收支：南边界水汽通量—北边界水汽通量)

4.2.2　长江流域水汽收支变化特征

4.2.2.1　长江流域

长江流域春、夏季常年为水汽净收入，秋季大部分年份为水汽净收入，而冬季则有可能是水汽净收入或水汽净支出，但注意到近 20 年几乎为净水汽收入状态(图 4.2)。近 60 年净水汽收支均表现出较为明显的年代际变化。春季长江流域水汽净收入呈明显的多—少—多的年代际变化，20 世纪 60—80 年代水汽净收入较多，20 世纪 80 年代到 21 世纪初水汽净收入较少，21 世纪初之后水汽净收入又明显增多。夏季净水汽收入呈较明显的年际振荡，叠加一定的年代际变化，20 世纪 60—80 年代的水汽净收入较少，20 世纪 80—90 年代水汽净收入较多，20 世纪 90 年代之后水汽净收入一直较少。秋季则是在 20 世纪 90 年代之前大部分年份是水汽净收入状态，20 世纪 90 年代为水汽净支出，21 世纪以来水汽净收入呈明显上升趋势，基本处于水汽净收入状态。冬季近 60 年水汽收支增加趋势较为显著，20 世纪 80 年代之前长江流域大多年份处于水汽支出状态，20 世纪 80 年代和 20 世纪 90 年代水汽净收入和水汽净支出年份相当，主要为年际振荡，21 世纪以来水汽收入显著增加，均为水汽净收入。

从长江流域四季经纬向水汽收支可以看到(图 4.3)，4 个季节，纬向上基本均为水汽支出，而经向上是水汽收入。从长期趋势来看，4 个季节纬向水汽收支均呈增加趋势，即纬向水汽支出减少，而除冬季外，春夏秋季经向水汽收支均呈减少趋势，即经向水汽收入有所减少。从四季经纬向水汽输送与净水汽收支的相关系数(表 4.1)来看，净水汽收支与经向水汽收支的相关系数比较高，均通过了 0.01 的显著性检验，而与纬向水汽收支的相关性不显著，表明长江流域净水汽收支的变化受经向水汽输送的影响较为明显。

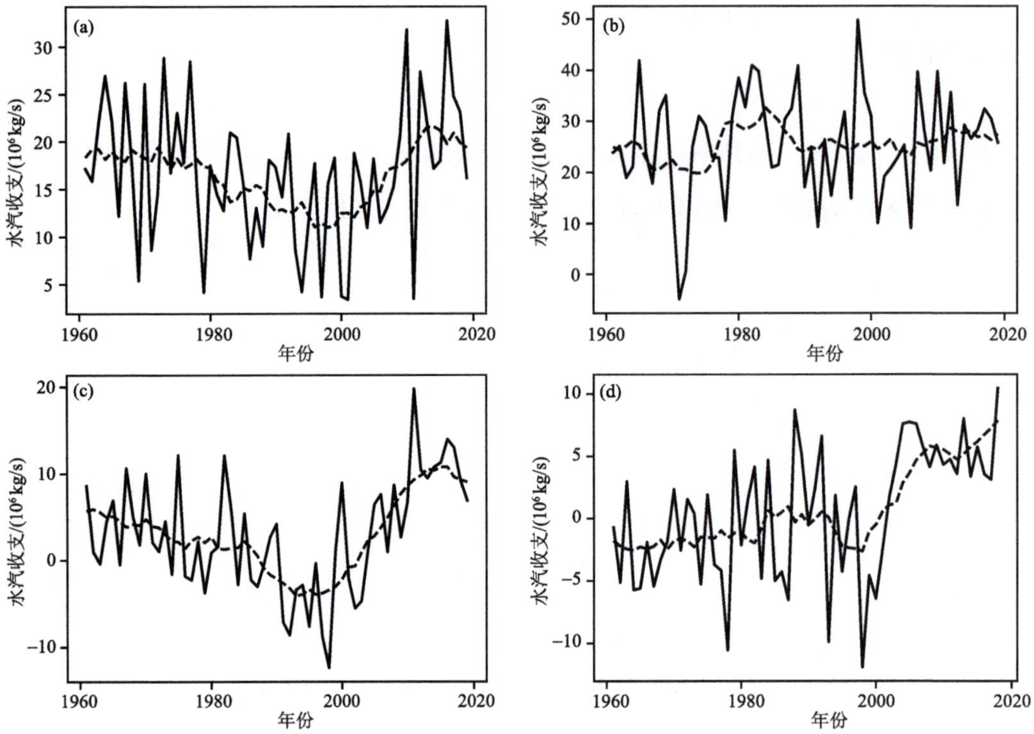

图 4.2　1961—2020 年长江流域四季净水汽收支

（a. 春季，b. 夏季，c. 秋季，d. 冬季，虚线为 11 年滑动平均）

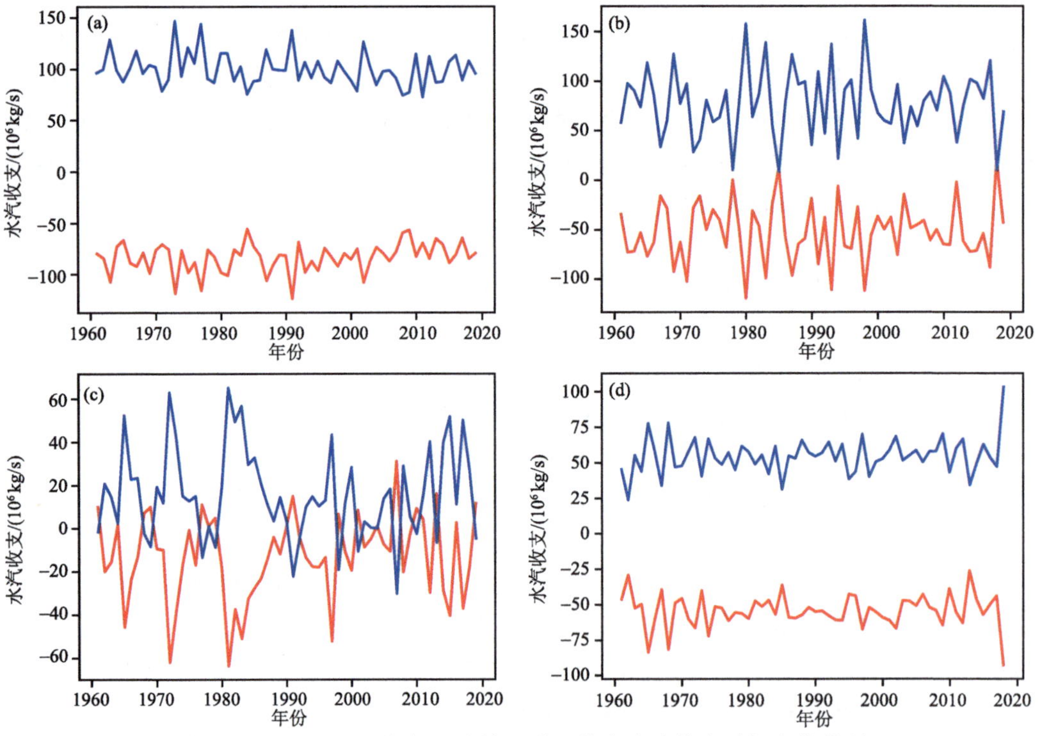

图 4.3　1961—2020 年长江流域四季经纬向水汽收支时间变化序列

（a. 春季，b. 夏季，c. 秋季，d. 冬季，红线表示纬向，蓝线表示经向）

表 4.1　1961—2020 年长江流域纬向和经向水汽收支与净水汽收支的相关系数

	春季	夏季	秋季	冬季
纬向	−0.06	−0.28*	−0.12	−0.03
经向	0.50**	0.55**	0.42**	0.44**

注：* 和 ** 分别表示通过 0.05 和 0.01 显著性检验。

再来看四边界水汽收支对净水汽收支的影响（表 4.2），春、秋和冬季净水汽收支的年际变化主要受南边界和北边界水汽收支变化的影响，夏季净水汽收支主要受东边界和西边界水汽收支的影响，其次是北边界水汽收支的影响。

表 4.2　1961—2020 年长江流域四边界水汽收支与净水汽收支的相关系数

	东	西	南	北
春季	−0.16	0.26*	0.47**	−0.37**
夏季	−0.40**	0.48**	0.18	0.26*
秋季	−0.03	−0.01	0.55**	−0.46**
冬季	−0.06	0.15	0.47**	−0.53**

注：* 和 ** 分别表示通过 0.05 和 0.01 显著性检验。

4.2.2.2　长江上游地区

长江上游四季净水汽收支分布和变化与整个长江流域大体一致（图 4.4）。具体来看，长江上游春、夏和秋季常年基本为水汽净收入，而冬季则在 21 世纪之前大部分年份为水汽净支

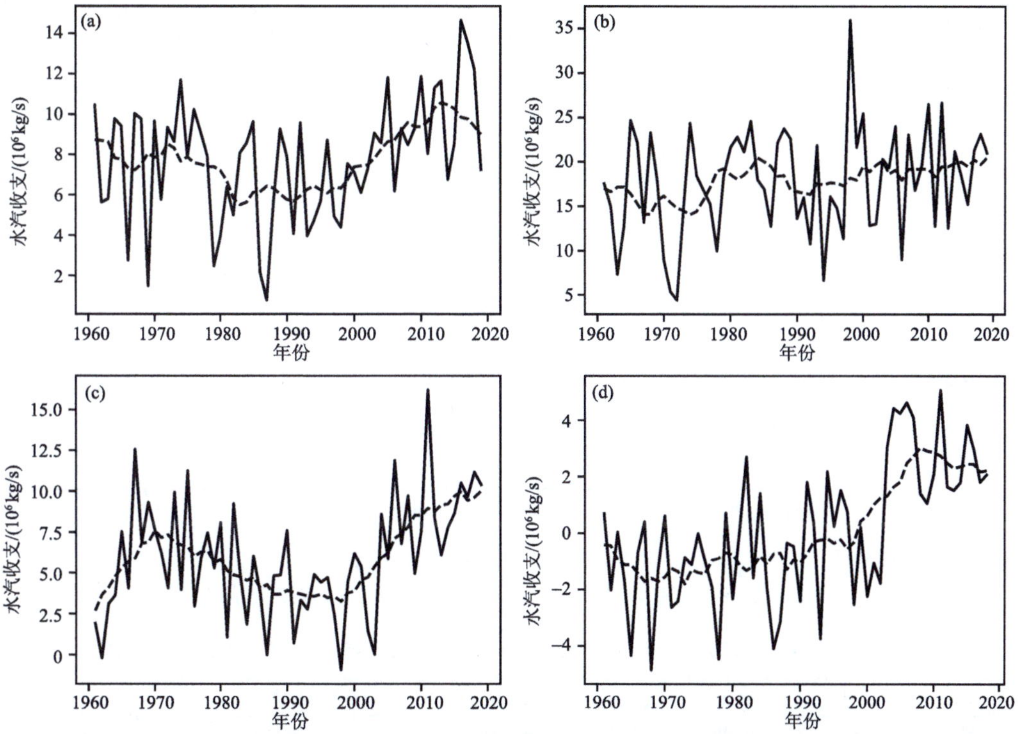

图 4.4　1961—2020 年长江上游四季净水汽收支
（a. 春季，b. 夏季，c. 秋季，d. 冬季，虚线为 11 年滑动平均）

出，进入 21 世纪之后的近 20 年大多转为水汽净收入。近 60 年春、秋、冬 3 个季节净水汽收支表现出较为明显的年代际变化。春季长江流域水汽净收入呈明显的多（20 世纪 60—80 年代）—少（20 世纪 80 年代至 21 世纪初）—多（21 世纪初之后）的年代际变化。秋季则是在 20 世纪 60—70 年代水汽收支为上升趋势，20 世纪 70 年代至 21 世纪初表现为持续的下降趋势，21 世纪以来水汽净收入呈明显上升趋势。冬季净水汽收支呈明显增加趋势，尤其是 21 世纪初以来大幅增加。夏季净水汽收支主要表现为明显的年际变化特征，年代际特征不显著。

从长江上游地区四季经纬向水汽收支可以看出（图 4.5），春、夏、秋 3 个季节纬向上均为水汽净支出，而经向上是水汽净收入。夏季则是大部分年份纬向为水汽净支出，个别年份为水汽净收入，经向是大部分为水汽净收入，个别年份为少的水汽净支出。从长期趋势来看，与整个长江流域的变化基本一致，四个季节纬向水汽收支均呈增加趋势，即纬向水汽支出减少，而除冬季外，春、夏、秋季经向水汽收支均呈减少趋势，即经向水汽收入有所减少，冬季经向水汽收支增加。从四季经纬向水汽输送与净水汽收支的相关系数（表 4.3）来看，净水汽收支与经向水汽收支的相关系数比较大，均通过了显著性检验，而与纬向水汽收支的相关性不显著，表明长江上游地区净水汽收支的变化也是受经向水汽输送的影响较为明显。

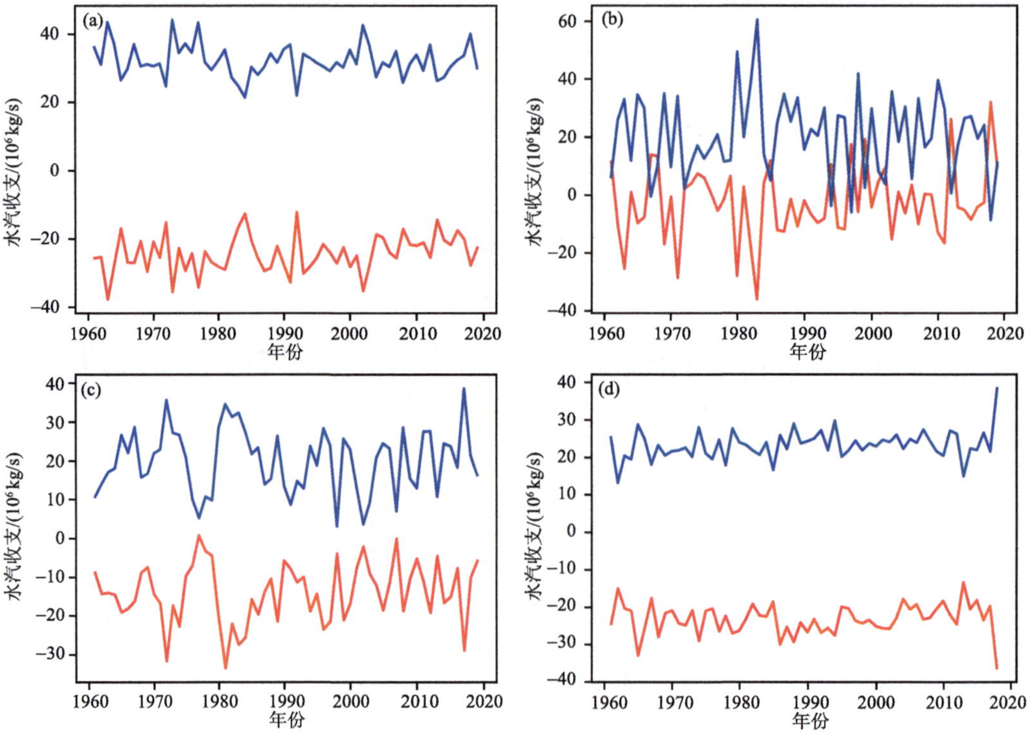

图 4.5　1961—2020 年长江流域上游地区四季经纬向水汽收支时间变化序列

（a. 春季，b. 夏季，c. 秋季，d. 冬季，红线表示纬向收支，蓝线表示经向收支）

表 4.3　1961—2020 年长江流域纬向和经向水汽收支与净水汽收支的相关系数

	春季	夏季	秋季	冬季
纬向	0.09	−0.10	−0.15	−0.08
经向	0.31*	0.47**	0.47**	0.40**

注：* 和 ** 分别表示通过 0.05 和 0.01 显著性检验。

再来看边界水汽收支与净水汽收支的关系（表 4.4），春季和冬季净水汽收支变化与四边界水汽收支相关系数均不显著。夏季净水汽收支的变化与东边界呈显著负相关，与西边界水汽收支呈显著正相关，秋季净水汽收支的变化与南边界水汽收支呈显著正相关。

表 4.4　1961—2020 年长江流域上游地区四边界水汽收支与净水汽收支的相关系数

	东	西	南	北
春季	0.09	0.14	0.01	0.05
夏季	−0.38**	0.56**	0.22	0.07
秋季	0.05	−0.02	0.36**	−0.22
冬季	0.07	0.12	0.24	−0.21

注：* 和 ** 分别表示通过 0.05 和 0.01 显著性检验。

4.2.3　长江流域旱涝年的水汽收支特征

根据长江流域夏季降水距平时间序列（图 4.6），以 ±1.2 倍标准差为标准，选择 >1.2 倍标准差的年份（1983 年、1998 年、1999 年、2018 年和 2020 年）为涝年，<−1.2 倍标准差的年份（1969 年、1972 年、1997 年、2006 年、2009 年和 2011 年）为旱年。

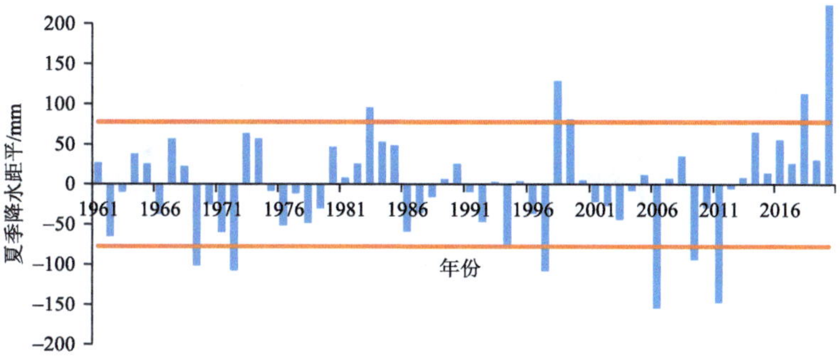

图 4.6　1961—2020 年长江流域夏季降水距平时间变化序列（黄线表示 ±1.2 倍标准差）

通过计算涝年和旱年长江流域各边界水汽收支和净水汽收支发现（图 4.7），涝年较旱年南边界和西边界水汽输入明显增多，尽管东边界和北边界输出水汽也有所增大，但长江流域净水汽收入是增多的，这将有利于降水的发生。

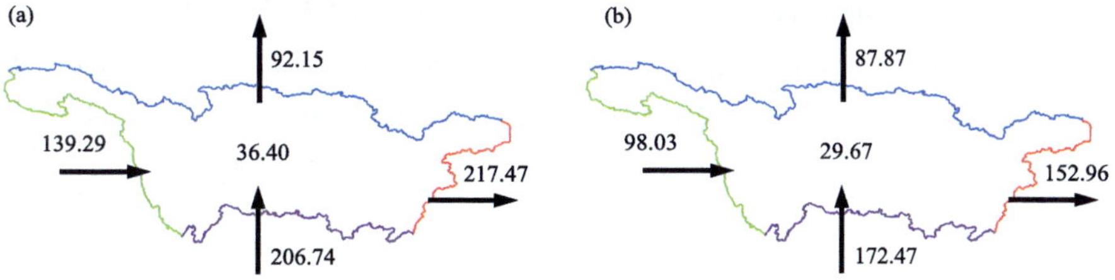

图 4.7　长江流域夏季旱涝年水汽收支特征（a. 涝年，b. 旱年，单位：10^6 kg/s）

根据长江上游地区夏季降水距平时间序列（图 4.8），以 ±1 倍标准差为标准，选择 >1 倍标准差的年份（1984 年、1998 年和 2020 年）为涝年，<−1 倍标准差的年份（1972 年、1975 年、1997 年、2004 年、2006 年和 2011 年）为旱年。

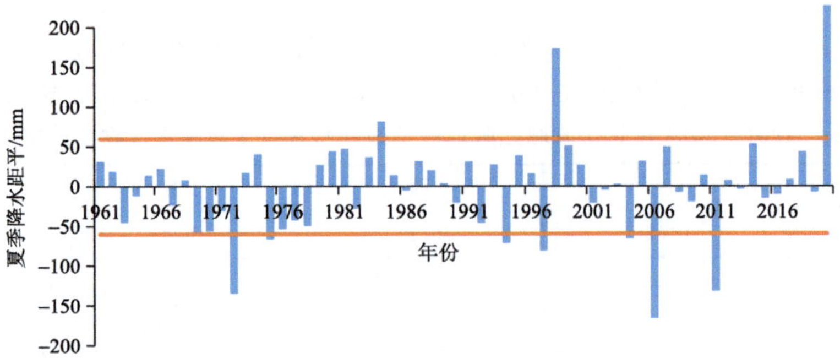

图 4.8　1961—2020 年长江流域上游地区夏季降水距平时间变化序列（黄线表示±1 倍标准差）

通过计算涝年和旱年长江流域上游各边界水汽收支和净水汽收支发现（图 4.9），同样是涝年较旱年南边界和西边界水汽输入明显增多，长江流域上游净水汽收入是增多的，这也有利于上游地区降水的发生。

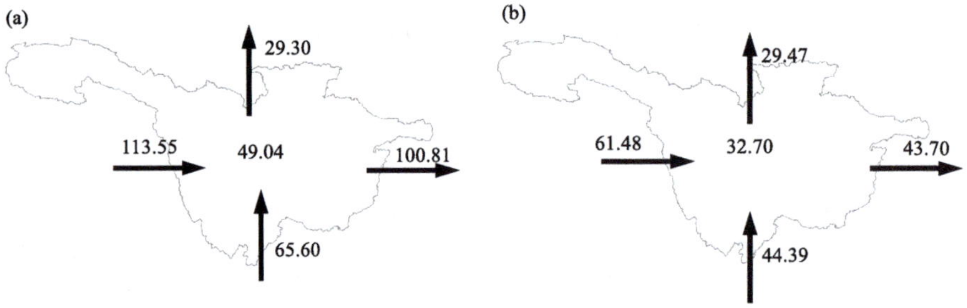

图 4.9　长江流域上游地区夏季旱涝年水汽收支特征（a. 涝年，b. 旱年，单位：10^6 kg/s）

4.3　长江流域降水再循环率变化特征

4.3.1　数据和方法

4.3.1.1　数据

本节在计算降水再循环率时用到的蒸发数据和水汽输送数据均来自欧洲中心最新的第五代再分析资料 ERA5。数据时段为 1979—2020 年，时间分辨率为月，空间分辨率为 0.25°×0.25°。降水数据采用了中国区域地面气象要素驱动数据集（CMFD），CMFD 数据集是以 Princeton 再分析资料、GLDAS、GEWEX-SRB 以及 TRMM 降水资料为背景场，融合中国气象局常规气象观测数据制作而成（He et al.，2020），数据水平分辨率为 0.1°×0.1°。

4.3.1.2　方法

采用 Eltahir-Bras（1994）二维水分再循环模型计算长江流域的降水再循环率，并对计算方案进行了改进。

$$\rho=\frac{P_w}{P_w+P_o}=\frac{P_w}{P}=\frac{I_w+E}{I_w+E+I_o} \tag{4.3}$$

式中，P 为降水量，包括本地蒸发水汽形成的再循环降水（P_w）和外部水汽输入形成的外循环降水（P_o）两部分；I 为水汽输入，下标 w 表示输入水汽来自于研究区内，下标 o 表示输入水汽来自于研究区外；ET 为蒸发量(图 4.10)。模型的假设条件为：①大气可降水量的变化相对于蒸发量和水汽输送通量来说是小量；②大气中外部输入水汽与本地蒸发水汽充分混合。

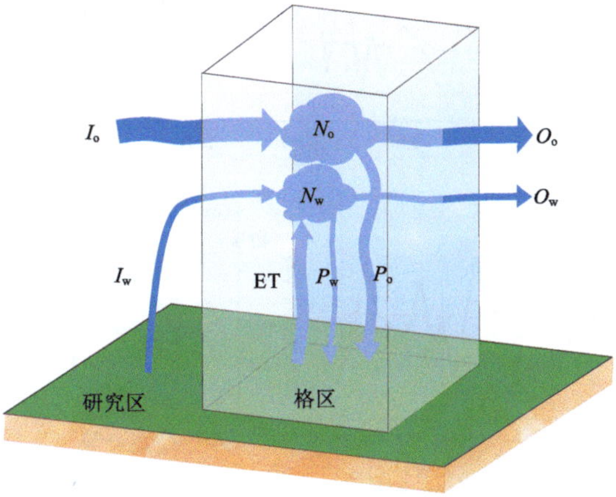

图 4.10　水分再循环示意图

(N:水汽，P:降水，ET 为蒸发量，I:水汽输入量，O:水汽输出量，下标 w 和 o 分别表示水汽来自研究区域内和研究区域外)

4.3.2　长江流域降水再循环率变化特征

降水再循环率表征本地蒸散发对该地区降水的贡献。长江流域多年平均降水再循环率约为 10.3%，其中，夏季最高，平均可达 21.8%；春秋季相当，分别为 7.6%和 8.4%；冬季最低，仅为 3.5%。长江流域年均降水再循环率呈增大趋势，增大速率约为 0.4%/10 a。从季节分布看，夏季降水再循环率增大最为明显，增大速率达到 1.2%/10 a，其次为秋季，秋季呈先增后降，总体增大速率约为 0.2%/10 a，春季呈略增的波动变化，冬季变化趋势则不明显(图 4.11)。

从长江流域降水再循环率的多年平均空间分布可以看出(图 4.12)，长江流域降水再循环具有显著的东西部差异，其中，流域西部的上游地区为降水再循环高值区，年平均值为 −35%～15%，夏季可达 20%～50%。最高值出现在四川盆地及其周边区域，年平均值在 20%以上，夏季在 35%以上。长江下游地区为降水再循环率相对低值区，年平均值都在 10%以下。春、夏、冬 3 个季节降水再循环率的空间分布与年分布基本一致，秋季降水再循环率相对高值区则位于长江流域东南部。

从全年来看，几乎长江流域全域降水再循环率均呈增大的趋势。其中，长江中上游地区增大趋势最为明显，且通过了 0.05 显著性检验(图 4.13)。从四季变化来看，夏季降水再循环率的空间分布主导了年均降水再循环率的空间分布，其高低值分布与年降水再循环率变化趋势分布基本一致。春秋季全流域降水再循环率也均呈增大趋势，春季增大较为明显的地区位于长江下游地区，秋季则在上游地区。冬季大部分地区降水再循环率呈增大趋势，仅在上游地区呈减小趋势，增大趋势较为明显的地区位于中游。

4.3.3　长江流域内外循环降水变化特征

长江流域年均降水量约为 1071.5 mm，总体呈增大趋势，增大速率为 11.9 mm/10 a(未通过显著性检验)。总降水可拆分为内(再)循环降水(P_w)和外循环降水(P_o，表 4.5)。可以看出，长江流域再循环降水(即由本地蒸发水汽凝结形成的降水)约为 141.6 mm/a，外循环降水

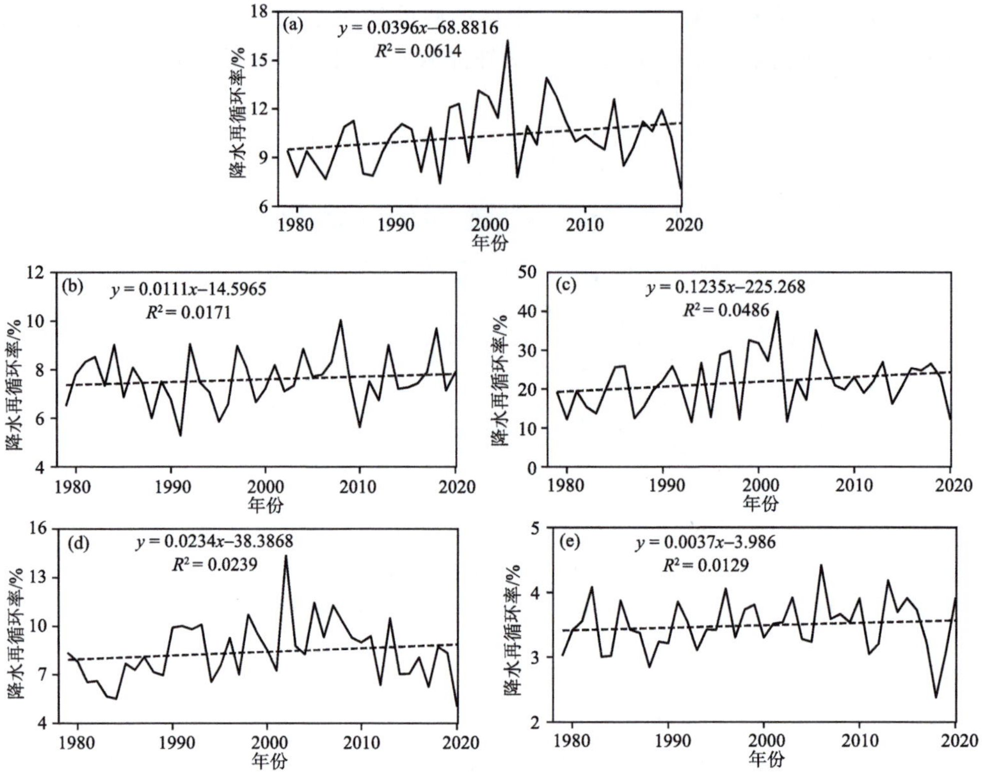

图 4.11　1979—2020 年长江流域降水再循环率时间变化

（a. 年，b. 春，c. 夏，d. 秋，e. 冬）

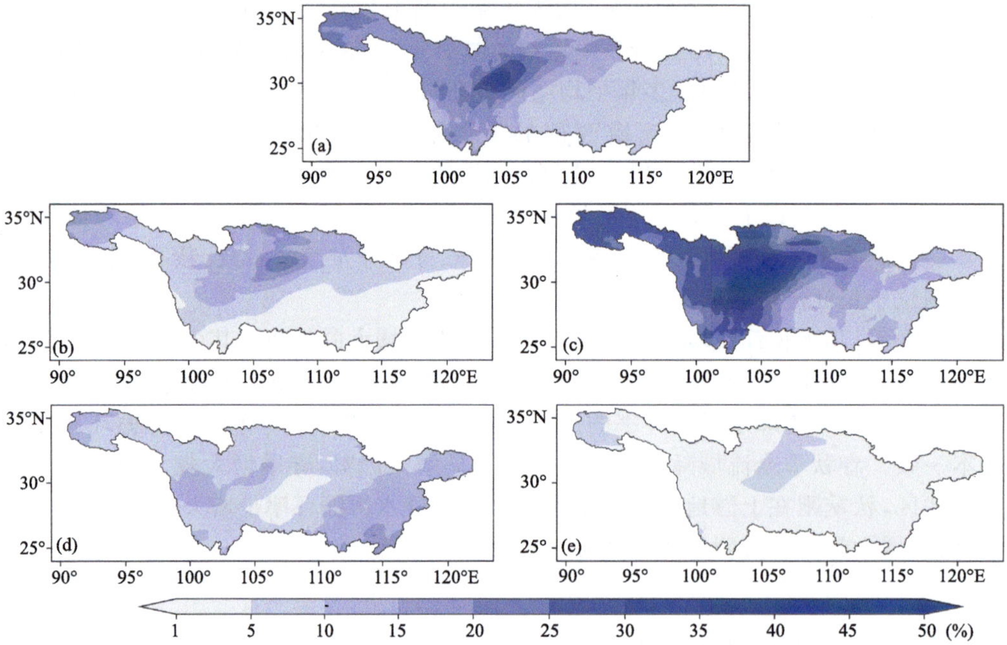

图 4.12　1979—2020 年长江流域降水再循环率空间分布

（a. 年，b. 春，c. 夏，d. 秋，e. 冬）

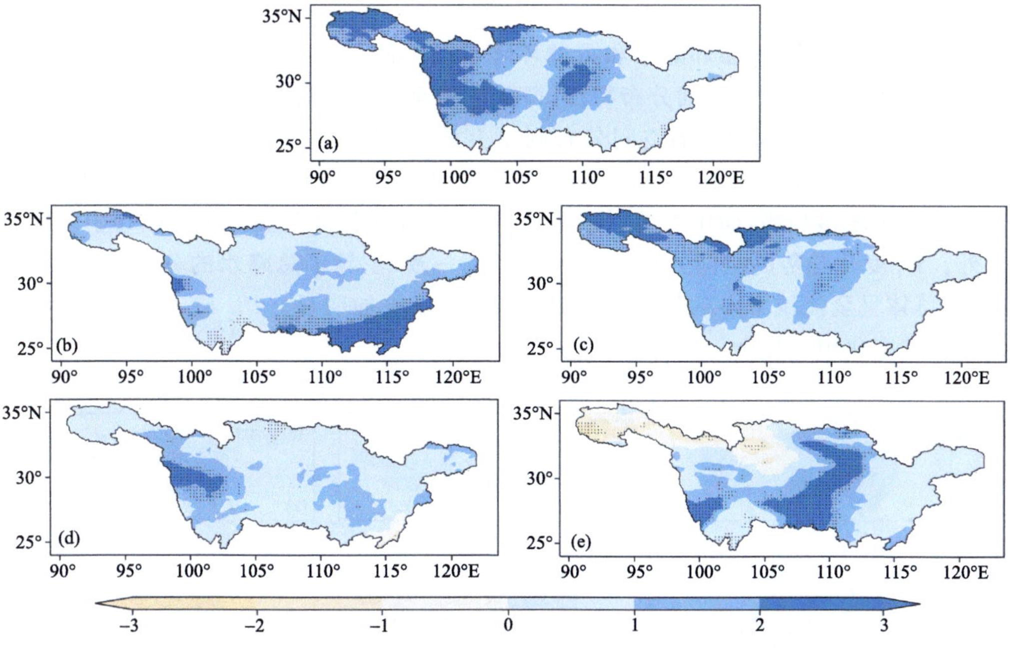

图 4.13　1979—2020 年长江流域降水再循环率变化趋势
（a. 年，b. 春，c. 夏，d. 秋，e. 冬，MK 值，黑点表示通过 0.05 显著性检验）

（由外部输入水汽凝结形成的降水）约为 929.9 mm/a，两者均呈增大趋势，增大速率分别为 8.2 mm/10 a（通过 0.1 显著性检验）和 3.7 mm/10 a（未通过显著性检验）。这表明，长江流域降水增加的 68.9%由再循环降水贡献，31.1%由外循环降水贡献。

表 4.5　1979—2020 年长江流域总降水量（P_{re}）、内（P_w）外（P_o）循环降水的变化

单位：平均值：mm，变化率：mm/10 a

	降水			内循环降水			外循环降水		
	平均值	变化率	累积变化	平均值	变化率	累积变化	平均值	变化率	累积变化
年	1071.5	11.9	47.4	141.6	8.2	32.7	929.9	3.7	14.7
春	281.1	6.1	24.2	19.2	0.6	2.4	262.0	5.5	21.9
夏	487.7	−0.6	−2.2	100.4	6.2	24.9	387.2	−6.8	−27.1
秋	213.0	3.5	13.8	19.5	1.2	4.9	193.6	2.2	8.9
冬	88.5	−0.3	−1.3	2.4	0.1	0.3	86.0	−0.4	−1.6

从各季节来看，P_w 和 P_o 的变化存在明显的差异。由于季风气候的典型特点，长江流域以夏季降水为主，约为 487.7 mm/a，占全年的 45.5%。其中，夏季再循环降水约为100.4 mm/a，呈 6.2 mm/10 a 的增大趋势，夏季外循环降水约为 387.2 mm/a，呈−6.8 mm/10 a 的减小趋势，两者对夏季总降水的贡献几乎正好相互抵消。长江流域春季降水约为 281.1 mm/a，占全年总降水的 26.2%。其中，再循环降水约为 19.2 mm/a，呈微弱增大趋势；外循环降水约为 262.0 mm/a，也呈增大趋势，增大速率约为 5.5 mm/10 a。长江流域秋季降水约为 213.0 mm/a，占全年总降水的 19.9%。其中，再循环降水约为 19.5 mm/a，呈微弱增大趋势；外循环降水约为 193.6 mm/a，也呈微弱增大趋势。长江流域冬季降水较少，约为 88.5 mm/a，仅占全年的 8.3%，产生降水的水

汽主要来自于域外。

从长江流域总降水、外循环降水和再循环降水的空间分布可以看出(图 4.14),长江流域降水大致呈东南多西北少的空间分布特征,即从上游至下游逐渐增大。P_o 的空间分布与总降水的空间分布基本一致,而 P_w 的空间分布则呈上游高,中下游低的空间分布,高值区位于流域上游的四川盆地。长江流域降水的变化趋势具有复杂的空间差异和季节差异(图 4.15)。下游降水呈显著增多趋势,而中上游以减小趋势为主,仅长江源头高海拔区域和中游东部部分区域例外。P_o 变化趋势的空间分布与总降水基本一致,主导了总降水的分布形态,特别是在夏季。P_w 总体呈全流域增多的特征,上游高海拔区域更加明显。P_w 与 P_o 趋势的空间差异使得总降水的变化更加复杂。

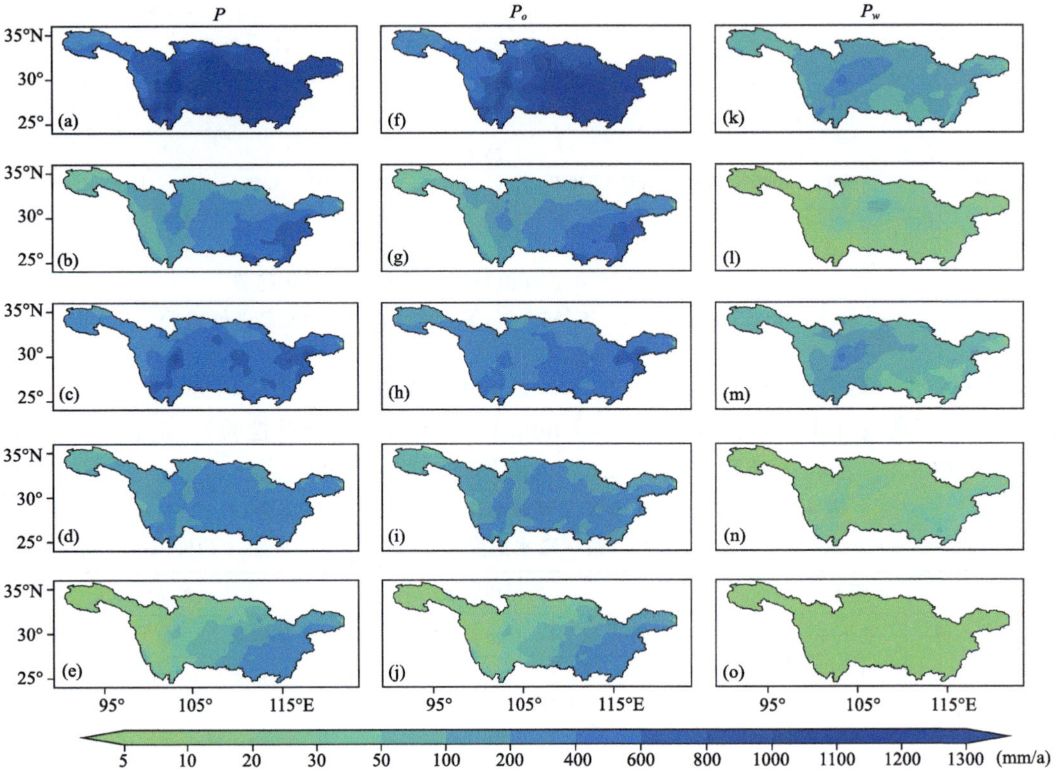

图 4.14 长江流域年及四季降水(P,a—e)、外循环降水(P_o,f—j)、内循环降水(P_w,k—o)空间分布

4.4 长江流域云量变化特征

4.4.1 数据

本节所采用资料为国际卫星云气候计划(ISCCP)月平均高(低)云、云水路径、光学厚度等。

4.4.2 长江流域云量变化特征

长江流域年均总云量为 65%~85%,高值区位于长江上游干流和嘉陵江流域,约为75%~85%。低值区位于金沙江流域和下游地区。从各季总云量分布来看,春季、秋季和冬季空间分布

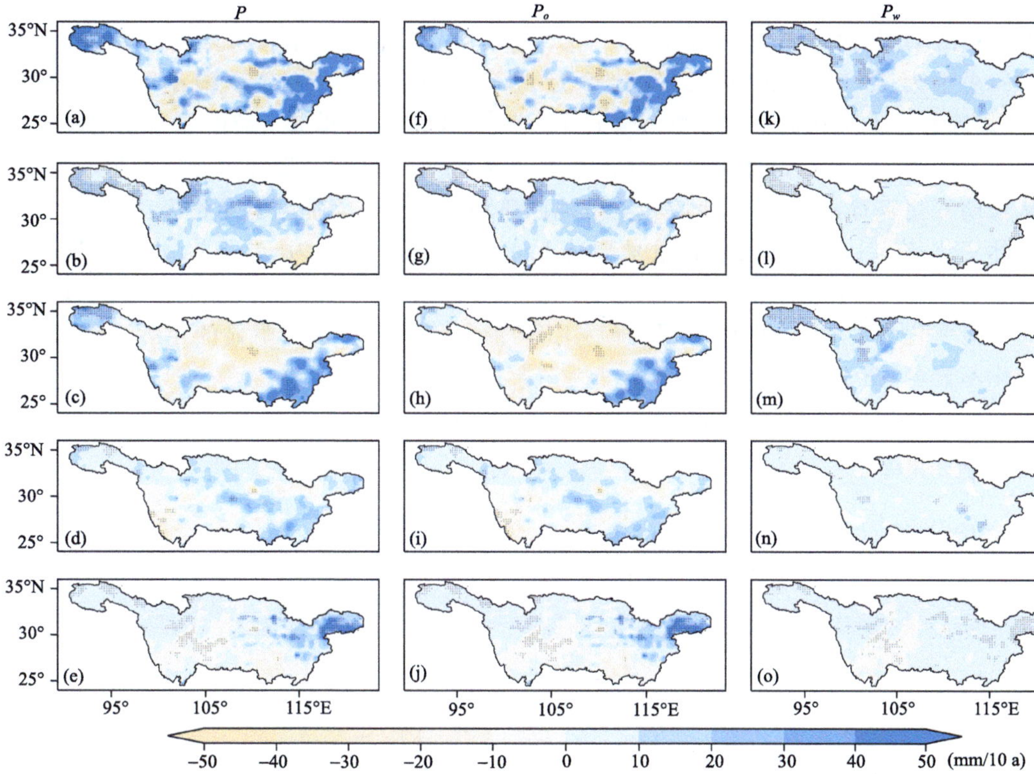

图 4.15　同图 4.14，但为线性变化趋势（黑点表示通过 0.01 显著性检验）

特征与年均分布基本一致，夏季长江上游地区总云量均比较多，下游则相对较少（图 4.16）。

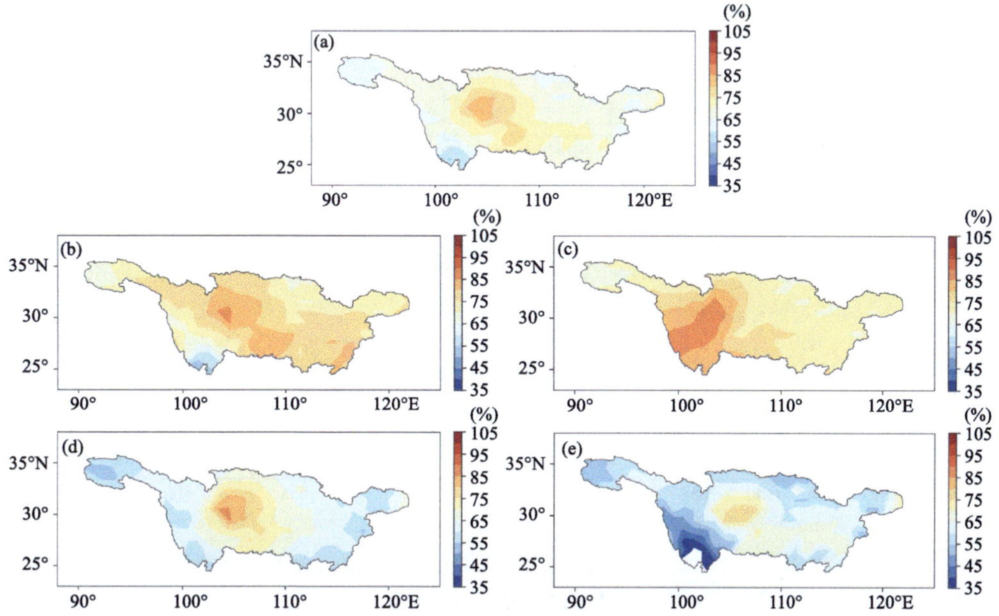

图 4.16　1984—2018 年长江流域总云量的空间分布

（a. 年，b. 春季，c. 夏季，d. 秋季，e. 冬季）

长江流域年均总云量为 69.06%，上游地区略高，约为 69.83%。从各季分布来看，春季和夏季总云量最多，其次是秋季，冬季最少。整个流域和上游地区春季总云量分别为 75.48%和 75.30%，夏季为 75.53%和 78.34%，秋季为 65.22%和 67.19%，冬季最小，为 59.98%和 58.45%。除春季上游和整个流域总云量几乎一致外，其余 3 个季节上游的总云量均高于整个流域。云量的季节分布与降水的季节分布基本一致，说明云量对当地降水有显著影响。

从长期变化来看，整个长江流域和上游地区年均总云量总体都呈下降趋势，并表现出一定的年代际变化，在 21 世纪之前总云量呈显著下降趋势，下降速率为−2.3%/10 a，进入 21 世纪总云量呈略微上升趋势，上升速率不显著。从各季来看，春季、秋季和冬季总云量的变化与年均总云量变化几乎一致，表现出先下降后上升特征，夏季则表现出明显的年际变化特征，年代际变化不显著(图 4.17)。

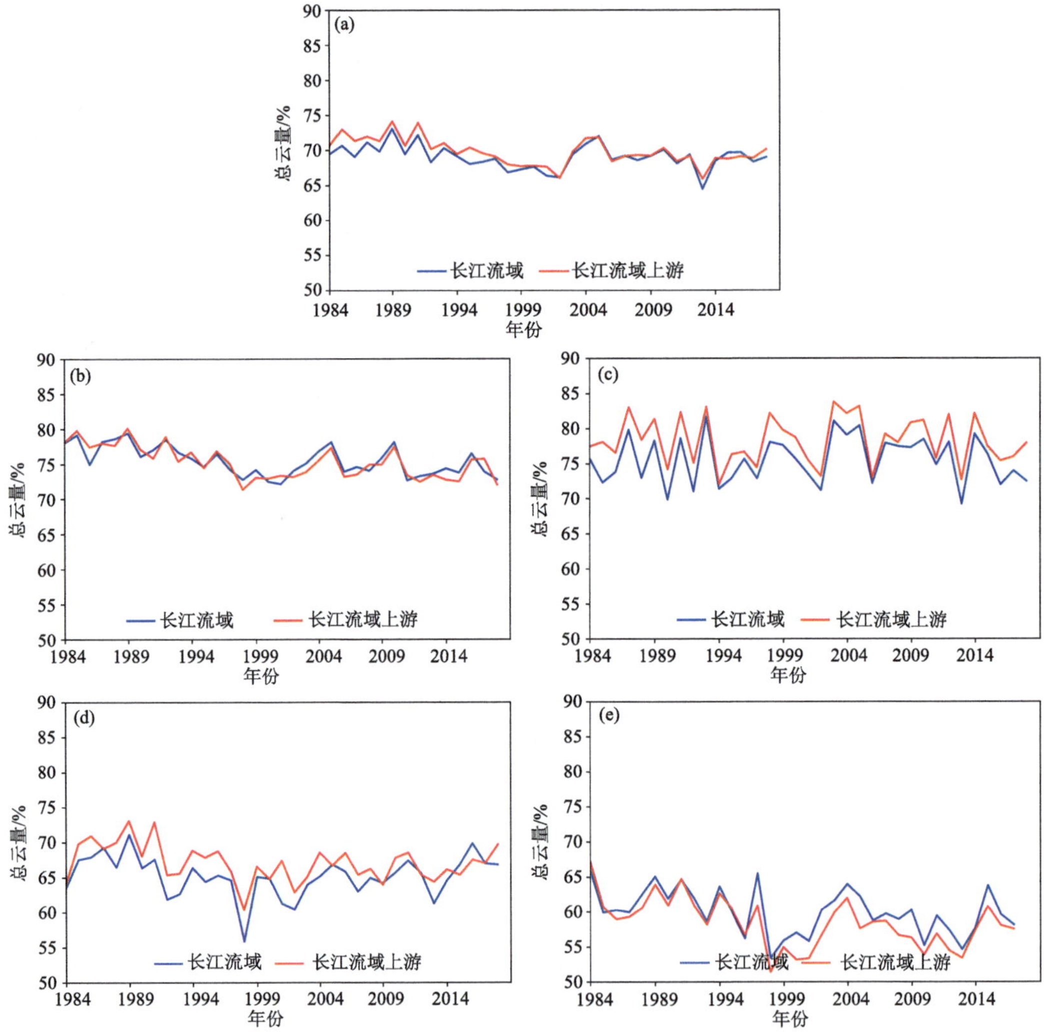

图 4.17　1984—2018 年长江流域和上游地区总云量的时间变化

(a. 年，b. 春季，c. 夏季，d. 秋季，e. 冬季)

云水路径反映该地区上空云的含水量大小，直接反映云水资源的多少，是人工影响天气作业考虑的重要因素之一。整体来看，长江流域云水路径表现出上游低、中下游高的特征（图 4.18）。从季节分布看，除了夏季中上游地区云水路径略高于整个流域平均值外，其他季节上游地区的云水路径均低于整个流域的平均值，这表明云水资源主要集中在长江中下游地区。近 35 年年均和四季云水路径均呈出弱的增大趋势，其中，秋、冬季的增大趋势较其他季节明显（图 4.19）。

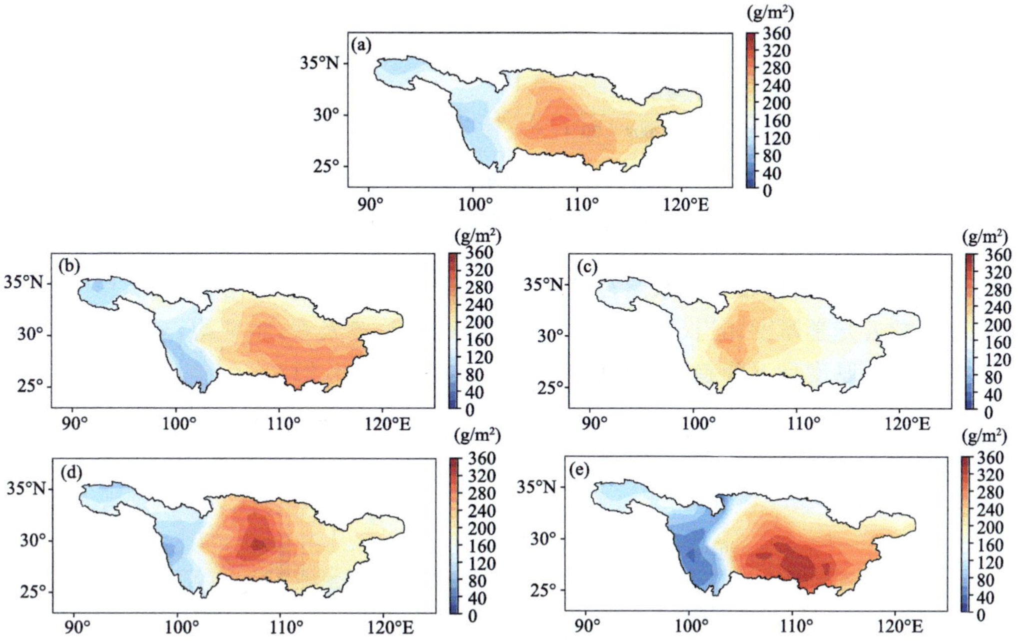

图 4.18　1984—2018 年长江流域云水路径的空间分布
（a. 年，b. 春季，c. 夏季，d. 秋季，e. 冬季）

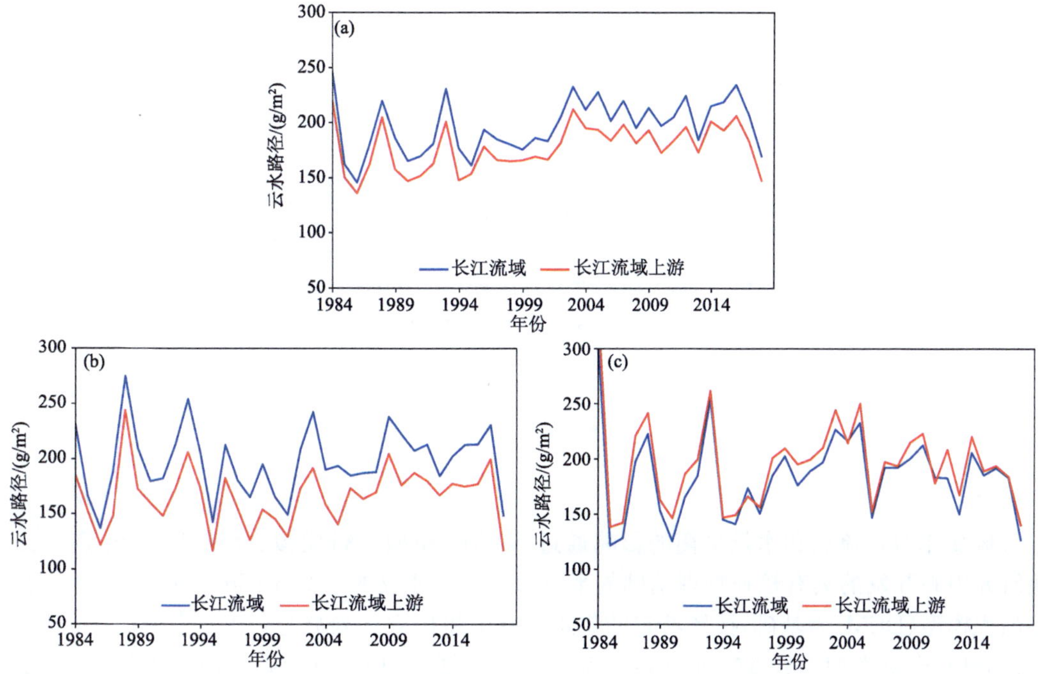

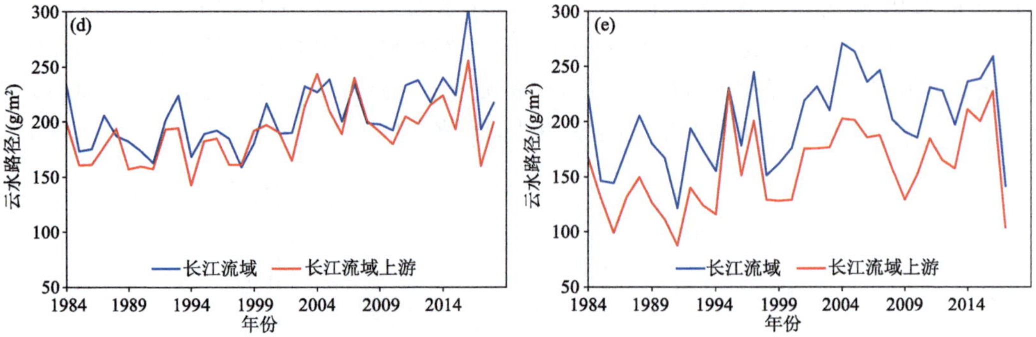

图 4.19　1984—2018 年长江流域和上游地区云水路径的时间变化

（a. 年，b. 春季，c. 夏季，d. 秋季，e. 冬季）

云光学厚度的空间分布与云水路径基本类似，除夏季外，均表现出上游低，中下游高的特征；夏季上下游云光学厚度相当（图 4.20）。从长期变化趋势来看，年平均、夏季和冬季趋势不明显，春季云光学厚度呈下降趋势，而秋季则呈上升趋势（图 4.21）。

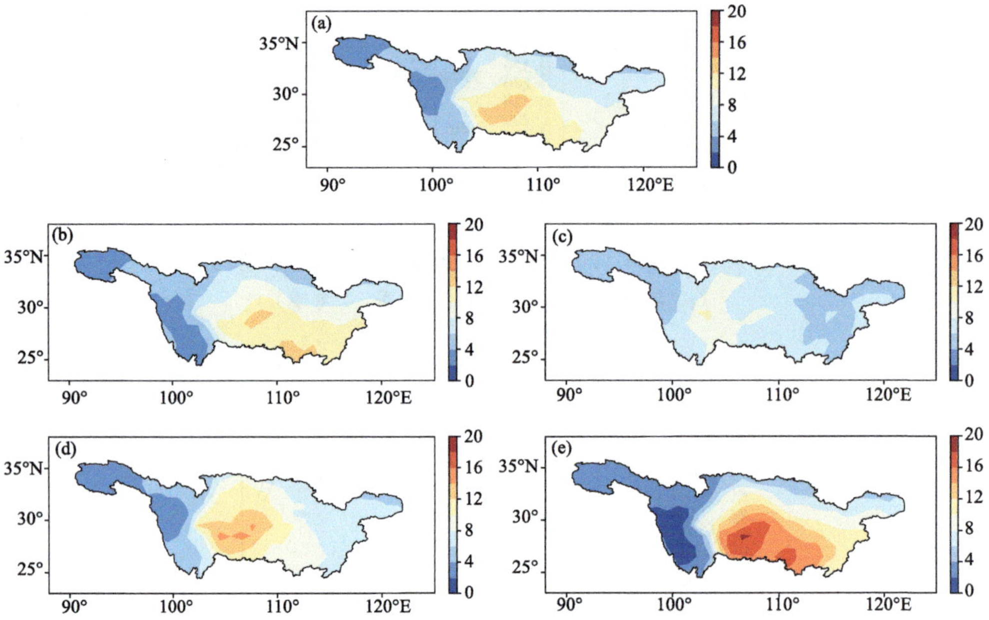

图 4.20　1984—2018 年长江流域云光学厚度的空间分布

（a. 年，b. 春季，c. 夏季，d. 秋季，e. 冬季）

4.5　金沙江流域径流量和水量平衡变化特征

4.5.1　模型和数据

气候变化对径流量和水量平衡的影响通过 SWAT 模型进行模拟。SWAT 是由美国农业部农业研究中心开发的具有较强物理基础的半分布式流域水文模型（Arnold et al.，1998）。模型以数字高程模型（DEM）为基础，按照特定的集水区阈值将研究区划分为若干个子流域，再根据不同的土地利用、土壤类型和坡度特征将各子流域进一步划分出水文响应单元（HRU），产水过程以

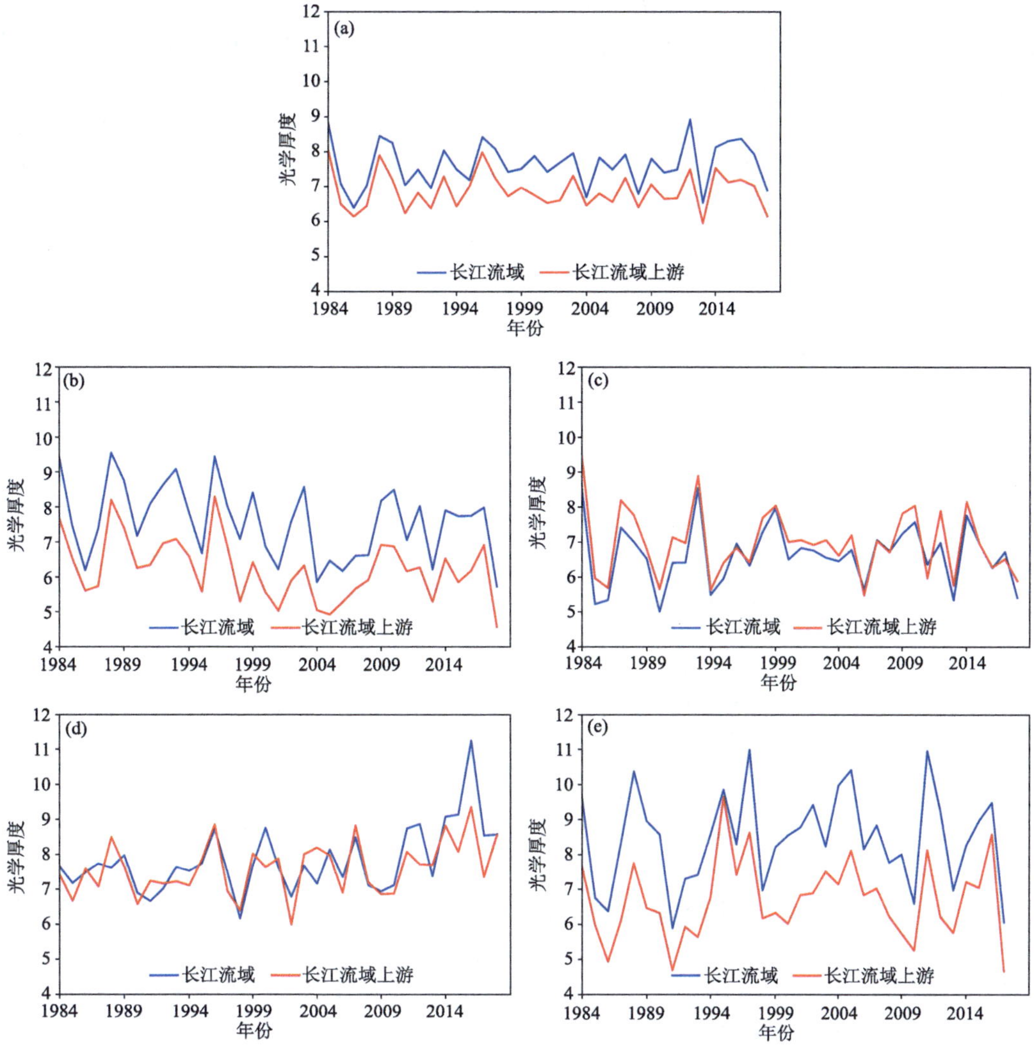

图 4.21　1984—2018 年长江流域和上游地区云光学厚度的时间变化
（a. 年，b. 春季，c. 夏季，d. 秋季，e. 冬季）

HRU 为基本单位进行模拟并汇总到子流域出口，最后通过河网汇总到流域总出口，能够客观反映气候和下垫面因子的空间不均匀性对水文过程的影响，并可用于长时间尺度的模拟。

金沙江流域地形复杂，上游河源地区海拔高，气候寒冷，分布有大面积的雪山冰川，冰雪积累与消融对流域水文过程具有重要影响。SWAT 模型采用基于度日因子的温度指标法对融雪径流过程进行模拟，融雪模块相关参数可利用积雪观测资料进行率定。SWAT 模型提供了 Penman-Monteith、Hargreaves 和 Priestley-Taylor 3 种方法计算潜在蒸散发量，考虑到基于模式数据驱动 SWAT 模型对输入数据的可满足程度，本研究对蒸散发的模拟采用 Hargreaves 方法，所需资料为最高气温和最低气温。模型所需的 DEM 和土地利用类型数据由中国科学院地理科学与资源研究所资源环境数据云平台提供，空间分辨率为 1 km×1 km，其中，土地利用类型为 2015 年遥感监测数据；土壤数据来自世界土壤数据库（HWSD v1.2）。

金沙江流域已建设有乌东德、白鹤滩、溪洛渡、向家坝等大中型水库，水库管理显著改变了天然径流的时空分配。考虑到梯级水库调度的复杂性以及资料收集的困难，本研究在SWAT工程创建中未考虑上游水库的影响，并采用还原后的天然径流数据进行模型的率定。天然径流数据是基于水量平衡原理，将测站断面以上跨流域引水、水库调蓄、工业和生活用水、农业灌溉耗水等加于断面实测径流获得的还原径流，资料来自长江水利委员会水文局，为直门达、石鼓、屏山3个水文站2001—2010年逐月还原径流数据(图4.22)。模型检验采用的水文数据为直门达、石鼓、屏山3个水文站1961—2000年逐日观测径流数据。

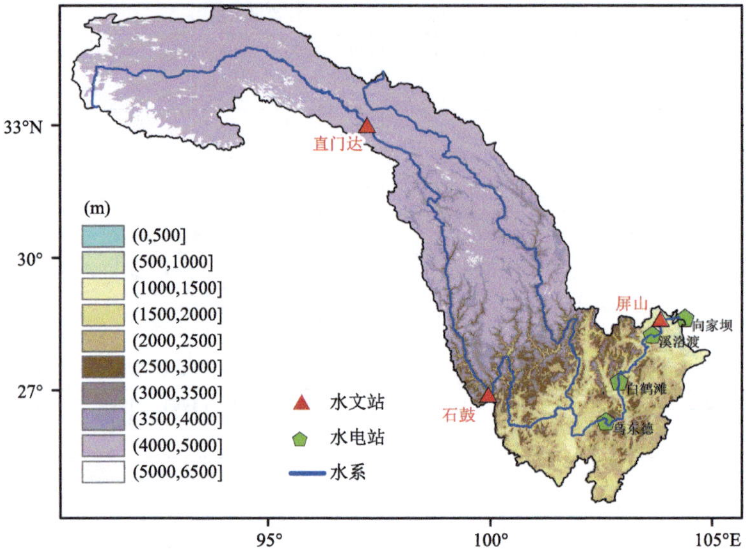

图4.22 金沙江流域地理位置、海拔高程、主要控制性水文站及水电站分布

为了与水文资料匹配，利用国家气候中心1961—2010年0.25°×0.25°格点化气象数据集(CN05.1)驱动水文模型。该数据集基于2400余个中国地面气象台站观测资料经距平逼近方法插值建立而成。年陆地蒸散量数据(GLEAM，水平分辨率为0.25°×0.25°，时间序列为1980—2020年)、青藏高原积雪覆盖度遥感监测数据(TPSCE，水平分辨率为5 km×5 km，时间序列为1981—2016年)用于SWAT水文模型的率定和验证。

4.5.2 SWAT模型径流模拟效果评估

模型参数率定在SWAT-CUP中进行，利用流域内3个控制性水文站2001—2010年逐月还原径流资料进行率定，利用1961—2000年逐日径流观测资料对洪峰过程和极端径流统计特征进行检验。选择平均相对偏差(PBIAS)、确定系数(R^2)、纳什效率系数(E_{ns})进行模拟效果评价。PBIAS反映了模型模拟的总体偏差，其值越接近0，表明模型模拟误差越小，其值小于0，表示模拟值低于实测值，反之，表示模拟值高于实测值。R^2反映了模拟值和实测值变化趋势的一致性，其值越接近于1，说明一致性越好。E_{ns}反映了模型的整体效率，其值越接近于1，说明适用性越高，通常认为PBIAS<20%、R^2>0.5、E_{ns}>0.5时模拟效果可以接受。

$$\text{PBIAS} = \frac{\sum_{i=1}^{N}(S_i - O_i)}{\sum_{i=1}^{N} O_i} \times 100\% \tag{4.4}$$

$$R^2 = \frac{\sum_{i=1}^{N}(O_i - \overline{O})(S_i - \overline{S})}{\sqrt{\sum_{i=1}^{N}(O_i - \overline{O})^2 \times \sum_{i=1}^{N}(S_i - \overline{S})^2}} \tag{4.5}$$

$$E_{\mathrm{ns}} = 1 - \frac{\sum_{i=1}^{N}(O_i - \overline{O})}{\sum_{i=1}^{N}(S_i - \overline{S})} \tag{4.6}$$

式中，O_i 为实测值，S_i 为模拟值，N 为样本数。$\overline{O}$ 为实测平均值，$\overline{S}$ 为模拟平均值。

总体上，模型在研究区域对月平均径流的模拟具有较高的模拟精度(表 4.6)，率定阶段主要控制性水文站径流模拟评价指标 PBIAS 介于−3.8%～−1.4%，E_{ns}介于 0.83～0.92，R^2介于 0.88～0.93。验证阶段径流模拟评价指标 PBIAS 介于−1.4%～3.7%，E_{ns}介于 0.82～0.94，R^2介于 0.84～0.95，验证阶段和率定阶段不存在明显差异。

表 4.6　金沙江主要水文控制站率定期和验证期逐月平均径流模拟效果评价

水文站	率定期(2001—2010 年)			验证期(1961—2000 年)		
	平均相对偏差/%	纳什效率系数	确定系数	平均相对偏差/%	纳什效率系数	确定系数
直门达	−2.7	0.83	0.88	3.7	0.82	0.84
石鼓	−1.4	0.92	0.93	−2.8	0.93	0.93
屏山	−3.8	0.92	0.93	−1.4	0.94	0.95

从率定期金沙江流域 3 个主要控制性水文站逐月模拟径流与还原径流的比较可见(图 4.23)，经参数率定后的 SWAT 模型能够较好地反映各子流域控制水文站天然径流的季节分布特征。除个别年份汛期峰值存在偏差外，大部分年份对径流季节变化的模拟与还原径流吻合。模型对流域枯水季径流的模拟存在略偏低的现象，这可能是因为在率定过程中为保证总体模拟效果，汛期高流量对模拟误差评价的贡献大，而枯水季低流量对模拟误差评价的贡献小，在其他同类研究中也存在同样的现象。与下游的石鼓、屏山相比，金沙江流域上游控制水文站直门达模拟径流与还原径流的偏差略大，这可能是由于 SWAT 模型对高寒区融雪过程的模拟存在一定误差，另外，源区气象监测站稀疏，降水观测误差也是径流模拟偏差的原因之一。从验证期金沙江流域 3 个主要控制性水文站逐月模拟径流与实测径流的比较，可以看出验证阶段模拟径流与实测径流的季节分布吻合度与率定阶段没有明显差异。

对极端径流和年平均径流年际变化趋势的模拟效果检验显示(表 4.7)，模型对金沙江上游直门达水文站年最大 1 d、5 d、15 d 和 30 d 径流的模拟存在低估现象，模拟误差介于−13.8%～−8.76%，对极端枯水流量存在高估现象，模拟误差达 58.94%，表明模型对金沙江源区极端径流过程的模拟存在一定误差；但是，模型对中下游石鼓、屏山水文站极端丰水径流和极端枯水径流的模拟误差总体在±3%以内，表明模型对流域大部分地区径流过程的模拟基本合理。此外，模型对各水文站 1961—2000 年年平均径流变化趋势的模拟与实际径流的变化趋势接近。

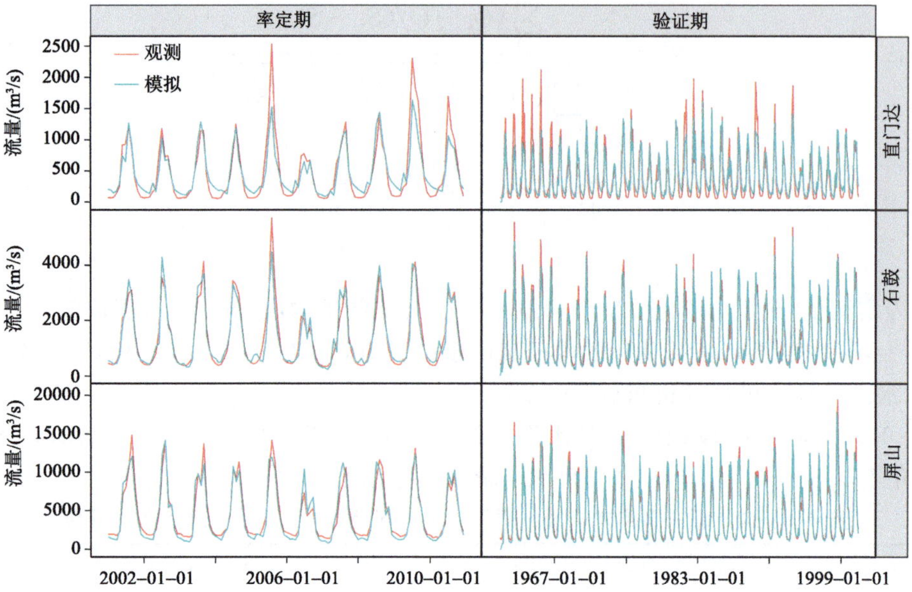

图 4.23　金沙江主要水文控制站率定期和验证期逐月平均流量

表 4.7　金沙江流域主要水文控制站极端径流和年平均径流变化趋势模拟效果检验(1961—2000 年)

水文站	最大日径流量模拟偏差/%				年极端径流量模拟偏差/%		年平均径流变化趋势/(%/a)	
	1 d	5 d	15 d	30 d	极端丰水	极端枯水	模拟	实测
直门达	−8.76	−13.4	−13.8	−12.54	−7.52	58.94	0.41	−0.32
石鼓	1.25	2.00	1.34	−0.37	0.98	−2.67	0.43*	0.21
屏山	2.65	−1.10	0.90	2.39	1.94	−8.08	0.33	0.18

注：* 表示通过 0.05 显著性检验。

SWAT 模拟的积雪(用雪水当量表示：以雪的形式储存的水量)主要分布在西部高原寒区，与基于遥感的 TPSCE 积雪覆盖程度产品在空间和季节分布上都有较大的一致性(图 4.24a—c)。流域年平均蒸散量呈西低东高分布，中西部高原寒区年平均蒸散量 200～400 mm；SWAT 模拟的蒸散量空间分布与 GLEAM 蒸散产品总体一致，仅在东部平原地区较 GLEAM 蒸散产品低 50～100 mm(图 4.24d，e)。

上述检验表明，经率定后的 SWAT 模型可以用于研究区域气候变化对径流和水量平衡影响的模拟与评估。

4.5.3　主要水文站和大型水库径流变化

利用金沙江流域直门达、石鼓、屏山主要控制性水文站 1950 年以来实测径流分析逐年径流量变化趋势。在保持流域土地利用类型和其他物理参数不变的情况下，利用 1961—2018 年 CN05.1 气象观测数据集驱动 SWAT 模型，模拟获取金沙江流域主要控制断面天然径流量，该径流序列可以认为是仅受气候变化影响下金沙江流域的天然径流量。通过对比实测径流和模拟的天然径流量，分析水利工程对径流量的可能影响。

根据金沙江流域乌东德、白鹤滩、溪洛渡、向家坝等大型水库调度规程，将一个水文年划分

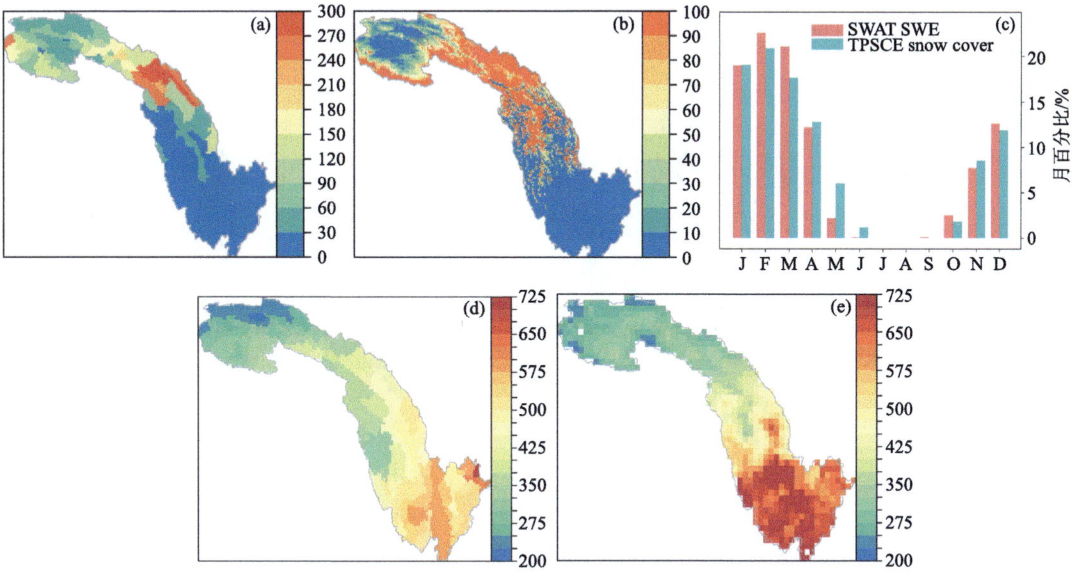

图 4.24　1981—2015 年金沙江流域(a)SWAT 模拟的雪水当量(mm)，(b)TPSCE 产品反演的积雪覆盖比例(%)，(c)SWAT 模拟的雪水当量及 TPSCE 产品积雪覆盖产品的月分布，(d)SWAT 模型模拟的金沙江流域蒸散量(mm)及(e)GLEAM 实际蒸散(mm)空间分布

为汛期(7—8 月)、蓄水期(9—11 月)和供水期(12 月至次年 6 月)3 个阶段，利用 1961—2018 年模拟天然径流序列分别统计不同阶段水库坝址径流特征。

4.5.3.1　观测径流量变化

1960—2015 年金沙江流域上游源区直门达水文站年平均流量呈增大趋势(图 4.25)，平均每 10 年约增加 14.2 m^3/s，但增大趋势不显著($P>0.05$)，金沙江上游控制站石鼓水文站(1950—2015 年)及下游屏山水文站(1950—2021 年)年平均流量总体呈减小趋势，平均每 10 年分别减少约 9.4 m^3/s 和 12.2 m^3/s，但减少趋势不显著($P>0.05$)。极端径流变化趋势分析表明(表 4.8)，金沙江流域上游源区直门达水文站年内最大连续 1 d、5 d、15 d 和 30 d 天径流量以及极端丰水(Q90)和极端枯水流量(Q10)均呈微弱增大趋势，但增大趋势不显著($P>0.05$)，金沙江上游控制性水文站石鼓及下游屏山水文站极端洪水指标以下降趋势为主，其中，尤以金沙江下游屏山水文站下降幅度最大，但其下降趋势未达到 0.05 显著性检验，石鼓水文站 Q10 极端枯水流量呈显著的下降趋势，屏山水文站 Q10 极端枯水流量呈极显著增大趋势。

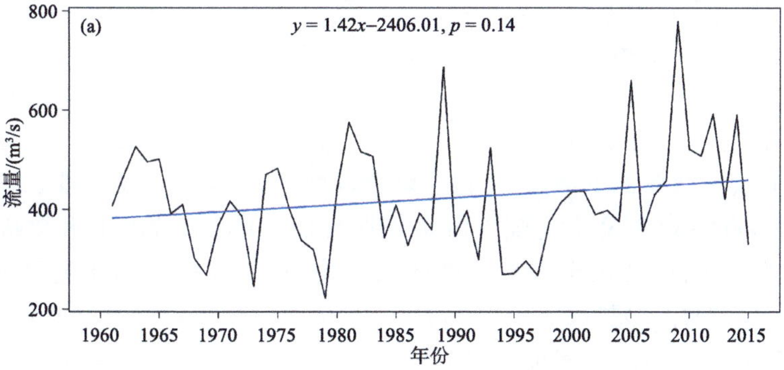

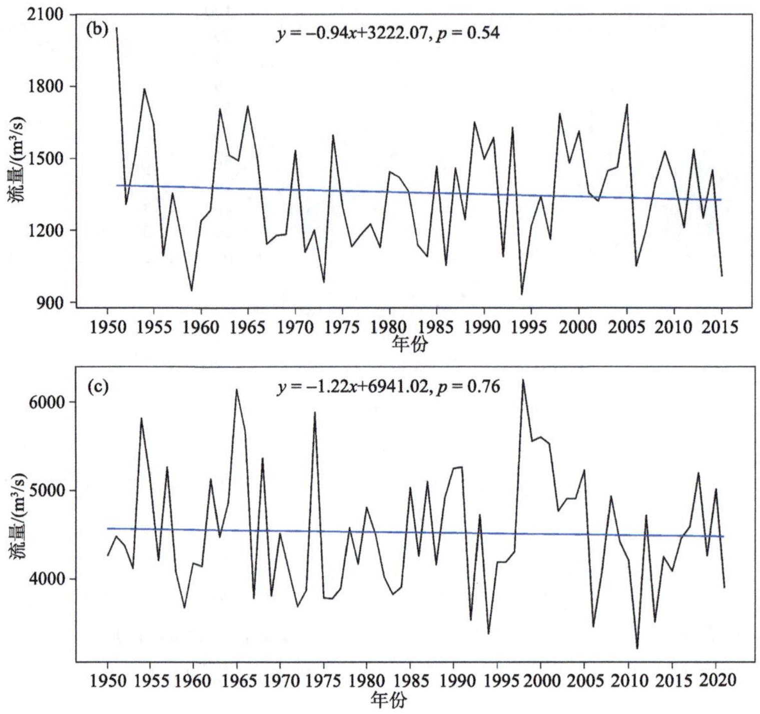

图 4.25　主要控制性水文站实测年平均流量变化(a. 直门达，b. 石鼓，c. 屏山)

表 4.8　主要控制性水文站观测的日最大、年平均及极端流量变化趋势

水文站	日最大流量/(m^3/s·a)				年流量/(m^3/s·a)		
	1 d	5 d	15 d	30 d	平均	极端丰水	极端枯水
直门达	5.81	4.79	2.48	2.09	1.42	2.64	0.16
石鼓	−6.16	−5.09	−5.93	−3.16	−0.94	−1.18	−1.15*
屏山	−36.00	−30.07	−33.75	−23.21	−1.22	−15.00	7.25**

注：* 和 ** 分别表示变化趋势通过 0.05 和 0.01 显著性检验。

4.5.3.2　天然来水量变化特征

在保持流域土地利用类型和其他物理参数不变的情况下，利用 1961—2018 年 CN05.1 气象观测数据集驱动 SWAT 模型模拟获取金沙江流域主要控制断面天然径流量，该径流序列可以认为是仅受气候变化影响下金沙江流域的天然径流量，统计显示金沙江流域上游源区直门达水文站年流量、极端洪水和枯水流量均呈微弱增大趋势($P>0.05$)(表 4.9)，且与实测径流变化趋势十分接近，表明近 60 年金沙江上游源区径流变化主要受气候变化的影响，人类活动等其他因素对径流变化的贡献相对较小；石鼓水文站年平均流量和 Q10 枯水流量呈微弱增大趋势，极端洪水流量呈微弱的下降趋势，但下降幅度略小于实测径流序列下降幅度，表明石鼓以上流域径流量变化一定程度上受到上游水库调度的影响；下游屏山水文站年流量、Q90 洪水流量及最大连续 5 d、15 d 洪水流量呈微弱减少趋势，Q10 极端枯水流量和最大 1 d、连续 30 d 洪水流量呈微弱增大趋势($P>0.05$)，其中，极端洪水流量和极端枯水流量的变化趋势与实测径流序列存在较大差异，说明金沙江下游径流序列受水利工程的影响显著。

表 4.9　主要水文控制站模拟的天然日最大、年平均及极端流量变化趋势

水文站	日最大流量/(m^3/s·a)				年流量/(m^3/s·a)		
	1 d	5 d	15 d	30 d	平均	极端丰水	极端枯水
直门达	1.29	1.32	1.00	1.07	1.00	0.45	0.56
石鼓	−0.62	0.45	−2.44	−0.10	0.40	−0.50	1.07
屏山	1.77	−1.63	−0.16	2.26	−0.05	−0.39	2.63

基于水文模型模拟的乌东德、白鹤滩、溪洛渡和向家坝的入库平均流量揭示出乌东德和白鹤滩水库的年天然流量有增大趋势，年极端洪水和枯水流量增大的趋势更为显著；而溪洛渡和向家坝的年天然流量和年丰水流量略有减少，而极端枯水流量增大。不同持续期洪水分析揭示出 4 个水库的 30 d 洪水流量呈一致的增大，5 d 洪水流量一致性减小，乌东德和白鹤滩 1 d 和 15 d 洪水流量也明显减小(表 4.10)。

表 4.10　气象因子驱动水文模型模拟的主要水利工程坝址日最大、年平均及极端流量变化趋势

水库坝址	日最大流量/(m^3/s·a)				年流量/(m^3/s·a)		
	1 d	5 d	15 d	30 d	平均	极端丰水	极端枯水
乌东德	−8.26	−9.22	−1.51	3.95	0.76	3.56	2.41
白鹤滩	−7.01	−9.05	−1.92	3.35	0.48	2.37	2.31
溪洛渡	0.66	−8.36	0.38	2.88	−0.04	−0.12	2.26
向家坝	1.42	−6.86	−0.3	2.13	−0.05	−0.45	2.65

4.5.3.3　水库年内不同调度运行阶段径流特征

根据金沙江流域乌东德、白鹤滩、溪洛渡、向家坝等大型水库调度规程，将一个水文年划分为汛期(7—8 月)、蓄水期(9—11 月)和供水期(12 月至次年 6 月)3 个阶段，利用 1961—2018 年模拟天然径流序列分别统计不同阶段水库坝址径流特征(图 4.26)。从各水库不同阶段径流分布的 Violin 图可以看出，汛期水库来水流量呈“瘦高”的尖峰型分布，年际间最小流量 5713.5(乌东德)～7209.0(向家坝)m^3/s，最大流量可达 13836.3(乌东德)～16901.0(向家坝)m^3/s，表明汛期入库径流年际变异大，极端洪水明显高于常年平均值；蓄水期水库来水量年际间差异相对较小，最小为 3212.6(乌东德)～3868.8(向家坝)m^3/s，最大为 6249.0(乌东德)～7923.7(向家坝)m^3/s，25%、50%、75%分位数的分布相对均匀，但 25%以下枯水年份存在异常偏枯的区间，表明蓄水期可能出现水文干旱事件；供水期入库径流总体较小(约为汛期径流量的 1/5)，年际间入库径流呈扁平分布，最小仅 1152.7(乌东德)～1289.8(向家坝)m^3/s，最大约 2345.0(乌东德)～2832.1(溪洛渡)m^3/s。近 60 年来，4 个水库汛期和蓄水期天然来水量均呈微弱减少趋势，减少幅度分别为平均每年 1.7 m^3/s 和 3.9 m^3/s，供水期呈微弱增大趋势，平均每年增加 1.7 m^3/s，各阶段径流量变化趋势均未通过显著性检验。

4.5.4　流域水量平衡变化特征

以 CN05.1 气象观测数据集驱动 SWAT 模型对 1961—2014 年金沙江流域的水文过程进行逐日滚动模拟，输出各 HRU 单元年平均降水量、蒸散量、渗漏量、地表径流、地下径流以及总产水量等水量平衡要素。按 HRU 面积对水量平衡要素进行加权累积，统计流域降水量、蒸散量、渗漏量、地表径流、地下径流以及总产水量等水量平衡年平均值(表 4.11)。结果表明，金沙江流域模拟的流域尺度水量平衡关键分量(如降水、融雪、蒸散发、地表径流)，这些分量与

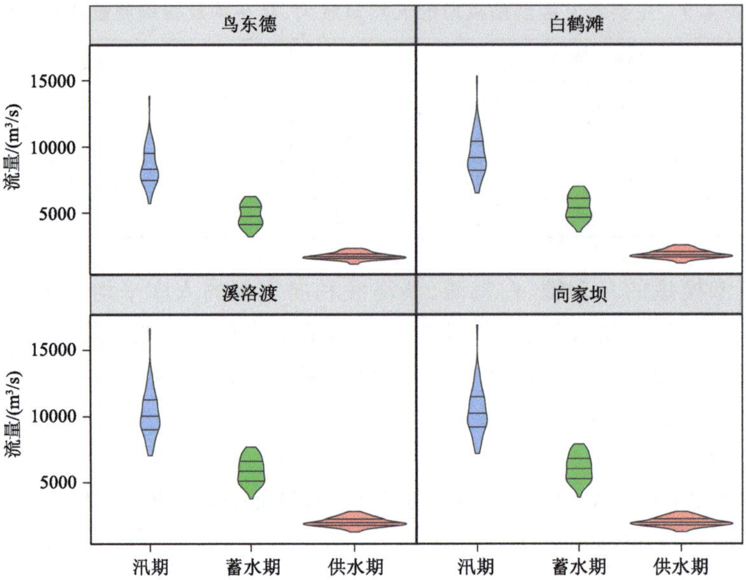

图 4.26 金沙江流域主要水库年内不同调度运行阶段来水量分布

该流域的观测和其他研究具有可比性(Liu et al.,2009;Huang et al.,2021)。

表 4.11 基于 SWAT 模型模拟输出的 1961—2014 年平均金沙江流域水量平衡要素年平均值

	降水量	融雪径流	蒸散量	渗漏量	地表径流	地下径流	产水量
平均值/mm	769.1	45.2	420.4	86.5	249.2	81.8	349.5
趋势/(mm/a)	0.22	0.07	0.34	0.02	−0.12	0.04	−0.08

金沙江流域年平均降水量 769.1 mm,蒸散量 420.4 mm,年平均径流深 349.5 mm,其中,地表径流约占 71.3%。流域年平均蒸散量呈西低东高分布,中西部高原寒区年平均蒸散量 200～400 mm,东部低山平原地区 400～700 mm;降雪量主要分布在中西部高原寒区,降雪量最多可达 90～120 mm,中西部高原寒区的降雪量约占年降水量的 10%～25%,融雪径流量占流域径流总量的 12.9%(图 4.27)。1961—2014 年,降水量、融雪量、蒸散量、渗漏量和地下径流量呈微弱增加趋势,地表径流和总产水量呈微弱下降趋势,但均不显著。

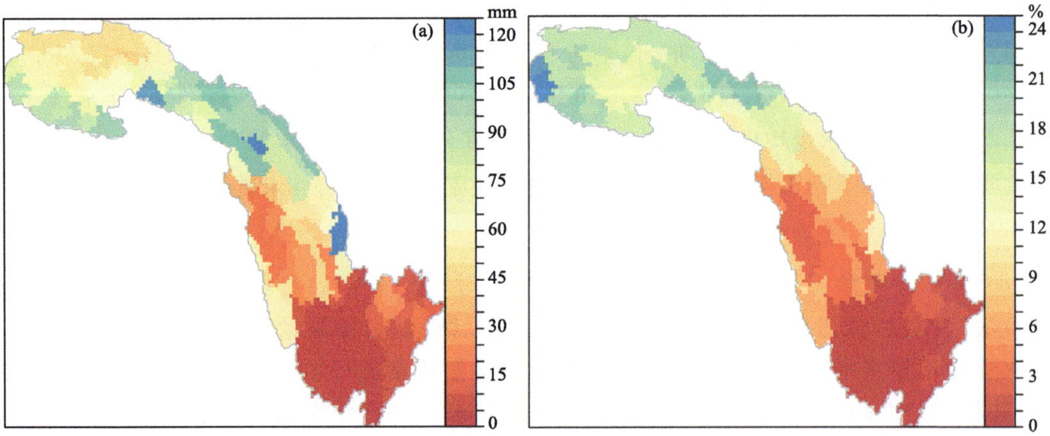

图 4.27 金沙江流域降雪量(a)及降雪量占降水量百分比分布(b)

4.6　未来金沙江流域径流量和水量平衡预估

4.6.1　数据和方法

用于开展气候变化对金沙江流域径流和水量平衡变化影响预估的气候模式数据来自 14 个 CMIP6 全球气候模式(GCMs)的历史模拟(1961—2014 年)和共享社会经济路径(SSPs)中等排放情景(SSP245)和高排放情景(SSP585)下的未来预估(2015—2100 年)(表 4.12)。收集的气候要素包括:日平均气温、日平均最高和最低气温、日降水量,数据经过偏正订正并降尺度到 0.25°×0.25°水平分辨率(Wei et al.,2022)。

表 4.12　第六次模式比较计划(CMIP6)下 14 个 GCMs 基本信息

编号	模式	单位	分辨率 n (纬度×经度)
1	ACCESS-CM2	Commonwealth Scientific and Industrial Research Organization and Bureau of Meteorology/Australia	1.2°×1.8°
2	ACCESS-ESM1-5	Commonwealth Scientific and Industrial Research Organization and Bureau of Meteorology/Australia	1.2°×1.8°
3	BCC-CSM2-MR	Beijing Climate Center, China Meteorological Administration/China	1.1°×1.1°
4	CanESM5	Canadian Centre for Climate Modelling and Analysis /Canada	2.8°×2.8°
5	CNRM-CM6-1	Centre National de Recherches Météorologiques-Centre Européen de Recherche et de Formation Avancée en Calcul Scientifique/France	1.4°×1.4°
6	CNRM-ESM2-1	Centre National de Recherches Météorologiques-Centre Européen de Recherche et de Formation Avancée en Calcul Scientifique/France	1.4°×1.4°
7	GFDL-CM4	NOAA Geophysical Fluid Dynamics Laboratory/United States	1.0° × 1.3°
8	HadGEM3-GC31-LL	Met Office Hadley Centre/United Kingdom	1.3°×1.9°
9	INM-CM4-8	Institute of Numerical Mathematics/Russia	1.5°×2.0°
10	INM-CM5-0	Institute of Numerical Mathematics/Russia	1.3°×2.5°
11	IPSL-CM6A-LR	Institut Pierre-Simon Laplace/France	1.3°×2.5°
12	MIROC6	Atmosphere and Ocean Research Institute(The University of Tokyo), National Institute for Environmental Studies, and Japan Agency for Marine-Earth Science and Technology/Japan	1.4°×1.4°
13	MPI-ESM1-2-HR	Max Planck Institute for Meteorology/Germany	0.9°×0.9°
14	MRI-ESM2-0	Meteorological Research Institute/Japan	1.1°×1.1°

基于 14 个 GCMs 对金沙江流域的历史模拟和未来预估数据,驱动经过率定和验证的 SWAT 水文模型,得到金沙江流域 1961—2014 年和不同气候情景下 2015—2100 年的径流和水量平衡模拟数据。以 1961—2014 年作为基准期,预估了 2021—2060 年和 2061—2100 年两个时段在 SSP2-4.5 和 SSP5-8.5 两种排放情景下,金沙江流域主要水文控制站(直门达、石鼓、屏山)的年径流量和极端径流量的变化趋势、径流量的季节变化特征,以及主要水库(乌东德、

白鹤滩、溪洛渡、向家坝)的来水量变化特征。分析预估了金沙江流域年平均降水量、蒸散量、雪水当量、渗漏量、地表径流、地下径流以及总产水量等水平衡要素的变化。

图 4.28 表明,金沙江流域年平均气温空间差异悬殊,西部高海拔山区 −8~0 ℃,东部平原河谷 8~16 ℃,年平均降水量 200~1200 mm,自西向东呈逐步增加趋势。未来气候变化情景下金沙江流域年平均气温和降水量均呈显著上升趋势。SSP245 情景下,相对于 1961—2014 年,2021—2060 年和 2061—2100 年流域年平均气温分别升高 1.8 ℃和 2.9 ℃,年平均降水量分别增加 5.8%和 12.3%;SSP585 情景下,2021—2060 年和 2061—2100 年流域年平均气温分别升高 2.2 ℃和 4.7 ℃,年平均降水量分别增加 7.5%和 18.6%,其中,西部地区气温和降水上升幅度较东部大。

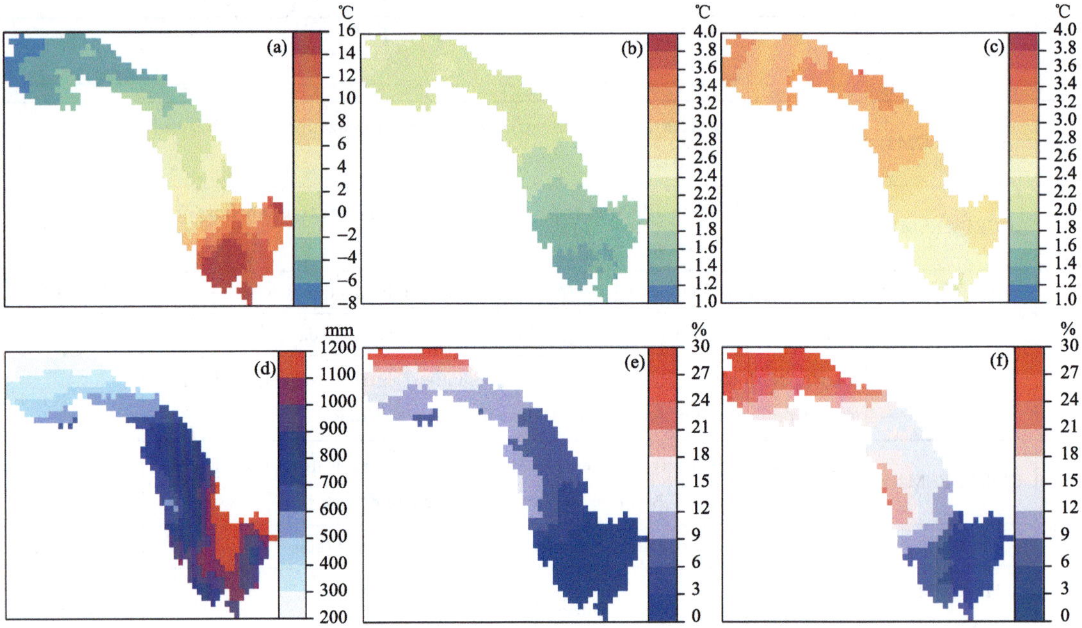

图 4.28　金沙江流域基准期平均气温(a)和年平均降水量(d)空间分布及 SSP245 情景下 2021—2060 年和 2061—2100 年相对于基准期的变化(b、c. 平均气温;e、f. 降水量)

4.6.2　主要水文站和大型水库未来径流变化预估

4.6.2.1　预估的平均径流量变化趋势

基于 14 个 GCMs 在中等排放情景(SSP245)下和高排放情景(SSP585)下对金沙江流域主要水文控制站径流集合预估显示,21 世纪 20 年代至 21 世纪末金沙江流域年平均径流量总体呈显著增大趋势,其中,上游源区直门达水文站增幅最大,其次是石鼓水文站,下游屏山水文站增幅最小,在 21 世纪中期以后 SSP585 情景下较 SSP245 情景下增幅更大(图 4.29)。各 GCMs 预估结果存在一定差异,尤其是对金沙江上游以及 SSP585 情景下径流增加幅度的预估存在较大差异,表明 GCMs 模式对金沙江流域未来气候变化预估存在一定的不确定性,但多数 GCMs 预估的径流增大趋势具有较高的一致性。在 SSP245 情景下,与 1961—2014 年基准期相比,2021—2060 年和 2061—2100 年两个时期金沙江流域年平均径流量分别增大 9.3%~22.2%和 16.6%~28.3%,在 SSP585 情景下分别增大 10.5%~21.1%和 22.2%~54.0%(表 4.13)。

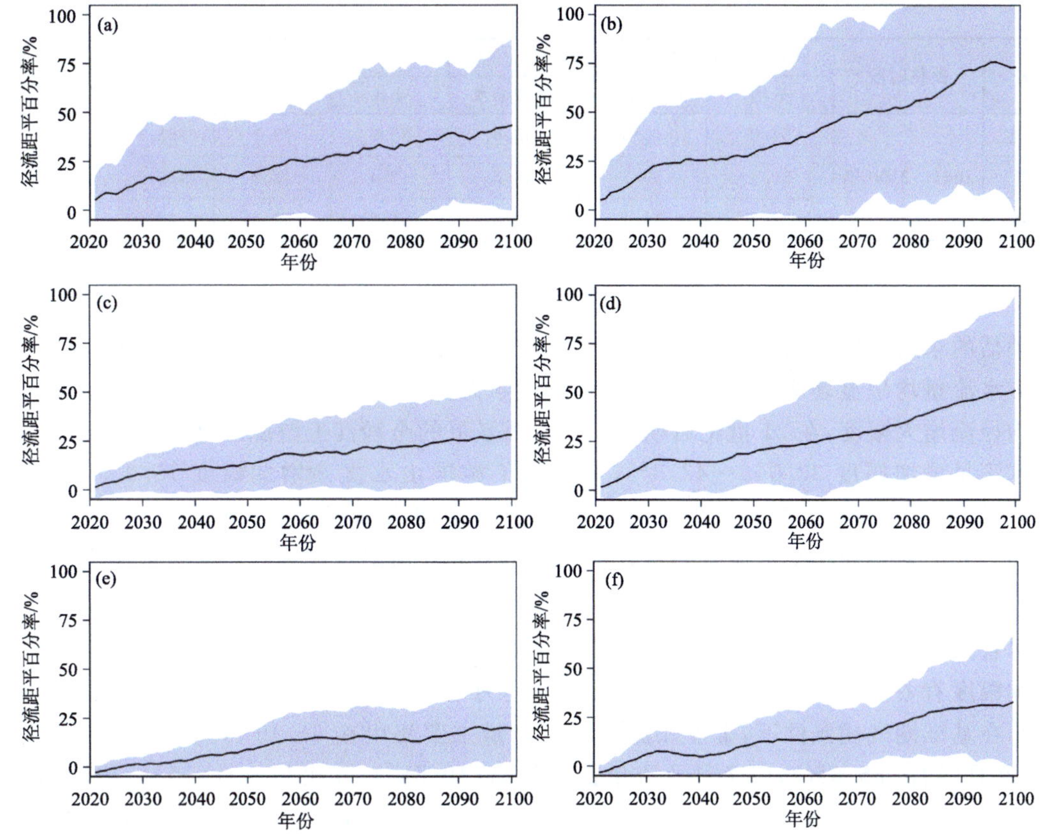

图 4.29　金沙江流域主要水文控制站未来年平均径流量相对于基准期(1961—2014 年)的距平百分率变化(a、c、e 分别为直门达、石鼓、屏山水文站 SSP245 情景下多模式集合预估径流量相对于基准期的变化，b、d、f 为 SSP585 情景下预估年径流量变化，径流序列采用了 11 年滑动平均处理)

表 4.13　基于 14 个 GCMs 集合平均预估的 SSP245 和 SSP585 情景下金沙江流域主要水文控制站未来(2021—2060 年和 2061—2100 年)年平均径流及极端径流相对于基准期(1961—2014 年)的变化

站名	预估时段	年径流量变化/%			日最大径流量变化/%			
		平均	极端枯水	极端丰水	1 d	5 d	15 d	30 d
SSP245								
直门达	2021—2060 年	22.2	25.8	19.3	26.5	22.6	19.4	20.0
石鼓		17.2	14.4	13.7	14.6	13.2	12.7	13.6
屏山		9.3	4.9	6.5	15.4	11.5	8.7	7.4
直门达	2061—2100 年	28.3	30.9	27.1	42.8	37.5	34.3	32.0
石鼓		23.9	21.6	23.0	27.3	24.0	21.0	21.3
屏山		16.6	14.6	16.7	28.6	22.4	18.6	15.0
SSP585								
直门达	2021—2060 年	21.1	24.4	16.4	29.6	23.6	19.7	18.2
石鼓		19.0	16.5	16.0	16.2	15.5	14.2	15.0
屏山		10.5	8.5	7.6	13.1	9.6	8.0	6.6

续表

站名	预估时段	年径流量变化/%			日最大径流量变化/%			
		平均	极端枯水	极端丰水	1 d	5 d	15 d	30 d
直门达	2061—2100 年	54.0	40.5	53.4	85.8	73.1	68.8	66.2
石鼓		39.4	39.7	34.5	42.4	38.2	35.5	33.8
屏山		22.2	18.4	22.8	51.2	36.9	28.0	23.2

4.6.2.2 预估的极端径流变化趋势

预估的未来年内最大连续 1 d、5 d、15 d 和 30 d 洪水流量，以及 Q10 极端枯水流量和 Q90 极端丰水流量均呈显著增大趋势。其中，极端洪水尤其是短历时极端洪水流量增大幅度大于年平均径流增大幅度，在 21 世纪后期，SSP245 情景下的金沙江上游源区直门达水文站不同历时洪水流量增加幅度 32.0%～42.8%，金沙江下游屏山水文站增加幅度 15.0%～28.6%，SSP585 情景下金沙江上游和下游不同历时洪水流量增大幅度分别可达 66.2%～85.8%和 23.2%～36.9%。极端枯水流量的增大幅度与年平均径流的增大幅度总体较为接近。

4.6.2.3 预估的径流季节分布变化

尽管预估的金沙江流域未来年平均及各月平均径流量均呈显著增大趋势，但不同季节径流增加幅度存在差异。从基准期和未来时段逐月径流占年径流百分比分布可以看出(图 4.30)，在基准期气候条件下，金沙江流域年径流量主要集中在 6—10 月(约占 76.2%)，尤其是 7—9 月(约占 55.6%)，以 7 月径流量占比最高(19.5%)，其次是 8 月(19.4%)，在未来气候情景下，以 SSP585 情景下 2061—2100 年屏山站各月径流占比为例，7 月径流量占比最高(19.6%)，与基准期相比增加了 0.1%，其次是 8 月(18.4%)，再次是 9 月(15.8%)。其中，8 月和 9 月径流占比分别较基准期下降了 1.0%和 0.9%，与此同时，10 月和 4 月径流占比略有增大。金沙江上游源区直门达和石鼓水文站径流季节分布变化与下游屏山站变化基本一致，但 6 月径流的增大幅度较屏山站更明显，直门达站 3 月和 4 月径流占比略有下降。

4.6.2.4 预估的水库来水量变化

中等排放情景(SSP245)下和高排放情景(SSP585)下对金沙江流域乌东德、白鹤滩、溪洛渡、向家坝等大型水库一个水文年内不同运行阶段天然来水量的集合预估显示(图 4.31)，未来气候情景下，各水库汛期(7—8 月)、蓄水期(9—11 月)和供水期(12 月至次年 6 月)来水量均呈明显增大趋势，尤以 21 世纪后期最为显著。其中，汛期来水呈更加“窄长”型分布，75%分位数以上极大值分布区域的尖峰更加突出，说明汛期极端洪水的强度将增大；未来蓄水期来水分布的 25%和 75%分位数间距较基准期明显扩大，75%分位数位置明显上移，说明蓄水期来水量呈更分散和更极端的趋势，未来蓄水期洪水的发生频率增大。未来供水期来水量的分布特征与基准期差异不大，但不同分位数来水量均有显著增大，尤其是 25%分位数以下的极端枯水流量较基准期有明显提高。4 个水库未来气候变化情景下的天然来水量变化趋势基本一致，仅在变化幅度上略有差异，下游的溪洛渡和向家坝总体高于上游的乌东德和白鹤滩水库。

4.6.3 流域未来水量平衡变化预估

4.6.3.1 未来水量平衡变化

未来气候情景下，金沙江流域年平均降水量、蒸散量、渗漏量、地表径流、地下径流以及总

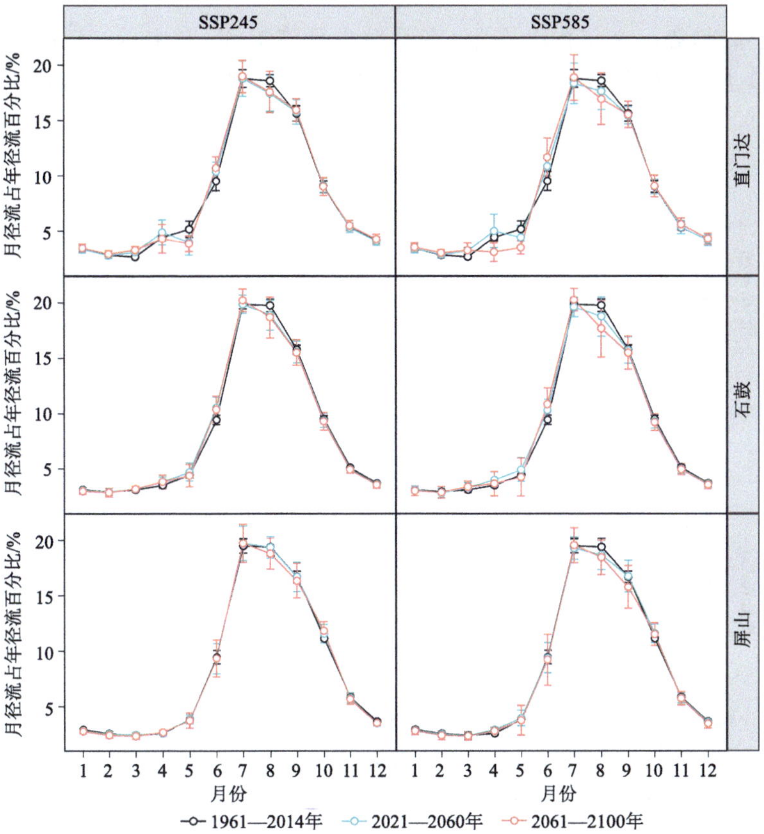

图 4.30　金沙江流域主要水文控制站基准期(1961—2014 年)及 SSP245 和 SSP585 情景下多模式集合预估的未来典型时段(2021—2060 年、2061—2100 年)逐月径流量占年径流量的百分比

产水量均呈增大趋势，而融雪径流呈下降趋势(图 4.32)。相对于 1961—2014 年，在 2021—2060 年金沙江流域年平均降水量将增加 4.9%～6.7%，年平均蒸散量增加 3.7%～5.5%，流域总产水量增大 6.4%～8.2%，融雪径流量减少 24.3%～25.5%，融雪径流占比下降到 7.5%～7.8%；在 2061—2100 年金沙江流域年平均降水量将增大 11.3%～18.6%，年平均蒸散量将增大 8.5%～15.1%，流域总产水量增大 14.8%～22.9%，融雪径流量减小 35.3%～51.2%，融雪径流占比下降 4.4%～6.2%。

流域水量平衡要素与区域增温的响应分析表明(图 4.33)，流域平均气温每升高 1℃，流域降水量平均增加 29.5 mm，融雪径流量平均减少 5.9 mm，蒸散量平均增加 12.6 mm，地表径流、地下径流和总产水量分别增加 14.7 mm、1.7 mm 和 16.9 mm。

4.6.3.2　未来融雪过程变化

受气温显著升高影响，未来金沙江流域雪水当量均呈显著下降趋势，降雪与降水的占比、融雪径流和雪水当量的季节分布发生改变(图 4.34)。在 2015—2100 年 SSP245 和 SSP585 情景下，雪水当量将分别以 0.21 mm/10 a 和 0.34 mm/10 a 的速率下降，到 21 世纪 50 年代雪水当量将减少至当前的 1/2，到 21 世纪末，雪水当量将仅为当前的1/5～1/3。雪水当量减少导致融雪径流减少，融雪径流将以 1.2 mm/10 a 和 2.5 mm/10 a 的速率下降；其中，在历史模拟时段 20 世纪 60—90 年代，融雪径流减小的趋势不明显，在 SSP245 和 SSP585 下，融雪径流量呈持续明显减小的趋势。在年内分布上，春季融雪径流提前，春末（4—5 月）融雪径流显著下降，秋季（10—11 月）和春季（4—5 月）雪水当量显著下降，融雪季节明显缩短。

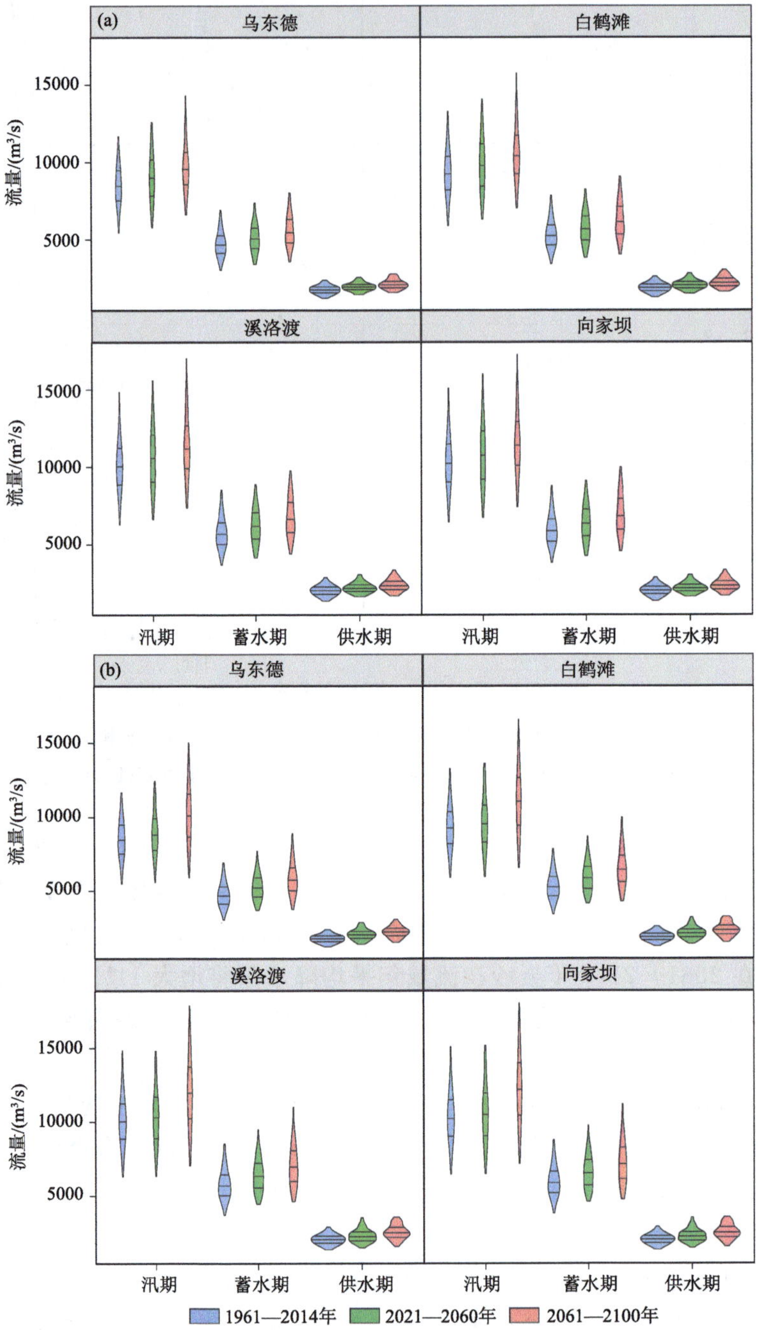

图 4.31　基准期（1961—2014 年）及 SSP245(a)和 SSP585(b)情景下未来典型时段（2021—2060 年和 2061—2100 年）金沙江流域主要水库汛期（7—8 月）、蓄水期（9—11 月）和供水期（12 月至次年 6 月）不同调度运行阶段来水量

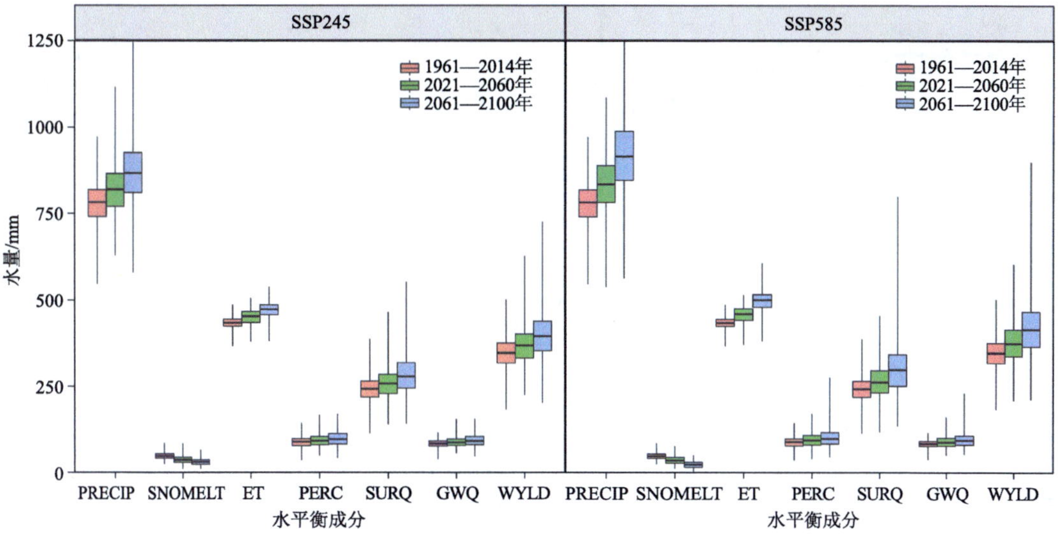

图 4.32　基准期和未来时段典型排放情景下金沙江流域水量平衡要素比较
（PRECIP：降水量；SNOMELT：融雪径流量；ET：蒸散量；PERC：渗漏量；SURQ：地表径流量；GWQ：地下径流量；WYLD：产水量）

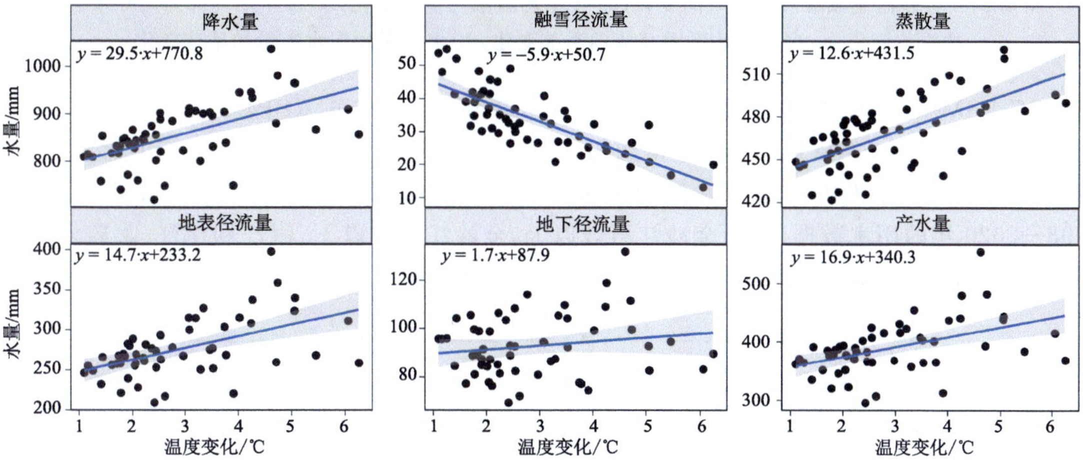

图 4.33　金沙江流域水量平衡要素对增温的响应

4.7　三峡以上径流和用水变化特征

4.7.1　数据和方法

收集三峡以上主要水文站径流观测数据、径流模拟和预估数据。主要干支流水文控制站的径流观测数据的时间序列为 1952—2020 年，水文站包括高场（岷江）、富顺（沱江）、寸滩（干流）、北碚（嘉陵江）、武隆（乌江）、宜昌（干流）（图 4.35）；三峡以上主要水文控制站模拟径流量的时间序列为 1961—2018 年，利用 CN05.1 观测气候数据驱动 SWAT 水文模型模拟获得。径流预估数据为 5 个全球气候模式（GFDL-ESM2M、HaDGEM2-ES、IPSL_CM5A_LR、

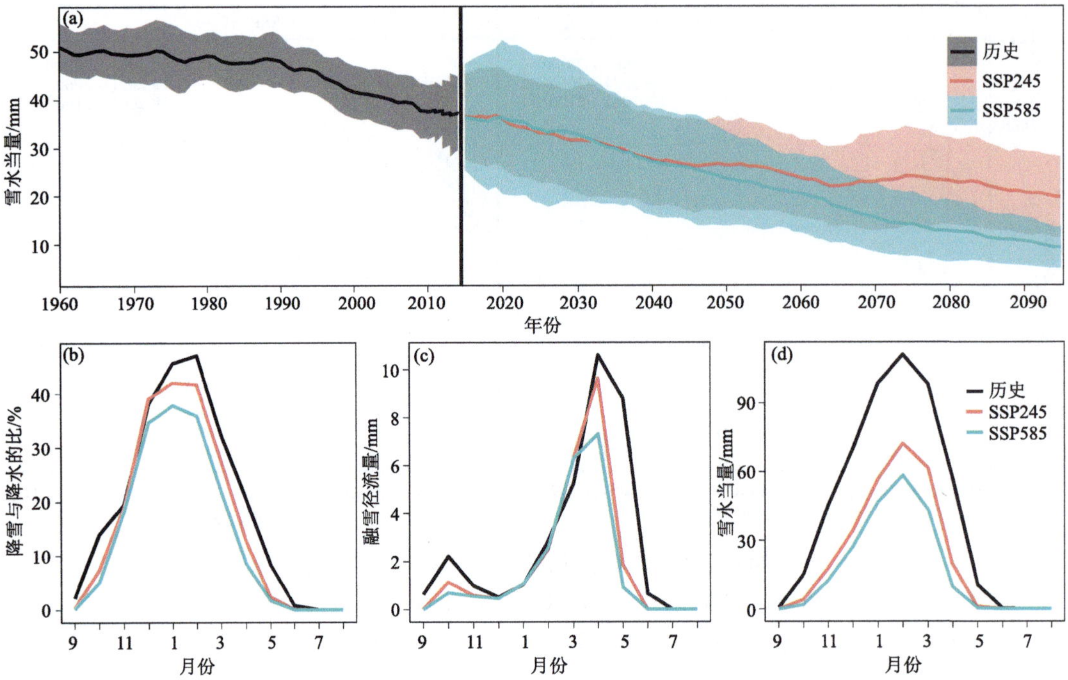

图 4.34 金沙江流域融雪径流时间变化(a. 年平均雪水当量的变化,b. 多年平均降雪与降水占比的季节变化,c. 多年平均融雪径流的季节变化,d. 多年平均雪水当量的季节变化)

MIROC-ESM-CHEM、NorESM1-M)的历史气候模拟和 RCP2.6、RCP4.5 和 RCP8.5 三种情景下预估数据驱动 SWAT 水文模型得到的 1950—2099 年的主要径流控制站逐日径流量模拟值。基于《长江流域及西南诸河水资源公报》,收集和整理了长江三峡以上主要水资源分区 1998—2020 年的用水数据,包括金沙江石鼓以上、金沙江石鼓以下、岷江和沱江、嘉陵江、乌江和宜宾—宜昌段流域总用水量、行业用水量、地表水资源用水量等。

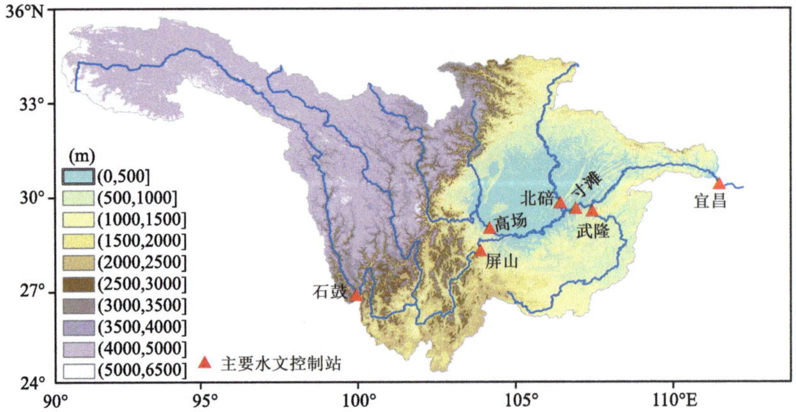

图 4.35 长江三峡以上主要水文站和流域

基于三峡以上主要水文控制站观测的径流量和 SWAT 模型模拟的天然径流量,对比 1961—2018 年长江三峡以上主要水文站年径流量的变化趋势及差异。结合流域用水数据,分析长江上游主要流域用水量的变化特征。基于 1950—2099 年 SWAT 模型模拟的径流量，分析未来三峡以上主要水文站径流量的变化(秦鹏程 等，2019)。

4.7.2　三峡以上主要流域年径流和用水变化

1961—2018 年，受气候因素以及人类活动的影响，主要水文站模拟的天然径流量和观测的径流量变化趋势及变化的程度都不同(表 4.14)。岷江和沱江模拟的天然年径流量呈增大趋势，而观测到的年径流量呈不同程度的减少趋势，其中，岷江减少趋势更为显著；嘉陵江观测的径流量减少的趋势远大于模拟的天然径流量的减少趋势，而乌江观测流量的减少趋势和模拟的天然流量接近；寸滩站观测的径流量减少趋势远大于模拟的天然径流量的减少趋势，而宜昌站观测流量的减少趋势和模拟的天然流量接近。

表 4.14　1961—2018 年主要水文控制站实测的和模拟的天然年径流量变化趋势

		高场	富顺	北碚	武隆	寸滩	宜昌
观测的年径流	平均值/(m^3/s)	4530.1	2647.3	374.8	2011.1	10805.6	1543.1
	趋势/(m^3/(s·a))	−7.13	−1.37	−11.94	−2.46	−17.80	−11.09
模拟的天然年径流	平均值/(m^3/s)	4446.7	2598.3	294.8	2104.1	10546.4	1552.4
	趋势/(m^3/(s·a))	1.06	1.86	−1.95	−3.01	−6.81	−10.07

1998—2020 年，长江上游地表用水量占地表水资源总量的比例不到 10%；长江上游 1998 年以来总用水量持续增加。总用水量中，农业用水占比最高，超过 50%，工业用水量占比接近 23%，生活用水量占比 18%，生态用水量占比 2%。工业用水比例下降；生态和生活用水占比增加。

对长江上游不同分区的用水量分析表明，金沙江石鼓以上用水量占地表水资源量的比例不足 1%，石鼓以下占比不足 8%；岷江和沱江用水占地表水资源量的比例超过 10%，嘉陵江占比平均近 30%，乌江用水占地表水资源量的比例不到 10%，宜宾—宜昌段占比约 13%。2004 年以来，各分区用水量普遍增大，其中，金沙江流域地表用水量占地表水资源量的比例增大，岷江、沱江及嘉陵江流域用水量占地表水资源量的比例波动增加，乌江流域和宜宾—宜昌段 2004 年以来用水量略有增加。

在行业用水中，农业用水占比最高，特别是金沙江石鼓以上，超过 70%，岷沱江流域超过 50%，嘉陵江和乌江流域占比接近 50%；宜宾—宜昌段占比不到 40%；各分区工业用水比例普遍减少；除金沙江石鼓以上流域外，其余各分区生态和生活用水占比增大。

4.7.3　未来三峡以上气候和径流量变化预估

相对于基准期，未来长江上游流域平均气温呈明显升高趋势(图 4.36a)，其中，RCP2.6 情景下升高幅度最小，且在 21 世纪 40 年代后升温幅度逐渐稳定在 1.5 ℃左右，RCP4.5 情景下在 21 世纪 60 年代后升温幅度变缓，逐渐稳定在 2.5 ℃左右，RCP8.5 情景下气温持续升高，至 21 世纪末升高 5.5 ℃左右。不同气候模式对气温升高的预估存在一定的不确定性，以 RCP8.5 情景下预估的不确定性最大，其次是 RCP4.5，RCP2.6 情景下预估的不确定性最小。同时，随着时间的推移不确定性增大。预估未来降水总体呈增加趋势(图 4.36b)，但在 21 世纪 30 年代前较基准期有微弱的减小，在 50 年代以前 RCP2.6 和 RCP4.5 情景下预估的降水增加幅度最大，50 年代后 RCP8.5 情景下预估的增加幅度略高于 RCP4.5，而 RCP2.6 情景下预估的增加幅度逐渐放缓并出现较大波动。与气温变化相比，降水增加幅度变缓的时间晚，且不同 RCPs 情景下预估的降水增加幅度的差异较小。

长江上游不同区域预估的增温和降水变化幅度并不一致，预估增温幅度最大的区域位于金沙江上游高原寒区和岷江与沱江流域，较长江上游流域内中下游平原地区增温幅度高 0.5～1 ℃(图 4.36c)。预估的降水增加幅度最大的区域也位于金沙江上游及岷江与沱江流域的部分区域，金沙江下游部分区域、嘉陵江流域部分区域及乌江流域部分区域降水增幅较小，乌江流域降水变化的空间差异最大(图 4.36d)。

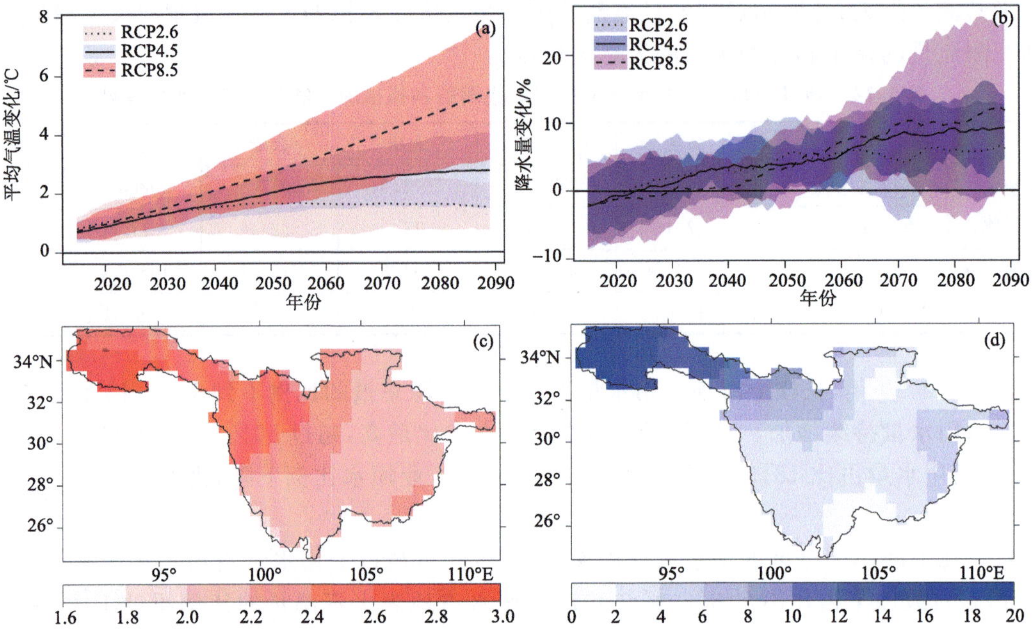

图 4.36　基于 5 个 GCMs 在 3 种 RCPs 情景下预估的 2005—2099 年长江上游流域年平均气温和降水量变化趋势(a,b)和空间分布(c,d)(基准期为 1986—2005 年)

图 4.37 为长江上游各子流域未来不同情景下年径流量变化趋势，从图中可以看出，各子流域预估未来年径流量均呈增大趋势，且大部分子流域在 21 世纪 30 年代后相对于基准期有所增大，嘉陵江流域约在 2050s 后相对于基准期有所增大，这与预估降水量的变化趋势基本一致。长江上游年径流量在 21 世纪中期增大 4%～8%，21 世纪末增大 10%～15%，其中，金沙江流域、岷江与沱江流域增大幅度接近流域平均值，上游干流区间增大幅度较流域平均值高 2%～5%，嘉陵江流域和乌江流域在 21 世纪中期增大幅度较流域平均值低，其中，在 RCP4.5 情景下 21 世纪中期有阶段性的下降趋势。

各气候模式预估的径流量变化趋势存在一定的差异，尤其是长江上游中部的嘉陵江流域、乌江流域和上游干流区间不同气候模式预估结果差异最大，说明预估结果存在较大的不确定性，而各气候模式对金沙江流域、上游干流区间以及长江上游径流总量的预估在 21 世纪中叶以后呈一致性的增大趋势，表明 21 世纪中后期上述流域径流量较当前增加具有较高的信度。

尽管预估的径流量总体呈增加趋势，但其年际间变异较基准期明显增大，21 世纪前期，年际间方差增大 5%～25%；21 世纪中叶，年际间方差增大 30%～50%；21 世纪末，年际间方差增大 10%～60%;不同情景下以 RCP4.5 情景下方差增加幅度最大。径流量年际变异的增大,将导致旱涝等极端水文事件发生频率增大,不利于流域生态环境的稳定以及水资源的开发利用。

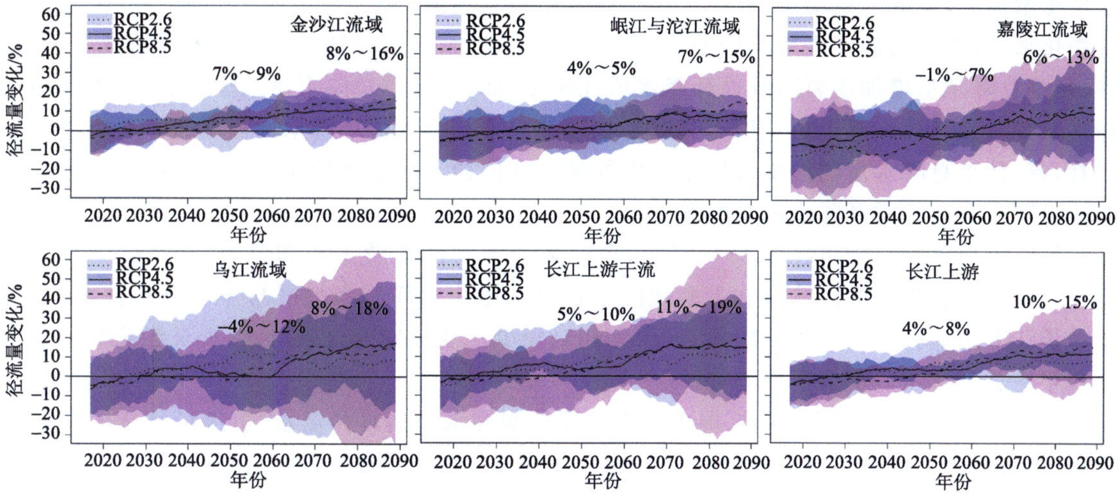

图 4.37　集合预估的长江上游及各子流域年径流量变化

气候变化导致流域年平均径流量增大的同时,各月平均径流量均有增大的趋势,但不同季节增幅存在差异,相应的径流量在年内的时间分布也发生了变化。枯水期 12 月至次年 4 月因径流量占年径流量比重小,相对于基准期变化较小,5—11 月径流量占年径流量的比例相对于基准期有±4%的变化,其中,9 月径流百分比有明显增大,4—6 月径流百分比总体有微弱增大,7—8 月径流百分比则有下降趋势,表明未来气候变化情景下径流量年内分布的集中程度有所下降,这将更有利于水资源的优化配置。各子流域以嘉陵江流域、乌江流域变化幅度最大,其次是长江上游干流和岷江与沱江流域,金沙江流域径流量年内分配变化较小。在 RCP2.6 情景下以 21 世纪初变化幅度最大,RCP4.5 情景下 21 世纪中期变化幅度最大,RCP8.5 情景下 21 世纪末变化幅度最大。

4.8　本章小结

利用整层积分水汽输送计算公式,计算了近 60 年长江流域净水汽收支,并分析了其长期变化趋势和年代际变化特征。结果表明:春、秋季长江流域净水汽收支在 21 世纪初发生了明显的年代际转变,2000 年之前呈显著减少趋势,而 2000 年之后呈显著增多趋势;近 60 年冬季净水汽收支呈增加趋势,尤以 2000 年之后增加趋势更加显著;夏季净水汽收支呈较明显的年际振荡特征。四季净水汽收支与经向水汽收支显著相关,而与纬向水汽收支的相关性不显著,表明长江流域净水汽收支的变化受经向水汽输送的影响较为明显。长江上游四季水汽收支分布及变化与整个流域大体一致。

构建了长江流域降水再循环计算模型,分析了 1979—2020 年长江流域降水再循环率。结果表明:长江上游地区为降水再循环高值区,年平均值为 15%～35%,夏季可达 20%～50%。其中,最高值出现在长江流域干流地区,年平均值在 20%以上,夏季在 35%以上。长江下游地区为降水再循环率相对低值区,年平均值都在 10%以下。总体来看,长江上游地区内循环较整个长江流域平均值偏强，增加趋势也更加明显。长江流域总降水量主要由流域外输入的水汽产生的外循环降水形成，外循环降水约占总降水量的90%。1979—2020年长江流域年总降水量是增加的，总降水量增加的31.1%由外循环降水贡献，68.9%由内循环降水贡献。从季节变化来看，四季内循环降水均增加，外循环降水在春、秋季呈增加趋势，夏、冬季呈减少趋势。春、秋季总降水量增加主要由外循环降水增加所致，而夏、冬季总降水量减少，也主要由外循环降水减少所致。而长江上游地区年总降水量增加主要是由内循环降水增加所致。从季节变化来看，春、秋季总降水量的增加分别主要由外循环和内循环降水增加所致，而夏、冬季总降水量的减少则主要由外循环降水减少所致。

长江流域年均总云量在65%～85%，高值区位于长江上游干流和嘉陵江流域，为75%～85%。低值区位于金沙江流域和下游地区。春、秋、冬季空间分布特征与年均分布基本一致，夏季长江上游地区总云量均比较多，下游则相对较少。从长期变化来看，整个长江流域和上游地区年均总云量总体都呈下降趋势。

SWAT模型对直门达、石鼓、屏山3个主要控制性水文站月径流量、多年径流量的变化趋势、日径流量和不同持续时间的极端径流量具有较高的模拟精度，表明模型对流域大部分地区径流过程的模拟基本合理。此外，模型能很好地再现蒸散量的空间分布以及积雪的时空分布特征。因此，率定后的SWAT模型可以用于研究区域气候变化对水文过程影响的模拟和评估。

金沙江流域多年平均降水量769.1 mm，中西部高原寒区降雪量约占年降水量的10%～25%；蒸散量420.4 mm，年平均地表径流深349.5 mm，其中，地表径流量约占71.3%，流域融雪径流量占流域径流总量的12.9%。1961—2014年，降水量、融雪径流量、蒸散量、渗漏量和地下径流量均呈微弱增加趋势，地表径流量和总产水量呈微弱下降趋势，但均不显著。模拟的金沙江流域上游源区直门达水文站天然年径流量和实测年径流量均呈微弱增大趋势，模拟的石鼓和屏山水文站天然径流量和实测的径流量变化趋势存在差异，总体上表现为中下游观测到的径流序列受水利工程运行的影响逐渐增大，水利工程对消减洪水的作用明显。

预估的金沙江流域年径流量及各月平均径流量均有增大趋势，流域内的水资源将更加丰沛。与此同时，径流时空分布的不均性增大，年际和年内波动明显增大，极端旱涝事件的频率和强度将明显增大。受气温显著升高以及降水量增加影响，未来金沙江流域年平均降水量、蒸散量、渗漏量、地表径流、地下径流以及总产水量均呈增大趋势，而降雪与降水的占比、雪水当量及融雪径流均呈显著的下降趋势，融雪径流提前，且持续时间缩短。到21世纪50年代雪水当量将减少为当前的1/2，到21世纪末，雪水当量将仅为当前的1/5～1/3。

受气候因素以及人类活动的影响，1961—2018年，长江三峡以上主要水文站观测的径流量有不同程度的减少；人类取用水是影响地表水资源量的主要因素之一，1998—2020年，长江上游平均地表用水量占地表水资源总量的比例不到10%；总用水量中，农业用水占比最高，超过50%，工业用水量占比接近23%，生活用水量占比18%，生态用水量占比2%；总用水量增大，工业用水比例减少；生态和生活用水占比增加。未来长江三峡以上流域平均气温呈明显升高趋势，降水量总体呈增加趋势；各子流域预估的未来年径流量均呈增加趋势，且大部分子流域在21世纪30年代后相对于基准期有所增加，各气候模式对金沙江流域、上游干流区间以及长江上游径流总量的预估在21世纪中叶以后呈一致性的增大趋势，表明21世纪中后期上述流域径流较当前增大具有较高的信度。

参考文献

曹丽娟，董文杰，张勇，2013. 未来气候变化对黄河和长江流域极端径流影响的预估研究[J]. 大气科学，37(3)：634-644.

丁一汇，胡国权，2003. 1998 年中国大洪水时期的水汽收支研究[J]. 气象学报，61(2)：129-145.

蒋兴文，李跃清，2009. 长江流域地区水汽输送及其对旱涝影响研究综述[J]. 气象科学，29(1)：138-142.

秦鹏程，刘敏，杜良敏，等，2019. 气候变化对长江上游径流影响预估[J]. 气候变化研究进展，15(4)：405-415.

王国庆，严登华，2022. 水资源[M]//丁永建，等. 中国气候与生态环境演变：2021. 北京：科学出版社.

王艳君，姜彤，施雅风，2005. 长江上游流域 1961—2000 年气候及径流变化趋势[J]. 冰川冻土，27(5)：709-714.

夏军，王渺林，2008. 长江上游流域径流变化与分布式水文模拟[J]. 资源科学，30(7)：962-967.

BIRKINSHAW S J，GUERREIRO S B，NICHOLSON A，2017. Climate change impacts on Yangtze River discharge at the Three Gorges Dam[J]. Hydrol Earth Syst Sci，21(4)：1911-1927.

BRUBAKER K L，ENTEKHABI D，EAGLESON P S，1993. Estimation of continental precipitation recycling [J]. Journal of Climate，6(6)：1077-1089.

CARETTA M A，MUKHERJI A，ARFANUZZAMAN M，2022. Water // Pörtner H-O，Roberts D C，Tignor M. Climate Change 2022：Impacts，Adaptation，and Vulnerability；Contribution of Working Group II to the Sixth Assessment Report of the Intergovernmental Panel on Climate Change. Cambridge，UK；New York，NY，USA：Cambridge University Press：4-7.

CHEN J，et al，2017. Assessing changes of river discharge under global warming of 1.5 ℃ and 2 ℃ in the upper reaches of the Yangtze River Basin：Approach by using multiple-GCMs and hydrological models[J]. Quaternary International，453：63-73.

CHEN X L，ZHOU T J，2016. Uncertainty in crossing time of 2 ℃ warming threshold over China[J]. Sci Bull，61(18)：1451-1459.

ELTAHIR E A，BRAS R L，1994. Precipitation recycling in the Amazon basin[J]. Quarterly Journal of the Royal Meteorological Society，120(518)：861-880.

HUANG Y，XIAO W H，HOU B D，et al，2021. Hydrological projections in the upper reaches of the Yangtze River Basin from 2020 to 2050[J]. Scientific Reports，11(1)：9720.

JIMÉNEZ CISNEROS B E，et al，2014. Freshwater resources // Field B C，et al. Climate Change 2014：Impacts，Adaptation，and Vulnerability. Part A：Global and Sectoral Aspects. Contribution of Working Group II to the Fifth Assessment Report of the Intergovernmental Panel of Climate Change. Cambridge，United Kingdom；New York，NY，USA：Cambridge University Press：229-269.

LIU L，XU H，WANG Y，2017. Impacts of 1.5 and 2 ℃ global warming on water availability and extreme hydrological events in Yiluo and Beijiang River catchments in China[J]. Climatic Change，145：145-158.

LIU S Y，ZHZNG Y，ZHANG Y S，et al，2009. Estimation of glacier runoff and future trends in the Yangtze River source region，China[J]. Journal of Glaciololgy，55(190)：353-362.

RASMUSSON E M，1967. Atmospheric water vapor transport and the water balance of North America：Part I. Characteristics of the water vapor flux field[J]. Monthly Weather Review，95(7)：403-426.

RASMUSSON E M，1968. Atmospheric water vapor transport and the water balance of North America：Part II. Large-scale water balance investigations[J]. Monthly Weather Review，96(10)：720-734.

STARR V P，PEIXOTO J P，1958. On the global balance of water vapor and the hydrology of deserts[J]. Tellus，10：188-194.

SU B D, HUANG J L, ZENG X F, 2017. Impacts of climate change on streamflow in the upper Yangtze River basin[J]. Climatic Chang, 141: 533-546.

WEI L X, LIU L, JING C, et al, 2022. Simulation and projection of climate extremes in China by a set of statistical downscaled data[J]. International Journal of Environmental Research and Publi Health, 19(11): 6398.

ZANGVIL A, PORTIS D H, LAMB P J, 2004. Investigation of the large scale atmospheric moisture field over the midwestern United States in relation to summer precipitation. Part II: Recycling of local evapotranspiration and association with soil moisture and crop yields[J]. Journal of Climate, 17(17): 3283-3301.

第 5 章　长江流域生态环境变化评估

引言

归一化植被指数(NDVI)、叶面积指数(LAI)以及总初级生产力(GPP)是表征植被生长状况的主要生态要素。其中,NDVI 是对地表植被活动的简单、有效和经验的度量,是利用叶冠的光学参数提取出的独特的光谱信号。NDVI 在使用遥感图像进行植被研究以及植物物候研究中得到了广泛应用,它是植物生长状态以及植物生长空间分布密度的最佳指示因子,与植物分布密度呈线性相关,是使用最广泛的指数,不仅能反映植被的生长状况,同时也能反映一个地方的生态环境质量变化(郭晶 等,2015)。叶面积指数(LAI)又称叶面积系数,是一块地上阳光直射时作物叶片垂直投影的总面积与占地面积的比值。LAI 作为光合作用中碳同化的重要影响因子,是生产力评估模型的重要参数。植被 GPP 指单位时间内植物通过光合作用所固定的有机碳的总量。GPP 决定了进入陆地生态系统的初始能量和物质总量,是生态系统碳循环的基础,在评价生态系统可持续性和生态系统承载力方面具有重要的参考价值,也有利于进一步分析地表碳循环、储存和变化(贾怡童 等,2020)。

2021 年 4 月中共中央办公厅、国务院办公厅印发《关于建立健全生态产品价值实现机制的意见》,建立、健全生态产品价值实现机制,是贯彻落实习近平生态文明思想的重要举措,是践行绿水青山就是金山银山理念的关键路径,是从源头上推动生态环境领域国家治理体系和治理能力现代化的必然要求,对推动经济社会发展全面绿色转型具有重要意义。该意见明确提出要建立生态产品价值评价机制,建立生态产品价值评价体系和生态产品价值的核算方法和规范标准,推动生态产品的价值核算成果的应用,推动我国绿色 GDP 的发展。生态系统服务价值评估是生态产品价值的重要技术手段,是生态产品价值核算、绿色 GDP 的重要基础。

5.1　资料和方法

5.1.1　数据基础

本研究使用的卫星遥感数据来自美国对地观测系统 EOS(Earth Observation System) MODIS 数据的中等分辨率数据卫星遥感资料和中国气象局风云气象卫星资料,空间分辨率为 250 m,包括自 2000 年以来月、季、年的 NDVI、GPP、LAI 等数据。MODIS 全称中分辨率成像光谱仪(Moderate-resolution Imaging Spectroradiometer),是美国宇航局研制的大型空间遥感仪器,1999 年搭载于地球观测系统(EOS) Terra 卫星发射到地球轨道,2002 年搭载另一枚地球观测系统 Aqua 卫星升空的 MODIS 具有 36 个离散光谱波段,实现从 0.4 μm(可见光)到 14.4 μm(热红外)全光谱覆盖。MODIS 仪器的地面分辨率为 250 m、500 m 和 1000 m,扫描宽度为2330 km。在对地观测过程中,每秒可同时获得 6.1 Mb 的来自大气、海洋和陆地表面的信息，每日或每两日可获取一次全球观测数据。

风云三号D星(FY-3D)是中国的第二代极轨业务气象卫星，星上搭载了10台/套先进的遥感仪器，包括：中分辨率光谱成像仪Ⅱ、微波成像仪、微波温度计Ⅱ、微波湿度计Ⅱ、红外高光谱大气探测仪、近红外高光谱温室气体监测仪、广角极光成像仪、电离层光度计、空间环境监测器和全球导航卫星掩星探测仪等。FY-3D是目前中国光谱测量通道数量最多的卫星，测量通道数量超7000个，将极大提高对地球低层大气动力参量、热力参量、温室气体和高层大气电场、磁场、高能粒子的探测能力，其数据可以在全球数值天气预报、全球气候变化应对、生态环境监测和空间天气预报等方面发挥作用。本研究通过2000年来的植被监测资料，评估长江流域生态环境质量的总体变化。

生态系统服务价值研究所用的数据包括1961年以来长江流域气象站的月季年气温、降水、日照、土壤湿度等数据，社会经济统计数据，基于生态模型模拟的净初级生产力(NPP)数据，以及逐年的全国GDP数据等；以及基于卫星遥感500 m分辨率的土地利用数据。生态系统服务价值研究所采用的方法主要以Costanza等(1997)提出的“生态系统服务价值计算方法”和谢高地等(2015)提出的“我国平均状态下的单位面积生态系统服务价值单价表”等研究成果为基础，对长江流域生态系统服务价值进行计算，具体的技术方法在各部分有进一步说明。

5.1.2 卫星遥感数据的预处理

针对MODIS/FY卫星资料HDF数据进行预处理。处理包括数据质量检验、影像拼接、无效值填充和投影转换。针对8 d和16 d产品使用最大合成生成月产品。针对月产品使用平均合成算法生成季、年产品。数据处理过程包括：扫描产品目录下载的HDF文件，形成文件列表；检查HDF文件对应日期的预处理是否有结果，如果已经处理过则跳过，否则继续后续步骤；检查是否该日期下具有全部的分片数据文件，如果缺少跳过并提示错误信息；逐个打开分片HDF数据，读取相应的产品数据集二维数组和QC数据集二维数组；逐个像素判断数据的QC值是否满足输入要求的QC码，如果不满足将填充值填到数据二维数组对应位置，否则将保存该位置的数据值；将所有经过QC处理后的分片数据根据水平和垂直编号拼接成完整的数据；将完整的SINU投影数据进行投影变换(Xiao et al.,2023)。

5.2 生态系统关键要素监测

5.2.1 归一化植被指数(NDVI)变化规律

长江流域植被状况整体较好，2001—2020年多年平均NDVI除了上游部分地区在0.55以下外，其余大部分地区都在0.55以上(图5.1a)，而且除了上游西部和下游部分地区NDVI有略微减小的趋势外，其余大部分地区均呈增大趋势，其中，上游东部NDVI增大趋势更为明显(图5.1b)，表明长江流域大部分地区植被覆盖有明显的改善趋势。

年内各月，长江流域多年平均NDVI呈单峰型分布(图5.2)，4—10月植被覆盖相对较好，平均NDVI基本都在0.50以上，其中，7月最大，达0.701；1—2月，植被覆盖相对较差，平均NDVI在0.40以下，其中，2月最小，只有0.388。

2001—2021年，长江流域区域平均NDVI总体呈增大趋势(图5.3)，线性变化趋势为0.036/10 a。长江流域NDVI的年代际变化明显，2001—2012年，平均年NDVI相对较小，均

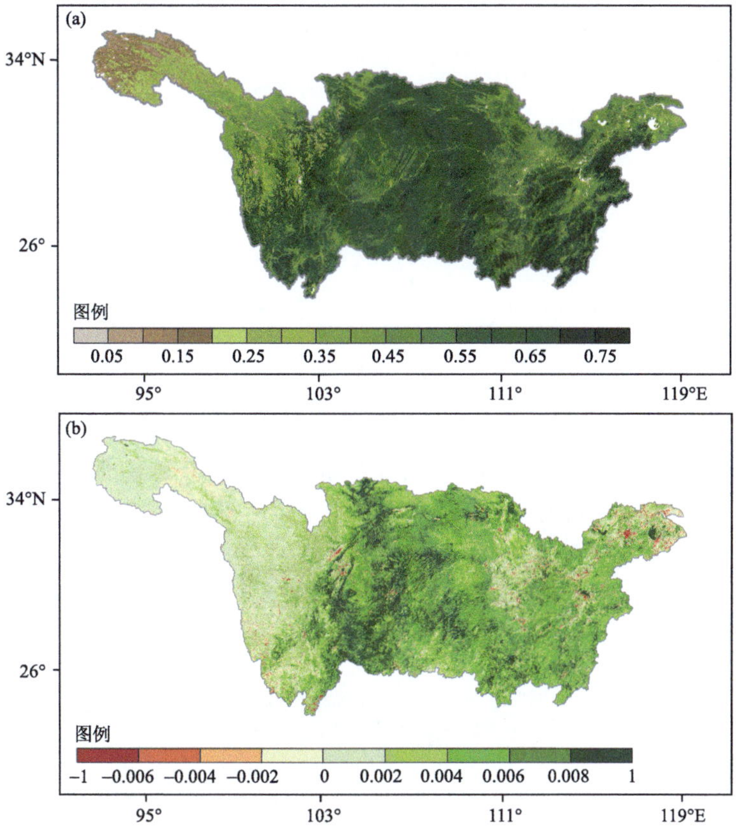

图 5.1　2001—2020 年长江流域 NDVI 多年平均(a)及线性变化趋势(b,单位:a^{-1})

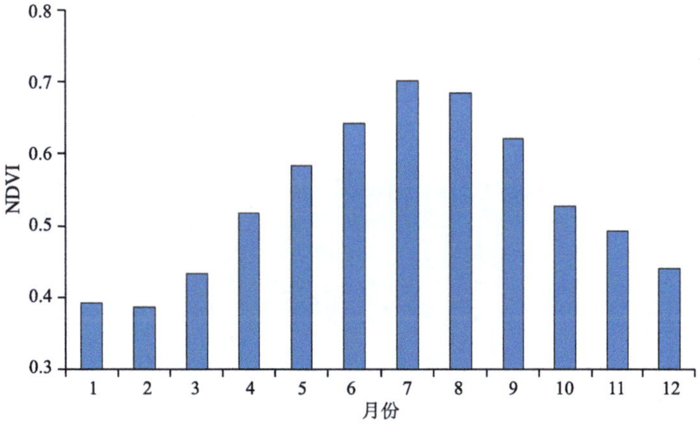

图 5.2　2001—2020 年长江流域多年平均 NDVI 月变化

在 0.53 以下,其中,2001 年平均 NDVI 仅 0.497,为近 21 年来历史最小;2013—2021 年平均 NDVI 较大,年 NDVI 均在 0.53 以上,其中,2021 年 NDVI 达 0.589,为近 21 年来最大。

5.2.2　植被叶面积指数(LAI)变化规律

长江流域 2001—2020 年多年平均植被 LAI 除了上游西部和中下游的部分地区在 1.0 以

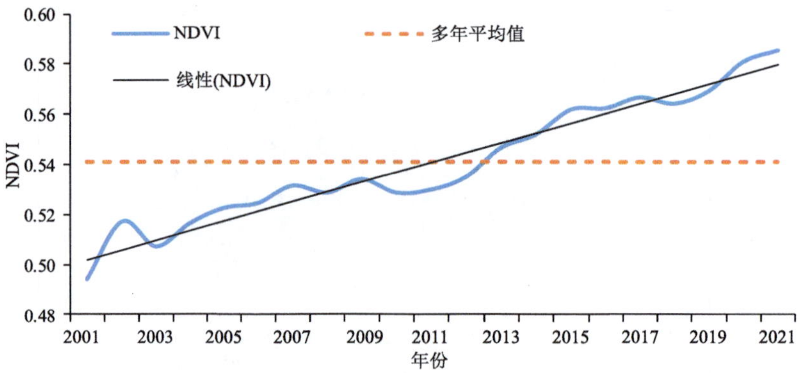

图 5.3　2001—2021 年长江流域 NDVI 历年变化

下外，其余大部分地区都在 1.0 以上，其中，上游东部、中下游南部部分地区超过 2.0（图 5.4a）。2021 年，长江流域大部分地区植被 LAI 接近多年平均，其中，上游西部、下游东部地区整体略偏高（图 5.4b）。

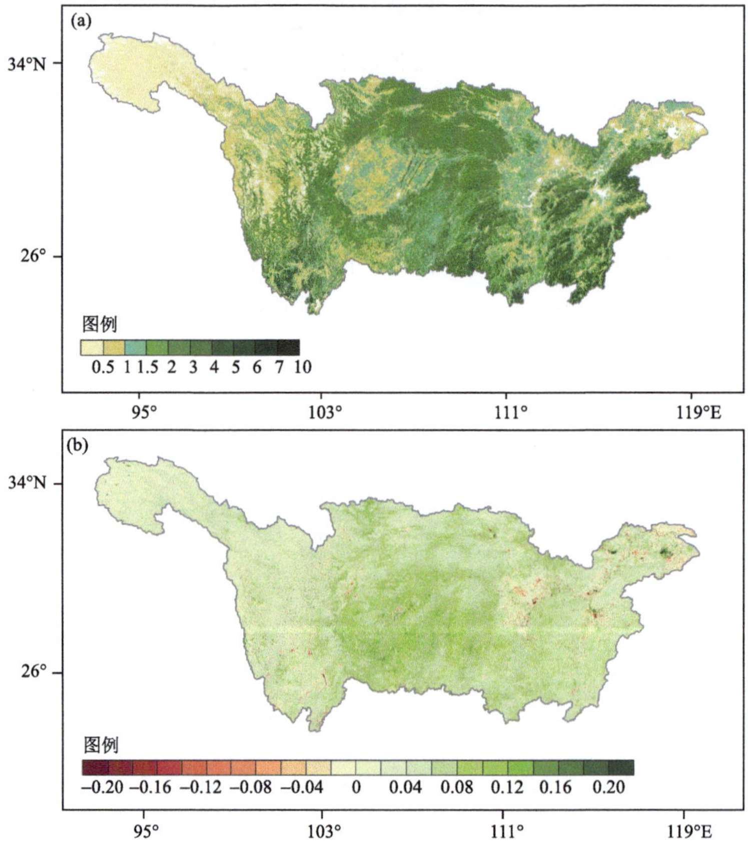

图 5.4　2001—2020 年长江流域植被 LAI 多年平均(a)及 2021 年距平(b)

年内各月，长江流域多年平均植被 LAI 呈单峰型分布（图 5.5），春、夏、秋三季（3—11 月），长江流域平均月植被 LAI 基本都在 1.0 以上，作物生长季（5—9 月）在 2.0 以上，7—8 月在 3.0 以上，其中，7 月最大，达 3.33，冬季(12 月至次年 2 月)，长江流域平均月植被 LAI 相对较小，基本都在 0.70 上下，其中，1 月最小，只有 0.66。

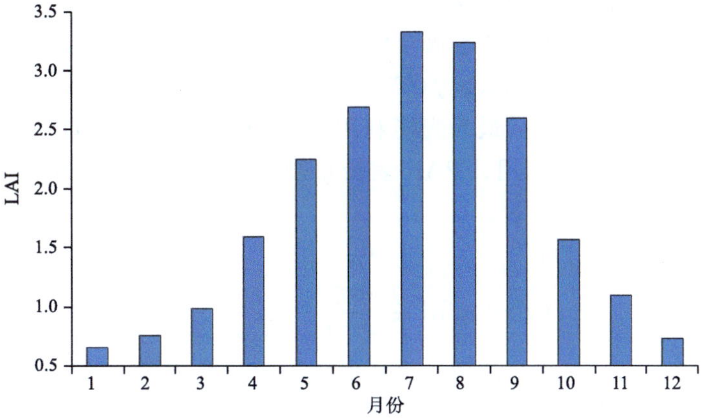

图 5.5　2001—2020 年长江流域多年平均植被 LAI 月变化

2001—2021 年，长江流域区域平均植被 LAI 呈波动上升(图 5.6)，线性变化趋势为 0.164/(10 a)。2001—2012 年，平均年植被 LAI 相对较小，大部分年份在 1.60 以下，其中，2003 年平均植被 LAI 只有 1.37，为近 21 年来历史最小；2013—2021 年，大部分年份长江流域平均年植被 LAI 都在 1.60 以上，特别是 2015—2018 年连续 4 年植被 LAI 均在 1.70 以上，其中，2018 年植被 LAI 达 1.95，为近 21 年来最大，2019 年植被 LAI 出现明显下降，近年来又有所上升。

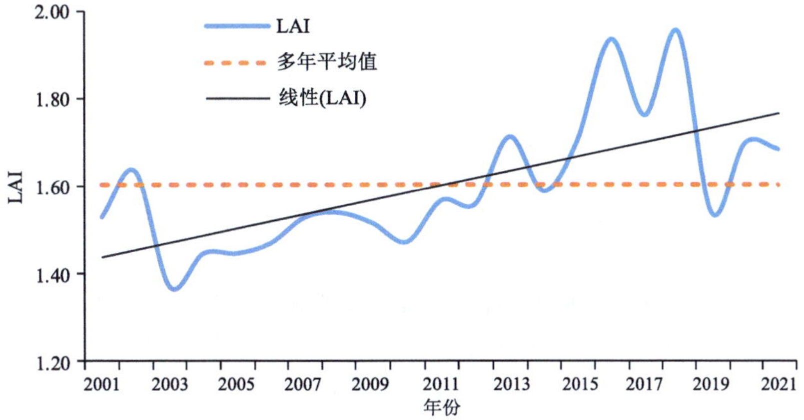

图 5.6　2001—2021 年长江流域植被 LAI 历年变化

5.2.3　植被总初级生产力(GPP)变化规律

陆地生态系统 GPP 定义为绿色植被单位面积单位时间内通过光合作用固定碳的速率，是陆地生态系统碳循环的重要分量，反映了自然环境下陆地生物圈的生产水平。GPP 受植物本身的光合作用潜力、叶面积指数、群落结构以及光合有效辐射、气温、有效土壤水分、养分等诸多因子的共同影响。降水、气温、CO_2 浓度和地表覆盖变化等都会改变植物蒸腾、光合和呼吸等生理活动，从而引起陆地生态系统 GPP 的变化，进而影响其碳平衡(Yang et al.，2021)。植被 GPP 是陆地生态系统碳循环的重要分量，指单位时间内植物通过光合作用所固定的有机碳总量，单位为 gC/m^2（碳重量，下同）。GPP 决定了进入陆地生态系统的初始能量和物质总量，是生态系统碳循环的基础，反映了自然环境下陆地生物圈的生产水平（Yang et al.，2013），在评价生态系统可持续性和生态系统承载力方面具有重要的参考价值，也有利于进一步分析地表碳循环、碳储存和变化。基于卫星遥感参数的 GPP 计算模型如下：

$$GPP = LUE_{max} \times f(T) \times f(VPD) \times FPAR \times PAR$$

式中，LUE_{max} 表示不同植被类型的最大光能利用效率；$f(T)$ 和 $f(VPD)$ 表示最高气温和最大蒸汽压对植被光合作用的胁迫作用；FPAR 表征植被冠层吸收的光合有效辐射占总光合有效辐射的比例；PAR 为光合有效辐射。

温度胁迫因子的表达式为：

$$f(T) = \min\left(\frac{T_a - T_{min}}{T_{opt} - T_{min}}, \frac{T_{max} - T_a}{T_{max} - T_{opt}}\right)$$

式中，T_a 为气温（℃），T_{max}、T_{min} 和 T_{opt} 是适于光合作用的最低、最高和最适温度。温度胁迫方程表示植被的光合作用在过低和过高温度下会受到抑制，具体的温度阈值与生态植被类型有关。

$$f(VPD) = \begin{cases} 0 & VPD \geqslant VPD_{max} \\ \dfrac{(VPD_{max} - VPD)}{(VPD_{max} - VPD_{min})} & VPD_{min} < VPD < VPD_{max} \\ 1 & VPD \leqslant VPD_{min} \end{cases}$$

式中，$f(VPD)$ 表示饱和水汽压差（VPD）对植被光合作用的抑制作用；VPD_{max} 和 VPD_{min} 为基于不同生态植被类型设定的最大和最小饱和水汽压差参数值。

长江流域 2001—2020 年多年平均植被 GPP 除了上游西部、下游东部等地在 500 gC/m^2 以下外，其余大部分地区在 500～1200 gC/m^2（图 5.7a）。2021 年，长江流域除上、中游部分地区植被 GPP 较多年平均偏小外，其余大部分地区均偏大，其中，上游西南部和下游等偏大较为明显（图 5.7b）。

年内各月，长江流域多年平均植被 GPP 呈单峰型分布（图 5.8），春、夏、秋三季（3—11 月），长江流域平均月植被 GPP 基本都在 40.0 gC/m^2 以上，作物生长季（5—9 月）在 100.0 gC/m^2 以上，其中，7 月最大，达 137.94 gC/m^2，冬季（12 月至次年 2 月），长江流域平均月植被 GPP 相对较小，基本都在 25.0 gC/m^2 以下，其中，1 月最小，只有 16.01 gC/m^2。

2001—2021 年，长江流域区域平均植被 GPP 呈明显的上升趋势（图 5.9），线性变化趋势为 66.62 $gC/(m^2 \cdot 10\ a)$。2001—2012 年，平均年植被 GPP 相对较小，大部分年份均在 890 gC/m^2 以下，其中，2010 年平均植被 GPP 只有 816.36 g/m^2，为近 21 年来历史最小；2013—2021 年，大部分年份长江流域平均年植被 GPP 均在 890 gC/m^2 以上，其中，2013 年植被 GPP 达 1000.93 gC/m^2，为近 21 年来最大。

5.3 土地利用类型的变化规律

利用 30 m 分辨率 Landsat 影像，对遥感图像的处理主要包括波段提取、伪彩色合成、几何精纠正与分县图像拼接、镶嵌等，在此基础上根据影像光谱特征，结合野外实测资料，参照有关地理图件，对各土地利用/覆被类型的几何形状、颜色特征、纹理特征和空间分布情况进行分析，建立地表分类判识方法，开展不同时期土地利用覆盖变化的监测。

1990 年以来，长江流域不同土地利用类型面积的变化差异较大。表 5.1 为长江流域每隔

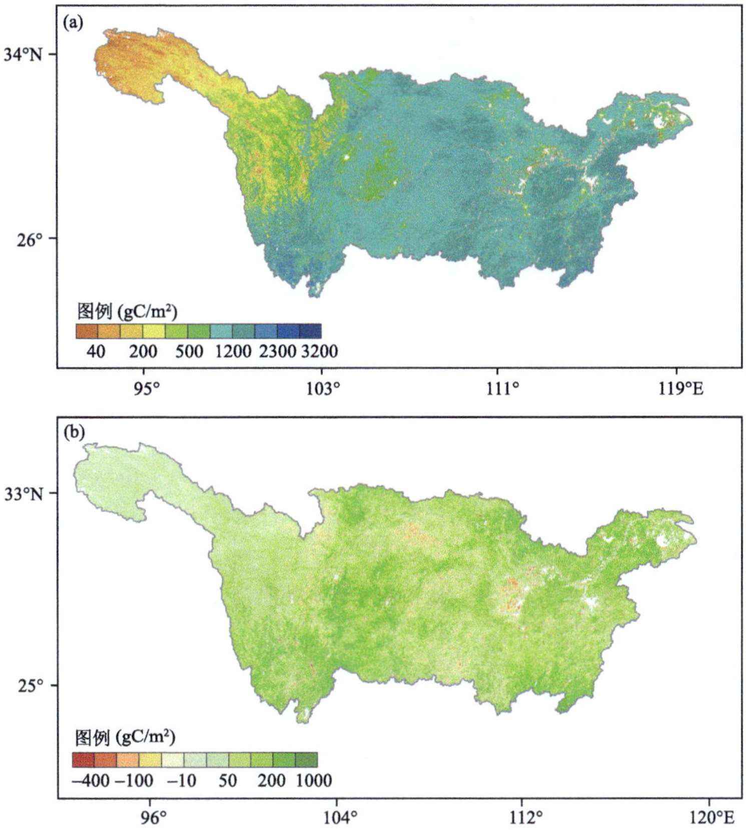

图 5.7　2001—2020 年长江流域植被 GPP 多年平均(a)及 2021 年距平(b)

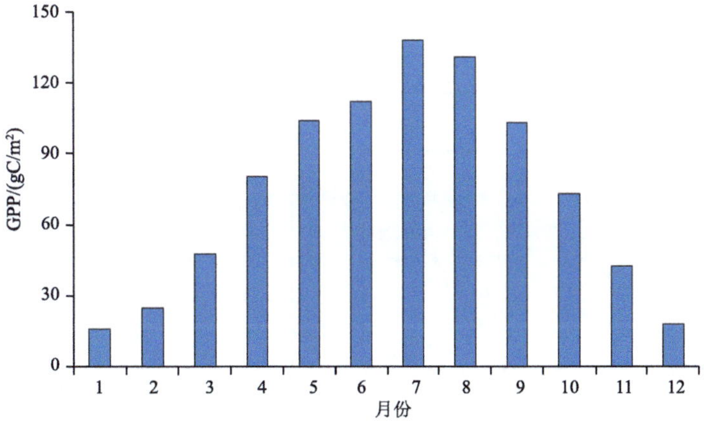

图 5.8　2001—2020 年长江流域多年平均植被 GPP 月变化

5 年耕地、森林、草地、水体、城镇，以及裸地(未利用土地)等 6 种主要土地利用类型面积的变化。近 30 年来，长江流域耕地面积减少了 25540 km^2，森林面积增加了 5670 km^2，草地面积减少了 2300 km^2，水体面积增加了 4679 km^2，城镇面积增加了 29053 km^2，未利用土地减少 10167 km^2。从 2020 年与 1990 年长江流域不同土地利用类型的空间对比(图 5.10)也可以看

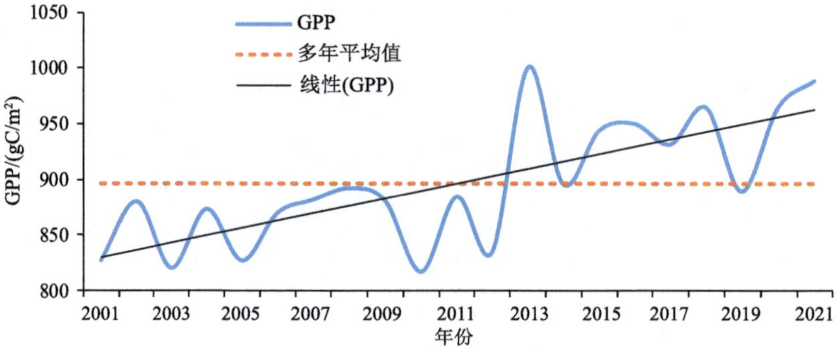

图 5.9　2001—2021 年长江流域植被 GPP 历年变化

出，长江流域耕地面积略有减少（图 5.10a）；林地略有增加（图 5.10b），草地面积略有减少（图 5.10c），但这两者的变化都不明显，水体面积增加了 8.1%（图 5.10d），城镇面积增加趋势尤为明显，增加了 120%（图 5.10e），近 30 年来开发超过 1 万 km^2 的土地，有效地缓解了土地利用紧张局面（图 5.10f）。

表 5.1　长江流域不同土地利用类型面积变化　　单位：km^2

年份	耕地	森林	草地	水体	城镇	裸地
1990	502070	730540	413260	57825	24181	51119
1995	495790	736520	420390	57936	26809	41551
2000	498370	730890	413170	58074	28691	51232
2005	492940	732210	412470	59345	32357	51150
2010	487460	736240	407160	60962	37922	50670
2015	492150	731870	410380	60695	43972	41483
2020	476530	736210	410960	62504	53234	40952
30 年面积变化	−25540	5670	−2300	4679	29053	−10167
变化百分比/%	−5.1	0.8	−0.6	8.1	120.1	−19.9

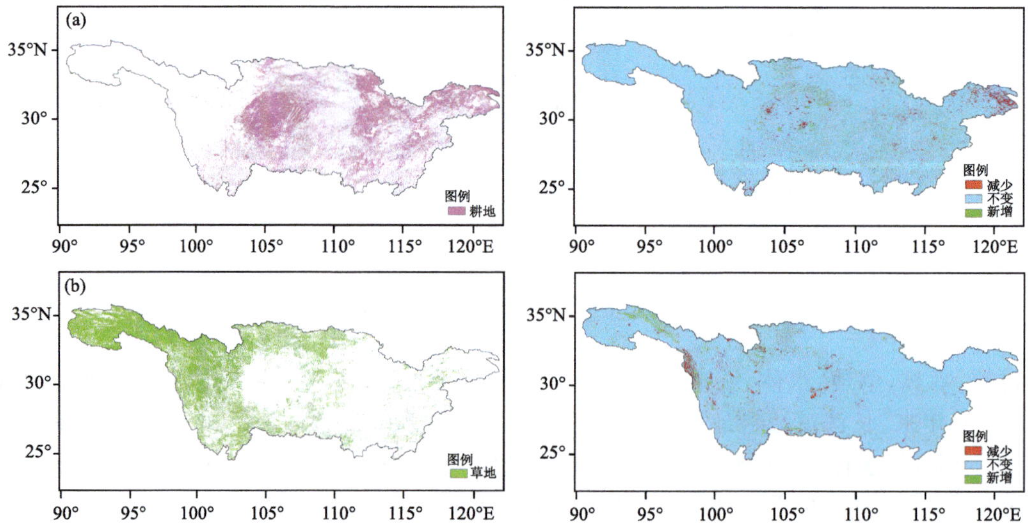

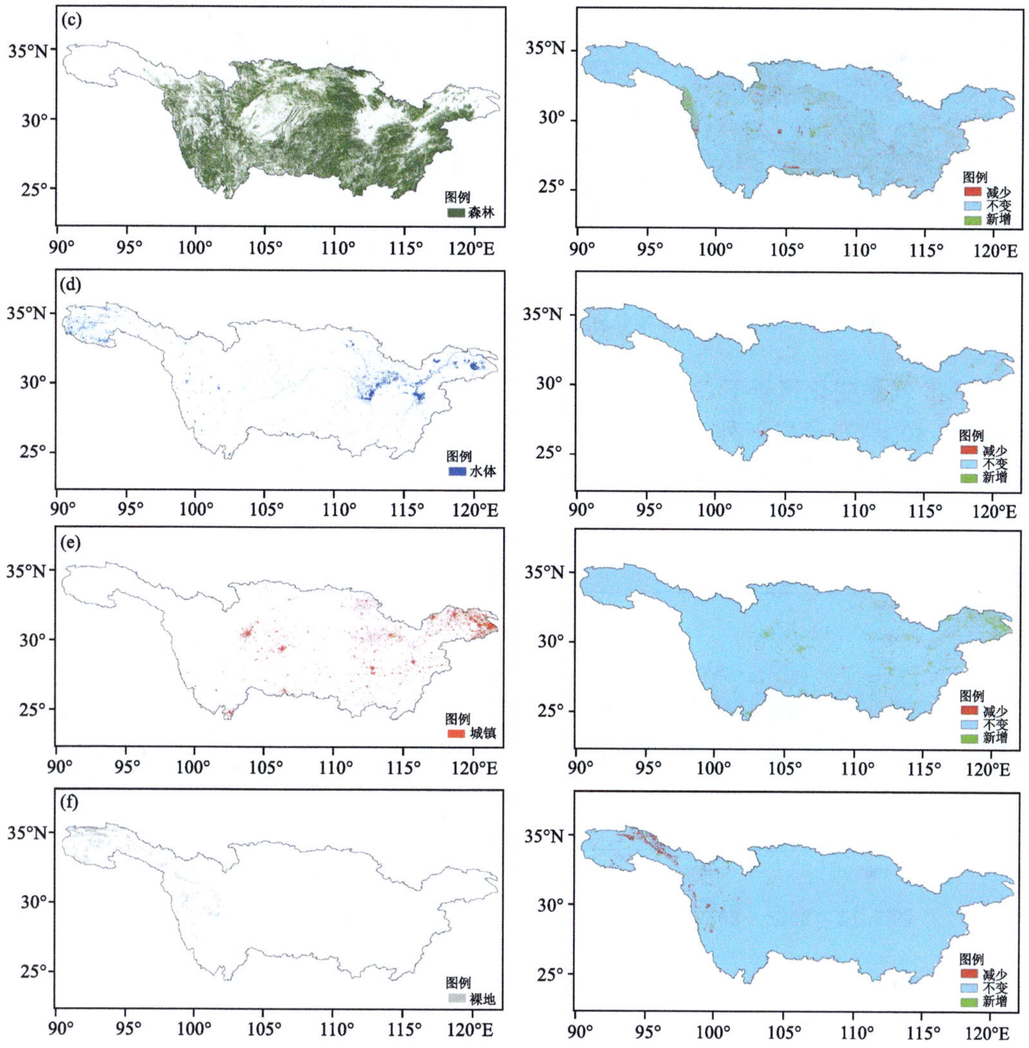

图 5.10　长江流域耕地(a)、草地(b)、森林(c)、水体(d)、城镇(e)、裸地(f)1990 年与 2020 年土地利用空间分布，其中，左侧是 2020 年土地利用图，右侧是 2020 年与 1990 年的对比

5.4　主要生态要素未来变化预估

5.4.1　未来气候变化情景下的生态要素 NPP 和 LAI 预估

利用生态系统生理过程机理模型，基于国家气候中心提供的 2022—2099 年 RCP4.5 和 RCP8.5 不同情景下的逐日气候模拟数据，模拟分析长江流域 2022—2099 年植被净初级生产力(NPP)和植被 LAI 的变化。结果表明，在 RCP4.5 和 RCP8.5 气候变化情景下，2022—2099 年长江流域区域平均 NPP 和 LAI 都将呈增大趋势，其中，RCP8.5 气候变化情景下增加趋势更为明显，增加速率分别达 36.42 g C/(m^2 · 10 a)和 0.061/10 a，相关系数分别达 0.99 和 0.69；而在 RCP4.5 气候变化情景下，长江流域区域平均年 NPP 和 LAI 增加速率相对较小，相关性也较差，特别是植被 LAI 只有微弱的增大趋势，相关系数只有 0.21(图 5.11)。

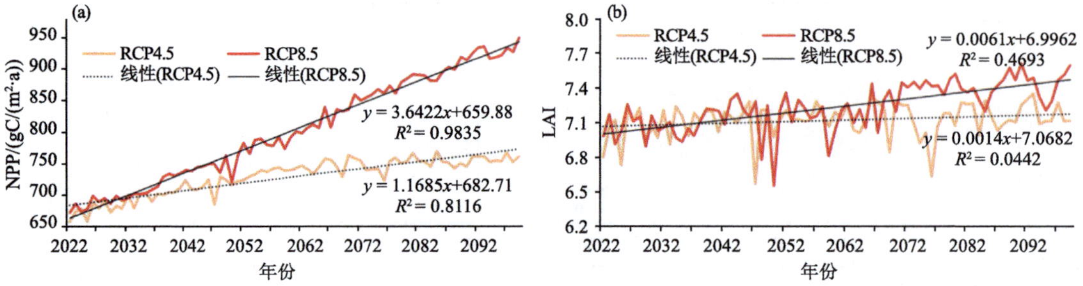

图 5.11　2022—2099 年长江流域区域平均 NPP(a)和 LAI(b)变化预估

RCP8.5 气候变化情景下，2022—2030 年长江流域除上游西部和北部部分地区植被 NPP 增加幅度在 40 g C/m² 以下外，其余大部分地区在 40～60 g C/m²，部分地区超过 60 g C/m²(图 5.12a)。未来(2031—2050 年)除上游西部和北部部分地区植被 NPP 增加幅度在 60 g C/m² 以下外，其余大部分地区在 60～110 g C/m²，部分地区超过 110 g C/m²(图 5.12b)。

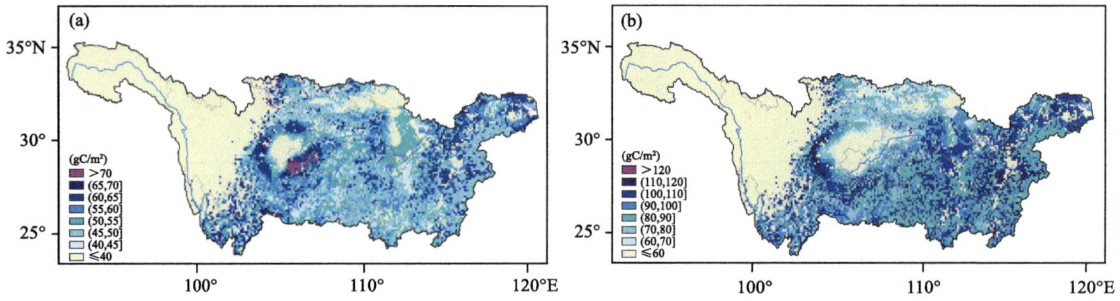

图 5.12　2022—2030 年(a)和 2031—2050 年(b)长江流域平均 NPP 变化预估

RCP8.5 气候变化情景下，2022—2030 年长江流域除上游北部部分地区植被 LAI 有减小趋势外，其余大部分地区有增大趋势，其中，上游西南部等地增大幅度在 0.5～1.0，局部地区超过 1.0(图 5.13a)。2031—2050 年除上游中北部地区植被 LAI 有减小趋势，部分地区减小幅度 0.5～1.0，局部地区超过 1.0 外，其余大部分地区有增大趋势，其中，上游西南部部分地区增大幅度 1.0～1.5(图 5.13b)。

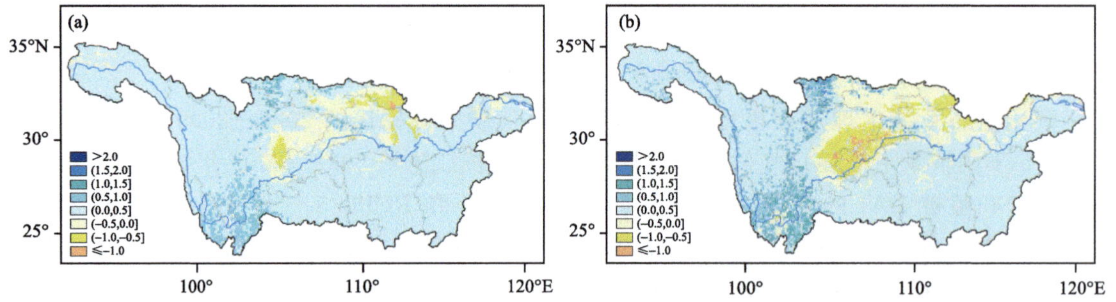

图 5.13　2022—2030 年(a)和 2031—2050 年(b)长江流域平均 LAI 变化预估

5.4.2　未来气候变化情景下气候生态承载力的预估

气候生态承载力是指在一定的光、温、水资源条件下，其他的环境因素(二氧化碳、养分、土壤等)和植物群体因素处于最适宜状态，植物利用当地的光、温、水等资源的潜在最大生产力。光、温、水资源丰富，相互配合协调，气候生产潜力大，反之，则小。某一地区的植被生产力主要取决于该地区的光、温、水条件。气候生态承载力的估算对于合理利用当地气候资源，充分发挥气候生产潜力，调整产业结构，提高生产力，具有重要的理论和现实意义。本节利用迈阿密模型计算植被净第一性生产力，模型如下：

$$NPP_T=\frac{3000}{1+e^{1.315-0.119T}}$$

$$NPP_P=\frac{3000}{1-e^{-0.000664P}}$$

式中，NPP_T 为根据年平均气温得到的净第一性生产力(gC/(m^2·a))；NPP_P 为根据年降水量得到的净第一性生产力(gC/(m^2·a))；T 为年平均气温(℃)；P 为年降水量(mm)。最后，根据 Liebig 的最下因子定律，取二者中的小值作为计算点的净第一生产力。

在未来气候变化情景下，长江流域的气候生态承载力(气候生产潜力)呈增大的趋势(图 5.14)。在 RCP4.5 排放情景下，气候生态承载力的增长速率为 1.13 gC/(m^2·a)，2022—2099 年的气候生态承载力平均为 1492 gC/(m^2·a)，到 2099 年达到 1520 gC/(m^2·a)；在 RCP8.5 排放情景下，气候生态承载力的增长速率为 2.58 gC/(m^2·a)，未来 2022—2099 年的气候生态承载力平均为 1521 gC/(m^2·a)，到 2099 年达到 1624 gC/(m^2·a)。

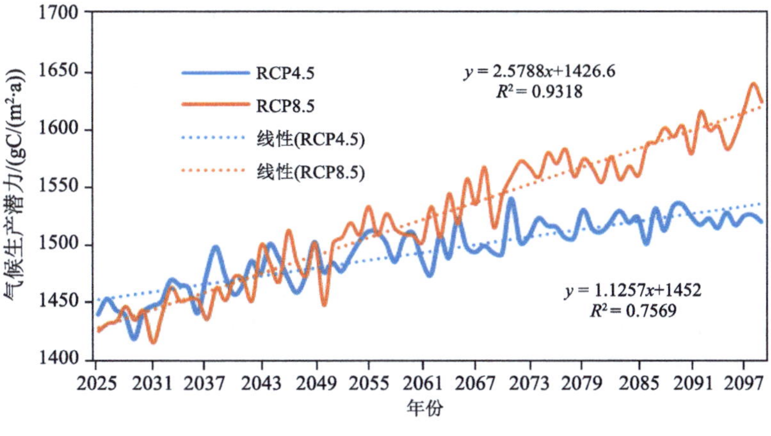

图 5.14　不同气候变化情景下的 2022—2099 年长江流域区域平均气候生产潜力变化预估

从空间分布上来看，长江流域东部的气候生产潜力一般都在 1800 gC/(m^2·a)以上，在长江流域中部地区一般在 1200～1600 gC/(m^2·a)，而长江流域上游气候生产潜力在 600 gC/(m^2·a)以下(图 5.15)。

5.5　长江流域生态系统服务功能评估

生态系统服务是指生态系统所形成的用于维持人类赖以生存和发展的自然环境条件与效用，是人类直接或间接从生态系统中得到的各种惠益。它是人类赖以生存与发展的基础，在维

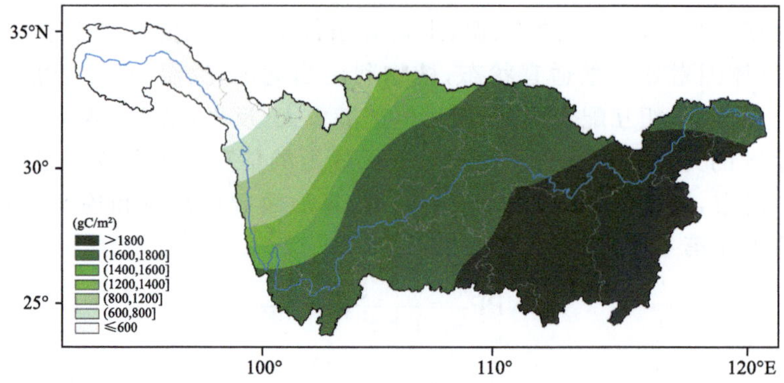

图 5.15 2031—2050 年长江流域气候生产潜力预估空间分布

持地球生命保障系统和环境动态平衡等方面发挥着不可替代的作用(李东,2011)。联合国千年生态系统评估(Millennium ecosystem assessment,MA)提出生态系统服务包括供给、调节、支持、文化服务。然而,全球变暖、酸雨、土地荒漠化、水土流失、生物多样性锐减等生态与环境问题日益加剧,生态系统的服务功能受到影响。因此,开展长江流域生态系统服务功能评估具有重要的现实意义(赵士洞 等,2006)。本节将介绍长江流域生态系统水源涵养功能与生物多样性功能。

5.5.1 水源涵养评估

2001—2020 年长江流域水源涵养量年平均值为 800 mm,表现为不显著的增加。前 10 年,除了 2002 年、2010 年,其他年份水源涵养量都在平均值(800 mm)以下,近 10 年,水源涵养量围绕平均值(800 mm)上下波动上升(图 5.16)。

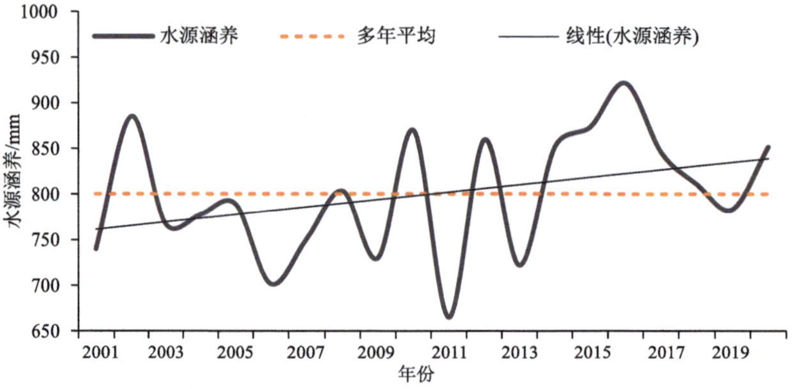

图 5.16 2001—2020 年长江流域水源涵养量历年变化

2001—2021 年长江流域水源涵养量整体呈从上游到下游递增的分布特征。上游水源涵养量从西到东递增,基本上都在 1500 mm 以下,以上游中间段的 500～1000 mm 分布最广;中下游水源涵养量基本都在 500 mm 以上,大部分在 1000 mm 以上,其中,江西省北部相对较高,大部分区域在 1500～2000 mm(图 5.17)。

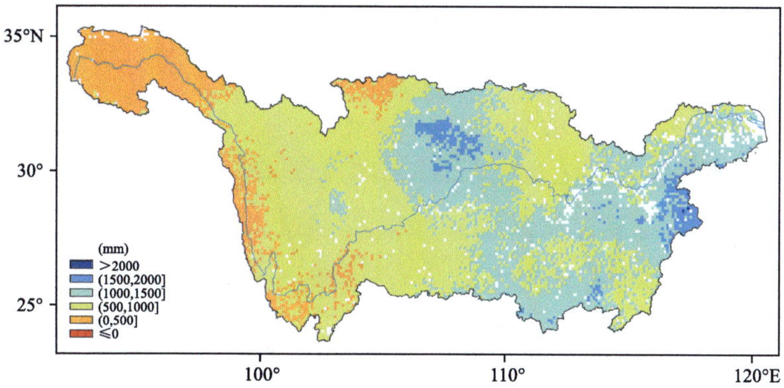

图 5.17　2001—2020 年长江流域水源涵养量年平均值空间分布

2001—2020 年长江流域水源涵养量变化趋势区域差异性明显，在上中游的云南、湖北大部、湖南北部和东南部、江西南端整体表现为下降趋势，降低速率基本在 20 mm/10 a 以上；在上中游的其他区域水源涵养量呈增加趋势，除了源区，大部分区域增加速率在 50 mm/10 a以上。长江流域下游水源涵养量基本呈增加趋势，增加速率在 50 mm/10 a 以上(图 5.18)。

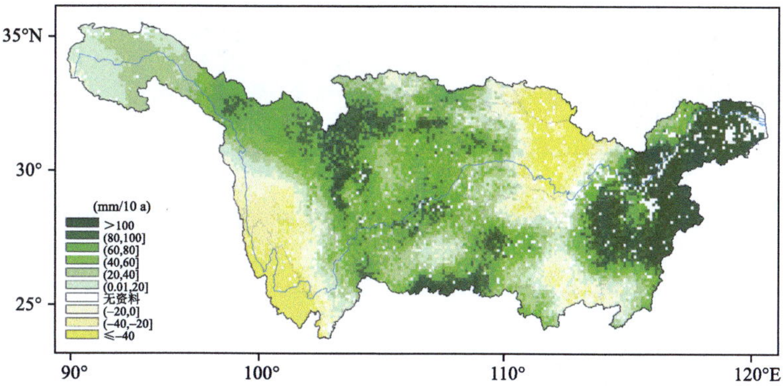

图 5.18　2001—2020 年长江流域水源涵养量变化趋势空间分布

5.5.2　生物多样性评估

2001—2020 年长江流域生物多样性维护功能指数年平均值为 0.099，变化趋势不明显，呈在平均值附近平稳波动上升状态，但波动峰值近 15 年相对前 5 年更低(图 5.19)。

空间上，就 2001—2020 年长江流域生物多样维护功能指数整体而言，西边低于东边，长江源头地区及长三角生物多样性指数最低，在 0.02 以下。中下游大部分区域指数在 0.1～0.4 (图 5.20)。

区域上，2001—2020 年长江流域不同区域生物多样性维护功能指数均表现比较微弱的变化。生物多样性维护功能指数在大部分区域降低，其中，中下游的湖北省及安徽省降低最明显，速率也低于 0.01/10 a，其他地区降低速率高于 0.005/10 a；只有在上游四川省东部及其以北区域增加，增加速率在 0.002/10 a 以上(图 5.21)。

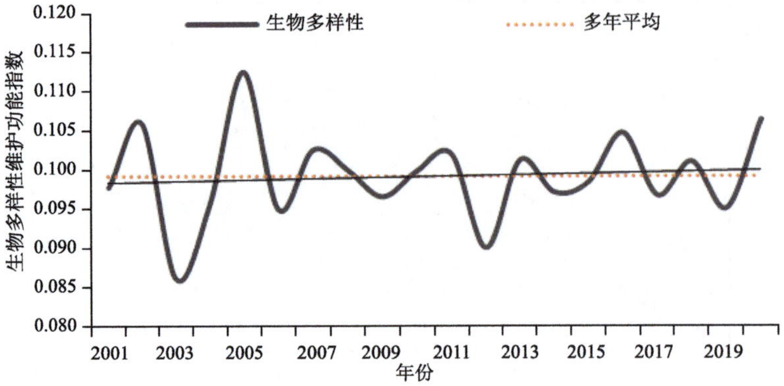

图 5.19　2001—2020 年长江流域生物多样性维护功能指数历年变化

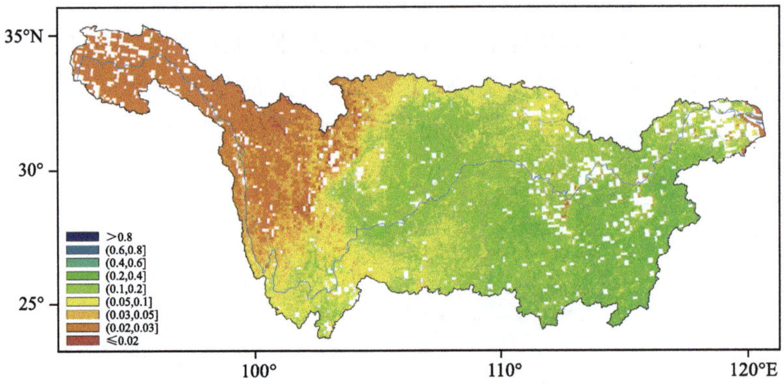

图 5.20　2001—2021 年长江流域生物多样性维护功能指数年平均值空间分布

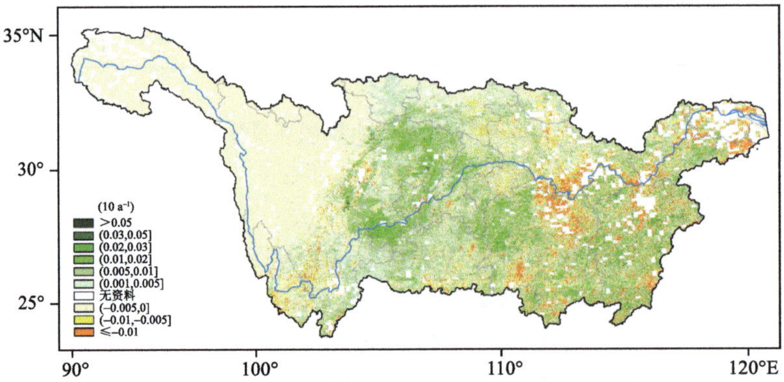

图 5.21　2001—2020 年长江流域生物多样性变化趋势空间分布

5.6　长江流域生态系统碳汇特征及三峡水电对碳排放的影响

5.6.1　长江流域生态系统碳汇的变化特征

生态系统的固碳服务功能是指生态系统通过植被、土壤动物和微生物固定碳素的功能。

森林生态系统是陆地生态系统的主体，也是陆地碳库中最大的一个，其有机碳储量占整个陆地植被碳储量的 76%～98%。而森林生态系统每年的碳固定量约占整个陆地生物碳固定量的 2/3。森林生态系统在调节全球碳平衡、减缓大气中二氧化碳等温室气体浓度上升，以及维护全球气候等方面具有不可替代的作用。因此，本研究评估森林生态系统的碳汇能力。根据《森林生态系统服务功能评估规范》（国家林业草原局，2020）的技术方法，估算长江流域森林生态系统的固碳能力。

$$G_{固碳} = 1.63 \times R_{碳} A B_{年}$$

式中，$G_{固碳}$ 为植被年固碳量（t/a），1.63 为计算系数，$R_{碳}$ 为 CO_2 中碳的含量，为 27.27%，$B_{年}$ 为林分净生产力（gC/(m^2 · a)），A 为森林面积（km^2）。

基于 MODIS 卫星遥感估算的长江流域 NPP 数据，提取长江流域森林生态系统的 NPP 数据，计算长江流域的森林固碳量。2001 年以来长江流域森林生态系统的固碳量逐年增大，平均每年的固碳量达到 20.88 亿 t（图 5.22），对于降低大气的二氧化碳浓度做出了重要贡献。

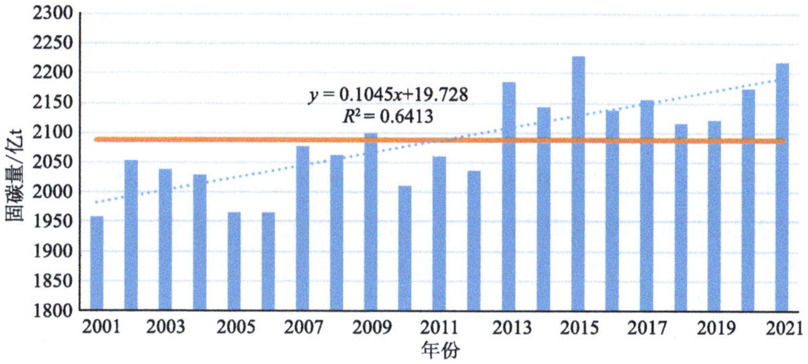

图 5.22　2001—2021 年长江流域森林固碳量变化

长江流域平均固碳能力为 660 gC/(m^2 · a)。从空间分布上看，长江上游的森林固碳能力比较低，其固碳水平一般在 300 gC/(m^2 · a)以下，长江流域的西南部固碳能力较强，一般在 1000 gC/(m^2 · a)以上，长江流域其他大部分地区的固碳能力在 500～900 gC/(m^2 · a)范围（图 5.23）。

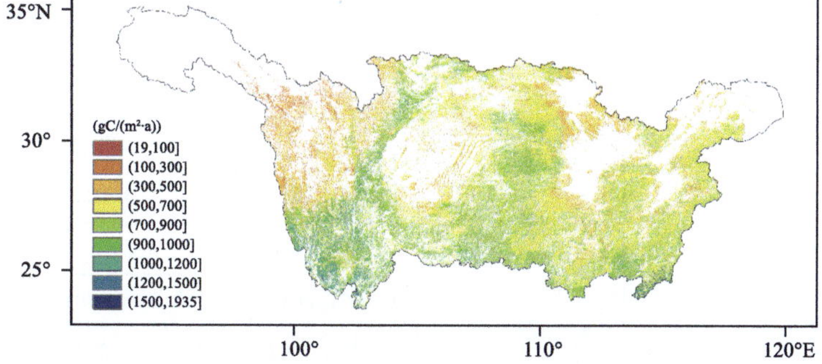

图 5.23　2001—2020 年长江流域森林固碳能力平均空间分布

从长江流域固碳能力的变化趋势来看，区域平均固碳趋势为 3.1 gC/(m^2 · a)，呈增大趋势。从空间分布上看，流域的中部森林固碳能力增大趋势明显，一般有 8～13 gC/(m^2 · a)，或者更高水平，而在流域的东南部部分地区的固碳能力呈下降趋势，其固碳能力下降水平一般有 −6～−2 gC/(m^2 · a)，而在长江上游地区，固碳能力变化趋势略有增加，但不太明显（图 5.24）。

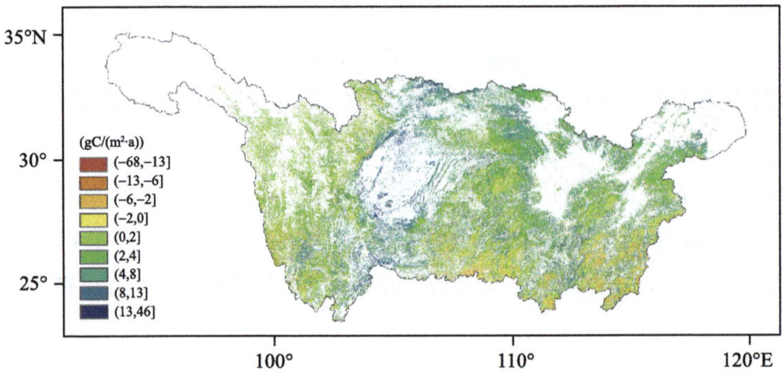

图 5.24　2001—2020 年长江流域森林固碳能力变化趋势空间分布

5.6.2　梯级电站水力发电对碳排放的贡献

长江流域目前已投入使用的水电站包括 5 个，分别为乌东德水电站、白鹤滩水电站、溪洛渡水电站、向家坝水电站和三峡水电站，2003—2021 年的发电量如表 5.2 所示。

表 5.2　长江流域梯级水电站发电量　　单位：亿 kW · h

年份	乌东德	白鹤滩	溪洛渡	向家坝	三峡
2003	—	—	—	—	86.0746
2004	—	—	—	—	391.5887
2005	—	—	—	—	490.9009
2006	—	—	—	—	492.4880
2007	—	—	—	—	616.0256
2008	—	—	—	—	808.1159
2009	—	—	—	—	798.5334
2010	—	—	—	—	843.6952
2011	—	—	—	—	782.9313
2012	—	—	—	15.7232	981.0682
2013	—	—	111.8040	183.7820	828.2687
2014	—	—	494.9370	287.6537	988.1919
2015	—	—	551.6640	307.4591	870.0683
2016	—	—	610.0296	332.2543	935.3252
2017	—	—	613.9104	328.4450	976.0510
2018	—	—	624.6906	330.8026	1016.1494

续表

年份	乌东德	白鹤滩	溪洛渡	向家坝	三峡
2019	—	—	607.7922	337.2153	968.7693
2020	134.2928	0	634.1262	331.4841	1118.0200
2021	389.7220	118.1419	553.4894	300.6091	1036.4882

如果是用化石能源来发电，估算三峡水电站及长江流域水电站所发电替代化石能源发电所节省的煤炭量。按照目前我国火力发电的现状，平均供电煤耗为 320 g/(kW·h)，分别计算三峡水电站和长江流域节省的标准煤量，结果如表 5.3。由表 5.3 可以看出，三峡水电站节省的标准煤量呈增长趋势，2003 年节省标准煤约 275 万 t，2012 年约 3139 万 t；2012 年之后，三峡水电站节省的标准煤量增长速度有所减缓，呈较稳定的状态，2021 年节省标准煤 3317 万 t，2003—2021 年三峡水电站发电共节约标准煤 48092 万 t；随着长江流域乌东德、白鹤滩，溪洛渡、向家坝等其他水电站的陆续投入使用，节省的标准煤量从 2013 年的 3596 万 t 迅速增加到 2014 年的 5667 万 t，并且之后呈较快的增长趋势，2021 年总节省约 7675 万 t 标准煤，2003—2021 年长江流域水电站发电共节约标准煤 74332 万 t。

表 5.3　2003—2021 年长江流域梯级水力发电相比于火力发电节省的标准煤量　　单位：万 t

年份	乌东德	白鹤滩	溪洛渡	向家坝	三峡	合计
2003	—	—	—	—	275.4387	275.439
2004	—	—	—	—	1253.084	1253.084
2005	—	—	—	—	1570.883	1570.883
2006	—	—	—	—	1575.962	1575.962
2007	—	—	—	—	1971.282	1971.282
2008	—	—	—	—	2585.971	2585.971
2009	—	—	—	—	2555.307	2555.307
2010	—	—	—	—	2699.825	2699.825
2011	—	—	—	—	2505.380	2505.380
2012	—	—	—	50.3142	3139.418	3189.732
2013	—	—	357.773	588.102	2650.460	3596.335
2014	—	—	1583.798	920.492	3162.214	5666.504
2015	—	—	1765.325	983.869	2784.219	5533.412
2016	—	—	1952.095	1063.214	2993.041	6008.349
2017	—	—	1964.513	1051.024	3123.363	6138.900
2018	—	—	1999.01	1058.568	3251.678	6309.256
2019	—	—	1944.935	1079.089	3100.062	6124.086
2020	429.737	—	2029.204	1060.749	3577.664	7097.354
2021	1247.110	378.054	1771.166	961.9491	3316.762	7675.042

在二氧化碳排放方面，燃煤发电是二氧化碳的主要来源，水力发电一直被认为是减缓全球变暖的一个重要举措。按照火力发电标准煤二氧化碳排放系数为 2.46 kgCO_2/kg，分别计算三峡水电站和长江流域所有水电站在各个年份相比火力发电的二氧化碳减排量(Jacobson，2020)，结果如表 5.4 和图 5.25 所示。

表 5.4　2003—2021 年长江流域梯级水力发电相比火力发电减少的 CO_2 排放量　　单位：万 t

年份	乌东德	白鹤滩	溪洛渡	向家坝	三峡	合计
2003	—	—	—	—	677.58	677.58
2004	—	—	—	—	3082.59	3082.59
2005	—	—	—	—	3864.37	3864.37
2006	—	—	—	—	3876.87	3876.87
2007	—	—	—	—	4849.35	4849.35
2008	—	—	—	—	6361.49	6361.49
2009	—	—	—	—	6286.05	6286.05
2010	—	—	—	—	6641.57	6641.57
2011	—	—	—	—	6163.24	6163.24
2012	—	—	—	88.522	7722.97	7846.74
2013	—	—	629.4565	1034.693	6520.13	8846.98
2014	—	—	2786.495	1619.490	7779.05	13939.60
2015	—	—	3105.868	1730.995	6849.18	13612.19
2016	—	—	3434.467	1870.592	7362.88	14780.54
2017	—	—	3456.316	1849.145	7683.47	15101.70
2018	—	—	3517.008	1862.419	7999.13	15520.77
2019	—	—	3421.870	1898.522	7626.15	15065.25
2020	756.069	—	3570.131	1866.255	8801.05	17459.49
2021	2194.135	665.139	3116.145	1692.429	8159.24	18880.60

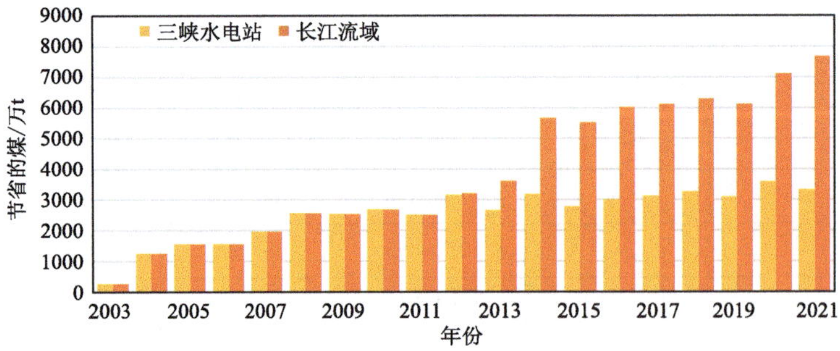

图 5.25　2003—2021 年三峡水电站和长江流域水电节省的标准煤量

可以看出，2003—2008 年，三峡水电站二氧化碳减排量呈快速增长趋势，2008 年的二氧化碳减排量为 6361 万 t，此后到 2021 年，减排速率减缓，2021 年的二氧化碳减排量为 8159 万 t

(图 5.26),2003—2021 年三峡水电站累计二氧化碳减排量为 118306 万 t;长江流域水电站二氧化碳减排量呈阶梯状增长,2003—2013 年是一个阶梯,期间呈增长趋势,2013 年之后,随着溪洛渡和向家坝两个水电站的投入使用,2014 年的二氧化碳减排量出现了突增,2014—2021 年是第二个阶梯,其二氧化碳减排量仍然呈增长趋势,2021 年长江流域水电站的二氧化碳减排量达到 18881 万 t,2003—2021 年三峡水电站累计二氧化碳减排量为 182857 万 t。

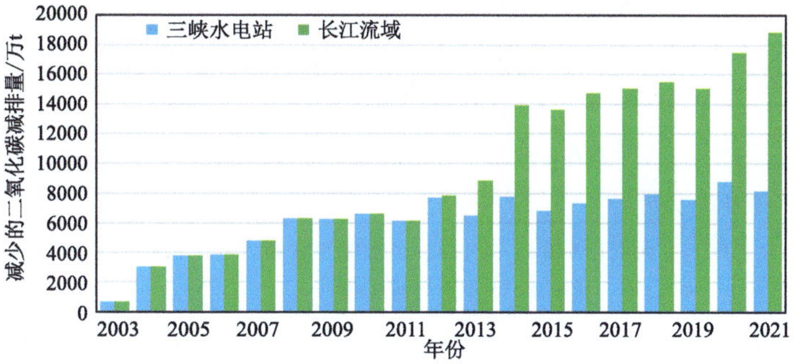

图 5.26　2003—2021 年三峡水电站和长江流域水力发电相比火力发电的二氧化碳减排量

5.7　长江上游梯级电站建成前后生态要素变化

5.7.1　长江上游梯级电站概况

长江上游,尤其是金沙江段,从青藏高原流出,穿过横断山脉,抵达四川盆地,全长3479 km,天然落差达 5100 m,水力资源蕴藏量超过 1 亿 kW,占长江水力资源的 40%。高山峡谷、水源丰富、人类活动少等多种原因使得金沙江成为中国最大的水电基地,是“西电东输”的主力军。

金沙江下游布置乌东德水电站、白鹤滩水电站、溪洛渡水电站和向家坝水电站 4 座世界级巨型梯级水电站,规划的总装机容量为 4210 万 kW,年发电量为 1843 亿 kW·h,规模相当于两个三峡电站;金沙江中游共布置龙盘水电站、两家人水电站、梨园水电站、阿海水电站、金安桥水电站、龙开口水电站、鲁地拉水电站和观音岩水电站 8 座巨型梯级水电站,电站总装机容量为 2058 万 kW;金沙江上游河段长约 772 km,天然落差 1516 m,拟布置 8 座梯级电站(表 5.5)。

表 5.5　长江上游梯级电站概况

序号	名称	位置	概况
1	乌东德水电站	金沙江下游	坝顶高程 988 m,最大坝高 270 m。水库初设蓄水位 975 m,总库容 74.08 亿 m^3,拟总装机容量 1020 万 kW,2015 年正式开工,2020 年投产发电
2	白鹤滩水电站	金沙江下游	坝顶高程 834 m,最大坝高 289 m。水库初设蓄水位 825 m,总库容 206 亿 m^3,拟总装机容量 1600 万 kW,2013 年主体工程开工,2022 年完工
3	溪洛渡水电站	金沙江下游	坝底高程 324.5 m,坝顶高程 610 m,坝高 285.5 m。水库正常蓄水位 600 m,总库容 126.7 亿 m^3,总装机容量 1386 万 kW,2014 年竣工
4	向家坝水电站	金沙江下游	最大坝高 162 m,坝顶长度 909.26 m。水库正常蓄水位 380 m,总库容 51.63 亿 m^3,回水长度 156.6 km,总装机容量 775 万 kW,2014 年竣工,是中国第三、世界第五大水电站

续表

序号	名称	位置	概况
5	龙盘水电站	金沙江中游	水库正常蓄水位为 2010 m。总库容 371 亿 m^3，总装机容量 420 万 kW。目前处于论证阶段
6	两家人水电站		坝顶高程 1795 m，最大坝高 81 m。水库正常蓄水位 1810 m，库容 74.20 万 m^3，总装机容量 300 万 kW。目前处于论证阶段
7	梨园水电站		最大坝高 155 m。水库正常蓄水位 1618 m，总库容 8.05 亿 m^3，总装机容量 240 万 kW，2008 年开工，部分机组投产，2018 年全面竣工
8	阿海水电站		最大坝高 130 m。水库正常蓄水位 1504.00 m，总库容 8.82 亿 m^3，总装机容量 200 万 kW，2014 年全面竣工投产
9	金安桥水电站		大坝长 640 m，高 160 m。水库正常蓄水位 1418 m，总库容 9.13 亿 m^3，总装机容量 240 万 kW，2011 年全面竣工投产
10	龙开口水电站		坝顶长 768 m，坝顶高程 1303 m，最大坝高 119 m。水库正常蓄水位 1298 m，总库容 5.58 亿 m^3，总装机容量 180 万 kW，2007 年筹建，2014 年全面竣工投产
11	鲁地拉水电站		坝顶总长 622 m，坝顶高程为 1228 m，坝高 140 m。水库正常蓄水位 1223 m，库容约 17.18 亿 m^3，总装机容量 216 万 kW，2006 年筹建，2014 年并网
12	观音岩水电站		坝顶总长 1158 m，坝顶高程为 1139 m，坝高 159 m。水库正常蓄水位 1134 m，库容约 20.72 亿 m^3，电站总装机容量 300 万 kW，2016 年投产发电
13	岗托水电站	金沙江上游	总装机容量 110 万 kW。拟建
14	岩比水电站		总装机容量 30 万 kW。拟建
15	波罗水电站		总装机容量 96 万 kW。拟建
16	叶巴滩水电站		总装机容量 198 万 kW。拟建
17	拉哇水电站		总装机容量 168 万 kW。拟建
18	巴塘水电站		总装机容量 74 万 kW。拟建
19	苏哇龙水电站		总装机容量 116 万 kW。拟建
20	昌波水电站		总装机容量 106 万 kW。拟建

5.7.2 长江上游梯级电站建成前后 NDVI 变化

由图 5.27 和表 5.6 可知，建站后长江上游区域的 NDVI 主要呈增大趋势，0～0.2 的增加量占总面积的 87.6%；在部分地区呈下降趋势，主要分布在横断山脉。

5.7.3 长江上游梯级电站建成前后 LAI 变化

由图 5.28 和表 5.7 可知，建站后长江上游区域的 LAI 主要呈增大趋势，增大趋势占总面积的 98%；只有不到 8%的区域呈下降趋势。

5.7.4 长江上游梯级电站建成前后 NPP 变化

由图 5.29 和表 5.8 可知，水电站建成后长江上游区域的 NPP 主要呈增大趋势，80%面积的 NPP 增量在 200 gC/m^2 以内；13.7%面积的 NPP 减量在 100 gC/m^2 以内。

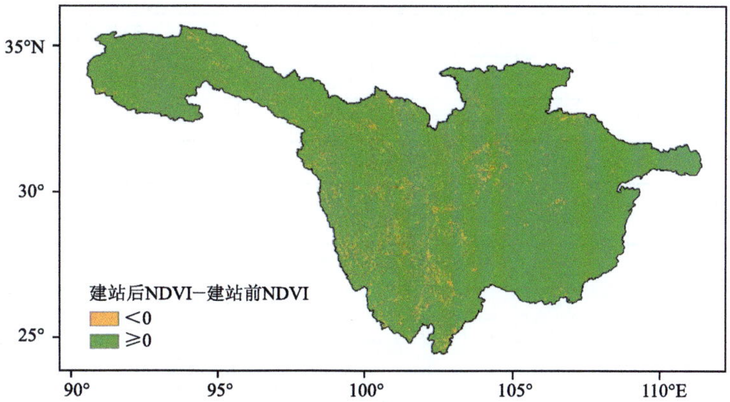

图 5.27　建站前后年平均 NDVI 变化的空间分布

表 5.6　建站前后年平均 NDVI 变化统计

NDVI 变化范围	所占比例/%
<−0.2	0.07
[−0.2,−0.1)	0.47
[−0.1,0)	7.30
[0,0.1)	58.33
[0.1,0.2)	29.26
[0.2,0.3)	4.48
>0.3	0.09

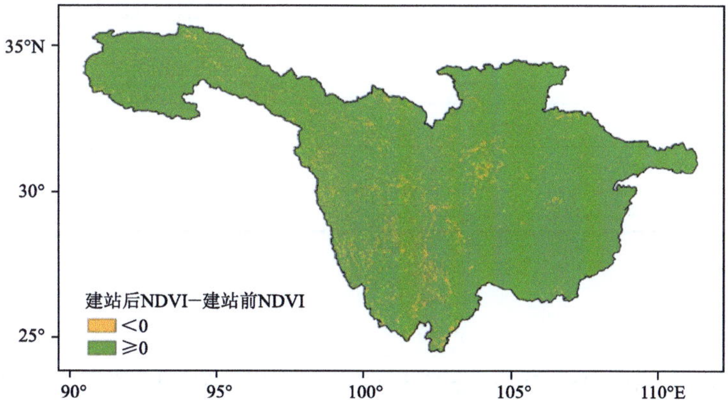

图 5.28　建站前后年平均 LAI 变化的空间分布

表 5.7　建站前后年平均 LAI 变化统计结果

LAI 变化范围	所占比例/%
<−2	1.61
[−2,−1)	0.19
[−1,0)	0.29

续表

LAI 变化范围	所占比例/%
[0,1)	94.68
[1,2)	0.15
>3	1.54

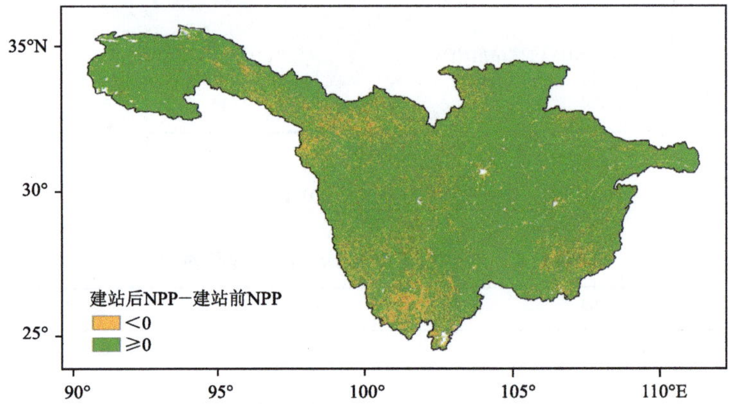

图 5.29　建站前后年平均 NPP 变化的空间分布

表 5.8　建站前后年平均 NPP 变化统计结果

NPP 变化范围/(kgC/(m^2 · a)	所占比例/%
<−0.2	0.44
[−0.2,−0.1)	1.59
[−0.1,0)	13.72
[0,0.1)	56.10
[0.1,0.2)	23.98
[0.2,0.3)	3.79
>0.3	0.38

5.8　本章小结

利用 2000 年以来 MODIS 250 m 分辨率长时间序列资料，对长江流域 2000 年以来的生态环境做动态监测，分析了 NDVI、LAI 以及 GPP 的时空变化特征；并构建生态系统服务价值的评估指标，建立生态系统服务价值模型，开展长江流域生态系统服务功能与价值的评估。得出如下主要结论：

长江流域植被状况整体较好，2001—2020 年多年平均 NDVI 除了上游部分地区在 0.55 以下外，其余大部分地区都在 0.55 以上；2001—2021 年长江流域区域平均 NDVI 总体呈增大趋势，增大速率为 0.036/10 a。

LAI 除了上游西部和中下游的部分地区在 1.0 以下外，其余大部分地区都在 1.0 以上。其中，春、夏、秋三季平均月 NDVI 基本在 1.0 以上，作物生长季在 2.0 以上，7 月达 3.33，冬季在 0.70 上下。2001—2021 年 LAI 呈波动式上升，上升速率为 0.164/10 a。

多年平均植被 GPP 除上游西部、下游东部等地在 500 gC/m² 以下外，其余大部分地区在 500～1200 gC/m²。其中，春、夏、秋三季每月基本在 40.0 gC/m² 以上，作物生长季在 100.0 gC/m² 以上，冬季每月在 25.0 gC/m² 以下。2001—2021 年平均 GPP 呈明显的上升趋势，上升速率为 66.62 gC/m² · 10 a。

近 30 年来，整个长江流域耕地面积减少了 25540 km²，约占耕地总面积的 5.1%；森林面积增加了 5670 km²，约占森林总面积的 0.8%；草地面积减少了 2300 km²，约占草地总面积的 0.6%；水体面积增加了 4679 km²，增加了 8.1%，城镇面积增加了 29053 km²，扩张了 120%，开发了 10167 km² 未利用土地，约占裸地面积的 20%。

在 RCP4.5 和 RCP8.5 气候变化情景下，2022—2099 年长江流域区域平均 NPP 和 LAI 都将呈增大趋势，其中，RCP8.5 气候变化情景下增大趋势更加明显，增加速率分别达 36.42 gC/(m² · 10 a) 和 0.061/10 a，相关系数分别达 0.99 和 0.69，而在 RCP4.5 气候变化情景下，长江流域区域平均年 NPP 和 LAI 增加速率相对较小，相关性也较差，特别是植被 LAI 只有微弱的增大趋势，相关系数只有 0.21。在 RCP4.5 排放情景下，气候生态承载力的增长速率为 1.13 gC/(m² · a)；在 RCP8.5 排放情景下，气候生态承载力的增长速率为 2.58 gC/(m² · a)。

长江流域 2001—2020 年水源涵养量年平均值为 800 mm，近 20 年表现为增加趋势，空间分布上水源涵养量整体呈从上游到下游递增；生物多样性维护功能指数年平均值为 0.099，近 20 年变化趋势不明显，呈在平均值附近波动上升状态，空间分布上西边低于东边，长江源头地区及长三角生物多样性指数最低；长江流域森林生态系统的固碳量逐年增加，平均每年的固碳量达到 20.88 亿 t，对于降低大气中的二氧化碳浓度做出了重要贡献。

2003—2008 年，三峡水电站二氧化碳减排量呈快速增长趋势，2008 年的二氧化碳减排量为 6361 万 t，此后到 2021 年，减排增长速率减缓，2021 年的二氧化碳减排量为 8159 万 t，2003—2021 年三峡水电站累计二氧化碳减排量为 118306 万 t；长江流域水电站二氧化碳减排量呈阶梯状增长，2003—2013 年是一个阶梯，期间呈增长趋势，2013 年之后，随着溪洛渡和向家坝两个水电站的投入使用，2014 年的二氧化碳减排量出现了突增，2014—2021 年是第二个阶梯，其二氧化碳减排量仍然呈增长趋势，2021 年长江流域水电站的二氧化碳减排量达到 18881 万 t，2003—2021 年三峡水电站累计二氧化碳减排量为 182857 万 t。

梯级电站建成前生态的变化。梯级电站建成后长江上游区域的 NDVI 主要呈增大趋势，0～0.2 的增加量占总面积的 87.6%，在部分地区呈下降趋势，主要分布在横断山脉；LAI 在绝大部分地区呈增加趋势；建站后长江上游区域的 NPP 主要呈增大趋势，80%面积的 NPP 增量在 200 gC/m² 以内，13.7%面积的 NPP 减量在 100 gC/m² 以内。

参考文献

郭晶，关华德，章新平，2015. 1982—2010 年洞庭湖流域植被指数的变化及其与气候因子的相关分析[J]. 长江流域资源与环境，24(8)：1305-1314.

贾怡童，林爱文，朱弘纪，2020. 长江流域不同气候分区生长季植被总初级生产力对极端气候变化的时空响应研究[J]. 国土与自然资源研究(1)：38-42.

李东，2011. 生态系统服务价值评估的研究综述[J]. 北京林业大学学报(社会科学版)，10(1)：59-64.

全国森林资源标准化技术委员会，2020. 森林生态系统服务功能评估规范：GB/T 38582—2020[S]. 北京：中国标准出版社.
谢高地,张彩霞,张雷明,2015. 基于单位面积价值当量因子的生态系统服务价值化方法改进[J]. 自然资源学报,30(8):1243-1254.
赵士洞,张永民,2006.生态系统与人类福祉——千年生态系统评估的成就、贡献和展望[J].地球科学进展,21(9):895-902.
COSTANIA R,D'ARGE R,GROOT R,1997. The value of the world's ecosystem services and natural capital [J]. Nature,387:253-260.
JACOBSON M Z,2020. Evaluation of nuclear power as a proposed solution to global warming,air pollution, and energy security. In:100% clean,renewable energy and storage for everything[M]. Cambridge University Press,pp 427. https://web. stanford. edu/group/efmh/jacobson/WWSBook/WWSBook. html.
XIAO F J,LIU Q F,LI S,et al,2023. A study of the method for retrieving the vegetation index from FY-3D MERSI-II data[J]. Remote sensing,15:491.
YANG D,XU X L,XIAO F J,et al,2021. Improving modeling of ecosystem gross primary productivity through re-optimizing temperature restrictions on photosynthesis[J]. The Science of the Total Environment,788(3): 147805.
YANG Y,SHANG S,GUAN H,et al,2013. A novel algorithm to assess gross primary production for terrestrial ecosystems from MODIS imagery[J]. Journal of Geophysical Research: Biogeosciences, 118(2): 590-605.

第 6 章　2020 年长江流域特大洪涝灾害成因分析

引言

我国是全球旱涝灾害最为频发的国家之一，也是气候预测难度最大的国家之一。我国从 1954 年开始正式发布相关的预测产品，目前我国短期气候预测的科技水平、业务能力和现代化程度都有了显著提升(李维京，2012)，从传统的经验统计分析，发展到现阶段的动力-统计相结合的预测技术和方法，为国家和政府部门的防汛抗旱和防灾减灾提供了科技支撑(贾小龙等，2013)。

2020 年夏季，江淮流域经历了一次超长梅雨季，入梅偏早，出梅偏晚，梅雨量异常偏多。梅汛期经历了多次强降水过程，雨量多、强度大，被媒体戏称为“暴力梅”。6—7 月，南方强降雨频繁来袭，长江流域累积降水量超过 1998 年同期，持续的暴雨给长江中下游地区带来严重的洪涝灾害。2020 年应急管理部评选全国十大自然灾害，7 月长江淮河流域特大暴雨洪涝灾害被评为十大自然灾害之首。此次灾害造成安徽、江西、湖北、湖南、浙江、江苏、山东、河南、重庆、四川、贵州 11 省(市)3417.3 万人受灾，99 人死亡，8 人失踪，299.8 万人紧急转移安置，144.8 万人需紧急生活救助；3.6 万间房屋倒塌，42.2 万间不同程度损坏；农作物受灾面积 357.98 万 hm^2，其中，绝收面积 89.39 万 hm^2；直接经济损失 1322 亿元。

是什么原因导致 2020 年梅雨不仅持续时间长，而且雨量异常偏多？这是一个值得深入研究的重要科学问题。夏季旱涝影响因子复杂，对其物理过程及详细机理的认识仍不够全面和深入，且目前动力气候模式对东亚夏季降水的可预报能力普遍偏低，导致夏季旱涝预测仍然是一个世界性难题。近年来，气候变暖背景下极端降水事件频发，进一步加大了旱涝预测的难度。为此，国家气候中心每年都组织汛期预测团队，及时总结汛期气候预测成败的原因(陈丽娟 等，2016，2019；高辉 等，2017；王永光 等，2018；丁婷 等，2020a)，分析汛期气候异常的机理(Yuan et al.，2017；郑志海 等，2018；顾薇 等，2019；丁婷 等，2020b；刘芸芸 等，2021)，加深对东亚气候异常特征的认识，总结预测技术和方法，从而进一步提高短期气候预测水平和服务能力。

为此，本章从观测事实出发，首先分析总结了 2020 年江淮流域超强梅雨的气候异常特征及可能成因，旨在为今后这类梅雨年的成因诊断和预测提供有用的参考信息；然后回顾了 2020 年汛期降水、气温、热带气旋及夏季风季节进程的预测效果，并对发布汛期预测前重点考虑的多个先兆信号及这些信号的应用进行了总结分析，最后对季节气候预测可预报性及值得深入研究的问题进行了讨论。

6.1　2020 年梅雨期降水时空特征

本章所用资料包括：①国家气象信息中心提供的全国 2400 站逐日 20 时(北京时)降水量观

测资料;②美国国家环境预报中心的大气再分析资料(NCEP/NCAR),水平分辨率为 2.5°× 2.5°(Kalnay et al.,1996);③国家气候中心提供的 1951—2020 年的梅雨基本监测数据,包括入出梅时间,梅雨期长度和梅雨量;④美国国家海洋大气管理局(NOAA)发布的扩展重建的逐月海温资料(ERSSTv5,空间分辨率为 2° × 2°;Huang et al.,2017),以及最优插值的全球海温数据(OISSTv2.1,空间分辨率为 1°×1°;Reynolds et al.,2002);⑤美国国家环境信息中心(National Centers of Environmental Information,NCEI)北半球的逐周积雪覆盖范围数据集(Estilow et al.,2015),利用该数据集加工得到 1981 年以来的逐月青藏高原积雪覆盖面积距平指数。

我国梅雨主要分布在江淮流域,梅雨监测区为西自湖北宜昌,东至华东沿海,南端以南岭以北的 28°N 为界,北抵淮河沿线 34°N 一带(28°—34°N,110°—122.5°E)。按照气候类型又将监测区域分为江南区、长江中下游区(以下简称长江区)、江淮区,确定区域入(出)梅的主要依据是区域内各监测站的降水条件和关键环流指标的变化,具体可参考国家标准《梅雨监测指标》(GB/T 33671—2017)。

从 2020 年江淮流域梅雨累积降水量和梅雨持续时间的监测实况可以看出(图 6.1a),2020 年江淮流域梅雨量为 759.2 mm,较常年(343.4 mm)偏多 1.2 倍,为 1961 年以来历史最多。

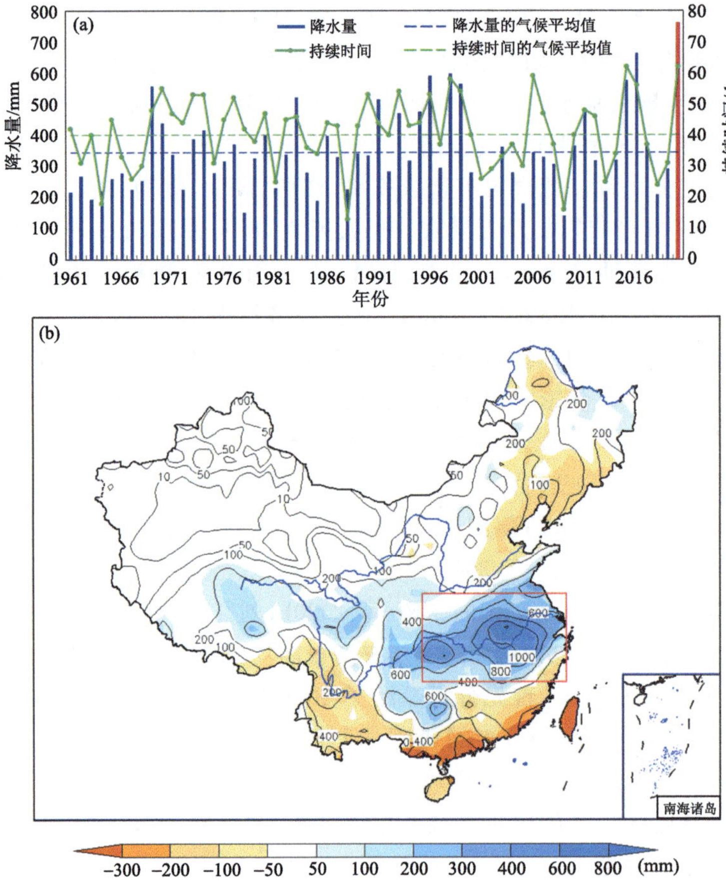

图 6.1 (a)1961—2020 年江淮流域梅雨累积降水量和持续日数的历史时间序列,(b)2020 年梅雨期累积降水量及其距平(阴影)的空间分布(a 图中的虚线代表 1981—2010 年的平均值,b 图中红色长方形代表江淮流域地区(110°—122.5°E,28°—34°N))

梅雨于 6 月 1 日开始，8 月 2 日结束，持续时间达 62 d，较常年(40 d)偏长 22 d，与 2015 年并列为 1961 年以来历史最长。从梅雨期的累积降水空间分布图(图 6.1b)可以看到，梅雨监测区降水量普遍在 600 mm 以上，其中，长江中下游沿江区域超过 800 mm，局地甚至超过 1400 mm。其中，湖北、安徽降水量均为历史同期最多，江苏、上海和浙江为历史同期第二；安徽黄山单站累积降水量达 1720 mm，祁门站 1667 mm，岳西站 1570 mm。江淮流域区域平均的累积降水量为 759.2 mm，仅次于 1954 年的 789.3 mm。降水偏多区域南北范围跨度广，3 个梅雨监测区的降水量均表现为显著偏多，包含江南中北部至江淮的大部分地区。

从降水的逐日演变(图 6.2)可以看到，6 月上旬多雨带位置偏南，强降水中心主要位于江南至华南北部，6 月 9 日开始梅雨带快速北抬，10—16 日北推至江淮到黄淮南部一带，分别对应长江和江淮梅雨的开始。随后主雨带回落到长江中下游区域，并且长时间地稳定维持，期间多雨带有小幅的南北摆动，造成多雨带南北跨度范围宽。7 月 10 日前后雨带再次北抬，江南梅雨结束。7 月下旬江淮流域降水强度明显减弱，梅雨趋于结束。3 个梅雨监测区都多次出现较强的降水大值中心，其中，安徽合肥连续降水日数达 21 d，江西安义连续降水日数达 25 d，均突破历史记录(图略)。

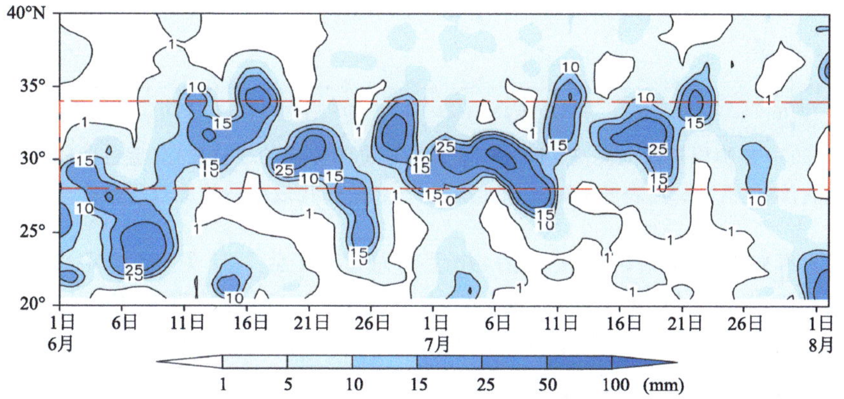

图 6.2　2020 年梅雨期 110°—122.5°E 平均的逐日降水量的纬度—时间剖面
[图中红色虚线方框代表江淮流域的纬度位置(28°—34°N)]

总体来看，2020 年梅雨入梅偏早，出梅偏晚，梅雨期持续时间长，雨区范围广，梅雨量大，已超过 1998 年，因此可以说 2020 年的梅雨是一次典型的超强梅雨。那么，是怎样的大气环流系统配置和变化导致 2020 年出现如此超强的梅雨？下面将从大尺度环流的演变特征入手，着重分析东亚夏季风环流系统的准双周振荡与我国东部持续性强降水过程的关系，探讨造成当年梅雨如此异常的可能原因。

6.2　2020 年梅雨期降水异常成因分析

6.2.1　西太平洋副热带高压

我国东部夏季降水雨带位置与西太平洋副热带高压(简称西太副高)的南北位置有很好的对应关系(赵振国，1999；刘芸芸 等，2012；Liu et al.，2019b)。西太副高在 6 月中旬和 7 月中旬前后的两次显著北跳是梅雨开始和结束的标志(陶诗言 等，2006)。当西太副高脊线位于

18°—26°N 范围内，非常有利于江淮梅雨的发生和维持（梁萍 等，2010；胡景高 等，2013）。2020 年梅雨期间西太副高表现出显著的准双周振荡特征，共经历了六次北抬和南落的阶段性变化过程（图 6.3），而我国东部的主雨带位置和强降水过程均与西太副高脊线的准双周振荡表现出很好的对应关系。西太副高第一次北抬发生在 5 月 30 日前后，6 月 1 日西太副高脊线越过 18°N，促使江南区入梅显著偏早。经过短暂的南落和停留后，西太副高于 6 月 8 日前后再次迅速北抬至 20°N 以北，促使长江区和江淮区分别于 6 月 9 日和 6 月 10 日入梅。西太副高的这两次阶段性北抬过程均较常年明显偏早，且准双周振荡的振幅明显偏强，这是直接导致今年入梅异常偏早的主要原因之一。

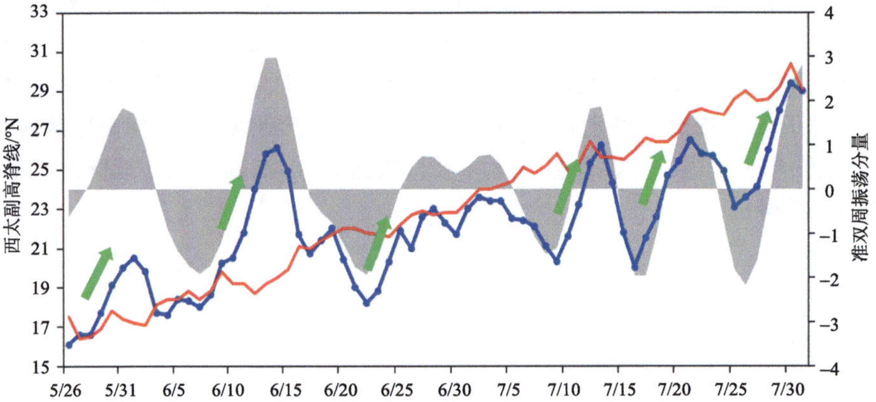

图 6.3　2020 年梅雨期西太副高 110°—130°E 平均脊线位置的逐日变化（蓝色曲线）[红线代表气候平均值，绿色粗箭头代表西太副高向北推进，灰色阴影代表副高的准双周振荡分量（8～20 d）]

6 月 24 日西太副高开始第三次北抬，并于 6 月 25 日至 7 月 10 日稳定维持在 20°—23°N 范围内，准双周振荡的振幅相对偏弱，为长江中下游沿江出现持续性强降水过程提供了非常有利的环流条件。7 月中旬，西太副高再次出现两次波动，对应江淮流域主雨带也发生南北跨度较大的摆动，强降水过程频繁，影响范围增大。直到 7 月 28—31 日，西太副高第六次明显北抬至 26°N 以北，由于西太副高的准双周振幅再次加强，夏季主雨带移出江淮流域，持续近两个月的江淮流域梅雨趋于结束。

由上述分析可见，西太副高南北位置的异常变化是导致 2020 年出现超强梅雨的一个关键环流因子。2020 年梅雨期间西太副高共经历了六次北抬和南撤的阶段性变化，表现出明显的准双周振荡特征，其周期性变化与梅雨的开始和结束、主雨带的北抬和停滞、强降水过程的发生和维持都有很好的对应关系。

6.2.2　低层西南急流和水汽输送

来源于低纬度地区暖湿气流的向北输送是梅雨发生和维持的重要水汽条件（刘芸芸 等，2006；He et al.，2007）。2020 年梅雨期间南方低空西南急流活跃，与西太副高脊线的准双周振荡对应，共出现了五次明显加强北伸的过程。随着西南急流的一次次加强，经向风大值中心北侧的南风经向强梯度带也相应一次次向北推进，而降水落区基本位于经向强梯度带中（图 6.4a）。一方面，每一次南风大值中心的形成，并在其北侧建立经向风强梯度带，都为梅雨期间的暴雨过程提供了有利的低层动力条件，且降水强度与经向风梯度的强弱对应。另一方面，低空西南急流也是强水汽输送带，它不仅将自来阿拉伯海、孟加拉湾和中国南海的暖湿气流输送到我国南方，为梅雨的形成提供必要的水汽条件和不稳定能量，而且西南急流北侧的南风经向强梯度带还促成了源自低纬度地区的水汽在该区域的强烈辐合（图 6.4a），上升运动发展，促使西南季风气流的不稳定能量释放，为梅雨的形成提供必需的动力条件。西南急流的周期性不断加强、南风大值中心的反复建立和位置的相对稳定，使得低层水汽输送一次次加强、辐合上升运动反复发展，从而导致梅雨不仅在江淮流域长时间持续，并且期间暴雨过程也频频发生。

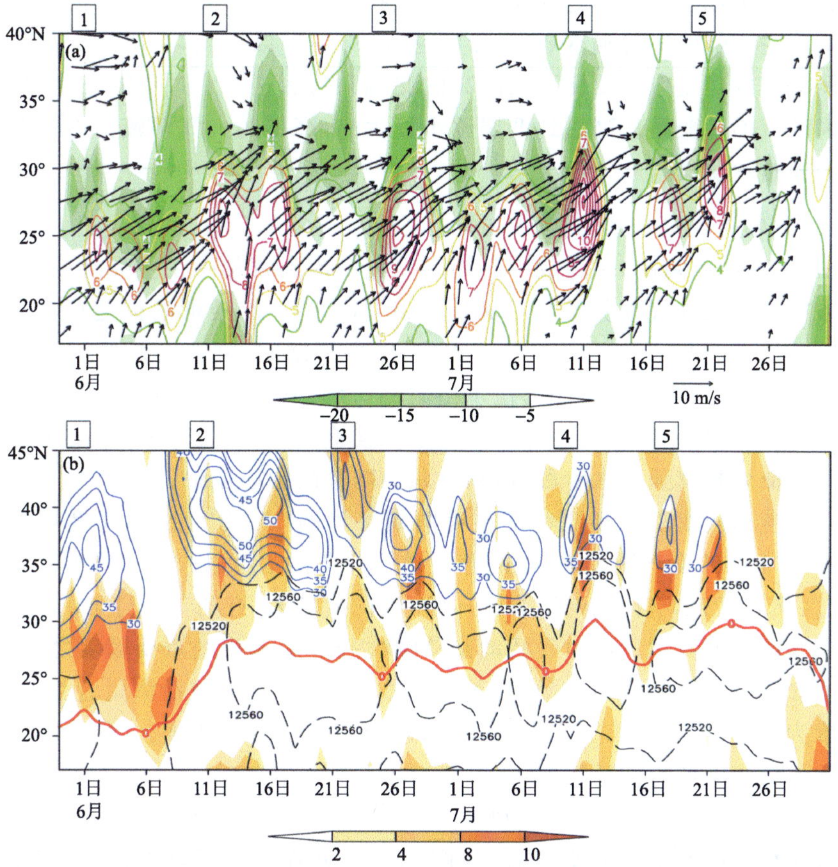

图 6.4　2020 年梅雨期 110°—122.5°E 平均的(a)850 hPa 西南风、经向风速（等值线，单位：m/s）以及整层水汽输送辐散（阴影，单位：10^{-5} kg/(m^2·s)）的纬度-时间剖面，(b)200 hPa 位势高度（黑色虚线，单位：gpm）、纬向风（蓝色细实线，单位：m/s）和水平辐散（阴影，10^{-6} s^{-1}）（图上的带方框数字 1～5 分别代表低层南风大值中心五次建立和加强过程，以及高层东亚西风急流的五次增强过程，b 图中红色实线代表南亚高压的脊线位置）

6.2.3　高空西风急流和南亚高压

南亚高压是梅雨天气系统的重要组成部分，入梅前南亚高压的突然大幅度北跳是入梅的一个前期信号（张庆云 等，1999），其北侧的高空西风急流的南北位置和强度变化与梅雨的关系密切。2020 年梅雨期东亚副热带高空急流和南亚高压与中低层环流系统变化较为一致，也经历了五次的加强北抬随后又减弱南撤的过程，但摆动幅度不大，位置相对稳定（图 6.4b）。110°—122.5°E 平均的高空西风急流轴和南亚高压脊线在 5 月下旬末和 6 月上旬末的两次加强北抬过程，对应着江南梅雨和长江、江淮区梅雨的先后开始；随后西风急流轴和南亚高压脊线分别稳定在 37°—40°N 和 26°—28°N 内。在相对稳定的高空西风急流和南亚高压的共同影响下，高空西风急流南侧至南亚高压脊线北侧之间的区域持续出现明显的高空辐散，有利于中低层垂直上升运动的发展，为梅雨期持续性强降水的形成提供了必要的动力条件。梅雨期的多雨带则处于高空西风急流带南侧和南亚高压脊线北侧之间的强高空辐散区中，而高空西风急流的一次次加强则对应着强降水过程的发生。可见，高空西风急流的周期性建立和南亚高压脊线位置相对稳定也是梅雨长时间在长江流域持续的重要环流特征之一。此外，对比西太副高脊线和降水主雨带的逐日演变(图 6.2 和图 6.3)还可以看出，高层南亚高压的北抬及其北侧高空西风急流的建立似乎要比西太副高的北跳和每次强降水过程的发生要早 1～3 d，说明东亚夏季风环流的转变是从高层到低层逐步发生的，高层的大气环流异常变化对梅雨的开始可能具有超前指示意义。

6.2.4 中高纬阻塞高压和冷空气活动

阻塞高压(以下简称阻高)是造成中高纬度大气环流异常的一个主要环流系统，它的长时期维持会带来持续的天气气候异常(Tibaldi et al.，1990)。江淮梅雨正是东亚夏季风系统与欧亚中高纬度环流系统相互作用的产物。2020 年梅雨期间，欧亚中高纬度阻塞高压活动频繁，主要以鄂霍次克海阻高(东阻)和乌拉尔山阻高(西阻)的形式表现，两者或此消彼长，或双阻并立(图略)。其中，鄂霍次克海阻高更为稳定和强盛，且鄂霍次克海阻高的活跃期对应西太副高稳定和江淮流域持续强降水阶段；而乌拉尔山阻高的中心位置偏西。

这种中高纬度出现双阻的环流特征在梅雨期平均的 500 hPa 位势高度场上也表现明显(图 6.5a)。欧亚中高纬度环流表现为“两脊一槽”型，乌拉尔山以西和鄂霍次克海为较强的高压脊，且向极区伸展，巴尔喀什湖附近为低压槽，经向度较大，有利于来自于中高纬度地区的冷空气自西北向东南影响我国。冷空气活动是持续性强降水形成的重要因素之一，它能够促成产生强降水所必需的低层辐合抬升(姚秀萍 等，2005)。另外，东亚沿海附近为平均低槽区，且槽区位势高度为负距平，表明东亚沿岸低槽活跃，冷空气势力也较强。图 6.5b 是梅雨期我国东部 500 hPa 位势高度场的逐日演变，它可以表示北方冷空气的活动(张庆云 等，2003b)。可以看到，梅雨期内冷空气多次南下侵入到 30°N 附近地区(图 6.5b 阴影区)，当冷空气南下正好与低层一次次加强的西南暖湿水汽对应(图 6.4a)，并在此交汇，则造成长江中下游地区的持续性强降水过程(图 6.2)。总的来看，由于来自西北路径(极地过程)和(或)东北路径(超极地过程)的冷空气不断南下，冷暖空气在江淮区域频繁交汇，导致梅雨强度异常偏强。

6.2.5 热带印度洋海温增暖的作用

2020 年梅雨发生在一次弱厄尔尼诺(El Niño)事件衰减期，但较 1998 年和 2016 年处于超强厄尔尼诺年相比，2020 年的梅雨强度要大得多。监测显示，赤道中东太平洋在 2019 年 10 月至 2020 年 4 月经历了一次弱的厄尔尼诺事件，2020 年 5 月之后恢复到中性状态，2020 年 5—7 月的 Niño3.4 指数分别为−0.27、−0.35 和−0.34。与此同时，热带印度洋海温持续偏暖，并在 2020 年 1 月达到峰值(图 6.6)。有研究指出，在厄尔尼诺事件发生后，热带印度洋海温在滞后 1～3 个月出现海盆一致增暖，在冬末春初达到峰值，并持续到夏季。热带印度洋的变暖在维持厄尔尼诺事件对东亚气候的影响中发挥着重要的“接力棒”作用。而 2020 年是在一次弱厄尔尼诺事件之后，热带印度洋海温在 6—7 月出现了异常增暖，IOBM 指数达到 1.53

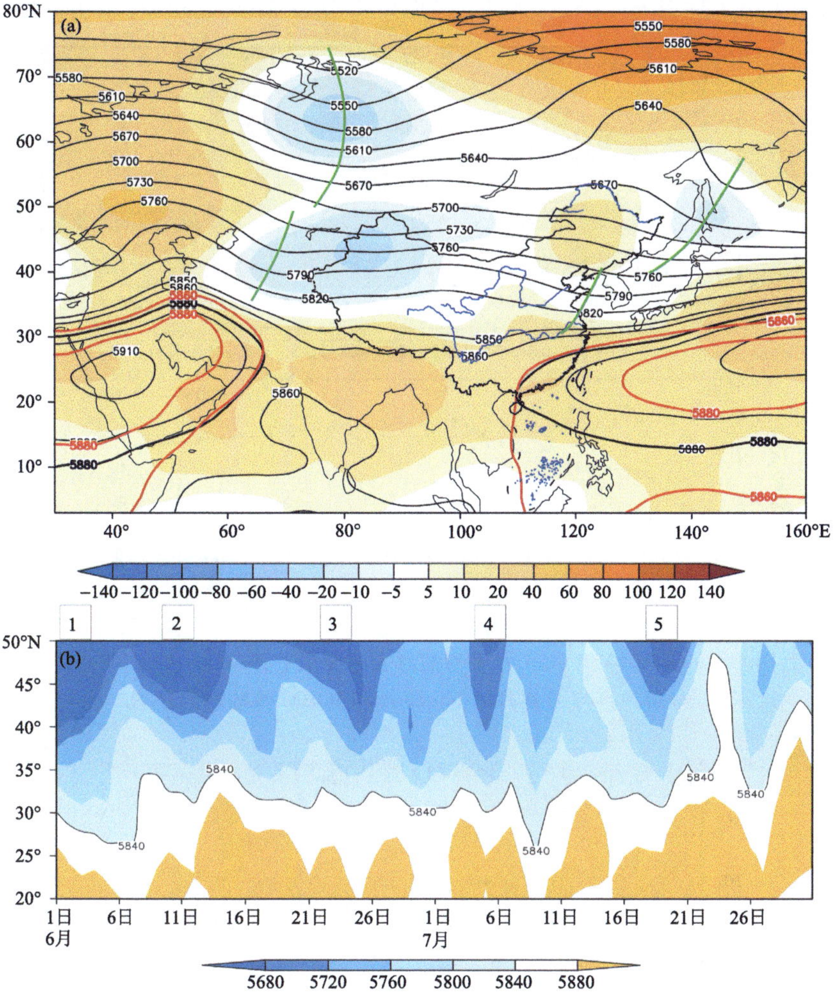

图 6.5　2020 年梅雨期(a)平均 500 hPa 位势高度(等值线,gpm)及其距平(阴影)的空间分布,(b)110°—122.5°E 平均的 500 hPa 位势高度的逐日演变(a 图中红线为 5880 和 5860 等值线,代表西太副高,绿粗线代表低槽位置,b 图中 5840 gpm 等值线代表冷空气能到达的纬度位置,图上的带方框数字 1～5 代表五次影响我国东部的冷空气过程)

(去除了长期增暖趋势),为 1961 年以来的第三高值。这可能意味着,2020 年热带印度洋海盆的一致增暖不仅仅是对厄尔尼诺事件的响应,其自身局地的海-气相互作用可能起了更重要的作用。

为了探讨热带太平洋和印度洋变暖对 2020 年极端江淮梅雨的贡献,这里使用线性回归方法重建了 2020 年 6—7 月长江流域梅雨距平分布。首先,将每个站的降水量距平回归到 Niño3.4 和 IOBM 指数上。然后,将线性回归系数乘以 2020 年 6—7 月两个指数的观测值,以重建 2020 年降水距平分布。基于 IOBM 指数的重建结果再现了江淮流域降水显著偏多和华北降水偏少的分布,而以 Niño3.4 指数重建的结果则表现出几乎相反的降水异常分布(图 6.7)。由此可见,热带印度洋的持续变暖可能是导致 2020 年极端梅雨的关键因素,而不是热带中东太平洋的海温异常。尽管如此,基于 IOBM 指数重建的降水异常仅为 2020 年梅雨量的 1/4 左右，这意味着还有其他多个时间尺度的因素共同导致了 2020 年创纪录的梅雨。

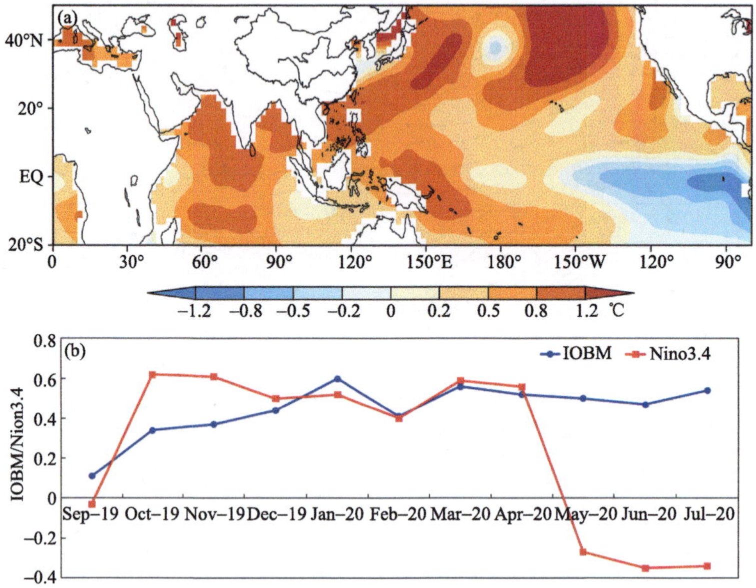

图 6.6 (a)2020 年 6—7 月平均的海表温度距平分布，(b)2019 年 9 月至 2020 年 7 月逐月的 Nino3.4 和 IOBM 指数时间序列

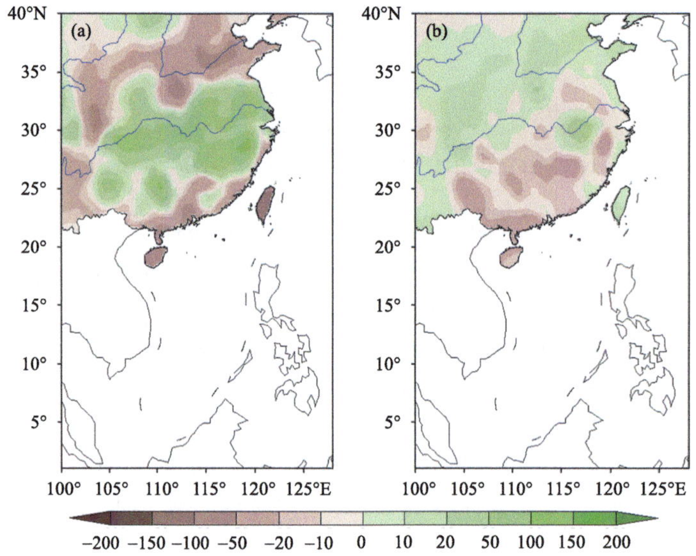

图 6.7 基于 IOBM(a)和 Nino3.4(b)指数重建的 2020 年 6—7 月平均的江淮地区降水距平空间分布

6.3 2020 年夏季气候预测效果评估

2020 年汛期气候预测较好地把握了“我国气候状况总体偏差，极端天气气候事件偏多”“涝重于旱”的总体特征；预测东亚夏季风强度偏弱、西太副高偏强；准确预测了华南前汛期雨季开始偏早、梅雨开始偏早和结束偏晚、华北雨季开始偏晚等雨季进程。3 月底发布汛期降水

预测评分为 70 分，气温为 84 分；4 月底降水滚动预测为 74 分。均超过 1981—2010 年气候平均分（67 分）。

6.3.1　降水

2020 年夏季全国平均降水量为 373.0 mm，为 1961 年以来历史同期次多，仅次于 1998 年。其中，东部大部分地区均降水偏多，长江和黄河流域降水量分别较常年同期偏多 38％和 39％，均为 1961 年以来最多，淮河和太湖分别偏多 45％和 64％，均为次多；松花江和海河流域分别偏多 15％和 10％；仅辽河和珠江流域降水分别较常年同期偏少 7％和 15％（刘芸芸 等，2021）。

对比实况和 3 月底及 4 月底发布的预报可见，2020 年汛期预测准确把握了汛期“涝重于旱”的总体特征（图 6.8）。3 月底发布的预测指出（图 6.8b），2020 年夏季我国南北方都有多雨区，南方多雨区主要位于江南大部、华南北部和西南地区东部，北方多雨区位于东北地区北部、华北大部、黄淮，上述地区可能出现较重的洪涝灾害，长江中下游、黄河中上游和海河流域及松花江流域降水较常年同期偏多，暴雨过程和日数较多，可能有较重汛情；辽河流域降水较常年同期偏少。对比实况（图 6.8a）可以看到，以上区域的降水异常分布特征及旱涝趋势都与实况较为一致。但不足的是，低估了长江中下游降水偏多的异常程度，对江淮西部、汉水降水明显偏多预测不准确，对四川盆地降水异常偏多估计不足。2020 年夏季长江中下游沿江地区降水较常年偏多 5 成以上，局部地区偏多 1 倍。而预测的南方主要多雨带中心位置偏南，预测长江

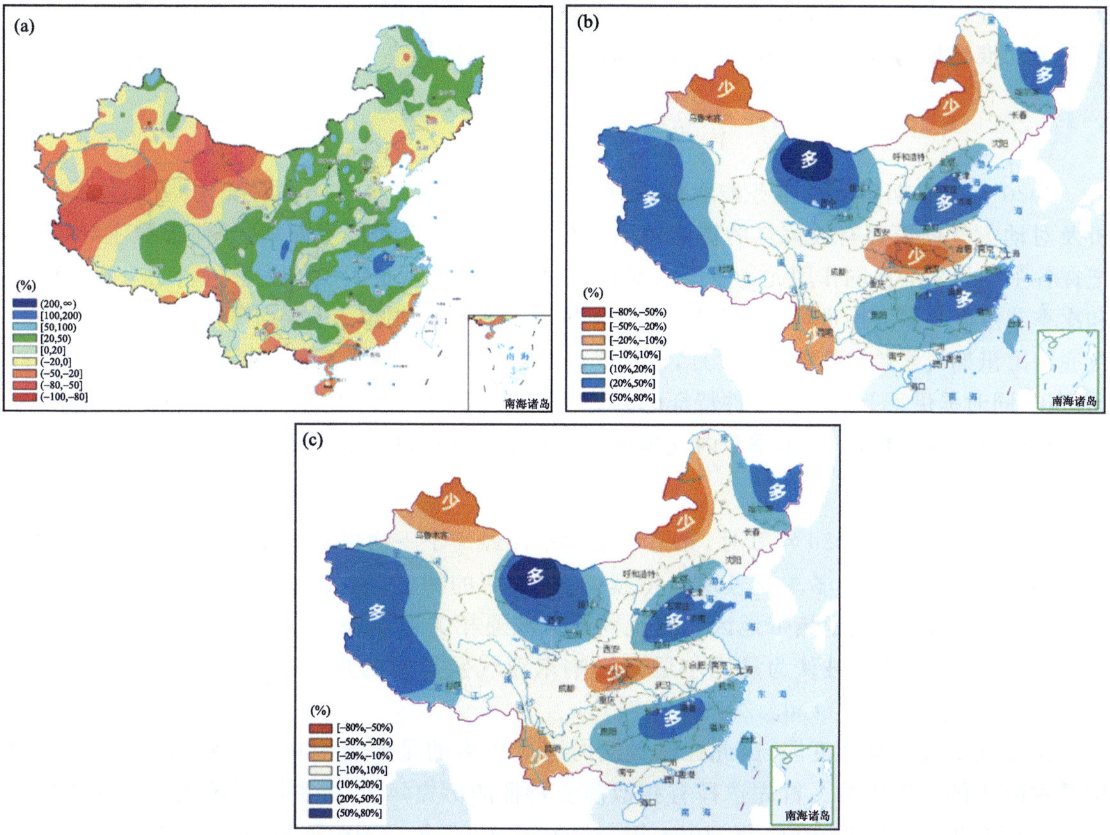

图 6.8　2020 年汛期（6—8 月）降水量距平百分率实况（a）以及 3 月底（b）和 4 月底（c）发布的季节预报

中下游地区降水偏多 2～5 成，低估了其偏多的程度；预测江淮西部、汉水地区降水偏少 2 成左右，与实况相反。在 4 月底滚动订正预报中（图 6.8c），根据最新的海洋、积雪、大气等影响因子演变特征及国内外动力模式的最新预测，维持南北都有多雨区、涝灾重于旱灾的总体意见不变，对局部有订正，将江汉—西北地区东南部的少雨区减小，安徽中部、河南东南部和湖北东北部由偏少订正为正常。这次订正使长江—江淮流域的预测更接近实况，但异常程度仍然与实况有较大偏差。

6.3.2 东部雨季季节进程

我国东部地区的雨带随着夏季风进程自南向北推进。夏季风进程明显受到来自热带海洋、陆面积雪等异常信号的影响（Zhou et al.，2007；Liu et al.，2008a，2008b；竺夏英 等，2013），同时还可能受到次季节尺度大气环流（如低频振荡）的作用（李春晖 等，2016；刘芸芸 等，2020；Ding et al.，2021）。因此，在 2020 年预测和服务时不仅考虑了多因子先兆信号的共同作用，而且还在滚动订正预测中参考临近动力气候模式的预测信息，充分考虑次季节尺度系统的特征及对夏季风进程的影响，从而较好地把握了 2020 年汛期夏季风和各主要雨带进程早晚的总体特征，准确预测了华南前汛期雨季开始偏早、梅雨开始偏早和结束偏晚、华北雨季开始偏晚等雨季进程。如果单纯考虑 ENSO 循环的影响，2019 年 10 月至 2020 年 5 月发生的厄尔尼诺事件有利于 2020 年的夏季风进程偏晚。然而在 2020 年春夏交接时期，我国南方表现出显著的准双周振荡，影响了华南前汛期、南海夏季风爆发的时间，造成季节进程较常年偏早；影响了江淮流域梅雨的提前开始，并且长时间持续（刘芸芸 等，2020；Ding et al.，2021）。

6.4 2020 年汛期预测先兆信号及应用

2020 年的汛期预测及服务能取得较好效果，与发布预测前对气候系统先兆信号的全面分析及对动力气候模式有效信息的提取密不可分，尤其是在众多信号面前，如何提取主导信号并把握各主导信号的协同作用尤为重要。对预报对象和多个预报因子的关系进行了分析，从年际和次季节尺度等多方面进行诊断分析，并在不同超前时间点提供了详略不同的预测服务信息：3 月底给出汛期气候趋势展望；4—5 月，根据亚洲夏季风的季节推进特征，对汛期气候趋势进行滚动订正，同时提供季节内气候事件特征的趋势预测；6—8 月，根据动力气候模式提供的最新预测以及夏季风推进的特点，给出季节内气候事件的开始（结束）时间及强度等详细预测信息。

6.4.1 厄尔尼诺事件

2019 年 10 月至 2020 年 5 月，赤道中东太平洋经历了一次弱厄尔尼诺事件，受其影响，西太副高自 2019/2020 年冬季就表现出持续偏强、偏西的特征（赵俊虎 等，2020）。在厄尔尼诺发展年的秋冬季，东亚副热带地区会通过罗斯贝波遥相关作用在菲律宾附近激发异常反气旋环流，该反气旋环流也被认为是厄尔尼诺影响东亚气候异常的重要纽带（Wang et al.，2000；Wang et al.，2002；Liu et al.，2019a；2021）。

由于此次暖事件强度弱，因此在做预测时考虑更多的是赤道中东太平洋海温的演变对我国夏季降水的可能影响。首先选择有相似演变特征的历史年份，并去除了超强厄尔尼诺年，得到 7 个相似年：1995 年、2003 年、2004 年、2005 年、2007 年、2010 年和 2019 年（图 6.9a）。夏季降水的合成结果显示，在厄尔尼诺弱暖水衰减状态下，我国容易出现南北均有多雨区，其中，长江以北的大部地区降水明显偏多，而长江下游降水偏少（图 6.9b）。与 2020 年夏季降水实况对比发现，在长江中下游地区存在较大差异，这说明赤道中东太平洋的弱暖水衰减状态可能并不是 2020 年夏季降水异常的主要贡献因子。

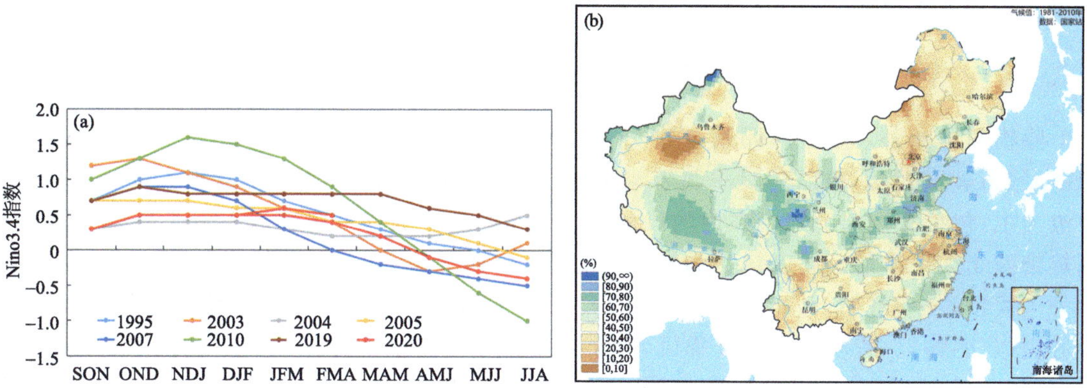

图 6.9　(a)2019 年秋季至 2020 年夏季及相似年同期的 Nino3.4 指数演变，(b)7 个 Nino3.4 演变相似年的夏季降水合成场

6.4.2　热带印度洋

前期除了赤道中东太平洋地区海温异常外，热带印度洋海温也于 2020 年 1 月开始明显偏暖，并且一直持续到夏季（刘芸芸 等，2021）。其中，2020 年夏季热带印度洋一致模（IOBM）指数为 1961 年以来同期最高值（0.60 ℃），标准差为 2.15 ℃（图 6.10a）。先前的研究指出，热带印度洋海温整体增暖多表现为对厄尔尼诺事件的滞后响应，它在维持厄尔尼诺事件对东亚气候的影响中起到重要的“接力”作用（Wu et al.，2004；Yang et al.，2007；Xie et al.，2009）。从 2020 年 IOBM 夏季监测实况来看，其显著异常的演变特征在一定程度上说明它除了对前期弱厄尔尼诺事件的响应外，同时热带印度洋局地的海-气相互作用也加强了它的异常程度。

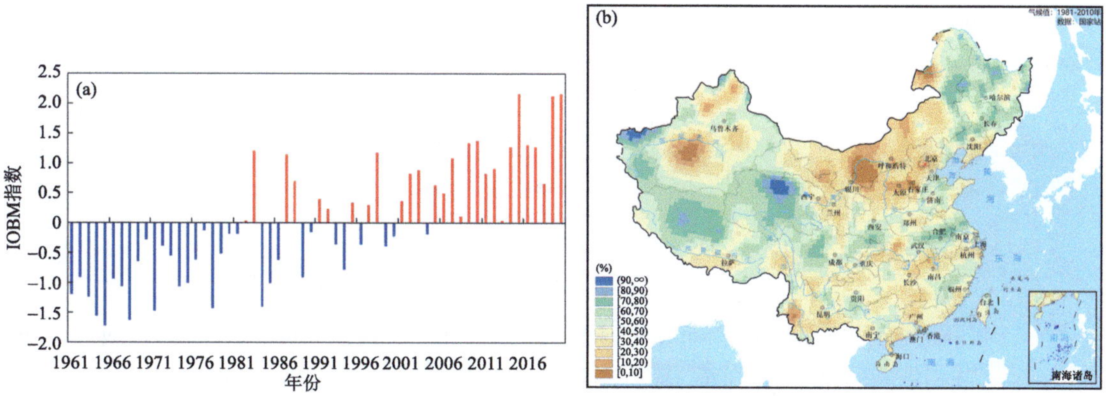

图 6.10　(a)1961—2020 年夏季标准化的热带印度洋一致模(IOBM)指数，(b)6 个正 IOBM 指数相似年的夏季降水合成场

预测中利用偏相关的方法，考虑了在排除 ENSO 影响下的前冬—春季印度洋暖海温对夏季环流的影响，发现其有利于西太副高偏强、偏西以及菲律宾附近异常反气旋环流的维持（Xie et al.，2009；Yuan et al.，2012；刘芸芸 等，2019）。印度洋暖海温异常的相似年的降水合成则

反映有利于夏季江淮流域显著偏多(图 6.10b),这与 2020 年夏季的环流和降水实况更为接近。而从最新的夏季降水成因分析中也发现,2020 年热带印度洋显著偏暖的先兆信号是我国乃至东亚地区夏季降水显著偏多的主要原因之一(Ding et al.,2021;Takaya et al.,2020)。

6.5 动力气候模式预测及应用

除物理诊断外,还分析评估了中外动力气候模式的预测结果。国家气候中心 BCC_CSM1.1m 模式预测 2020 年夏季北半球极涡较常年同期偏强,中高纬度欧亚大陆地区以纬向环流为主,包括我国东北地区在内的贝加尔湖以东东北亚大部分区域均为显著正高度距平区;副热带西北太平洋地区高度场也为正距平分布,有利于西太副高偏强西伸(图 6.11b)。其他国外气候预测中心(如 NCEP、ECMWF、TCC 等)的动力模式对欧亚环流型的预测与国家气候中心类似(图略)。考虑到东亚夏季风、西太副高和菲律宾反气旋的强弱对我国汛期气候及主要多雨带空间分布有直接的影响,重点对比了各模式对西太副高各特征指数(刘芸芸 等,2012)与菲律宾反气旋指数(Wang et al.,2000)的预测(图 6.12)。结果显示,3 月下旬起报的多模式集合预测夏季西太副高显著偏强偏西,6 月脊线位置接近常年同期,7—8 月偏北,菲律宾反气旋偏强,这样的环流形势有利于长江及其以北地区降水偏多。与实况(图 6.11a)对比可知,上述各动力模式对夏季平均的热带和副热带主要环流系统的空间分布型预测效果较好,但对季节内尺度的环流变化特征把握不好,包括中高纬度欧亚地区在 6—7 月表现出的"两脊一槽"双阻型环流,以及 7 月西太副高脊线位置持续偏南,主要多雨带维持在江淮至江南北部地区,7 月底西太副高才第二次北跳,季节进程较常年明显偏晚(刘芸芸 等,2021)。由于模式在主要多雨带季节进程上的预测失误,从而导致主要多雨区较实况偏北,高估了华北区域的降水,而低估了长江及其以南区域的降水。Liu 等(2019a,2021)专门针对目前中外主要气候模式的季节和季节内尺度的预报能力进行了详细评估,发现气候模式普遍存在对夏季主要多雨带强度预报偏弱和北抬时间偏早的系统性偏差。这为将来在汛期气候预测中如何准确应用模式预测信息提供了参考。

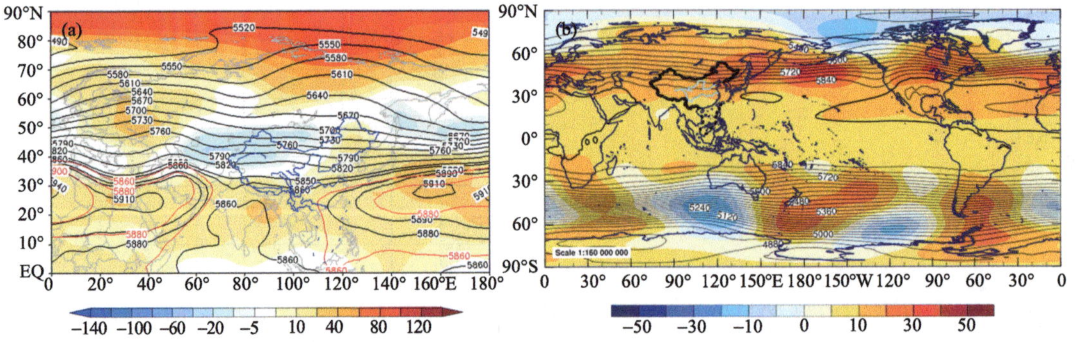

图 6.11 (a)观测的 2020 年夏季 500 hPa 高度场(等值线为原始场,阴影为距平场),(b)BCC_CSM1.1 m 模式 2020 年 3 月起报的 500 hPa 高度场(单位:gpm)

6.6 与历史典型年份的对比分析

历史上共有 3 年在江淮流域出现了严重的洪涝灾害,分别为 1954 年、1991 年和 1998 年,

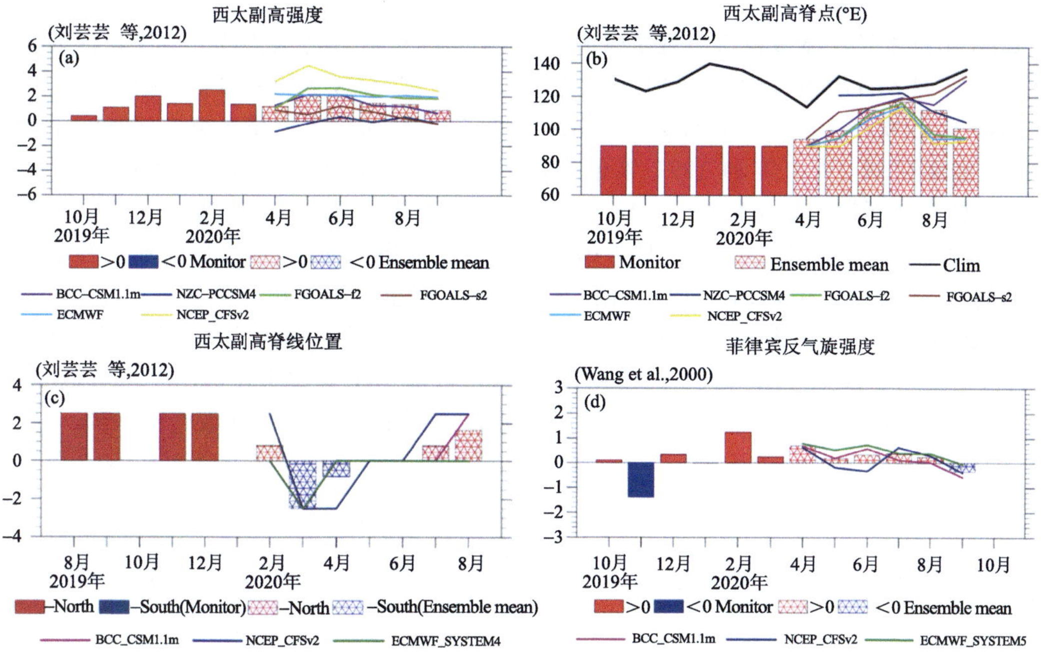

图 6.12　2020 年 3 月起报的逐月西太副高强度(a),西伸脊点(b)和脊线位置(c)指数,及非律宾异常反气旋指数(d)的多模式集合预测

从 1951—2020 年逐年的梅雨期累积降水量的序列(图 6.1)也可以看出,这 3 年的极端性特征。这 3 年与 2020 年的梅雨均存在以下特点:入梅早、出梅晚,雨季持续时间长,降水范围广,且强度大。

1954 年夏季发生了 20 世纪以来最为严重的一次长江流域洪涝灾害。这一年梅雨于 5 月 31 日首先从长江区开始,8 月 2 日出梅,梅雨期长度为 1951 年以来历史最长。这期间长江流域连日降雨,且多次出现暴雨和特大暴雨,江南区和长江区平均累积降水量分别达到 847.5 mm 和 811.5 mm,均为 1951 年以来第一;江淮区梅雨量为 621.2 mm,仅次于 1991 年和 2020 年,排名第三(图 6.1)。从空间分布上看,长江中下游至江淮地区形成一个南北纬度跨度很宽的多雨带,多雨中心位于长江中游,大部地区降水量超过 800 mm,较常年同期偏多 1 倍以上。梅雨期长江、淮河等多个流域水位同时上涨,相继出现最高洪水记录,酿成了近百年来罕见的特大洪涝(图 6.13a)。

相比与 1954 年,1991 年总体的梅雨期长度和梅雨量相对较小,其影响范围偏北,主要集中在江淮地区。6 月 2 日首先于长江区入梅,7 月 16 日出梅,梅雨期为 44 d,其中,江淮区平均累积降水量达到 766.4 mm,历史排名第一。从空间分布看,多雨带南北跨度较小,多雨中心偏向于淮河与长江下游地区;其中,长江中下游沿江和江淮地区降水量普遍在 600～800 mm,部分地区超过 800 mm,较常年同期偏多 1 倍以上,下游部分地区甚至超过 2 倍(图 6.13b)。江淮一带部分地区降雨强度超过 1954 年,导致江淮地区遭受特大洪涝灾害,长江下游滁河出现了有记录以来的最大洪水,太湖水位猛涨,7 月 12 日太湖水位达到 4.83 m,超过历史水位 0.18 m;江苏、安徽受灾最为严重。1991 年太湖地区梅雨期 1 d、3 d、30 d 和 60 d 不同时段的最大累积降水量,均较 1954 年同期明显偏多,里下河地区 6—7 月的累积降水量也明显超过

1954 年(丁一汇,1993)。

1998 年夏季长江流域再次出现了仅次于 1954 年的全流域特大洪涝。6 月 8 日首先于江南区入梅,8 月 4 日出梅,雨季持续时间超过 50 d,其中,江南区平均降水量达到 783.8 mm,历史排名第二,仅次于 1954 年;长江区平均降水量为 572.4 mm,历史排名第三(图略)。从空间分布看,多雨带较 1954 年和 1991 年偏南,多雨中心位于江南中北部,降水量普遍超过 800 mm,较常年同期偏多 1 倍(图 6.13c)。1998 年梅雨最显著的特征是出现了“二度梅”(黄荣辉 等,1998),6 月 11 日至 7 月 4 日为第一段梅雨降水集中期,持续性强降水过程使得长江中下游地区,特别是鄱阳湖、洞庭湖(两湖)流域出现了严重洪涝。随后在 7 月上旬至中旬前期长江流域降水偏少,中下游地区出现了近 10 d 超过 35 ℃的盛夏高温天气。7 月 16 日至 8 月 3 日再次出现第二段强降雨天气,即“二度梅”。此阶段降水主要发生在长江中上游地区,且暴雨过程强,致使从 7 月下旬起长江中、上游河水猛涨,使中游地区再度发生严重洪涝。

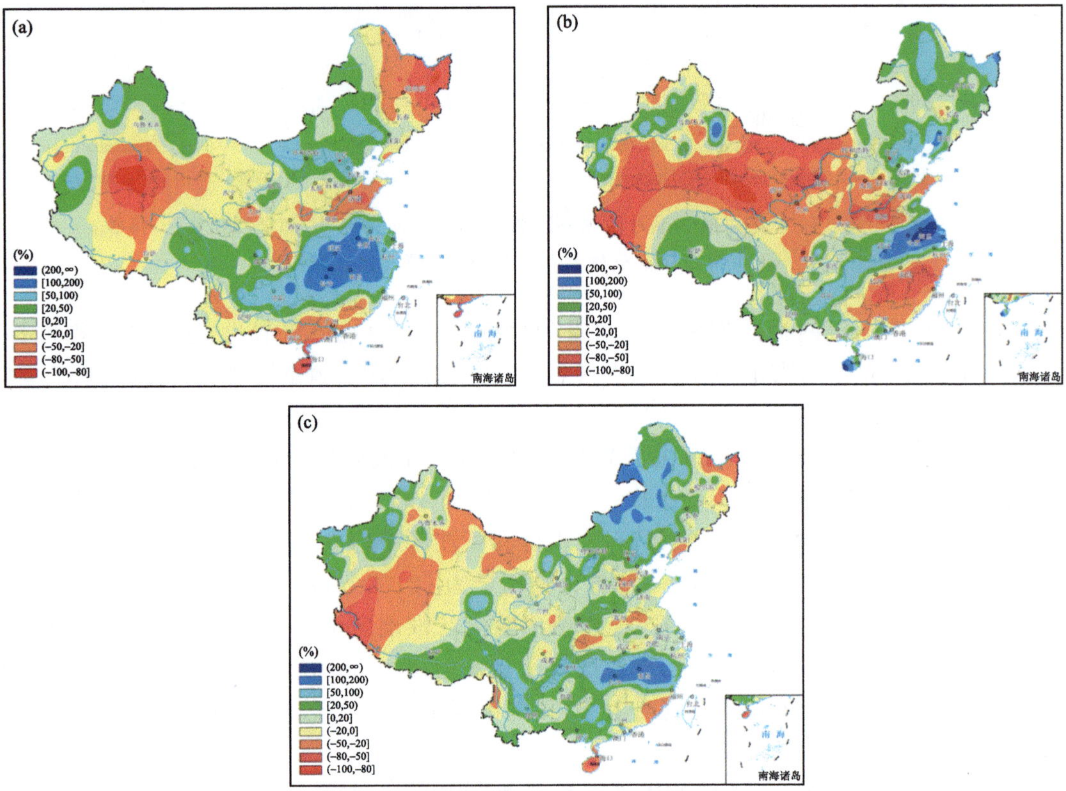

图 6.13　1954 年(a)、1991 年(b)和 1998 年(c)梅雨期降水距平百分率空间分布

综合来看,1954 年梅雨的影响范围和程度最大,持续时间最长,造成近百年来罕见的特大洪涝。1998 年梅雨造成了长江全流域的大洪水,但影响区域主要在长江中游和两湖流域,“二度梅”进一步增强了长江中游洪涝灾害;1991 年总体偏弱,降水主要集中在江淮下游区域,江淮部分地区降雨强度甚至超过 1954 年,江苏、安徽受灾严重。相比于前三次梅雨期的暴雨洪涝,2020 年梅雨影响范围大,强降雨主要集中在长江中下游沿江一带,其累积雨量和梅雨期长度均超过 1998 年,是仅次于 1954 年的典型超强梅雨。持续的强降水过程导致江淮流域再次出现严重的洪涝灾害,长江流域分别于 7 月 2 日和 17 日两次达到洪水编号标准;7 月 14 日淮

河王家坝水位涨至 27.5 m，与警戒水位持平，达到洪水编号标准；7 月 6 日鄱阳湖星子水文站超警戒水位 0.62 m，达到洪水编号标准。但据应急管理部统计，截至 7 月底此次南方洪涝灾害造成的灾害损失较前三年明显偏轻，受灾人次、因灾死亡或失踪人数、倒塌房屋数量和直接经济损失较近 5 年同期平均值相比均偏低 25%以上。这一方面得益于气象部门对极端天气气候事件的预报准确率的明显提高，另一方面则是现今防灾减灾能力也大幅度加强，“长江三峡工程”的建设对长江中下游地区起到巨大的防洪作用。

6.7　本章小结

梅雨是初夏中国东部雨季进程中最重要的一个雨期，梅雨异常将给长江中下游地区带来严重的旱涝灾害。2020 年出现了一次典型的超强梅雨，持续的强降水过程导致江淮流域出现严重的洪涝灾害。本章利用国家气候中心提供的梅雨监测资料和同期大气环流再分析资料，对 2020 年的超强梅雨特征及大尺度关键环流系统的异常成因进行了分析，2020 年，江淮流域梅雨呈出入梅早、出梅晚、梅雨期长、雨区范围广、累积雨量大、强降水过程多的特点，是一次典型的超强梅雨。梅雨期东亚季风区多个关键大气环流系统的平均位置相对稳定，且表现出显著的准双周振荡特征。梅雨的开始和结束、主雨带的北抬和停滞、强降水过程的发生和维持都与准双周振荡有很好的对应关系。中高纬度的阻塞活跃，冷空气不断南下，与低层一次次加强的西南暖湿水汽在江淮区域频繁交汇，是造成 2020 年梅雨异常偏强的另一重要因素。

需要指出的是，在梅雨量异常偏多的 1954 年、1991 和 1998 年，一些关键大气环流系统的变化特征与 2020 年存在一定的相似性。如欧亚中高纬度环流也都呈典型的“两脊一槽”型，中高纬度冷空气活动较强(陶诗言，1980；丁一汇，1993)；东亚高空西风急流位置较为稳定，第二次北抬不明显(王作台 等，1992)，西太副高南北位置摆动也较小(毛江玉 等，2005)。更重要的是，这些年梅雨期中总是伴随着较为明显的大气准双周振荡(陆尔 等，1996；毛江玉 等，2005)。因此，结合今年梅雨的成因分析，总结了超强梅雨形成的大气环流条件示意图(图 6.14)。影响长江流域发生强降水的主要环流因子有 4 个，包括中高纬度的阻塞高压、副热带地区的西太副高、低空急流及其带来的暖湿水汽、高层的东亚西风急流。西太副高和东亚西风

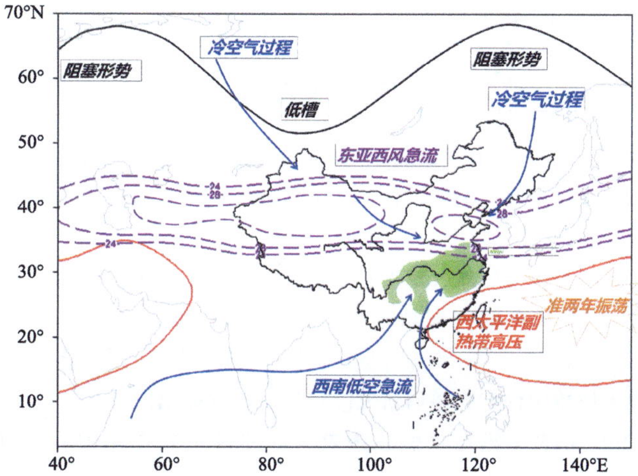

图 6.14　超强梅雨形成的关键大气环流系统分布示意图

急流位置分别稳定在20°—26°N和37°—40°N，同时中高纬度冷空气南侵正好对应低纬低空急流的加强，这是江淮流域发生强降水过程的主要环流条件；此时如果大气还表现出显著的准双周振荡特征，促使强降水过程反复发生和维持，则非常有利于江淮流域形成超强梅雨。因此，大气准双周振荡作为次季节尺度中的一种主要变率或模态值得重点关注，如何准确把握和预报出次季节尺度变化特征是今后天气—气候预报中的一个挑战。

2020年汛期准确预测了“我国气候状况总体偏差，极端天气气候事件偏多”“涝重于旱”的总体特征，对长江中下游、黄河中上游、海河流域及松花江流域降水较常年同期偏多和辽河流域降水偏少的预测与实况吻合；但低估了长江中下游降水偏多的异常程度，同时对江淮西部、汉水降水明显偏多预测不准确，对四川盆地降水异常偏多估计不足；较好把握了华南前汛期雨季开始偏早、梅雨开始偏早和结束偏晚、华北雨季开始偏晚等雨季进程。

在2020年汛期预测中，将诊断分析和中外动力模式预测结果相结合。在分析先兆信号时重点考虑了前冬赤道中东太平洋弱暖水衰减的演变趋势对东亚夏季环流的滞后影响，同时热带印度洋的持续暖海温的接力作用有利于西太副高持续偏强、偏西，菲律宾反气旋偏强。国家气候中心气候预测模式对我国东部地区降水整体偏多的特征把握较好，这主要与动力模式对夏季平均的热带和副热带主要环流系统的空间分布型预测准确有关。但对季节内尺度的环流变化特征把握不好，包括中高纬度欧亚地区在6—7月表现出的“两脊一槽”双阻型环流，以及7月西太副高脊线位置持续偏南、季节进程较常年明显偏晚。

通过对2020年汛期气候异常特征及其先兆信号的分析可知，这是热带和中高纬度多因子多时间尺度叠加作用的结果。从年际尺度看，2020年汛期西太副高异常偏强，其强度超过了1998年和2016年，在弱厄尔尼诺背景下，印度洋持续暖海温和青藏高原积雪异常偏多可能都对2020年西太副高异常偏强及长江流域严重洪涝有重要贡献。在季节内尺度上，2020年西太副高第一次季节性北跳偏早，第二次季节性北跳明显偏晚，导致主要多雨带长时间在长江流域维持。这其中青藏高原积雪的作用，以及影响西太副高季节性北进的主要因素都值得进一步深入分析。另外，2020年夏季季节内中高纬度环流经向性大，冷空气过程频繁，使得南方暖湿气流与北方冷空气长时间在长江流域交汇（刘芸芸 等，2020）。但中外气候模式从3—5月均预测夏季中高纬度地区以纬向环流为主，与实况相反。加强对中高纬度环流系统演变规律、影响机制及可预报性的科学认识尤为迫切。

参考文献

陈丽娟，顾薇，丁婷，等，2016. 2015年汛期气候的先兆信号的综合分析[J]. 气象，42(4)：496-506.

陈丽娟，顾薇，龚振淞，等，2019. 影响2018年汛期气候的先兆信号及预测效果评估[J]. 气象，45(4)：553-564.

丁婷，高辉，2020a. 2019年夏季东亚大气环流异常及对我国气候的影响[J]. 气象，46(1)：129-137.

丁婷，韩荣青，高辉，2020b. 2019年汛期气候预测效果评述及降水预测先兆信号分析[J]. 气象，46(4)：556-565.

丁一汇，1993. 1991年江淮流域持续性特大暴雨研究[M]. 北京：气象出版社.

高辉，袁媛，洪洁莉，等，2017. 2016年汛期气候预测效果评述及主要先兆信号与应用[J]. 气象，43(4)：486-494.

顾薇，陈丽娟，2019. 2018年夏季海洋大气特征及对我国气候的影响[J]. 气象，45(1)：126-134.

胡景高，周兵，徐海明，2013. 近30年江淮地区梅雨期降水的空间多型态特征[J]. 应用气象学报，24(5)：554-564.
贾小龙，陈丽娟，高辉，等，2013. 我国短期气候预测技术进展[J]. 应用气象学报，24(6)：641-655.
李春晖，刘燕，李霞，等，2016. 热带西北太平洋10～30天振荡对南海夏季风影响[J]. 应用气象学报，27(3)：293-302.
李维京，2012. 现代气候业务[M]. 北京：气象出版社.
梁萍，丁一汇，何金海，等，2010. 江淮区域梅雨的划分指标研究[J]. 大气科学，34(2)：418-428.
刘芸芸，何金海，梁建茵，等，2006. 亚澳季风区水汽输送季节转换特征[J]. 热带气象学报，22(2)：138-146.
刘芸芸，李维京，艾婉秀，等，2012. 月尺度西太平洋副热带高压指数的重建与应用[J]. 应用气象学报，23(4)：414-423.
刘芸芸，陈丽娟，2019. 2019年春季我国主要气候异常特征及可能成因分析[J]. 气象，45(10)：1483-1493.
刘芸芸，丁一汇，2020. 2020年超强梅雨特征及其成因分析[J]. 气象，46(11)：1393-1404.
刘芸芸，王永光，柯宗建，2021. 2020年夏季我国气候异常特征及成因分析[J]. 气象，47(1)：117-127.
陆尔，丁一汇，1996. 1991年江淮特大暴雨与东亚大气低频振荡[J]. 气象学报，54(6)：730-736.
毛江玉，吴国雄，2005. 1991年江淮梅雨与副热带高压的低频振荡[J]. 气象学报，63(5)：762-770.
陶诗言，1980. 中国之暴雨[M]. 北京：科学出版社.
陶诗言，卫捷，2006. 再论夏季西太平洋副热带高压的西伸北跳[J]. 应用气象学报，17(5)：513-525.
王永光，郑志海，2018. 2017年汛期气候预测先兆信号的综合分析[J]. 气象，44(4)：565-571.
姚秀萍，于玉斌，2005. 2003年梅雨期干冷空气的活动及其对梅雨降水的作用[J]. 大气科学，29(6)：973-985.
张庆云，陶诗言，1999. 夏季西太平洋副热带高压北跳及异常的研究[J]. 气象学报，57(5)：539-548.
张庆云，陶诗言，张顺利，2003. 夏季长江流域暴雨洪涝灾害的天气气候条件[J]. 大气科学，27(6)：1018-1030.
赵俊虎，宋文玲，柯宗建，2020. 2019/2020年冬季我国暖湿气候特征及成因分析[J]. 气象，46(7)：982-993.
赵振国，1999. 中国夏季旱涝及环境场[M]. 北京：气象出版社.
郑志海，王永光，2018. 2017年夏季北半球大气环流特征及对我国天气气候的影响[J]. 气象，44(1)：199-205.
竺夏英，陈丽娟，李想，2013. 2012年冬春季高原积雪异常对亚洲夏季风的影响[J]. 气象，39：1111-1118.
DING Y H, LIU Y Y, HU Z Z, 2021. The record-breaking Meiyu in 2020 and associated atmospheric circulation and tropical SST anomalies[J]. Adv Atmos Sci, 38: 1980-1993.
HE J H, SUN C H, LIU Y Y, et al, 2007. Seasonal Transition Features of Large-Scale Moisture Transport in the Asian-Australian Monsoon Region[J]. Adv Atmos Sci, 24: 1-14.
LIU Y Y, DING Y H, 2008a. Analysis and numerical simulations of the teleconnection between Indian summer monsoon and precipitation in North China[J]. Acta Meteorol Sinica, 22: 489-501.
LIU Y Y, KE Z J, DING Y H, 2019a. Predictability of East Asian summer monsoon in seasonal climate forecast models[J]. Int J Climatol, 39: 5688-5701.
LIU Y Y, LIANG P, SUN Y, 2019b. The Asian Summer Monsoon: Characteristics, Variability, Teleconnections and Projection[M]. Amsterdam: Elsevier.
LIU Y Y, HU Z Z, WU R G, et al, 2021. Subseasonal prediction and predictability of summer rainfall over eastern China in BCC_AGCM2.2[J]. Clim Dyn, 56(7): 2057-2069.
TAKAYA Y, ISHIKAWA I, KOBAYASHI C, et al, 2020. Enhanced Meiyu-Baiu rainfall in early summer 2020: Aftermath of the 2019 super IOD event[J]. Geophys Res Lett, 47(22), doi: 10.1029/2020GL090671.
TIBALDI S, MOLTENI F, 1990. On the operational predictability of blocking[J]. Tellus, 42A: 343-365.
WANG B, WU R, FU X, 2000. Pacific-East Asian teleconnection: how does ENSO affect East Asian climate? [J]. J Climate, 13(9): 1517-1536.

WANG B, ZHANG Q, 2002. Pacific-East Asian teleconnection. Part II: How the Philippine Sea anomalous anticyclone is established during El Niño development[J]. J Climate, 15(22): 3252-3265.

WU R G, KIRTMAN B P, 2004. Understanding the impacts of the Indian Ocean on ENSO variability in a coupled GCM[J]. J Climate, 17(20): 4019-4031.

XIE S P, HU K M, HAFNER J, et al, 2009. Indian Ocean capacitor effect on Indo-western Pacific climate during the summer following El Niño[J]. J Climate, 22(3): 730-747.

YANG J L, LIU Q Y, XIE S P, et al, 2007. Impact of the Indian Ocean SST basin mode on the Asian summer monsoon[J]. Geophys Res Lett, 34(2): L02708.

YUAN Y, YANG S, ZHANG Z Q, 2012. Different evolutions of the Philippine Sea anticyclone between the Eastern and Central Pacific El Niño: Possible effects of Indian Ocean SST[J]. J Climate, 25(22): 7867-7883.

YUAN Y, GAO H, LI W J, et al, 2017. The 2016 summer floods in China and associated physical mechanisms: A comparison with 1998[J]. J Meteor Res, 31(2): 261-277.

ZHOU W, CHAN J C L, 2007. ENSO and the South China Sea summer monsoon onset[J]. Int J Climatol, 27(2): 157-167.

第 7 章　长江流域夏季降水客观化预测新技术

引言

受东亚夏季风系统季节性北移的影响，我国夏季主雨带也表现出明显的阶段性特征(Ding,1994)。从气候学上讲，6 月中旬至 7 月中旬主雨带一般位于长江流域，称为梅雨；7 月中旬至 8 月中旬，主雨带移至我国华北地区，称为华北雨季。每年主雨带降水的强弱、位置移动的快慢，以及伴随的大范围暴雨的出现，都有可能导致长江流域或华北地区的暴雨洪涝或者干旱灾害的发生，从而造成巨大的经济损失和人员伤亡。因此，准确预报我国夏季主雨带降水强度及雨季开始的早晚，将对防灾减灾具有重要意义。

次季节(季节内)尺度的气候预测是天气预报和短期气候预测的间隙，是当今国际上气象业务预报的一大难点。一方面，通过物理诊断方法分析次季节尺度预测的可预报来源，主要的环流影响因子包括西太副高、季风槽、东亚高空西风急流、东部低空经向风等；另一方面，期望气候动力模式能够提供有效的预报信息。但目前模式对次季节尺度的预报能力和可预报性仍不够明确。

长江流域作为世界第三大流域，东西跨度大，降水分布特征复杂，以其总体主要降水空间分布型或不同流段区域描述并分析其主要变率特征是寻求长江流域降水可预报来源的重要基础。经验正交函数分析方法(empirical orthogonal function，缩写 EOF)是一种广泛应用于气象气候研究中的数学方法，多用于提取变量数据在样本空间中的空间变率主模态，分析资料时空变化主要特征。该分析方法是将随观测时间变化的变量场分解为不随时间变化的空间特征向量与对应的只随时间变化的时间序列两个部分，一同用于解释变量场特征，在提取物理量场时空变化的信息特征方面具有极其明显的优点。EOF 方法用少量的正交函数来描述具有复杂时空分布的物理量场有利于对场的统计预报，经分解后物理量的复杂变化表达为若干个相互正交的典型模态的线性组合，有利于从物理意义上进行解释，同时可有效地进行变量降维(Lorenz,1956；张邦林 等,1991；丁裕国 等,1992)。

本章所用模式为第二代国家气候中心大气环流模式 BCC_AGCM2.2((Wu et al.,2010；Wu,2012)，每天输出 4 个预报样本，评估时段为 1991—2018 年的夏季。对月尺度(6/7/8 月)，主要针对气候模式起报时间提前 0～10 d 的共 44 个样本集合平均结果进行评估。对候尺度(每月 6 候，一共 18 候)，将模式的不同起报时间的预测结果分为 6 组进行评估，分别为起报时间提前 0～4 d,5～9 d,10～14 d,15～19 d,20～24 d,25～29 d，每组共 20 个样本集合平均。为了评估模式的预报能力，利用以下数据作为观测数据进行比对，包括 ERA-interim，水平分辨率为 1°×1°(ERAI, Dee et al.,2011)；中国的 2474 站降水数据(任芝花 等,2012)；NOAA 全球重建降水数据，水平分辨率为 2.5°×2.5°(Chen et al.,2002)。

本章将评估 BCC_AGCM2.2 气候模式在不同起报时间对东部夏季降水及主要的大气环

流系统的次季节预报能力；分析模式偏差特征，并讨论其对夏季降水的次季节预报技巧的可能影响；通过内部变率和外强迫的比较讨论其可预报性。这些分析将有助于在理解了其物理偏差特征及其原因后，建立更加合理有效的模式预测订正方法，从而提高对夏季主雨带降水的预报能力。

7.1 气候模式对长江流域降水预测能力和偏差特征分析

7.1.1 我国夏季主雨带及同期环流的预报技巧分析

图 7.1 给出了 BCC_AGCM2.2 模式在不同起报时间预测的夏季逐候演变的预报技巧。总体来看，模式对降水的预报技巧较低，长江流域及其以南地区（30°N 以南）大约在 9 d 左右，而北方地区（30°N 以北）则只有 4 d 左右。6 月至 7 月初，南方的技巧高于北方，7 月中旬至 8 月北方技巧增大而南方减弱。这与先前很多研究结果基本一致，对于包括我国在内的热带外地区的夏季次季节尺度降水演变，模式预测预报技巧普遍偏低（Davis，1976；Hu et al.，2011，2017，2020；Liu et al.，2019a）。

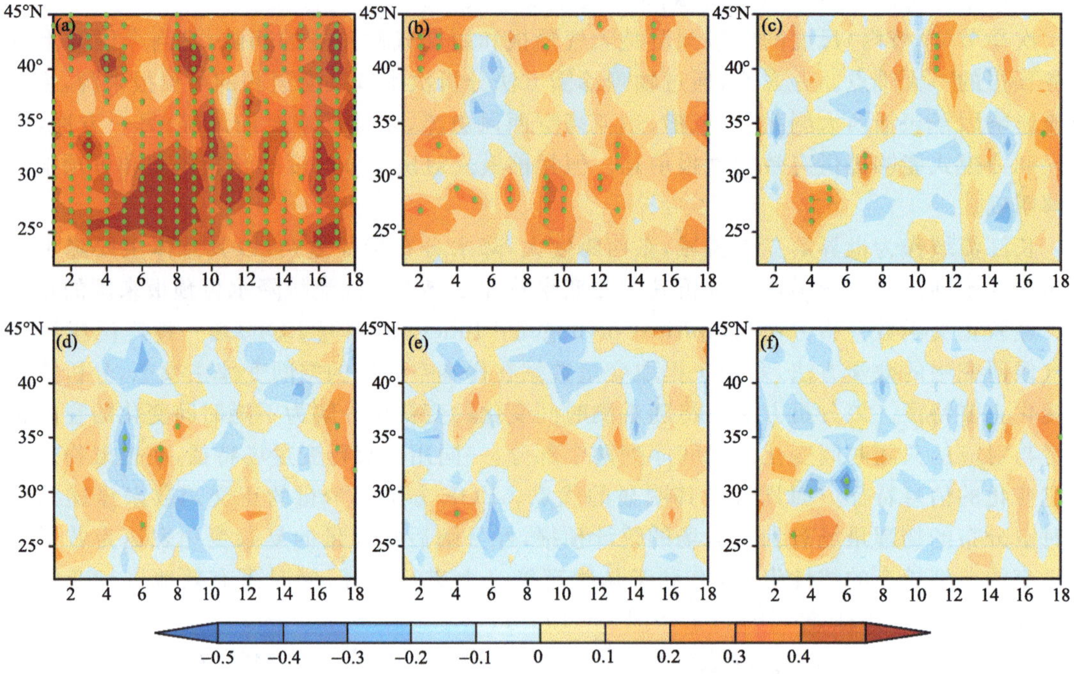

图 7.1 模式不同起报时间的 6—8 月 110°—120°E 平均的逐候降水与观测的时间相关系数（TCC，观测与模式集合平均结果的时间相关系数，一种国际通用的气候模式评估指标）的纬度-时间剖面
（a. 提前 0～4 d，b. 提前 5～9 d，c. 提前 10～14 d，d. 提前 15～19 d，e. 提前 20～24 d，f. 提前 25～29 d；横坐标代表 6—8 月共 18 候，绿点代表相关系数超过 0.05 显著性检验）

图 7.2 为模式对夏季 500 hPa 高度场的预报技巧。可以看到，模式对季风区的环流预报技巧高于降水，大约可以持续 14 d。6 月至 7 月初，长江流域及其以南地区的技巧高于北方，7 月中旬至 8 月北方技巧增大而南方减弱。

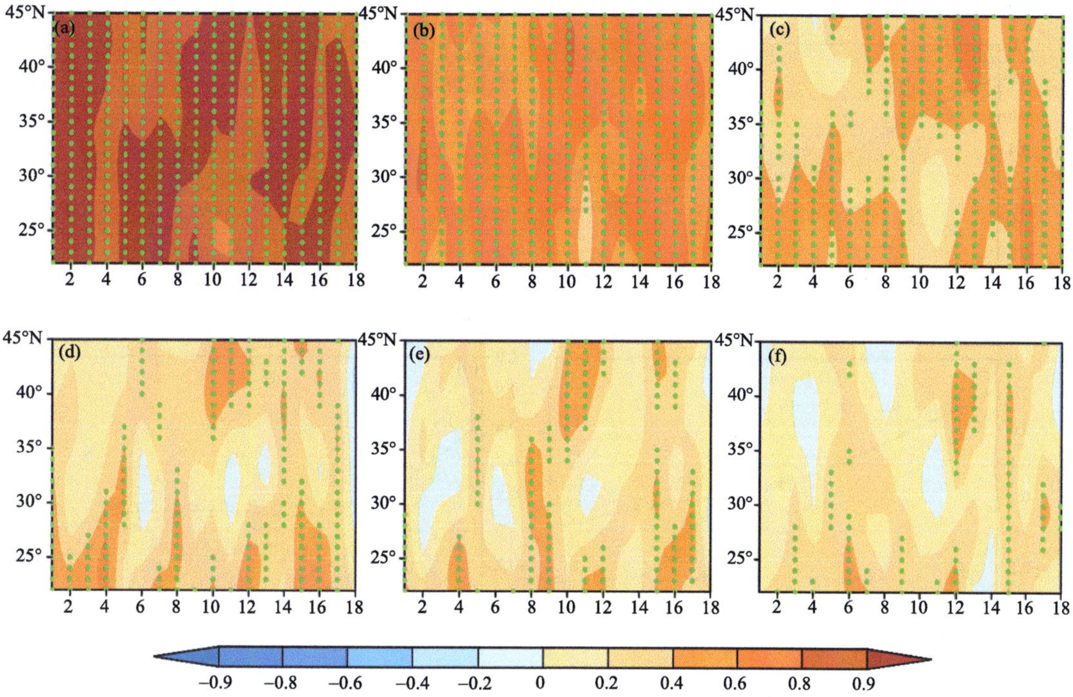

图 7.2　同图 7.1，但为 110°—120°E 平均的 500 hPa 位势高度场

西太副高是影响我国夏季主雨带位置和强度的关键环流系统之一（刘芸芸 等，2012；Liu et al.，2019b），进一步对模式在不同起报时间对副高面积、强度、脊线和西伸脊点等 4 个监测指标的预报技巧进行了评估（图 7.3）。总体来看，模式对副高的预报有一定技巧，但从逐年的预报技巧对比来看，每年的预报技巧差异很大。预报技巧高的年份可以超过 30 d，而不好的年份则只有不到 10 d，这也说明气候模式对次季节尺度的预报受初值影响比较大。

7.1.2　次季节尺度预测的模式偏差特征分析

为了认识模式在次季节尺度的预报技巧相对较低的可能原因，进一步分析了夏季模式在不同起报时间对降水及关键环流系统预报的模式偏差特征。

受东亚夏季风系统的控制，我国夏季主雨带降水表现为从南向北逐渐推进，分别经历华南前汛期、江淮流域梅雨和华北—东北雨季，7—8 月雨带达到最北，随后迅速南撤（图 7.4a）。在月平均尺度上，模式基本能够模拟出我国东部降水随着夏季风进程在南北方向上的进退过程（图 7.4b）。而偏差场上可以看到，模式模拟的雨带偏宽，北推时间偏早，且位置偏北（图 7.4c）。

图 7.5 则进一步给出了模式在不同的起报时间对夏季候平均的降水演变预报的偏差特征。从与观测结果的对比可以看到，模式偏差场主要反映了由于模式模拟的雨带北推时间偏早，且位置偏北，导致对季风主雨带模拟偏少，而在其北边和南边则降水偏多。随着起报时间的提前，偏差也更显著。

对于西太副高的南北位置，模式能较好地模拟出夏季西太副高北推的过程，但随着起报时间的提前，偏北的程度也在增大，北抬也较观测偏早（图 7.6a）。除了对西太副高存在系统性偏北外，模式对另一个关键环流系统——高层的西风急流的位置模拟也有同样的偏差（图

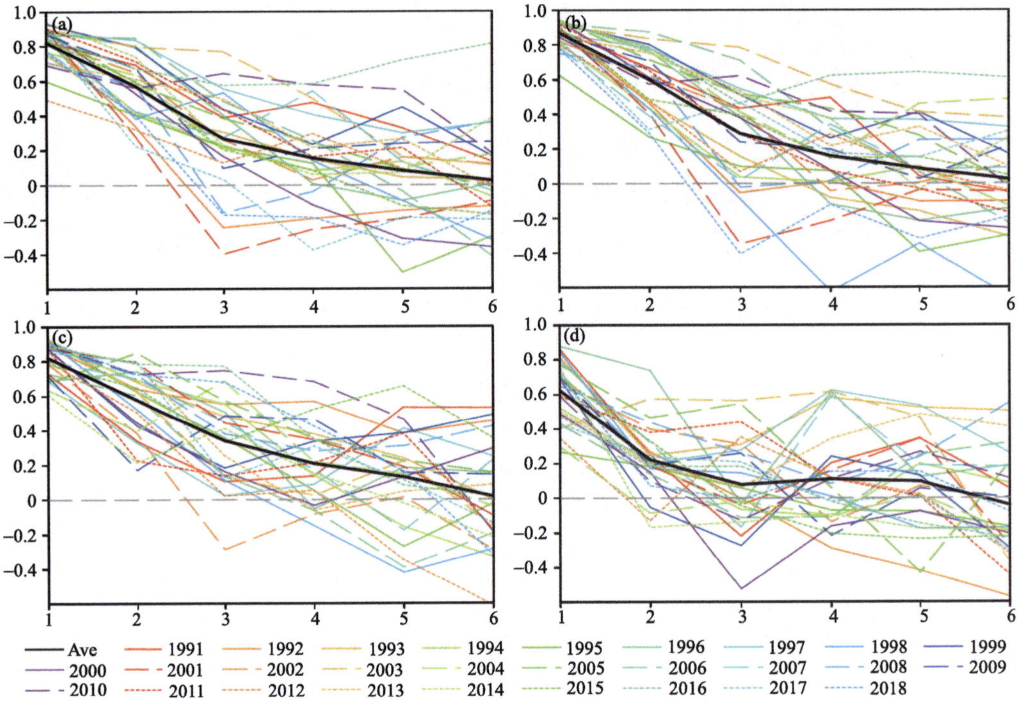

图 7.3　模式不同起报时间预报的候平均西太副高(a)面积,(b)强度,(c)脊线和(d)西伸脊点指数与观测的时间相关系数(横坐标代表 6 组不同的起报时间,即分别提前 0～4 d,5～9 d,10～14 d,15～19 d,20～24 d 及 25～29 d)

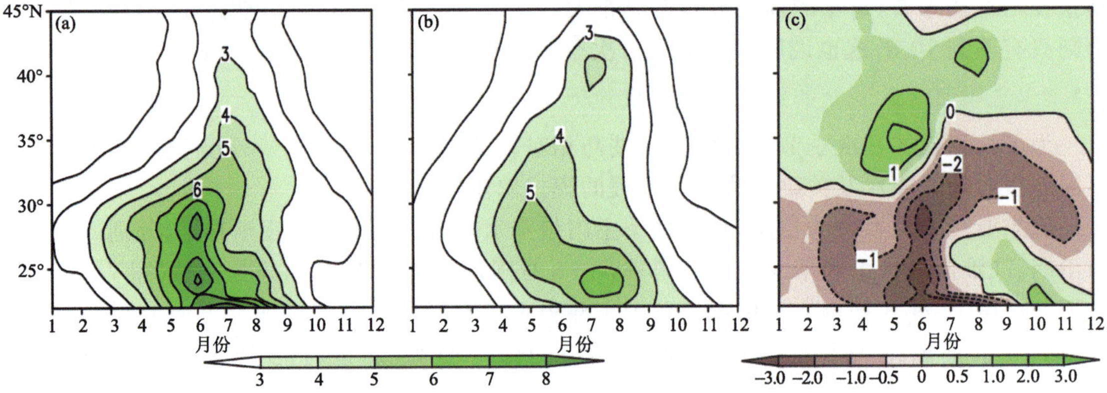

图 7.4　110°—120°E 平均的月平均降水量的纬度-时间剖面(单位:mm/d)
(a. 观测,b. 提前 0～10 d 起报的模式集合平均降水量,c. 模式偏差)

7.6b)。这与主雨带位置的预报偏差是对应的。正是因为模式对东亚季风区的高、低层关键环流系统的刻画能力存在系统性的偏差,从而导致模式对我国夏季主雨带的次季节尺度预报能力相对较低。

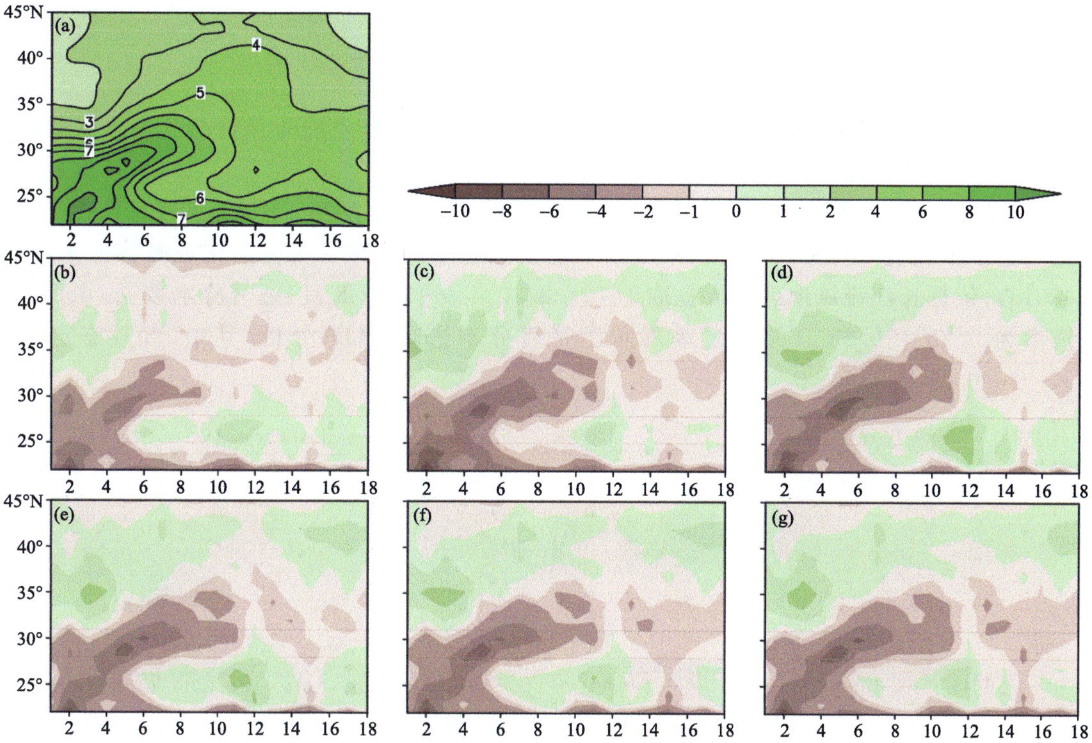

图 7.5　(a)观测的 6—8 月 110°—120°E 平均的候平均降水量的纬度-时间剖面(单位:mm/d),
(b)～(g)对应不同起报时间的模式偏差(横坐标代表 6—8 月的 18 个候)

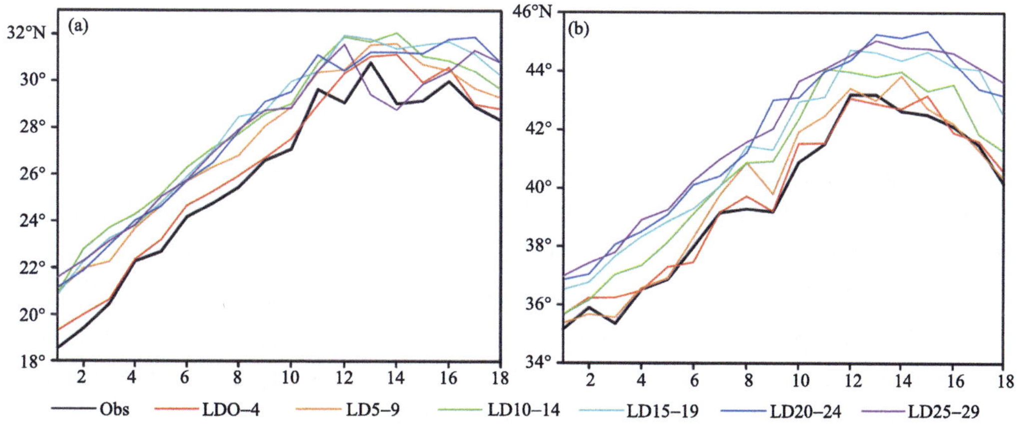

图 7.6　观测(黑线)和模式不同起报时间的集合平均(彩色线)西太副高脊线(a)和
200 hPa 西风急流轴纬度位置(b)的逐候变化(横坐标代表 6—8 月的 18 个候)

7.2 长江流域夏季降水可预报来源分析

7.2.1 长江流域夏季降水主模态特征

分析降水可预报来源，可视作是提取降水变率的主要部分并进而分析与其他因素的内在联系的过程，故应首先以合理的方式对长江降水变率进行分析。夏季（6—8 月）长江流域降水是我国短期气候预测业务中重点关注的对象，期间降水多寡与洪涝、干旱等灾害息息相关。此处选用基于中国境内台站观测资料采用距平逼近法建立的 CN05.1 格点化观测数据集（吴佳等，2013），依据长江流域地理边界提取 1979—2020 年夏季（6—8 月）逐月降水数据，水平空间分辨率为 0.25°×0.25°。并对夏季降水距平百分率进行 EOF 分析，其中，气候态选取为 1991—2020 年（图 7.7）。

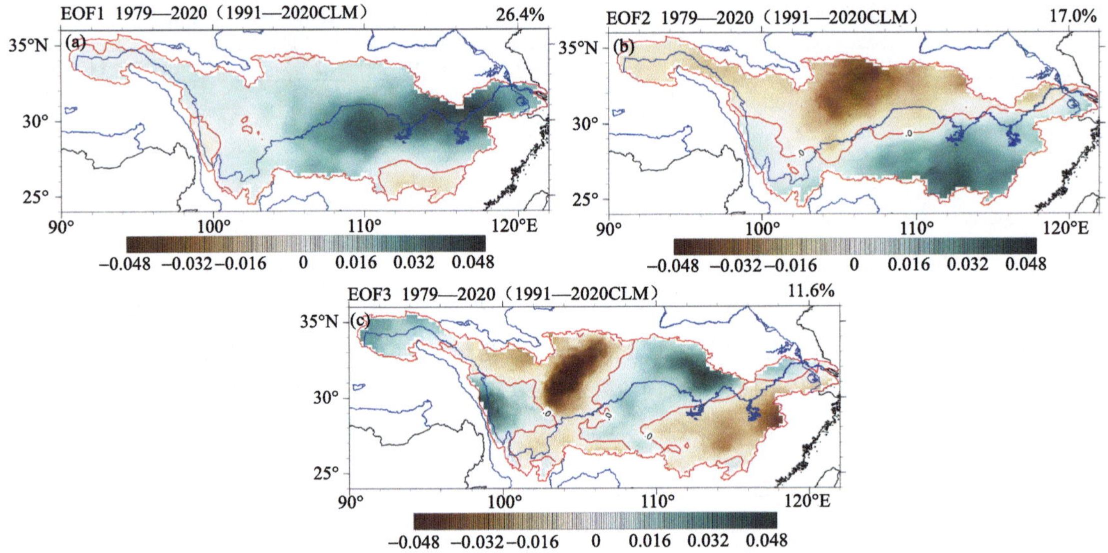

图 7.7　1979—2020 年长江流域夏季（6—8 月）累积降水距平百分率 EOF 第一至第三模态空间分布

长江流域夏季降水距平百分率 EOF 第一至第三模态解释方差分别为 26.4%、17.0% 和 11.6%，前三个模态累计解释方差为 55%。其中，EOF1（图 7.7a）除洞庭湖水系东南端和鄱阳湖水系南部等少部分区域为负值外，其正位相表现为全流域大部分地区降水偏多，故称其为“流域一致偏多型”，其载荷中心位于上游干流、乌江水系北部、汉江水系东部、中游干流区、洞庭湖水系大部、鄱阳湖水系北部、下游干流区间和三角洲平原区。这一模态具有很强的年际变率，1980 年、1996 年、1998 年、1998 年和 2020 年为这一模态的典型正位相大值年（图 7.8a）。

EOF2 正位相（图 7.7b）大致以长江干流为界呈西北少、东南多降水异常分布，可称其为“南北偶极型”，其负值载荷中心位于嘉陵江水系和汉江水系，正值载荷中心位于乌江水系东部、洞庭湖水系和鄱阳湖水系；该模态同样具有较强的年际变率（图 7.8b），但年际振荡强峰值略弱于 EOF1，1999 年和 2002 年为其正位相峰值代表。EOF3（图 7.7c）呈东西向多极型分布，正位相自西向东“多—少—多—少”分布，该模态在 1979—2000 年振幅总体弱于 EOF1 和 EOF2，2000 年后时间序列呈类正弦函数变化，2000—2010 年正位相为主，2010—2020 年负位

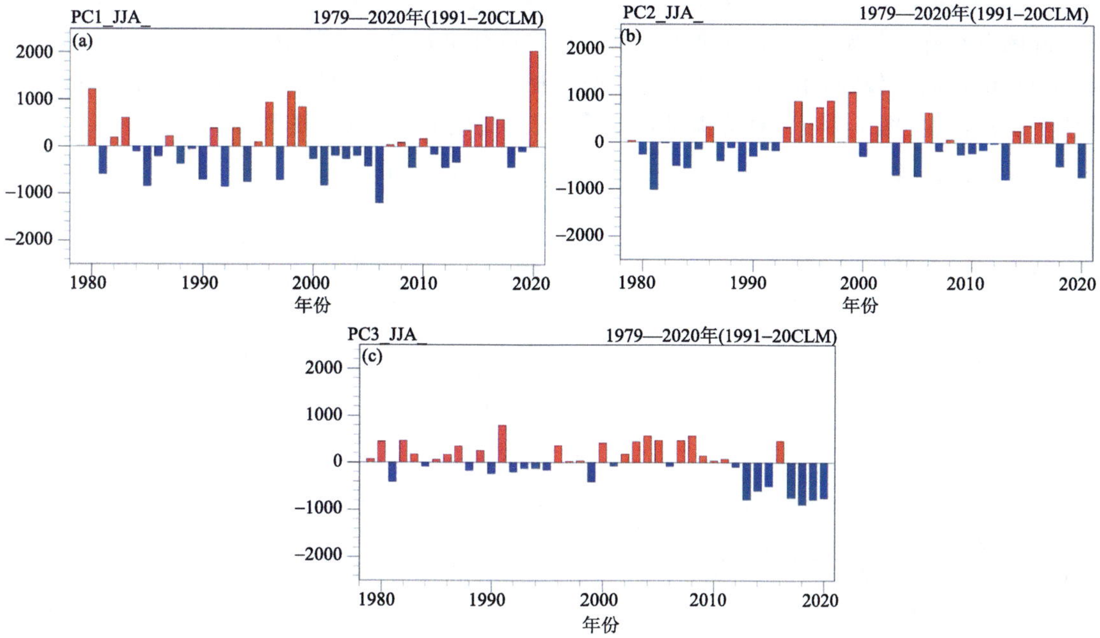

图 7.8　1979—2020 年长江流域夏季(6—8 月)累积降水距平百分率 EOF 第一至第三模态时间序列

相明显增强。在前三个模态中,EOF1 和 EOF2 为长江流域夏季降水变率年际典型主模态,由于所采用数据空间分辨率较高、覆盖空间范围广,因而相对降低了解释方差随模态增加的收敛速度;两者累积解释方差为 43.4%,可代表长江流域降水接近一半的年际变化特征,接下来首先依据 EOF1 和 EOF2 分析长江流域主要的大气和海洋可预报来源。

7.2.2　长江流域夏季降水主模态的大气和海洋可预报来源

长江夏季降水 EOF1“流域一致型”时间序列与前一年秋季至夏季同期季节平均大气代表层(500 hPa)位势高度场相关系数分布如图 7.9 所示。从前一年秋季开始 EOF1 与泛热带地区高度场异常持续呈正相关,从夏季同期来看,西北太平洋至南亚地区呈显著正相关,有利于同期西太副高偏强偏西;而在东亚地区自北向南呈“正、负、正”的相关分布,东北亚地区为正相关、日本海至华北—黄淮地区为相对负中心,这一分布近似于日本—太平洋遥相关型(P-J 型)或东亚—太平洋相关型(EAP 型)。EAP 遥相关型是东亚夏季大气异常的主要模态之一(Huang et al. ,1987;黄荣辉,1990),其年际变化与我国东部地区以长江中下游为中心的夏季降水年际变率存在很强的联系,当出现 EAP 呈经向“正、负、正”的高度场异常分布时往往会造成长江流域多雨,环流形势相反时则长江流域为少雨(Huang,2004)。大尺度环流异常稳定维持,造成冷暖空气持续交汇于某一地区是持续性降水发生的重要条件,反映在季节尺度的环流异常上则是某种稳定的环流异常配置和持续性降水的频繁发生,从而导致季节性降水增多(Chen et al. ,2015)。EAP 遥相关反映了来自不同纬度的环流系统的综合作用,具体而言是鄂霍次克海高压、梅雨槽、西太副高之间的配置关系。夏季长江中下游流域降水异常通常与东北亚地区的正异常、东亚中纬度地区的负异常和副热带西太平洋地区的正异常呈正相关,东北亚地区阻塞高压偏强有利于贝尔加湖以东至我国东北地区低槽频繁活动,所伴随的冷空气南侵可维持中纬度梅雨锋的存在(施宁 等,2009),同时西太副高的西伸加强,配合鄂霍次克高压偏强、梅雨槽加深、冷暖空气连续强烈的交汇有利于长江流域降水增强(Chen et al.,2015)。长江流域夏季降水异常EOF1与同期环流的相关特征也符合上述特点,在这一形势下,副高偏强、偏西,南亚高压偏强,东亚经向呈EAP型遥相关正位相,南海异常反气旋式环流;对流辐合区位于长江沿线(图7.10a),对应梅雨锋偏强,长江流域上游干流以东降水偏多。

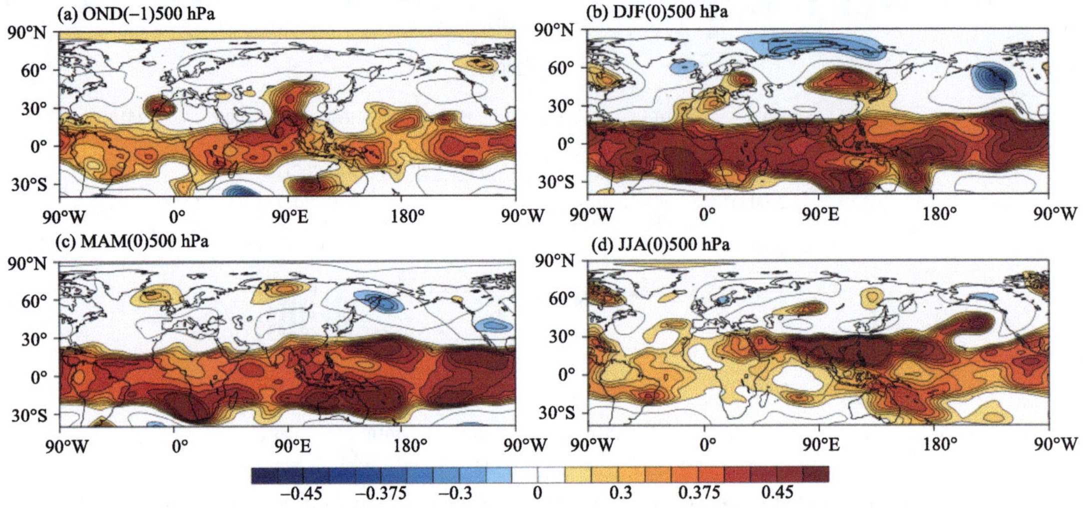

图7.9 1979—2020年长江流域夏季(6—8月)累积降水距平百分率EOF第一模态时间序列与前秋(a)、前冬(b)、当年春季(c)和夏季同期(d)季节平均500 hPa位势高度场距平相关系数空间分布(填色部分为通过0.1显著性检验)

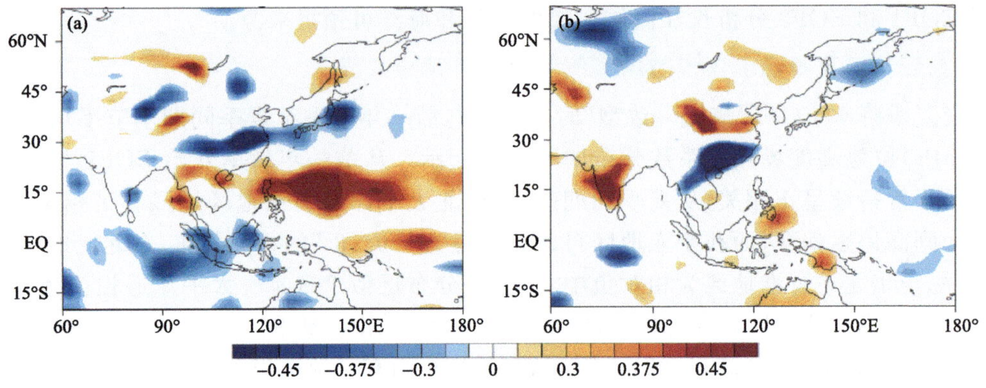

图7.10 1979—2020年长江流域夏季(6—8月)累积降水距平百分率EOF第一模态(a)和第二模态(b)时间序列与夏季同期500 hPa季节平均垂直速度距平相关系数空间分布

长江夏季降水EOF2“南北偶极型”与前秋至夏季同期位势高度场异常的相关在热带地区并不显著,主要显著相关区域位于中纬度至高纬度地区(图7.11)。尤其从夏季同期来看,自欧洲至日本存在一条较清晰的遥相关波列形态,欧洲和日本海—我国江淮地区为负相关中心,西伯利亚上空为正相关中心,其中,日本海—我国江淮地区的负相关中心相较EOF1夏季同期相关场中东亚地区的更偏南,表明EOF2所对应的环流系统中西太副高的位置相较于EOF1更偏南,从而使得水汽输送偏南,降水偏多中心容易出现在长江流域南部。同时,相关场所体现出的波列形态与欧亚—太平洋型(EUP)遥相关较为类似，金大超(2010)等研究指出，长江中下游地区夏季降水与多个遥相关存在显著关联，其中，与 EAP 的相关最高，与 EUP 也具有较高的相关性，这可能与 EUP 和 EAP 在东亚地区的异常中心存在一定重叠有关；此外，该研究也指出，闽赣地区降水与 EUP 相关性高达 0.68，正好与 EOF2 中长江流域东南侧降水偏多类似。EOF2 所对应的同期环流异常配置表现为西太副高和急流轴偏南，乌拉尔山阻塞偏弱，欧亚类 EUP 型遥相关，东部地区气旋式环流异常，南海异常反气旋式环流异常且位置偏南，辐合带于华南、江南，长江流域北部对流抑制，环流配置对应锋区、雨带偏南(图 7.10b)。

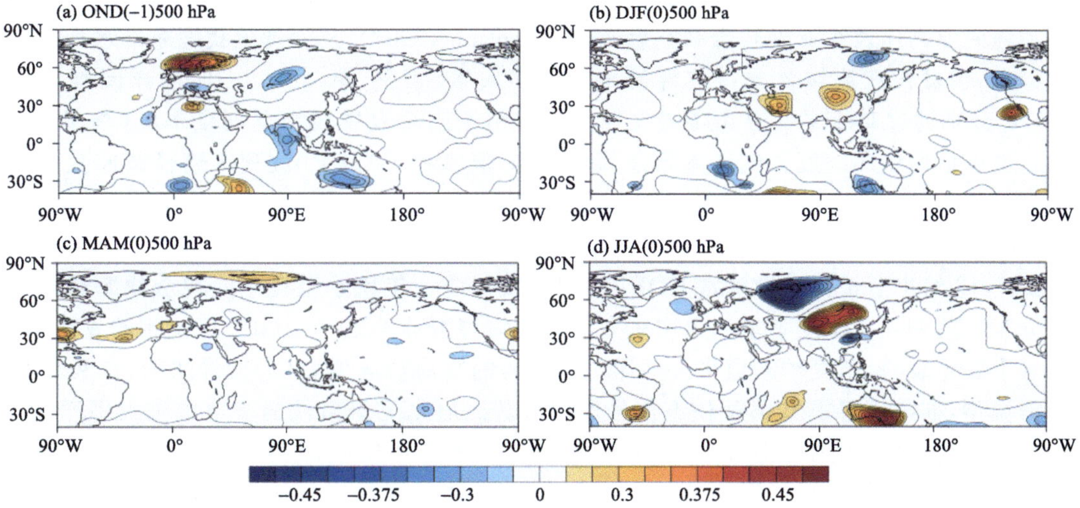

图 7.11　同图 7.9，但为第二模态

由长江流域夏季降水异常主模态与同期环流的关联可以看出，长江流域降水的多寡与空间结构一方面与西太副高的水汽输送密切相关，另一方面也与大尺度多环流系统的配置有关。西太副高和 EAP、EUP 遥相关型的异常对长江流域降水多寡起决定性作用，作为影响降水异常的最直接因素，借助动力模式对同期环流因子进行预测是对长江流域夏季降水是否异常进行研判的一种思路。但为提前进行防灾减灾筹备，通常需要在春季(提前一个季度)进行汛期气候预测，此时由于超前时间过长，季节模式的预测能力存在一定的障碍，而在前秋至夏季同期各季节环流场与 EOF 时间序列的相关场中可以看到，EOF1 和 EOF2 均在欧亚和北太平洋至北美中高纬度地区存在较稳定的高相关中心，关于冬季大气环流与夏季降水的关系亦存在一些相关研究论证其中的机制。

长江流域夏季降水多寡的影响因子多样、时间尺度复杂，在每年的实际情况中由于各因子异常强弱存在差异，往往起主导作用的因子也不尽相同，这导致动力模式的预测技巧稳定性有限。因而除依靠模式对同期关键环流的预测外，依据前期外强迫先找信号进行统计预测是我国汛期预测实际业务中重要的方法和手段。以往的研究中指出，三大洋海温异常对长江流域降水具有重要的前兆指示意义。热带太平洋的厄尔尼诺—南方涛动(ENSO)现象与我国长江流域夏季旱涝分布存在显著关联，主要是通过调控西北太平洋异常反气旋式环流(WNPAC)影响我国南方水汽输送条件和路径实现(Wang et al.，2000；Lin et al.，2009)。在厄尔尼诺事件后 WNPAC 往往会出现加强，影响夏季西太副高(WPSH)的位置和强度，大量研究针对其中机理开展了分析，如热带西北太平洋降水减少造成的对流冷却所激发出的罗期贝波响应机制、暖池区局地海-气耦合机制、跨海盆海-气相互作用、ENSO 与年循环非线性作用的组合模、中太平洋冷海温强迫和风-湿焓平流强迫等(Zhang et al. ,1996;Xiang et al. ,2013;Wu et al. ,2017)。

印度洋海盆一致模(IOBM)增暖可通过影响沃克环流和激发开尔文波东传引起局地对流-大尺度环流相互作用等方式增强并维持 WNPAC 的存在(Li et al. ,2008;Xie et al. ,2009;Wu et al. ,2010)，引起的对流活动异常可激发太平洋-日本/东亚-太平洋(PJ/EAP)遥相关波列影响 WNPAC 北侧的大气环流配置(Qu et al. ,2012);并且在对流层高层激发的罗斯贝波响应还可加强南亚高压及东亚副热带高空急流(Yang et al. ,2007);从而影响我国东部水汽输送和旱涝分布，引发长江流域夏季持续性暴雨和洪涝灾害(黄刚 等,2016)。印度洋偶极子模态(IOD)可分别通过对流层低层和高层大气环流作用于南海夏季风和亚洲夏季风(李崇银 等,2001);也可借助中高纬度大气环流异常、影响西南季风和 EAP/PJ 波列等途径调控我国东部地区夏季降水分布，对长江流域等地的降水多寡具有重要指示意义(唐卫亚 等,2008;晏红明 等,2000)。

图 7.12 给出了长江流域降水 EOF1 时间系数与前一年秋季至夏季同期全球海温异常的相关分布。前一年秋季至冬季赤道中东太平洋暖海温异常有利于 EOF1 正位相的发生，该信号在春季发生衰减，至夏季赤道中太平洋转为较弱的冷海温异常;从印度洋来看，前秋表现为 IOD 海温型，前冬至春季 IOBW 模态信号作用显著。厄尔尼诺事件的赤道中东太平洋的 SSTA 信号在次年夏季往往已显著衰减，但对东亚气候的滞后影响却仍然存在。而印度洋通常滞后厄尔尼诺成熟期出现增温。进而在夏季，增暖后的印度洋通过沃克环流、开尔文波东传、激发 PJ/EAP 遥相关和影响南亚高压等途径对东亚夏季环流产生影响，尤其是可以将厄尔尼诺对 WNPAC 的影响延长至次年夏季，呈现出对 ENSO 信号的“接力”作用，被称为印度洋“电容器”效应(Yang et al. ,2007;Xie et al. ,2009)，是我国夏季降水预测的重要依据之一。此外，IOD 也借由印-太风应力、沃克环流耦合齿轮及温跃层过程等与东亚夏季环流异常间存在联系(吴国雄 等,1998;晏红明 等,2001;谭言科 等,2004)。单独厄尔尼诺年夏季长江中下游降水

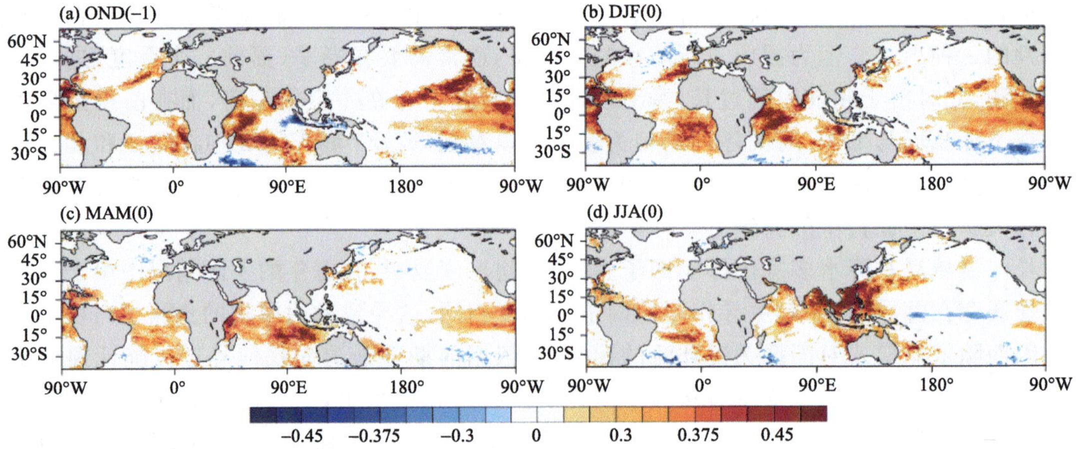

图 7.12 1979—2020 年长江流域夏季(6—8 月)累积降水距平百分率 EOF 第一模态时间序列与前秋(a)、前冬(b)、当年春季(c)和夏季同期(d)季节平均海表温度距平相关系数空间分布(填色部分为通过 0.1 显著性检验)

偏多，而单独 IOD 则主要造成长江以南至华南地区降水偏多，当厄尔尼诺年伴生 IOD 正位相时则对应东南沿海地区降水偏多而长江中下游降水偏少(刘宣飞 等，2008)。IOD 正位相的 SSTA 结构中的西印度洋暖 SSTA 也可以激发开尔文波东传促进 WPSH 向南海地区发展(钱代丽 等，2019)。

长江流域降水 EOF 第二模态与海温异常的关系相对第一模态要弱很多，但也具有一定显著信号(图 7.13)，主要表现为前秋和前冬热带印度洋偶极子型 IOD 和春夏季中部型 ENSO 海温发展增强。这一模态与前冬 ENSO 信号并不存在显著信号，但与春夏季中部型发展增强关系显著，有研究显示，2019 年前冬赤道东太平洋暖 SSTA 经历春季衰减后至夏季转向了中部型厄尔尼诺，在从后夏开始，中部型厄尔尼诺的形成减弱了前期偏强的 WNPAC，使长江流域水汽输送减弱，导致长江中下游转向的干旱(Xu et al.，2020)。

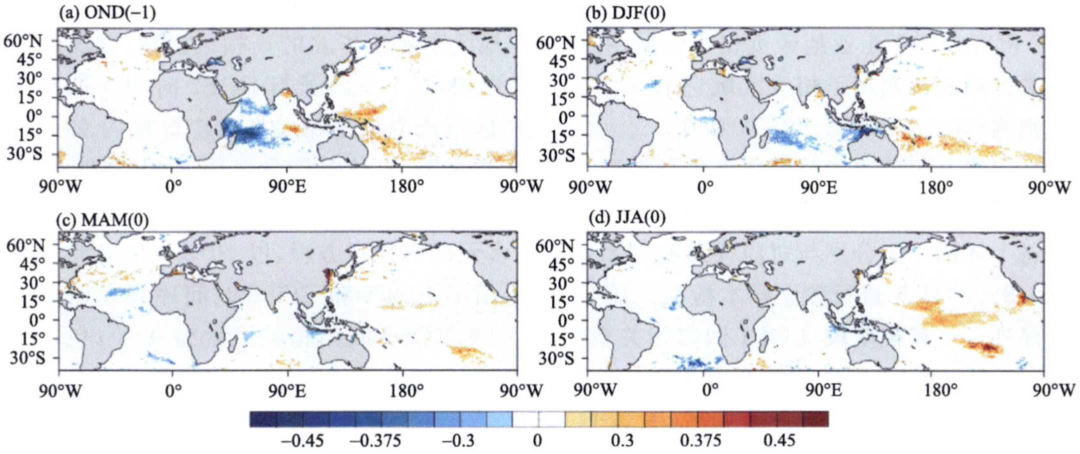

图 7.13 同图 7.12，但为第二模态

7.3 长江流域降水客观化预测模型的建立

根据 7.2 节中对长江流域主要空间模态的分析，这里主要选取前两个模态来建立长江流域降水客观化预测模型。首先，对长江流域降水进行 EOF 分解，得到前两个主要模态的空间型和对应的时间序列。其次，从预测服务的需求出发，从前期冬季的海温和大气环流系统中找前兆信号，分别与前两个主要模态的时间序列计算相关，然后选取以冬季海温距平场和 500 hPa 位势高度距平中的高相关区作为主要影响因子，分别对两个模态的时间序列建立线性回归方程，从而得到基于主模态的长江流域预测模型。最后，对某一年长江流域降水进行预测时，需要根据每个影响因子当年的观测值以及它的回归系数，分别乘以对应的模态空间场，从而得到该模态的这一年预报场，然后将前两个模态预报场进行线性叠加，获得基于 EOF 主模态的长江流域夏季降水预测结果。

海温方面，根据冬季海温相关场中各海区高相关区域，选取对应海温指数，考察指数与对应模态的相关系数，并对显著相关指数进行提取，作为该模态的冬季主要影响因子。对于 EOF1，所选取海温指数为：Nino3 区指数(5°S—5°N，150°—90°W 区域内，海表温度距平的区域平均值，相关系数 0.349)、热带南大西洋海温 TSA 指数(20°S —EQ、30°W —10°E 区域内，海表温度距平的区域平均值，相关系数 0.354)、黑潮区海温 KCSST 指数(35°N，140°—150°E 及 25°—30°N、125°—150°E 区域内，海表温度距平的区域平均值，相关系数 0.328)、热带印度洋全区一致海温模态 IOBW 指数(20°S—20°N、40°—110°E 区域内，海表温度距平的区域平均值，相关系数 0.386)和副热带南印度洋偶极子 SIOD 指数(45°—30°S，45°—75°E 区域与 25°—15°S，80°—100°E 区域内的海表温度距平的区域平均值之差，相关系数－0.389)；对于 EOF2，所选取海温指数为副热带南印度洋偶极子 SIOD 指数。所选取指数均通过 0.01 显著性检验，且与模态相关场空间分布型符合。

大气方面，根据前两模态与冬季高纬度 500 hPa 位势高度距平场中各个闭合高相关区域进行选取，计算区域内位势高度场距平平均值，作为预报因子，进入预报方程。EOF1 模态分别于欧亚大陆北部的负相关区域、西伯利亚至东北亚地区的正相关区域、北美西部的负相关区域选取 3 个因子进行提取，3 个因子与 EOF1 时间序列相关系数分别为－0.27、0.47、－0.33。EOF2 模态分别于东亚地区负相关区域、我国西北地区东部至华北的正相关区域、北美西北部负相关区域和西南部正相关区域选取 4 个因子隐形提取，4 个因子与 EOF2 时间序列相关系数分别为－0.27、0.32、－0.33 和 0.35。上述因子区域选取根据相关场对应区域内 90%以上置信区间闭合等值线内范围格点进行选取，形状为非规则，具体范围参考图 7.9b 和图 7.11b，各模态时间系数与对应选取因子相关性均通过 0.05 显著性检验。

将上述因子集分别与对应模态时间系数建立多元回归预报方程，以 1979—2012 年进行建模，2013—2021 年进行独立样本检验。图 7.14 给出了 EOF1 和 EOF2 时间序列及回归预报方程序列。在建模阶段，EOF1 回归相关系数为 0.59，EOF2 回归相关系数为 0.57；包含独立检验时段后，EOF1 回归相关系数为 0.55，EOF2 回归相关系数为 0.63。回归相关系数相对于各因子独立相关系数存在显著提高(图 7.14)。

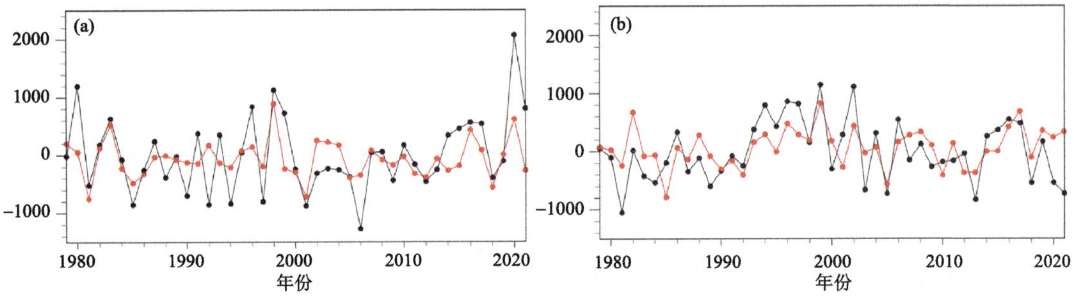

图 7.14 基于冬季海洋和大气因子建立的长江流域夏季降水距平百分率 EOF1(a)和 EOF2(b)时间序列回归预报方程(黑色线为模态原始时间序列，红色线为回归方程预报值，其中，1979—2012 年为建模时段，2013—2021 年为独立检验时段)

根据 EOF1 和 EOF2 的回归值作为预报投影值，分别乘以对应的空间模态向量，并进行线性叠加，即获得长江流域降水距平百分率预报值。为检验预报效果，计算了长江流域 1980—2020 年逐点预报值与实况的相关系数，以及逐年降水空间距平相关系数，分别考察预报模型对流域不同区域的预报效果和降水距平空间分布型的预报效果。如图 7.15 所示，在长江流域全流域预报值与实况均呈正相关，其中，乌江、汉江东南部、中游干流区、洞庭湖、鄱阳湖、下游干流大部、嘉陵江西部、岷江和沱江东部等水系和流段预报相关系数均通过了 0.05 显著性检验，尤其中游和下游的大部分区域预报效果显著偏好；但在上游的金沙江水系、岷江与沱江西部、汉江西部、嘉陵江东部预报能力较弱。如图 7.16 所示，在 41 年中平均降水空间距平相关系数达到 0.31。总体而言，对空间分布型也具有较好的预报效果。其中，24 年显著超过平均值，较正确地预测了长江流域的旱涝分布，但也有 6 年为显著负相关，预报空间分布与实况偏差较大。

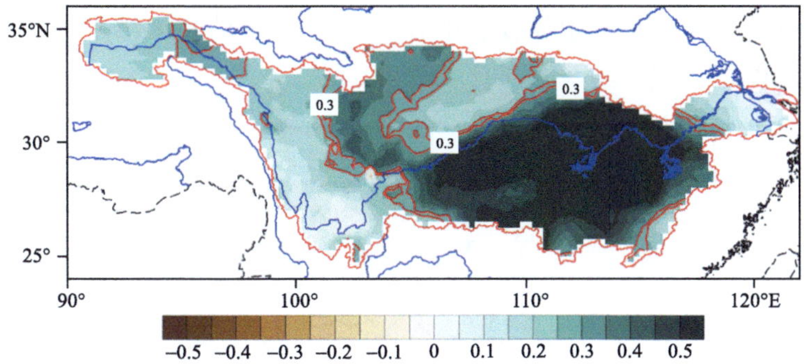

图 7.15　1980—2020 年基于客观化预测模型的预测结果与实况降水的距平相关系数空间分布

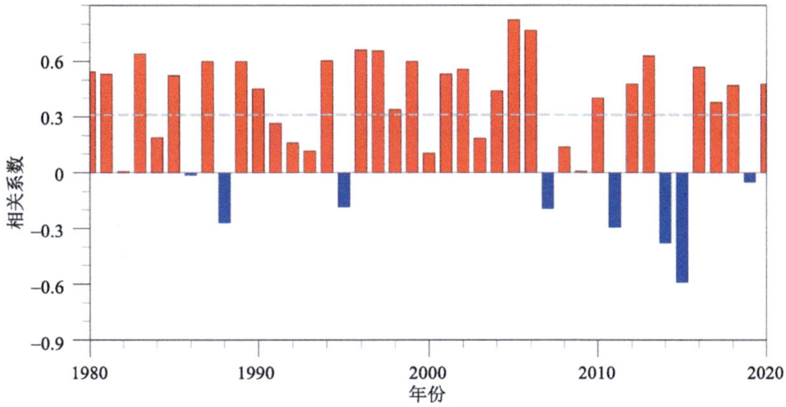

图 7.16　1980—2020 年基于客观化预测模型的预测结果与实况降水的空间距平相关系数序列

7.4　长江流域重大旱涝事件预测效果检验

在最近的几年中，2020 年长江流域洪涝和 2022 年高温干旱是长江流域最典型的旱涝事件，其中，2020 年梅雨季持续时间和梅雨量均打破 1961 年来历史纪录，2020 年江淮流域梅雨季降水量达 759.2 mm，仅次于 1954 年的 789.3 mm，为 1961 年以来历史最多；同时，梅雨季持续时间长，达 62 天，与 2015 年并列为 1961 年以来历史最长。2022 年 7 月和 8 月我国东部地区降水呈北多南少分布，长江沿线及其以南地区降水普遍偏少。高温少雨导致气象干旱快速发展，长江流域中旱及以上站数比例达 94.6%，为 1961 年以来历史同期最大；中旱及以上干旱日数(27.9 d)为 1961 年以来历史同期第二多，仅次于 1978 年。对严重旱涝年的预报能力是建立预报模型的重要指标。

图 7.17 和图 7.18 分别给出了 2020 年夏季长江流域夏季降水的实况分布及预报模型的

模拟情况。可以看到预报的空间分布与实况基本吻合，对于长江中下游沿江的多雨中心区、洞庭湖和鄱阳湖水系南部及金沙江中西部出现的降水偏少区均做出了准确预测，虽然对嘉陵江西部和岷江与沱江流域东部降水偏多量级有所低估，但整体准确把握了 2020 年超强梅雨背景下长江流域夏季降水的空间形态。其中，第一模态预报值正异常强度较大，超过 2016 年，低于 1998 年，准确预报出长江流域降水偏多主要背景，同时第二模态时间系数预报为负值，反映出第二模态北多南少偶极型分布分量反位相的存在。2020 年的预测结果与实况的空间距平相关系数为 0.45，远高于 1980—2020 年的平均值 0.31。

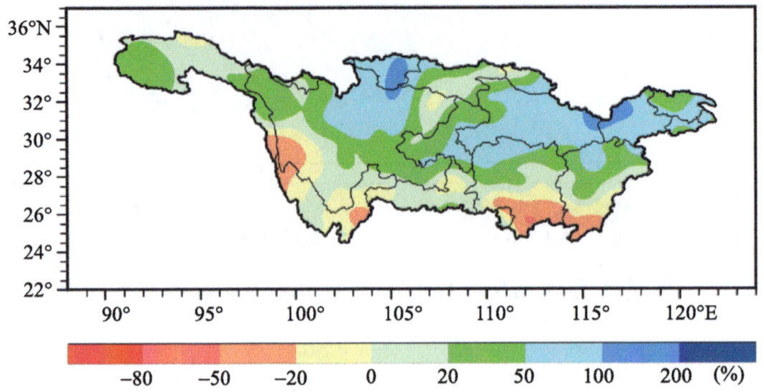

图 7.17　2020 年夏季长江流域降水距平百分率实况

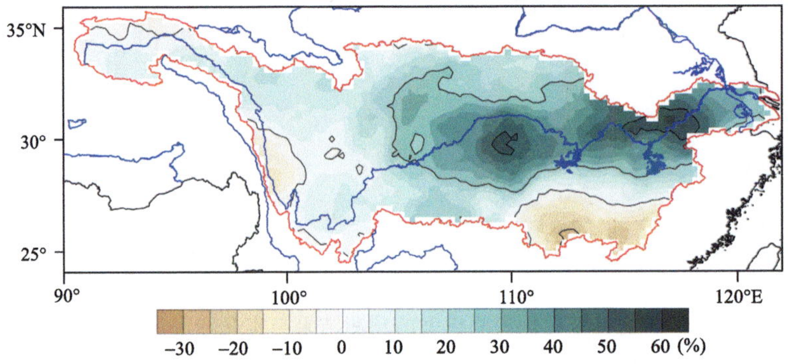

图 7.18　2020 年夏季长江流域降水距平百分率预报

图 7.19 和图 7.20 分别给出了 2022 年夏季长江流域夏季降水的实况分布及预报模型的模拟情况。从预报值与实况的对比来看，总体正确反映了长江流域大部分地区降水偏少及上游北部、嘉陵江北部降水偏多的总体格局，但对岷江与沱江流域降水偏少存在预报偏差。总体而言，对长江流域降水偏少的主趋势预测正确，但是对于偏少的异常量级存在明显低估。具体来看，EOF1 时间序列预报值为−266.439，超过了 2020 年预测的绝对值，表明预报模型实际上基于 EOF1 准确预测了长江流域降水异常偏少的第一主导模态分量。但模型对 EOF2 时间序列预报值同样异常偏大，导致削弱了 EOF1 预报场的正确趋势，从而降低了降水预测的偏小量级。2022 年的预测结果与实况的空间距平相关系数为 0.37，高于 1980—2020 年的平均值 0.31。

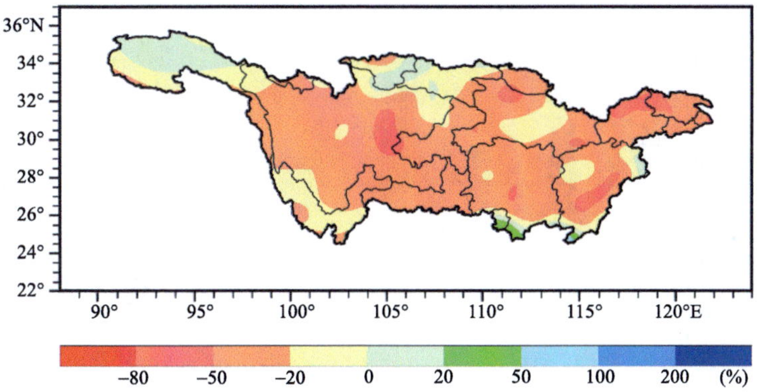

图 7.19　2022 年夏季长江流域降水距平百分率实况

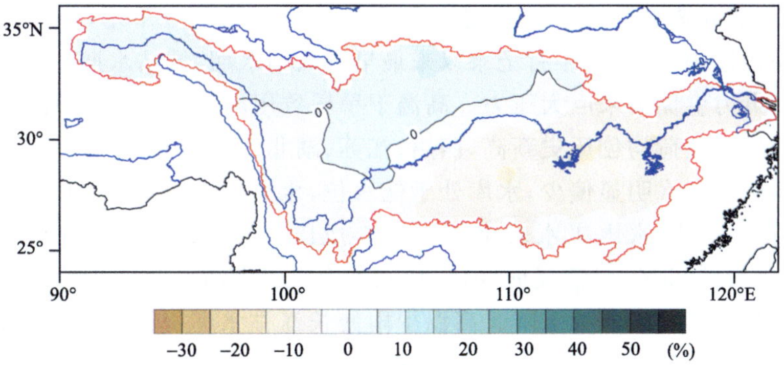

图 7.20　2022 年夏季长江流域降水距平百分率预报

7.5　2022 年汛期长江流域气候服务

7.5.1　长江流域高温干旱实况分析

2022 年 1—5 月，长江流域上游地区降水量为 316 mm，较常年同期偏多 37.8%，为 1961 年以来历史同期最多，一度对水库消落度汛目标带来挑战。进入 6 月，长江流域上游地区由涝转旱。6—8 月，长江流域上游平均降水量 347 mm，较常年同期(509.8 mm)偏少 31.9%，为 1961 年以来历史同期第二少(2006 年 343.1 mm，为历史同期最少)(图 7.21)。

6—8 月，长江流域上游地区平均气温较常年同期偏高 1.9 ℃，为 1961 年以来同期最高，平均高温日数 26.1 d，较常年同期偏多 17 d，为 1961 年以来历史同期最多。四川东部、重庆、湖北西部、贵州北部等地高温日数较常年同期偏多 20～30 d，四川中东部、重庆等地的部分地区偏多 30 d 以上，流域上游地区有 366 个国家级气象站日最高气温达到或突破历史极值。

7.5.2　长江流域高温干旱对经济社会影响大

高温干旱导致长江流域水资源短缺。高温少雨导致长江干支流来水量较常年同期少 2～8 成，上中游来水量为 1949 年以来同期最少，上游地区部分大型水电站入、出库流量和发电出力明显下降，为近 5 年最少或次少。降水偏少、蒸发加大以及上游来水锐减，下游江河湖水位

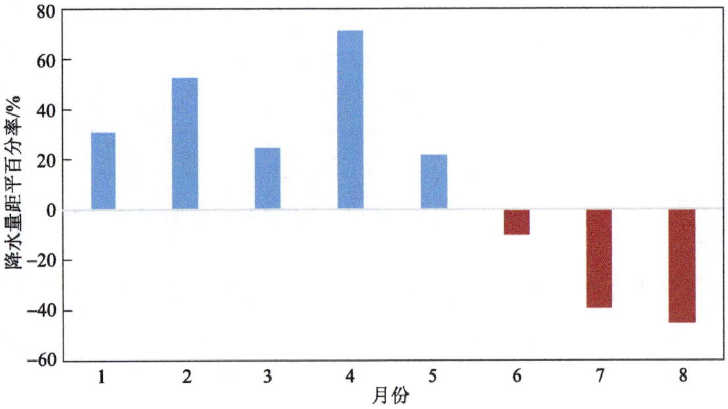

图 7.21　2022 年 1—8 月长江流域上游逐月降水量距平百分率变化

偏低，甚至干涸。洞庭湖水位持续下降，水体面积仅为 500 余平方千米，与 7 月 1 日相比减少近 7 成。鄱阳湖接连刷新 1951 年有记录以来最早进入枯水期、低枯水期的纪录。

高温干旱给电力供保带来巨大压力。高温干旱导致用电需求激增，6 月 13 日以来，华东、西南及西北电网用电负荷均创历史新高，四川、江苏、湖北三省超 60 d 电力负荷气象条件指数高于历史同期。由于降水明显偏少，水库处于低水位，水力发电受影响，干旱导致水电大省四川省电力供应出现短缺，水电来水较常年减少 5 成以上，而全省用电需求最高负荷跃升至 6500 万 kW，同比增长 25%，供需反向变化，加剧电力供需失衡。

高温干旱导致长江通航能力下降。高温少雨使长江枯水期提前到来，受航宽、水位限制，本来 9 月还能通航的海轮通道被迫提前关闭，航道等级随之下降，影响长江航运的运力。货船的载货量明显降低，运输成本提高，矿石、煤炭、建材等常规水路运输受到影响。航道收窄、水位下降给船舶交会、船舶追越造成困难。

7.5.3　长江流域汛期气候服务情况

7.5.3.1　2022 年汛期预测服务

2022 年汛期我国天气气候异常，区域性、阶段性旱涝灾害明显，降水空间差异显著，主要多雨区在北方，长江流域出现破纪录的高温伏旱，气候条件总体偏差。国家气候中心密切监视全球气候系统变化，最早于 2021 年 12 月底发布 2022 年年景和汛期展望报告，指出“我国降水整体呈‘南北多、中间少’的异常分布特征，旱涝并重，区域性、阶段性旱涝灾害明显，高温日数偏多”。之后，分别在 2022 年 1 月 31 日、2 月 25 日、3 月 11 日等相关决策服务和内部讨论中不断加强研判。3 月 24 日召开全国汛期预测会商，会后正式发布预测意见，汛期期间针对主要多雨带和季节进程组织了多次订正和滚动会商。

总体来说，较好较早把握了汛期主雨带位置和全国旱涝分布，准确预测了全国平均气温趋势和高温异常特征，2020 年夏季预测取得了近些年来较好的成绩。3 月底正式发布夏季降水预测空间距平相关系数为 0.38，为 2010 年以来最高；降水预测评分为 75 分，在近 5 年排名第二(仅次于 2018 的年 77.2 分)。6 月底发布的盛夏(7—8 月)降水距平相关系数为 0.39，评分为 75 分。国家气候中心客观预测系统对夏季降水预测的整体表现也很好，其中，多模式集合预测系统(CMME)77 分，动力统计集成季节气候预测系统(FODAS)77 分，区域气候预测模式(CWRF)74 分，多模式解释应用预测系统(MODES)71 分。然而，预测结果与期待的差距还是客观存在的，最主要的不足之处是对长江流域高温干旱的极端程度估计不足。预测“贵州东部、湖南中部和南部、广西北部、江西西部、新疆、甘肃西部等地偏少 2～5 成，上述地区发生区域性干旱的可能性大”，实况为长江流域降水总体偏少 2～5 成，并且中东部地区出现 1961 年以来综合强度最强的区域性高温事件。

入汛以来制作重要气候信息 31 期、各类汛期气候滚动预测 35 期，提供专题决策服务材料 112 份，20 余篇服务材料被中共中央办公厅、国务院办公厅采纳，多份材料得到中央领导批示。针对气候热点与高影响天气气候事件，策划组织《人民日报》、“新华社”“中央电视台”、《光明日报》等主流媒体采访共 83 次，投入专家 125 人次。通过国家气候中心官方微信公众号发布了 19 篇文章，最高单篇阅读量破 8.4 万，多篇文章被各大主流媒体转载。

7.5.3.2　2022 年高温干旱专题服务

国家气候中心高度重视长江流域气象服务保障工作，针对长江流域高温干旱发展，多次与三峡集团进行会商，国家气候中心和区域气候中心多次组织滚动会商更新预测意见，5 月 23 日邀请长江三峡集团参加汛期滚动会商，专门提供针对长江流域的精细化气候预测产品；同时国家气候中心也积极参加长江三峡集团流域梯级调度会议，为做好 2022 年梯级水库蓄水工作提供气候预测信息。8 月 2 日，提供了 8 月及 9—11 月的长江流域气温和降水的趋势预测意见。针对长江流域持续的高温干旱，国家气候中心配合中央气象台，自 8 月 18 日起连续发布气象干旱预警，截至 11 月 11 日共发布 86 期，其中，干旱黄色预警 38 期，干旱橙色预警 48 期。强化提升流域气候服务能力，面向粮食安全、能源保供等服务效果良好。

7.5.3.3　2023 年汛期预测服务

2023 年汛期我国天气气候异常，区域性、阶段性高温、旱涝灾害明显，降水空间差异显著，主要多雨区在北方，气候条件总体偏差。国家气候中心在 2 月就进入汛期预测服务保障工作状态，将全国多模式集合预测、智能网格预测等最新成果应用到汛期预测中，提升汛期气候预测的科学性、定量化和智能化。2—8 月组织各类预测会商 30 余次，成立西安中非合作论坛、成都大运会、杭州亚运会等重大活动气候服务保障专班。针对天气气候变化，及时开展复盘总结，汛期组织各类气候诊断预测内部总结 10 余次，参加中国气象局预报司和国家气象中心组织的高温、汛期、雨季等专项复盘。

总体来看，2023 年汛期预测较好地把握了北方主雨带特征，对松花江流域、嫩江流域、海河流域可能出现较重汛情做出准确预测；准确预测了夏季和盛夏、“七下八上”等重点时段生成和登陆的热带气旋个数偏少、主要路径以西行和西北行为主、同时北上高影响台风可能性大等趋势；对夏季全国大部分地区气温偏高的特征预测与实况一致，并明确指出，长江流域发生类似 2022 年大范围持续性高温干旱事件的可能性低。上述预测均与实况吻合，取得了较好的服务效果。

汛期预测的不足之处：一是对华北、黄淮区域性高温过程的极端程度估计不足。预测华北、黄淮夏季平均气温较常年同期偏高 0.5～1 ℃，实况是气温较常年同期偏高 1～2 ℃，且 6—7 月华北、黄淮区域性高温过程持续期间，多个国家级气象站日最高气温及高温日数达到或突破历史极值。二是预测“华东南部、华南中东部及西南地区南部降水偏多”，实况为上述区域降水整体较常年同期偏少 1～2 成。但若考虑 9 月上旬台风影响，用 6 月 1 日至 9 月 10 日降水代替夏季降水，则东南沿海降水偏多1～2成，与预测的趋势一致。

国家气候中心正式发布汛期降水PS评分为70分，4月底和5月底发布的滚动预测均为73分，6月底发布的盛夏预测为72分，夏季(6—8月)月降水预测分别为79分、65分和71分，其中，6月预测评分为历史第一名。国家气候中心客观预测系统整体表现较好，国家气候中心第三代季节气候模式降水预测为73分，区域气候预测模式(CWRF)66分，多模式集合预测系统(CMME)68分，多模式解释应用预测系统(MODES)72分，动力统计集成季节气候预测系统(FODAS)71分。

7.5.4 对策建议

2022年6月开始的长江流域上游涝旱急转的两极化局面，给长江流域大型水库的管理带来较大挑战。建议：

一是在气候变暖背景下，气候波动性增大，要加强季节和月尺度旱涝转换等极端天气气候事件前兆信号的研究，增强气候异常波动和转折的预测能力。

二是充分利用气候预测信息，建立安全与灵活的大型水库群水资源管理和调度的方式，提高长江流域重大水利工程防洪、抗旱和保供能力。

三是水库承担防洪抗旱、水利发电等重要功能，需加强气候环境变化对能源和水系统保障能力的专题研究，提高气候变化背景下大型水库能源与水的协同保障能力。

7.6 2022年夏季长江流域高温干旱成因分析和预测评估

7.6.1 2022年夏季长江流域高温干旱成因

2022年夏季，长江流域气温异常偏高，降水持续偏少，发生了破纪录的高温伏旱。长江流域大部分地区降水较常年同期偏少2～5成(图7.22)，流域平均降水量(358.9 mm)较常年同期偏少32.5%，为1961年以来历史同期最少。除上游西部外，长江流域平均气温较常年偏高

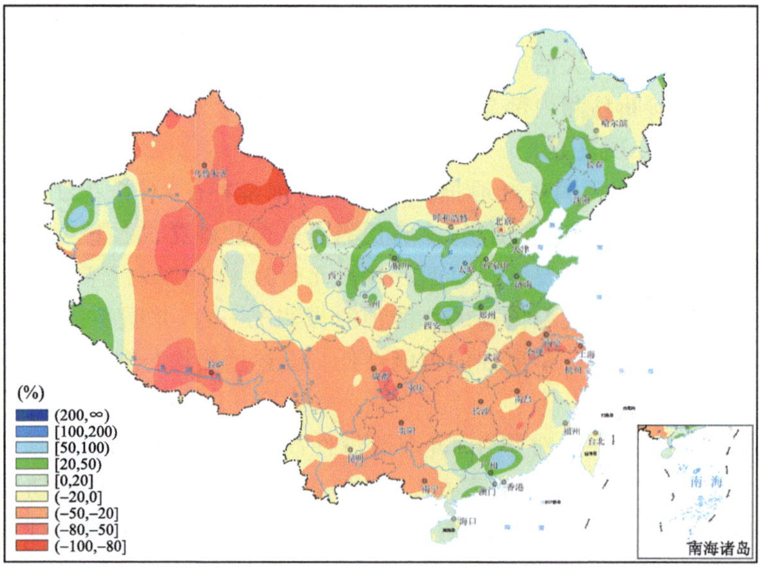

图7.22 2022年夏季(6—8月)全国降水量距平百分率实况

2～4 ℃(图 7.23)。受持续高温少雨的影响,长江中下游和川渝地区出现了严重的夏伏旱(图 7.24)。川、渝、黔、湘、赣、浙、鄂、苏、皖、沪 10 省(市)盛夏平均降水量之少(178.1 mm)、平均气温之高(29.0 ℃)、高温日数之多(34.1 d)均为 1961 年以来历史同期之最。高温少雨导致上述地区气象干旱快速发展,干旱日数普遍有 20～30 d,局部超过 30 d。长江流域 10 省(市)中旱及以上站数比例达 94.6%,为 1961 年以来历史同期最多;10 省(市)平均中旱及以上干旱日数(27.9 d)为 1961 年以来历史同期第二多,仅次于 1978 年。此次长江中下游及川渝地区干旱分布范围广、持续时间长、极端程度强,综合强度达到 1961 年以来最强,造成了严重的社会经济影响。受持续高温少雨天气的影响,川渝等地盛夏出现明显的供电缺口;鄱阳湖 9 月 6 日进入极枯水期,刷新最早纪录;长江口遭遇咸潮入侵,对居民生活用水产生不利影响。

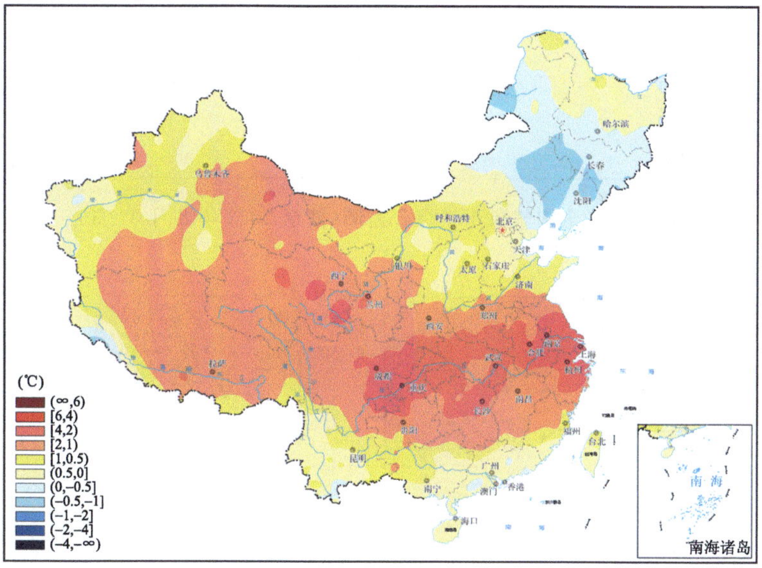

图 7.23　2022 年夏季(6—8 月)全国平均气温距平预报

2022 年夏季,长江流域高温干旱与西太副高和雨季季节进程异常密切相关。随着东亚夏季风的推进,我国东部地区主雨带自南向北逐步推进。6 月上中旬,欧亚中高纬度大气环流经向度大,东北冷涡活跃并且向南发展加强,使得西太副高位置偏南(图 7.25a),季风环流引导的西南水汽输送偏南(图 7.25b,c),降水主要位于华南至江南南部。6 月下旬至 8 月,欧亚大气环流形势发生明显调整,东亚位势高度场经向距平由前期"北高南低"转为"北低南高",鄂霍次克海高压脊发展,东亚大槽偏弱。西太副高脊线明显北跳,强度偏强,西伸脊点偏西,主体控制长江流域(图 7.26a)。在强大的西太副高持续控制之下,盛行下沉气流有利于地面增温,同时晴空少云,太阳辐射偏强,导致我国长江流域在盛夏出现了破纪录的高温天气。另外,异常西伸的西太副高由于与大陆高压和伊朗高压打通形成了稳定的副热带高压带,一定程度上阻断了其西南侧的水汽输送通道。在对流层低层,菲律宾和中国南海上空盛行东风距平,菲律宾以北仍为异常反气旋环流控制,但其位置明显向北移动、范围向北扩展(图 7.26b),引导来自西北太平洋的水汽向我国北方地区输送,而长江流域大部分地区为水汽通量异常辐散区(图 7.26c),降水持续偏少。

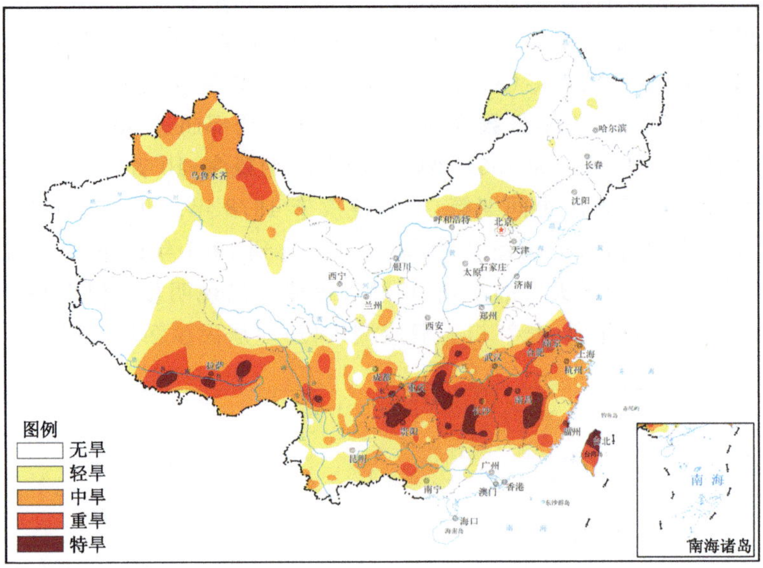

图 7.24　全国气象干旱综合监测(截至 2022 年 8 月 31 日)

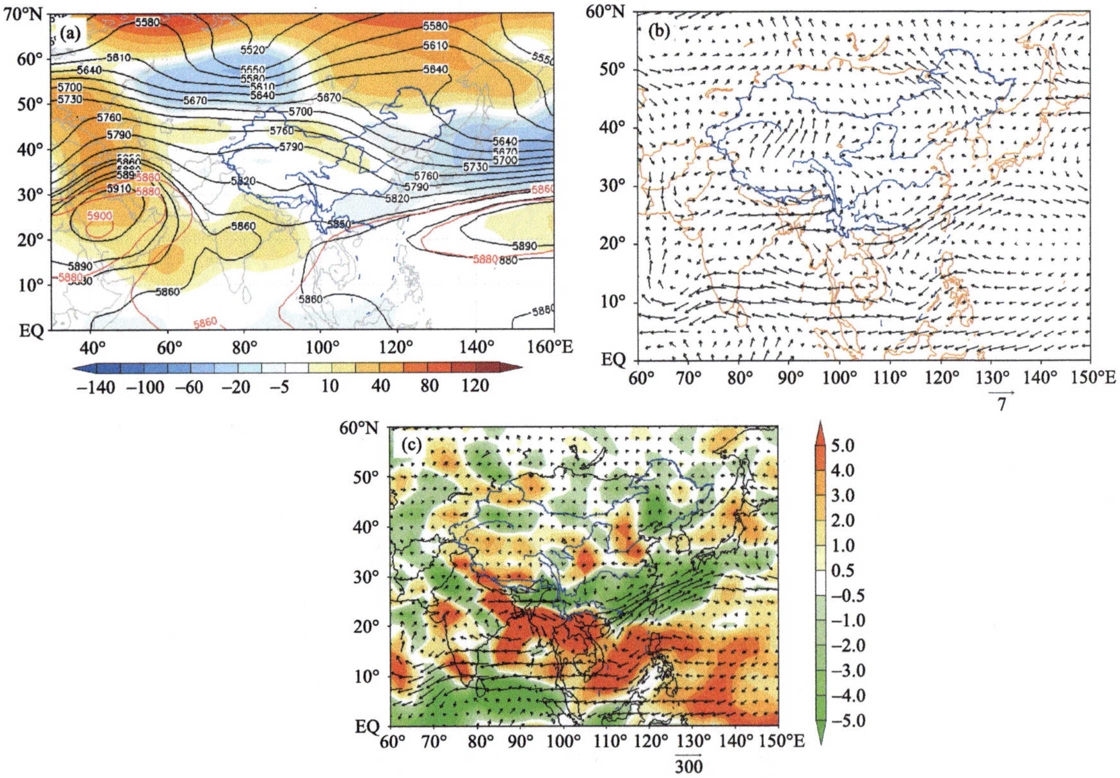

图 7.25　2022 年 6 月上中旬平均大气环流距平场(a)500 hPa 位势高度(等值线,其中,红色等值线表示气候平均的 5880 gpm 和 5860 gpm)及距平(填色),(b)850 hPa 距平风场(箭头,单位:m/s),(c)整层水汽通量(箭头,单位:kg/(m·s))及水汽通量散度(阴影,单位:10^{-5} kg/(m^2·s))

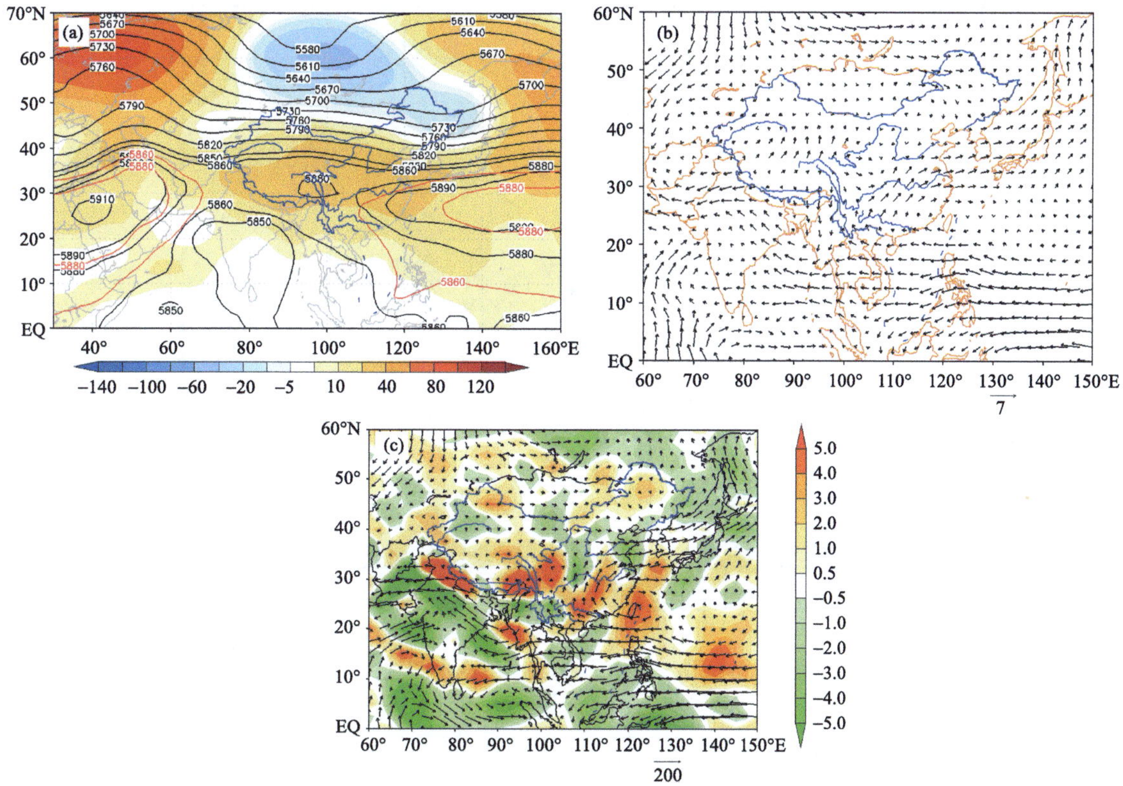

图 7.26　同图 7.25，但为 2022 年 6 月下旬至 8 月

2022 年夏季西太副高的异常偏强是多种因素共同作用的结果。首先，在全球变暖背景下，副热带地区位势高度场存在加强的趋势(Lu et al.，2007；Wu et al.，2015)。其次，2022 年夏季赤道中太平洋冷海温的发展加强，并通过 Gill-Matsuno 响应在其西北侧激发出反气旋异常环流，增强西太副高(Wang et al.，2013；Xiang et al.，2013；Yang et al.，2022)。西太平洋暖池区海表温度也持续偏高，局地对流活动加强，异常增强的凝结潜热激发局地哈德来环流，导致副热带西北太平洋受异常下沉运动控制，也有利于西太副高的增强(杨辉 等，2005)。再次，2022 年夏季热带印度洋偶极子(TIOD)负位相发展，并且在 8 月达到 1961 年以来最强。TIOD 可以激发对流层上层青藏高原附近的异常反气旋环流(Li et al.，2003；林莉 等，2008)，导致南亚高压偏强偏东，西太副高加强西伸。最后，2022 年盛夏黑潮及其延伸区海温的异常偏高，也有利于西太副高加强并向北扩展(Ding et al.，2019)。

7.6.2　2022 年夏季长江流域高温干旱预测评估

2022 年汛期较早较好地把握了长江流域高温干旱的趋势，但是对范围和极端程度的估计与实况存在偏差(图 7.27)。降水预测“主要多雨区位于我国北方，华东南部、华中南部、华南北部、西南东部降水偏少，可能发生阶段性气象干旱”与实况基本一致，但是对降水偏少和干旱的极端程度预测较之实况偏弱，范围偏小。预测“其中贵州东部、湖南中部和南部、广西北部、江西西部、新疆、甘肃西部等地偏少 2～5 成，上述地区发生区域性干旱的可能性大”。实况 2022 年夏季长江全流域降水异常偏少(图 7.22)，为 1961 年以来流域降水量最少的一年。

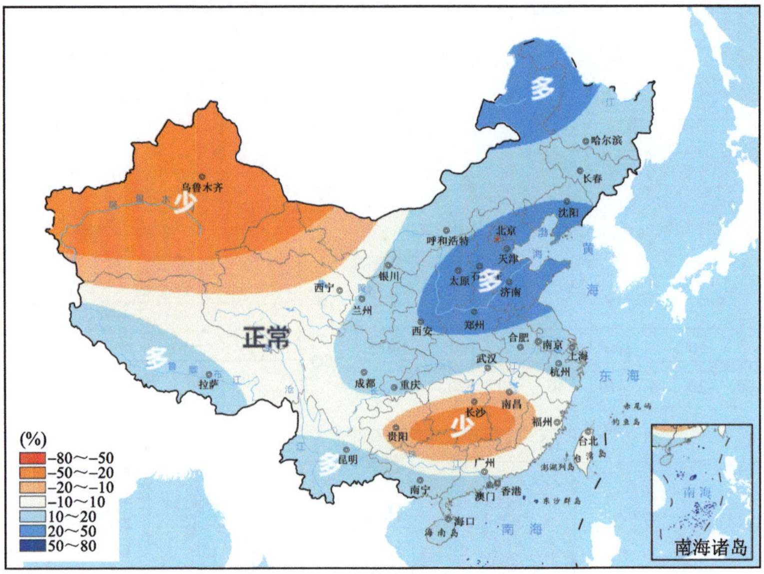

图 7.27　2022 年夏季(6—8 月)全国降水量距平百分率预报

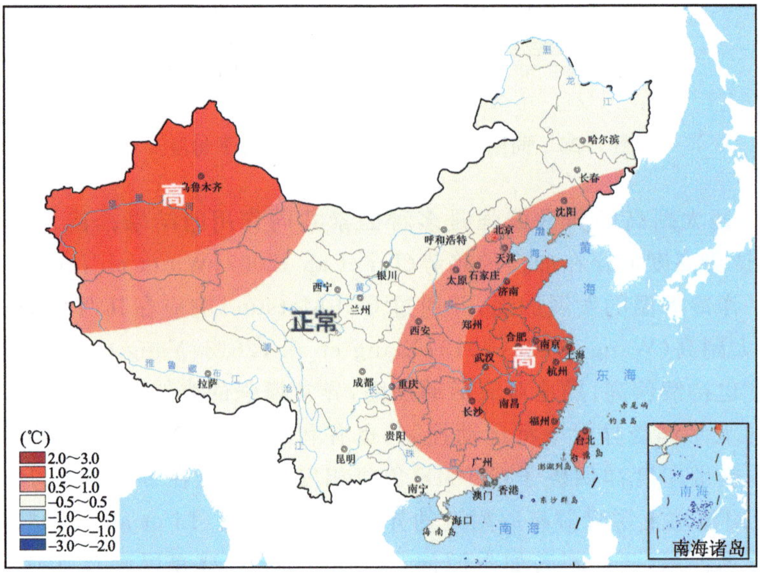

图 7.28　2022 年夏季(6—8 月)全国平均气温距平预报

气温预测“夏季我国中东部大部气温偏高，高温(≥35 ℃)日数较常年同期偏多，华东、华中、新疆等地可能出现阶段性高温热浪”对大范围高温趋势把握正确，但是低估了高温异常的范围和极端性(图 7.28)。预测长江中下游大部平均气温较常年偏高 1～2 ℃，中游西部和上游东部气温偏高 0.5～1 ℃，上游西部接近常年，实况中长江中下游和川渝等地气温偏高 2～4 ℃，上游大部地区气温偏高 1～2 ℃(图 7.23)。预测与实况主要偏差位于川渝地区，这与降水预测中对长江上游北部降水偏多的预测对应。预测夏季长江流域高温伏旱主要发生在两湖流域(鄱阳湖和洞庭湖)，上游降水北部偏多、南部偏少，气温接近常年到偏高，与实况存在较大偏差。

对气温和降水预测的不足与大气环流形势预测偏差联系紧密。尽管 2022 年汛期对“东亚夏季风偏强，西太副高强度略偏强、脊线位置偏北、西伸脊点偏西”的趋势预测正确，但是对西太副高强度和西伸脊点异常的程度估计不足。受海温等外强迫和大气内部过程影响，2022 年夏季西太副高异常偏强西伸，并且多次与西侧的伊朗高压打通，形成副热带高压带。汛期预测中综合外强迫信号诊断和模式信息，对西太副高等关键环流系统异常趋势的把握正确，但对多因子协同作用下极端事件的预测能力仍然不足。

7.7　本章小结

本章系统地评估了国家气候中心大气环流模式(BCC_AGCM2.2)对中国东部夏季降水的次季节预报技巧和偏差特征，并基于多样本成员预报分析了中国东部夏季降水的可预报性。BCC_AGCM2.2 模式仅对提前 9 d 的夏季逐候降水有一定预报技巧。这种对东亚降水的低预报技巧可能与模式本身存在系统性偏差有关，包括长江流域多雨带较观测明显偏宽，但强度偏弱，多雨带北推偏早，西太副高和东亚西风急流位置均偏北。这些偏差导致季风雨带沿线出现明显的干偏差，而其南北两侧出现湿偏差。

分析了长江流域夏季降水的主模态分布特征，及其前两个主模态所对应的前期和同期大气环流和热带海温异常分布，找到其主要的可预报来源。根据各模态所对应的关键影响因子，建立了长江流域夏季降水的客观化预测模型，并挑选 2020 年长江洪涝和 2022 年极端干旱的两个代表年份，对客观化预测模型进行了预测效果检验评估，预测模型能够较好地预测出长江流域整体的降水异常分布，但也需要指出，对于极端的异常程度，模式预报仍然存在较大的偏差。后期还将对模型做进一步的改进优化。

此外，从长江流域主模态的分析中也可以看出，长江流域夏季降水变率存在较明显的区域差异，EOF 主导空间型主要反映出了中游和下游的变化。因此，后面我们还应对长江流域分为上游、中游和下游来做进一步分析，并分别针对夏季和 6—8 月逐月的降水特点进行对比。2022 年夏季长江流域上游持续少雨干旱事件对上游蓄水发电同样造成了严重影响。因而各流段分别开展具体的影响因素分析，对进一步认识长江流域不同区域降水的主要影响因素具有重要意义。

2022 年夏季，长江流域气温异常偏高，降水持续偏少，发生了破纪录的高温伏旱。对此次极端事件的成因分析发现，拉尼娜事件在春季再次发展，赤道中太平洋冷海温加强和海洋性大陆上空对流活跃，热带印度洋偶极子负位相异常偏强，黑潮及延伸区海温偏暖，导致西太副高加强西伸和北抬，对夏季主雨带位置偏北和长江流域持续性异常高温天气起了重要作用。2022 年汛期预测较早较好的把握了长江流域高温干旱的趋势，但是对范围和极端程度的估计与实况存在偏差。预测与实况主要偏差位于川渝地区，这与降水预测中对长江上游北部降水偏多的预测对应。对气温和降水预测的不足与大气环流形势预测偏差紧密联系。汛期预测中综合外强迫信号诊断和模式信息，对西太副高等关键环流系统异常趋势的把握正确，但对多因子协同作用下极端事件的预测能力仍然不足。

2023 年夏季，我国阶段性高温、旱涝灾害明显，主要多雨区在北方。2023 年汛期预测较好地把握了北方主雨带特征，对夏季全国大部地区气温偏高的特征预测与实况一致，并明确指出，长江流域发生类似 2022 年大范围持续性高温干旱事件的可能性低。上述预测均与实况吻合，取得了较好的服务效果。

参考文献

丁裕国，施能，1992. 气象场经验正交函数不同展开方案收敛性问题的探讨[J]. 大气科学，16(4):436-443.

黄刚，胡开明，屈侠，等，2016. 热带印度洋海温海盆一致模的变化规律及其对东亚夏季气候影响的回顾[J]. 大气科学，40(1):121-130.

金大超，管兆勇，蔡佳熙，等，2010. 近50年华东地区夏季异常降水空间分型及与其相联系的遥相关[J]. 大气科学，34(5):947-961.

李崇银，穆明权，2001. 赤道印度洋海温偶极子型振荡及其气候影响[J]. 大气科学，48(4):1238-1249.

林莉，李跃清，范广洲，2008. 印度洋海温异常与南亚高压东西振荡的关系[J]. 高原与山地气象研究，28(4): 39-45.

刘宣飞，袁慧珍，管兆勇，2008. ENSO对IOD与中国夏季降水关系的影响[J]. 热带气象学报，24(5):502-506.

刘芸芸，李维京，艾婉秀，等，2012. 月尺度西太平洋副热带高压指数的重建与应用[J]. 应用气象学报，23(4): 414-423.

钱代丽，管兆勇，2019. 滤除ENSO信号前后夏季热带印度洋海盆尺度海温距平对西太平洋副热带高压的不同影响[J]. 气象学报，77(3):442-455.

任芝花，余予，邹凤玲，等，2012. 部分地面要素历史基础气象资料质量检测[J]. 应用气象学报，23(6): 739-747.

施宁，布和朝鲁，纪立人，等，2009. 中高纬度Rossby波活动对盛夏东亚/太平洋事件中期演变过程的影响[J]. 大气科学，33(5):1087-1100.

谭言科，张人禾，何金海，等，2004. 热带印度洋海温的年际变化与ENSO[J]. 气象学报，62(6):831-840.

唐卫亚，孙照渤，谭桂容，2008. 印度洋偶极子与中国南方夏季降水的可能联系[J]. 南京气象学院学报，31(6):836-843.

吴国雄，孟文，1998. 赤道印度洋—太平洋地区海气系统的齿轮式耦合和ENSO事件[J]. 大气科学，22(4): 470-480.

吴佳，高学杰，2013. 一套格点化的中国区域逐日观测资料及与其它资料的对比[J]. 地球物理学报，56(4): 1102-1111.

晏红明，肖子牛，2000. 印度洋海温异常对亚洲季风区天气气候影响的数值模拟研究[J]. 热带气象学报，16(1):18-27.

晏红明，严华生，谢应齐，2001. 中国汛期降水的印度洋SSTA信号特征分析[J]. 热带气象学报，17(2): 109-116.

杨辉，李崇银，2005. 热带太平洋—印度洋异常综合模对南亚高压的影响[J]. 大气科学，29(1):99-110.

张邦林，丑纪范，1991. 经验正交函数在气候数值模拟中的应用[J]. 中国科学，4:442-448.

CHEN M Y, XIE P P, JANOWIAK J E, et al, 2002. Global land precipitation: A 50-yr monthly analysis based on gauge observations[J]. J Hydrometeor, 3(3):249-266.

CHEN Y, ZHAI P M, 2015. Synoptic-scale precursor features of East Asia/Pacific teleconnection pattern responsible for persistent extreme precipitation in the Yangtze River Valley [J]. Quart J Roy Meteor Soc, 141(689):1389-1403.

DAVIS R E, 1976. Predictability of sea surface temperature and sea level pressure anomalies over the North Pacific Ocean[J]. J Phys Oceanogr, 6(3):249-266.

DING T, YUAN Y, ZHANG J M, et al, 2019. 2018: The hottest summer in China and possible causes[J]. J Meteorol Res, 33(4):577-592.

DING Y H,1994. Monsoons over China[M]. Kluwer Academic Publisher,Dordrecht.

HU Z Z,KUMAR A,HUANG B,et al,2011. Persistent atmospheric and oceanic anomalies in the North Atlantic from Summer 2009 to Summer 2010[J]. J Clim,24(22):5812-5830.

HU Z Z,KUMAR A,JHA B,et al,2020. How much of monthly mean precipitation variability over global land is associated with SST anomalies? [J] . Clim Dyn 54: 701-712. https://doi. org/10. 1007/s00382-019-05023-5.

HUANG G,2004. An Index Measuring the Interannual Variation of the East Asian Summer Monsoon—The EAP Index[J]. Adv Atmos,Sci,21(1):41-52.

LI S L,LU J,HUANG G,et al,2008. Tropical Indian Ocean basin warming and East Asian summer monsoon: A multiple AGCM study[J]. Journal of Climate,21(22):6080-6088.

LI T,WANG B,CHANG C P,et al,2003. A theory for Indian Ocean dipole-zonal mode[J]. J Atmos Sci,60(17):2119-2135.

LIN Z,LU R,2009. The ENSO's effect on eastern China rainfall in the following early summer[J]. Adv in Atmospheric Sciences,26(2):333-342.

LIU Y Y,KE Z J,DING Y H,2019a. Predictability of East Asian summer monsoon in seasonal climate forecast models[J]. Int J Climatol,39:5688-5701.

LIU Y Y,LIANG P,SUN Y,2019b. The Asian Summer Monsoon:Characteristics,Variability,Teleconnections and Projection[M]. Amsterdam:Elsevier.

LORENZ E N,1956. Empirical Orthogonal Functions and Statistical Weather Prediction[M]. Statistical Forecasting Project-Scientific Report No. 1,Dept. of Meteorology,Massachusetts Institute of Technology.

LU J,VECCHI G A,REICHLER T,2007. Expansion of the Hadley cell under global warming[J]. Geophys Res Lett,34(6):L06805.

QU X,HUANG G,2012. Impacts of tropical Indian Ocean SST on the meridional displacement of East Asian jet in boreal summer[J]. International Journal of Climatology,32(13):2073-2080.

WANG B,WU R G,FU X H,2000. Pacific-East Asian teleconnection:how does ENSO affect East Asian climate? [J] Journal of Climate,13(9):1517-1536.

WANG B,XIANG B Q,LEE J Y,2013. Subtropical high predictability establishes a promising way for monsoon and tropical storm predictions[J]. Proc Natl Acad Sci USA,110(8):2718-2722.

WU B,ZHOU T,LI T,2017. Atmospheric dynamic and thermodynamic processes driving the western North Pacific anomalous anticyclone during El Niño. Part II:Formation processes [J]. Journal of Climate,30(23):9637-9650.

WU L, WANG C, 2015. Has the western North Pacific subtropical high extended westward since the late 1970s? [J]. J Climate,28(13):5406-5413.

WU T, YU R, ZHANG F, et al, 2010. The Beijing Climate Center atmospheric general circulation model: Description and its performance for the present-day climate[J]. Clim Dyn, 34:23-147

WU T,2012. A mass-flux cumulus parameterization scheme for large-scale models:description and test with observations[J]. Clim Dyn,38:725-744.

XIANG B Q,WANG B,YU W D,et al,2013. How can anomalous western North Pacific subtropical high intensify in late summer? [J] Geophysical Research Letters,40(10):2349-2354.

XIE S P,HU K,HAFNER J,et al,2009. Indian Ocean capacitor effect on Indo-western Pacific climate during the summer following El Niño[J]. Journal of Climate,22(3):730-747.

XU K,MIAO H Y,LIU B,et al,2020. Aggravation of record-breaking drought over the mid-to-lower reaches of the Yangtze River in the post-monsoon season of 2019 by anomalous Indo-Pacific oceanic conditions[J].

Geophys Res Lett,47(24):e2020GL090847.
YANG J L,LIU Q Y,XIE S P,et al. 2007. Impact of the Indian Ocean SST basin mode on the Asian summer monsoon[J]. Geophysical Research Letters,34(2):L02708.
YANG K,CAI W J,HUANG G,et al,2022. Increased variability of the western Pacific subtropical high under greenhouse warming[J]. Proc Natl Acad Sci USA,119(23):e2120335119.
ZHANG R H,SUMI A,KIMOTO M,1996. Impact of El Niño on the East Asian monsoon:A diagnostic study of the '86/87 and '91/92 events[J]. Journal of the Meteorological Society of Japan,74(1):49-62.

第 8 章　长江流域未来气候变化趋势及极端气候事件风险预估

引言

在全球变暖的背景下，长江流域气候和极端气候的演变直接关系到整个流域的社会经济发展，长江经济带和长江三角洲区域一体化发展更是位列中共中央重点实施的区域发展“六个重大国家战略”而得到重视。随着未来人口不断增多、GDP 不断增长，将会面临更大的气候风险。

全球气候模式(GCM)是目前开展未来气候变化预估工作的主要工具，研究表明：未来中国地区极端气温将持续上升(Zhou et al.，2014；Xu et al.，2015；Li et al.，2016；江晓菲 等，2018)；利用全球模式模拟结果和 IIASA 发布的社会经济数据对高排放情景下 21 世纪高温风险的分析表明，未来中国高温风险将增大(董思言 等，2014)；RCP4.5 和 RCP8.5 情景下的高温人口暴露度在未来各时段均有一定程度的增加(黄大鹏 等，2016；张蕾 等，2016)。极端降水增加的幅度大，且变率增强等(Chen et al.，2013；Wang et al.，2014；吴佳 等，2015；Wu et al.，2017)，尤其是在 RCP8.5 情景下，中国平均极端降水在 2016—2035 年从 50 年一遇变为 20 年一遇，到 21 世纪末在 RCP2.6、RCP4.5 和 RCP8.5 三种温室气体排放情景下将分别变为 17 年、13 年和 7 年一遇，极端干旱事件在 2016—2035 年从目前的 50 年一遇变为 32 年一遇，到 21 世纪末三种情景下分别变为 38 年、36 年和 29 年一遇(Xu et al.，2018)。

针对长江流域的一些研究也表明，未来流域内的热浪频次将增多、强度增强，极端降水贡献率增大等，不同研究结果在变幅和空间分布上会有一定差异(Xu et al.，2009；Wu et al.，2016；刘倖霞 等，2017；Qi et al.，2019；Zhu et al.， 2021)。

但由于全球气候模式分辨率一般较低，在流域尺度特别是中小流域尺度的应用上仍存在不足。为了进一步在区域或局地尺度上得到更可靠的气候信号，使用降尺度的方法得到高分辨率数据进行研究是十分必要的，特别是在定量评估、减小预估的不确定性和风险分析方面。目前，利用区域气候模式(RCM)进行动力降尺度和统计降尺度是获取高分辨率数据集的两种常用方法。相比 GCM，RCM 由于其更高的分辨率，对类似长江流域地形复杂、气候多样的地区表现出更多的增值(added value)(Wu et al.，2020，2021)。但现有的 RCM 分辨率仍然不足，为了更进一步提高分辨率和减少计算成本，一些研究进一步利用统计方法进行降尺度(Wang et al.，2015；Han et al.，2019)，为更精细化、定量化分析区域气候变化及其不确定性提供强有力的研究基础。

因此，为了得到更精细的长江流域未来气候变化预估信息，本研究采用降尺度技术获取 5 km 高分辨率的预估数据集，开展长江流域未来气候变化趋势预估，为长江流域制订风险防范措施提供参考依据。

8.1 数据和方法

8.1.1 全球气候模式数据

本章用于统计降尺度的数据为 WCRP 组织的第六次国际耦合模式比较计划(CMIP6)的全球气候模式(GCMs)预估数据。气候要素包括:日平均气温、日最高和最低气温、日降水量。参考 ISIMIP(跨部门影响模式比较计划)对全球模式的选择,综合考虑模式模拟性能、气候敏感度和逐日模拟数据的完整性,选择其中 6 个全球模式用于降尺度计算,具体信息见表 8.1。

表 8.1 本研究 5 km 降尺度采用的 6 个 CMIP6 GCMs 基本信息

编号	模式	单位	分辨率(纬度×经度)	气候敏感度(ECS/℃)	气候敏感度(TCR/℃)	敏感度级别
1	BCC-CSM2-MR	北京气候中心,中国	1.1°×1.1°	3.04	1.72	中等
2	GFDL-ESM4	美国国家海洋和大气管理局,地球物理流体动力学实验室,美国	1.0°×1.3°	3.20	1.60	偏低
3	IPSL-CM6A-LR	拉普拉斯研究所,法国	1.3°×2.5°	4.56	2.32	偏高
4	MPI-ESM1-2-HR	马克斯-普朗克气象研究所,德国	0.9°×0.9°	2.98	1.66	中等
5	MRI-ESM2-0	气象厅气象研究中心,日本	1.1°×1.1°	3.15	1.64	偏低
6	UKESM1-0-LL	英国气象局哈德来研究中心,英国	1.25°×1.875°	5.34	2.79	偏高

对长江流域未来不同时期人口和 GDP 对高温事件和强降水事件的暴露度的变化特征进行分析时,选取 SSP2-4.5 路径下开发的人口密度(POP)和经济(GDP)未来预估数据,进一步将人口和经济数据与高温和强降水事件相结合得到高温和强降水事件带来的风险,其中,人口密度的未来预估数据来自于跨部门影响模型比较计划(ISIMIP, https://www.isimip.org/gettingstarted/details/62/),空间分辨率为 1/8 度(7.5 弧分),时间分辨率为年(Jones et al.,2016),GDP 的未来预估数据来源于波茨坦气候影响研究所(PIK, http://dataservices.gfz-potsdam.de/pik/showshort.php? id=escidoc:2740907),空间分辨率为 1/12 度(5 弧分),时间分辨率为 10 年(Tobias et al.,2017)。这两套社会经济预估产品是对 IPCC 给出的国家尺度情景预估数据(O'Neill et al.,2017)的空间降尺度,较好地考虑了城市扩张/收缩、城市间相互影响对未来 GDP 和人口空间分布的影响(Jones et al.,2016;Murakami et al.,2016)。为了便于计算,使用线性插值方法对 GDP 和人口数据进行插值处理,处理后的空间分辨率为 5 km×5 km,时间分辨率 1 年,并选用与气候预估数据相同时段(1995—2100)年进行分析。

8.1.2 未来温室气体排放情景

随着未来经济社会的发展,不断增多的人口和增长的 GDP 将会面临更大的气候风险,充分评估未来气候变化带来的影响必须考虑未来社会经济的发展,国际上有学者确定了典型浓度路径(RCPs,Representative Concentration Pathways)。根据 Moss 等(2010)的定义,RCPs 是指"对辐射活性气体和颗粒物排放量、浓度随时间变化的一致性预测,作为一个集合,它涵盖广泛的人为气候强迫"。RCPs 为温室气体浓度和 21 世纪末可能发生的变暖幅度设定了路径。IPCC 第六次评估报告(AR6)采用了 5 个新的说明性排放情景来探索未来的气候响应,即社会经济发展情景—共享社会经济路径(SSP)和 RCP 共同构建的排放情景,包括 SSP1-1.9、

SSP1-2.6、SSP2-4.5、SSP3-7.0、SSP5-8.5 等。社会经济发展情景是影响排放情景的社会经济驱动因素，描绘了未来世界发展的各种可能性，包括人口增长、经济发展、技术进步、环境条件（包括土地利用等）和社会管理等的假设。SSP 社会经济发展情景中，SSP1、SSP2、SSP3、SSP4、SSP5 分别代表了可持续发展、中度发展、局部发展、不均衡发展和常规发展 5 种路径。与之前的报告相比，AR6 这些情景对温室气体、土地利用和空气污染物进行了更广泛的假设。利用这组情景驱动气候模型，同时考虑未来太阳活动和火山活动背景，以预估气候系统的未来变化。

在 SSPs-RCPs 组合中，RCPs 对应着减缓目标。RCP8.5 和 RCP7.0 是极高和高排放情景，注重经济社会发展，温室气体排放和浓度不断增加，无减缓措施，是一种不可持续的排放情景。RCP1.9 和 RCP2.6 是极低和低排放情景，是全球温升 1.5 ℃和 2 ℃目标的理想排放情景。比如，在 RCP2.6 情景下，全球范围内能源利用类型的改变，使温室气体排放显著减少；到 2100 年，大气中的 CO_2浓度将为 421 ppm*。2021 年，联合国环境规划署（UNEP）、国际能源署（IEA）等多家机构，根据现有的气候政策以及各国的 2030 年承诺，对未来变暖幅度的估算结果显示，即使仅考虑现有的气候政策，RCP8.5 这种极端情景也是不可能出现；若各国的 2030 年承诺都可以落实，离 2 ℃目标还有一定差距，RCP2.6 情景出现的概率也较低。从技术经济可行性角度来看，德国汉堡大学气候、气候变化和社会卓越集群（CLICCS）在 2021 年的评估也显示，高排放情景 RCP8.5 是不可能的，低排放情景 RCP2.6 的可能性则较低。相比而言，中等排放情景 RCP4.5 既考虑了经济发展，同时考虑了区域可持续发展的情况，是一种较为现实的情景，也是最可能发生的情景，因此在本研究的模拟试验中予以采用，在 CMIP6 模拟试验中对应中等温室气体排放情景 SSP2-4.5 路径。

8.1.3　降尺度方法

高分辨率降尺度的核心算法之一是统计降尺度。统计降尺度是利用历史时段的多年数据，建立低分辨率网格的大尺度气候要素（如全球气候模式输出的地面气温和降水或者观测的高空气温、湿度和大气环流变量等）和相应时段区域尺度观测气候要素（主要是高分辨率网格或站点的地面气温和降水）之间的统计关系，把这种关系应用于全球气候模式未来气候变化预估的模拟输出，最终得到区域尺度的未来气候变化信息。统计降尺度方法可分为三类：理想预报（Perfect Prognosis，PP）、模式输出统计（Model Output Statistics，MOS）和天气发生器（Weather Generator，WG）。相对于动力降尺度，统计降尺度具有计算量小、精度高、使用简单等优点，在气候变化影响评估领域得到广泛应用。

Delta 分位数映射（Quantile-Delta-Mapping，QDM）是 MOS 方法中的一种。在选定的参照时段内，分别计算高分辨率观测和低分辨率模拟值的累积概率分布函数（Cumulative Distribution Function，CDF），构建两者之间的传递函数（Transfer Function，TF）。然后利用传递函数订正其他时段内模拟值的 CDF，在降低模式模拟误差的同时实现降尺度的目的。在应用到未来预估时段时，还需考虑 CDF 的未来变化。

应用分位数映射方法时，所需传递函数的建立方法主要有两种：一种是基于理论概率分布函数，即假定模式模拟与观测结果已经符合已知的概率分布函数，如假定降水符合 Gamma 或 Gamma-Bernoulli 混合分布、气温符合正态分布等。但有研究表明，这种方法对降水极值的订

* 1 ppm$=10^{-6}$，下同。

正效果较差，另外，如当观测和模式降水数据不满足 Gamma 分布时，订正效果会不明显。另一种是基于经验概率分布建立传递函数，即订正模式模拟降水的经验累积概率分布。按照传递函数构造方法的不同，还可以进一步分为参数转换和非参数转换。参数转换是将传递函数用线性或非线性参数模型表示。参数转换对于模式模拟的误差有较好的改善效果，但它也存在一定的局限性，如建立线性参数模型的方法虽然不易受验证时段选取的影响，但是该方法对模式模拟的订正效果较差。使用指数公式建立参数模型，以订正模式与观测之间的经验累积概率分布时，当两者之间恰好满足指数关系的情况下效果较好，若不满足则较差。相比而言，采用非参数转换的方法来建立传递函数的适用性更广泛，因为它不需要对原始数据做前提假设。对多种传递函数的构建方法进行评估显示，RQUANT 方法效果相对较好。因此，项目中采用 RQUANT 方法并基于经验概率分布来构建传递函数。

8.1.4 未来气候变化预估降尺度

对多个 CMIP6 全球气候模式在中等温室气体排放情景（SSP2-4.5）下的未来气候变化预估结果分别进行降尺度。降尺度采用的气候参考数据来自国家气象信息中心研制的 5 km 高分辨率多源融合分析产品 CLDAS V2.5 数据。按照 IPCC 评估报告的通用方法，使用算术平均进行多模式集合平均，得到了气温和降水等平均气候的未来变化及其不确定性。

8.1.5 人口和 GDP 未来预估数据

CMIP6 降尺度气候变化预估数据的水平分辨率为 5 km×5 km，时间范围是 1981—2100 年，气候要素包括日平均/最高/最低气温、降水等，未来预估时选取的温室气体排放情景为中等温室气体排放情景（SSP2-4.5）。未来预估时选取 1995—2014 年为历史参照时段，分别对 2026—2045 年、2046—2065 年和 2080—2099 年（分别代表 21 世纪近期、中期和末期）3 个时段长江流域的极端气候事件及其带来的风险进行分析。

8.2 千米级分辨率降尺度结果模拟能力评估

8.2.1 气温和降水

利用长江流域范围内 714 个国家级气象站观测数据，对得到的 2008—2017 年降尺度结果进行评估，结果显示降尺度后的模拟结果对长江流域年和季节平均气温、降水的模拟效果都较好。

图 8.1 给出了 2008—2017 年长江流域冬季和夏季平均气温的模拟偏差。总体来看，长江流域大部分地区冬季平均模拟偏差在±1 ℃之间，且以暖偏差为主，其中，长江上游特别是金沙江、雅砻江、大渡河流域及附近地区偏差相对较大，最大和最小偏差值分别在 2 ℃和−2 ℃以上，长江中、下游地区偏差值相对较小。与观测相比，模拟的夏季平均气温在整个长江流域

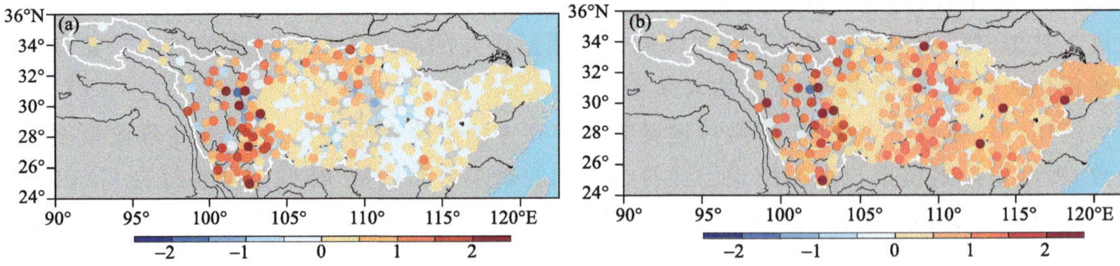

图 8.1 长江流域冬季(a)和夏季(b)平均气温的模拟偏差（单位：℃）

基本都表现为暖偏差，且与冬季气温模拟偏差的空间分布类似，夏季平均气温模拟偏差在长江上游特别是金沙江、雅砻江、大渡河流域及附近地区较为显著，最大偏差值在 2 ℃以上，中游和下游的偏差基本都在 0～1.5 ℃。与冬季平均气温模拟偏差相比，夏季平均气温模拟偏差相对较大，大部分地区偏差都在 0.5 ℃以上。

图 8.2 给出了 2008—2017 年冬季和夏季日最高气温的模拟偏差。总体来看，冬、夏季日最高气温模拟偏差均以冷偏差为主。具体来看，冬季日最高气温除在长江上游部分地区和中下游个别站表现为暖偏差，偏差值一般在 0～1 ℃外；其他大部分地区都为冷偏差，数值一般在 −1.5～0 ℃，最大冷、暖偏差分别在 −2 ℃和 2 ℃以上。夏季日最高气温总体来说偏差较小，特别是长江中、下游地区，大部分地区偏差值都在 ±0.5 ℃之间；长江上游地区特别是大渡河流域及其附近地区仍然是偏差相对较为显著的地区，且呈冷、暖偏差相间分布，冷、暖偏差最大值分别在 −2 ℃和 2 ℃以上。

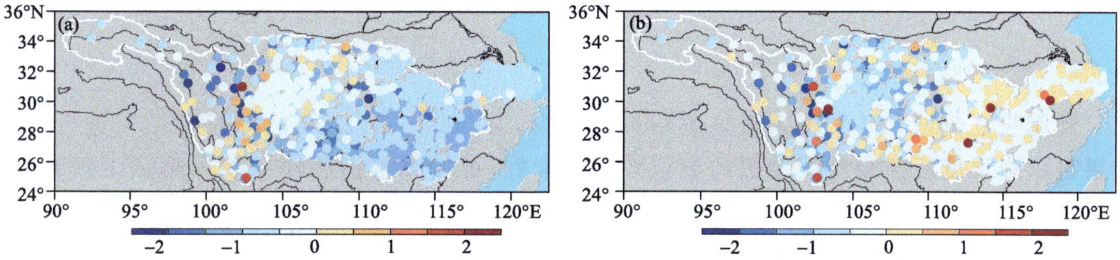

图 8.2　长江流域冬季(a)和夏季(b)日最高气温的模拟偏差(单位:℃)

图 8.3 给出 2008—2017 年冬季和夏季日最低气温的模拟偏差。总体来看，冬季日最低气温模拟偏差以冷偏差为主，夏季日最低气温模拟偏差则表现为冷、暖偏差的相间分布。具体来看，冬季日最低气温在长江上游地区除源头区域为冷偏差外，其他大部分地区表现为暖偏差，其中，金沙江、雅砻江交界处及大渡河附近区域是暖偏差较为显著的区域，偏差值一般在 0～1.5 ℃，最大偏差值在 2 ℃以上；长江中下游地区主要以冷偏差为主，数值大都在 −1～0 ℃。夏季日最低气温在金沙江、雅砻江交界处及大渡河附近区域主要以暖偏差为主，但偏差值与冬季日最低气温相比，数值较小，大都在 0～1 ℃；长江中游地区基本为冷、暖偏差相间的分布，偏差值基本都在 ±1 ℃之间；长江下游地区则主要以暖偏差为主，偏差值一般在 0～1 ℃。

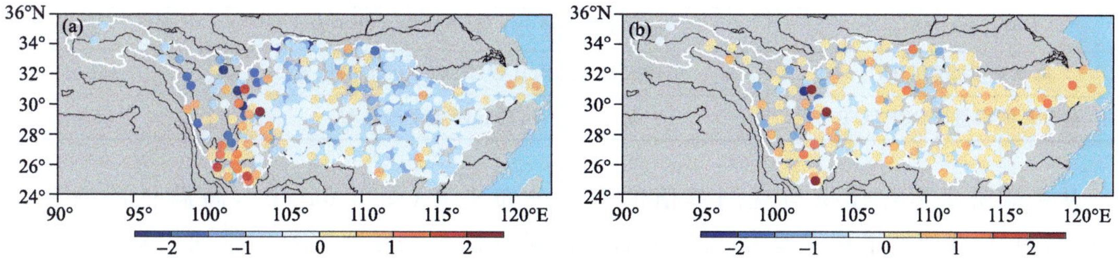

图 8.3　长江流域冬季(a)和夏季(b)日最低气温的模拟偏差(单位:℃)

图 8.4 给出了 2008—2017 年冬季和夏季平均降水的模拟偏差。总体来看，长江流域冬、夏季平均降水的模拟偏差基本呈相反的空间分布。与观测相比，模拟的冬季平均降水在长江上游特别是四川盆地地区主要以偏少为主，偏少值一般在 −0.2 mm/d 以内；中游地区主要是偏多，数值大都在 0～0.3 mm/d；下游地区则主要是偏少的，偏差值基本在 −0.4～0 mm/d。

模拟的夏季降水在长江上游地区特别是四川盆地地区主要是偏多的，偏多最大值在 2 mm/d 以上；中游地区则主要是偏少的，偏少值基本在－2～0 mm/d；下游总体以偏少为主，但表现为偏多的站较冬季平均降水要多，误差值基本在±0.5 mm/d 之间。

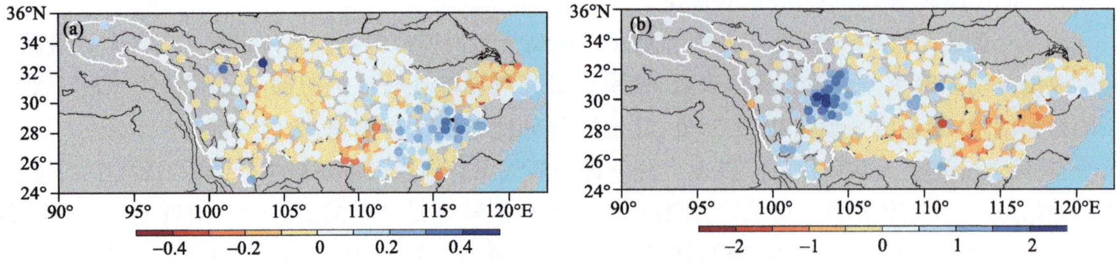

图 8.4　长江流域冬季(a)和夏季(b)降水的模拟偏差(单位：mm/d)

8.2.2　极端气候指数

利用长江流域 714 个国家级气象站观测数据，对 2008—2017 年的降尺度结果进行评估，结果显示降尺度后极端气温指数的模拟效果非常好，极端降水指数模拟效果略低于极端气温指数(极端气候指数的定义见表 8.2)。除高温日数 HD 外，极端气温指数的相关系数大都超过 0.94，标准化均方根误差也全部在 0.5 以内；HD 相关系数达到 0.91，标准化均方根误差在 0.19(图 8.5a)。除 5 日最大降水量(RX5day)外，极端降水指数的相关系数都超过 0.95，标准化均方根误差也大都在 0.3 以内，5 日最大降水量的误差略大，相关系数为 0.86，标准化均方根误差为 0.5(图 8.5b)。

表 8.2　极端气候指数定义

指数	定义	单位
高温日数(HD)	每年日最高气温大于 35 ℃的全部天数	d
日最高气温的最高值(TXX)	每年日最高气温的最大值	℃
日最低气温的最低值(TNN)	每年日最低气温的最小值	℃
霜冻日数(FD)	每年日最低气温小于 0 ℃的全部天数	d
最大 5 日降水量(RX5day)	每年最大的连续 5 d 降水量	mm
大雨日数(R20mm)	每年日降水量大于等于 20 mm 的天数	d
降水强度指数(SDII)	年降水量与降雨日数(RD≥1 mm)的比值	mm/d
湿日总降雨量(PRCPTOT)	每年≥1 mm 的日降水量的总和	mm

从极端温度指数模拟与观测差值的空间分布来看(图 8.6a—d)，高温日数的误差在－10～5 d，长江流域平均误差为－3.56 d；模拟偏差较大的区域主要位于四川盆地和长江流域下游南部，偏低 10 d 以上(图 8.6a)。霜冻日数误差在－5～5 d，长江流域平均值为 1.84 d，整个长江流域模拟基本都以偏高为主(图 8.6b)。日最高气温最高值误差在－1～1 ℃，长江流域平均值为－0.12 ℃；模拟偏高区域主要位于四川盆地和长江流域下游地区，其他地区模拟以偏低为主，长江流域上游南部偏低 1 ℃左右(图 8.6c)。日最低气温最低值误差在－1～1 ℃，长江流域平均值为－0.16 ℃；模拟偏高区域主要集中在长江流域上游四川盆地和长江流域下游地区，偏差在 1 ℃左右(图 8.6d)。

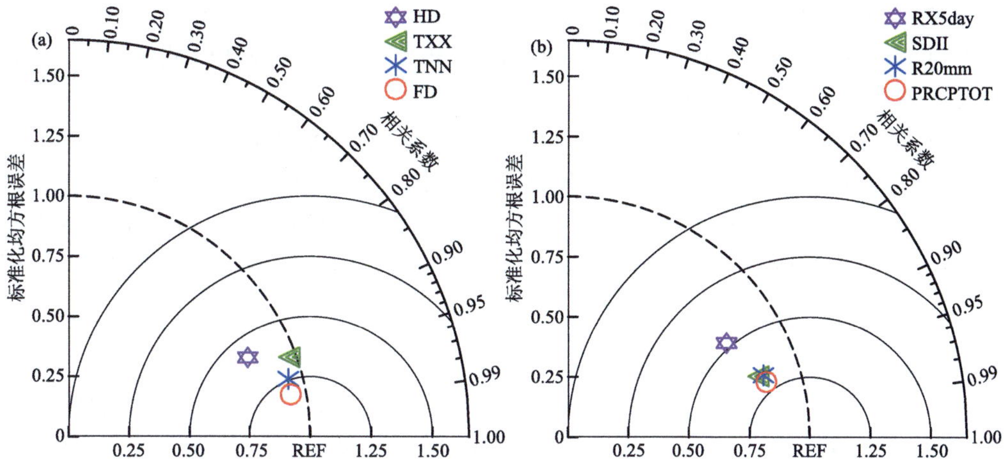

图 8.5　长江流域 2008—2017 年(a)极端气温指数和(b)极端降水指数的多变量泰勒图

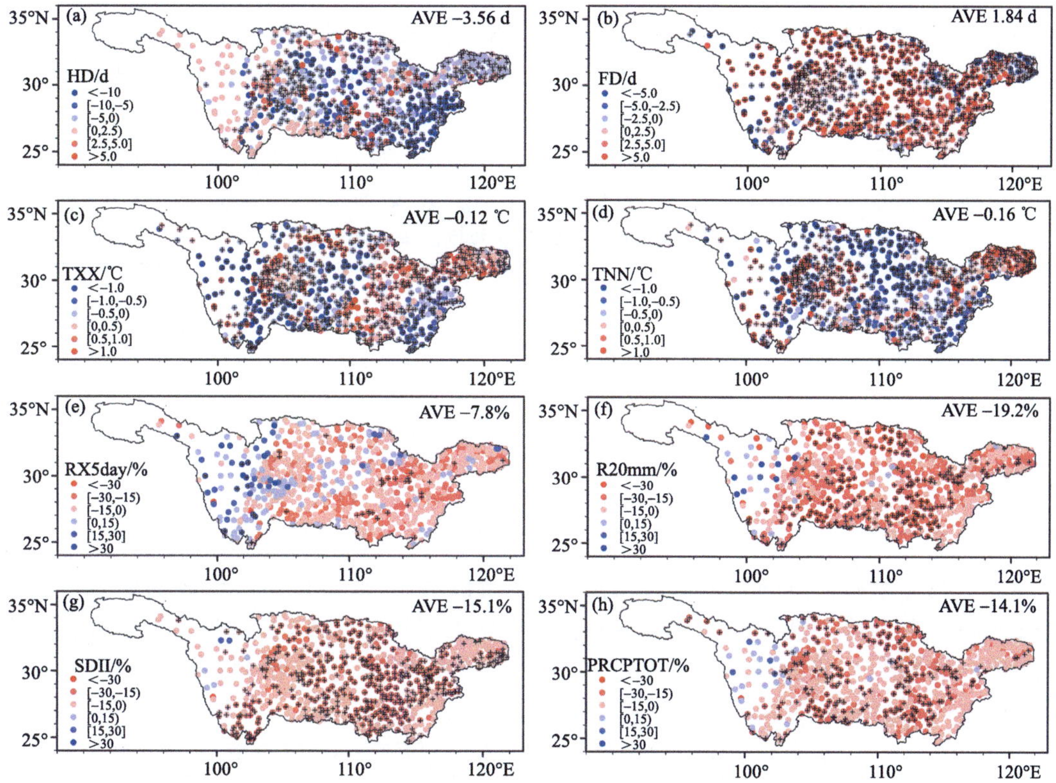

图 8.6　2008—2017 年降尺度结果对极端指数的模拟误差(相对于观测)

(a. HD，d，b. FD，d，c. TXX，℃，d. TNN，℃，e. RX5day，%，f. R20mm，%，g. SDII，%，h. PRCPTOT，%；每张图均给出长江流域偏差的平均值，黑色十字标记表示通过 0.05%显著性检验)

从极端降水指数模拟与观测差值的空间分布来看(图 8.6e—h)，5 日最大降水量误差多在 −15%～15%，长江流域平均值为 −7.8 %；模拟偏高的区域多在长江流域上游西部，个别站超过 30%，偏低的区域集中在四川盆地及其以东地区(图 8.6e)。大于 20 mm 降水日数误差多在 −30%以内，长江流域平均值为 −19.2 %(图 8.6f)。降水强度的模拟误差约在 −30%～

15%，长江流域平均为－15.1 %(图 8.6g)。湿日总降水量的模拟误差大多在 30%以内，长江流域平均为－14.1 %(图 8.6h)。R20mm、SDII 和 PRCPTOT 在长江流域的模拟均偏低，仅在上游西部个别站呈正的模拟偏差。

尽管模式对极端温度和降水的模拟与观测较为接近，但长江流域地形复杂，尤其上游地区山脉、河谷众多，高低起伏大，很难在较短的距离内模拟出明显的梯度变化；此外上游地区的台站分布不均，尤其在高海拔地区过于稀疏，使得观测数据不确定性较大，不能十分客观地描述出气候变化，而中下游城市化进程的加快也使得观测数据的可信度存在一定影响，上述因素都增加了评估和预估的不确定性。

8.2.3 与旧版本降尺度数据的对比

此前国家气候中心以 6.25 km 分辨率的 CLDAS V2.0 数据完成了多个区域的气候变化降尺度，支撑了大量气候变化风险分析工作。近年，国家气象信息中心对 CLDAS 多源融合观测数据进行升级，分辨率由 6.25 km 提升为 5 km，并且降低了 2.0 版本中降水和气温的一些系统性误差(Sun et al.,2020)。本研究对 5 km 和 6.25 km 两种版本降尺度数据进行了对比分析，以探讨观测参照数据更新对模拟结果的影响。表 8.3 给出了两种不同分辨率降尺度数据的均方根误差。从表中可以看出，总体来看，新版本降尺度数据在平均气温和极端事件指数的表现均要好于旧版本降尺度数据，各变量的均方根误差新版本均要低于旧版本，如夏季平均气温新版本均方根误差为 0.71 ℃，旧版本则为 0.79 ℃；差异最为显著的为冬季降水，新版本的均方根误差为 0.11 mm/d，而旧版本则为 0.27 mm/d，新版本有了明显的提升。

表 8.3 新、旧版本降尺度数据的均方根误差

	新	旧		新	旧
夏季气温/℃	0.71	0.79	夏季降水/(mm/d)	0.63	0.73
冬季气温/℃	0.55	0.61	冬季降水/(mm/d)	0.11	0.27
夏季日最高气温/℃	0.72	0.99	高温日数/d	5.2	6.8
冬季日最高气温/℃	0.94	0.99	RX5day/mm	22.1	28.9
夏季日最低气温/℃	0.46	0.56			
冬季日最低气温/℃	0.72	0.88			

从两个版本数据的空间相关系数(表 8.4)也可以看出，新版本降尺度数据的模拟结果要好于旧版本。新版降尺度数据的空间相关系数除夏季平均降水外，普遍要高于旧版降尺度数据，其中，改进较为显著的高温日数和连续 5 日最大降水量，空间相关系数分别由 0.915 和 0.859 提高到 0.948 和 0.909。

表 8.4 新、旧版本降尺度数据模拟与观测的空间相关系数

	新	旧		新	旧
夏季气温	0.991	0.985	夏季降水	0.883	0.923
冬季气温	0.984	0.980	冬季降水	0.992	0.983
夏季日最高气温	0.982	0.966	高温日数	0.948	0.915
冬季日最高气温	0.984	0.970	RX5day	0.909	0.859
夏季日最低气温	0.993	0.989			
冬季日最低气温	0.990	0.984			

8.3　长江流域未来气候变化趋势

8.3.1　气温未来变化

8.3.1.1　区域平均值的长期变化趋势

图 8.7 给出了 2018—2100 年长江流域年平均和 4 个季节平均气温的变化。总体来看，未来长江流域年平均和 4 个季节平均气温均呈上升趋势，其中，年平均气温的变化趋势为 0.32 ℃/10 a，春、夏、秋、冬 4 个季节平均气温变化趋势分别为 0.28 ℃/10 a、0.32 ℃/10 a、0.33 ℃/10 a 和 0.32 ℃/10 a。除春季升温速率相对较低外，其余 3 个季节均与年均水平持平或略高出年均水平。

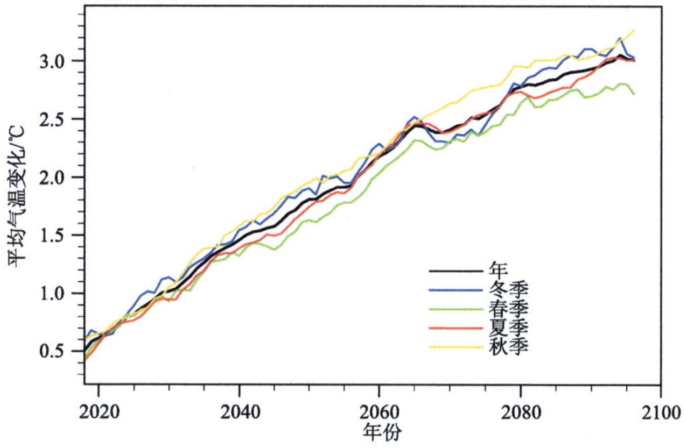

图 8.7　长江流域年平均和四季平均气温的变化

图 8.8 给出了 2018—2100 年长江上游年平均和 4 个季节平均气温的变化。总体来看，未来长江上游年平均和 4 个季节平均气温也均呈上升趋势，其中，年平均气温的变化趋势为 0.31 ℃/10 a，春、夏、秋、冬 4 个季节平均气温变化趋势分别为 0.27 ℃/10 a、0.33 ℃/10 a、0.33 ℃/10 a 和 0.31 ℃/10 a。与整个长江流域的变化类似，长江上游地区也表现为除春季升温速率相对较低（在 0.30 ℃/10 a 以下）外，其余 3 个季节均在 0.30 ℃/10 a 以上。

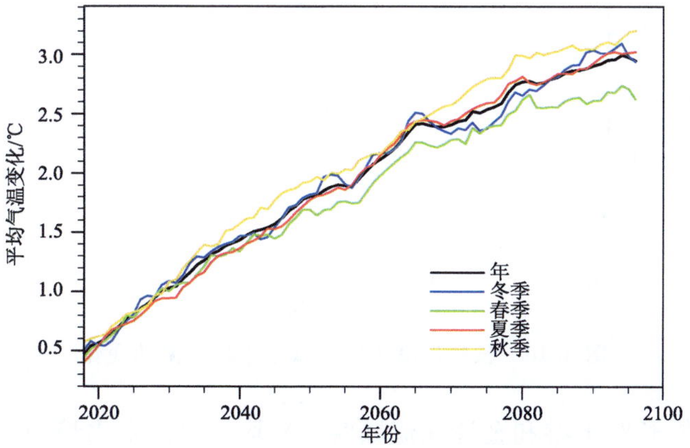

图 8.8　长江上游年平均和四季平均气温的变化

图 8.9 给出了 2018—2100 年金沙江流域年平均和 4 个季节平均气温的变化。总体来看，未来金沙江流域年平均和 4 个季节平均气温也均呈上升趋势，其中，年平均气温的变化趋势为 0.30 ℃/10 a，春、夏、秋、冬 4 个季节平均气温变化趋势分别为 0.26 ℃/10 a、0.32 ℃/10 a、0.32 ℃/10 a 和 0.32 ℃/10 a。与整个长江流域和长江上游的变化一致，金沙江流域也表现为春季升温速率相对较低，其余 3 个季节升温速率相对较高，且秋季升温相对更为显著。

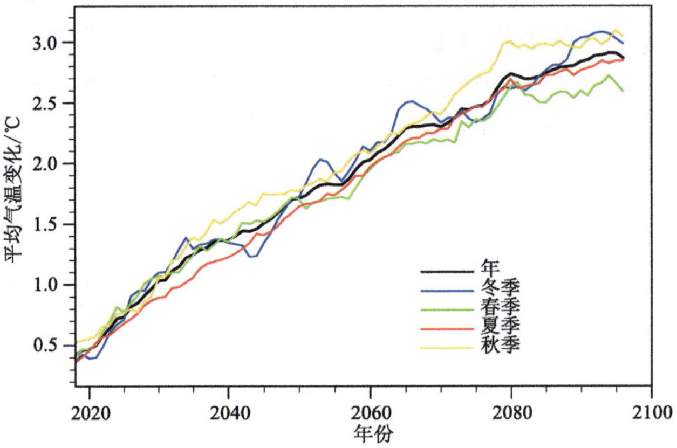

图 8.9　金沙江流域年平均和四季平均气温的变化

8.3.1.2　不同区域变化的对比

从上述整个长江流域、长江上游和金沙江流域年平均气温的变化趋势来看，不同分区的表现一致，即均呈上升趋势。但从不同分区对比来看，未来整个长江流域和长江上游年平均气温的变化趋势更为一致，升温速率相差不大，金沙江流域升温速率相对于其他两个区域来说较小。21 世纪末期，长江流域、长江上游和金沙江流域的升温值分别为 3.01 ℃、2.95 ℃和 2.87 ℃(图 8.10)。

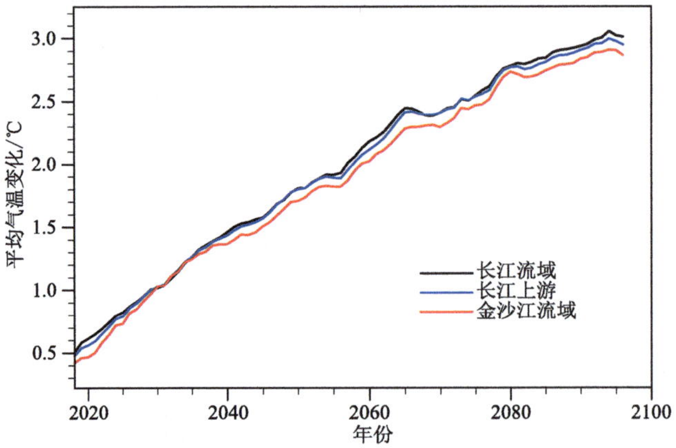

图 8.10　长江流域不同区域年平均气温的变化

从整个长江流域、长江上游和金沙江流域四季平均气温的变化趋势来看，不同分区的表现基本一致，即春季升温速率相对较低，其余 3 个季节升温速率较高，且秋季升温相对更为显著。但从不同分区冬、夏季平均气温变化的对比来看，未来不同区域冬季平均气温的变化趋势基本一致，21 世纪末期长江流域、长江上游和金沙江流域的冬季升温分别为 3.03 ℃、2.94 ℃和 2.98 ℃；夏季平均气温的变化趋势与年平均更为类似，金沙江流域升温相对于其他两个区域来说较低，且年际变化较其他两个区域要小，21 世纪末期长江流域、长江上游和金沙江流域的夏季升温分别为 3.01 ℃、3.02 ℃和 2.85 ℃(图 8.11)。

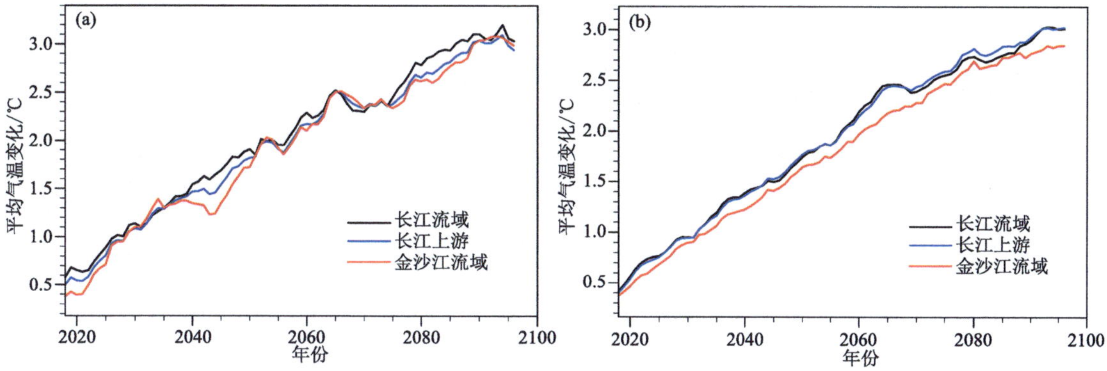

图 8.11　长江流域不同区域冬季(a)和夏季(b)平均气温的变化

8.3.1.3　未来变化的空间分布

图 8.12 给出了 21 世纪中期(2046—2065 年)年平均和 4 个季节平均气温变化的空间分布。总体来看，21 世纪中期年平均和 4 个季节平均气温在整个长江流域都将升高，升温范围多在 1.5～2.1 ℃。其中，冬季平均气温的升高在长江源头地区、四川盆地和中下游地区较为显著，升温值在 2.1 ℃以上，金沙江和雅砻江交汇处及其附近地区升温相对较低(1.7 ℃以下)；春季平均气温的变化分布与冬季差异较大，且升温幅度较冬季要小，大部分地区升温 1.5～2.0 ℃，金沙江流域中部虎跳峡附近区域是升温的低值区，长江源头地区域是升温的高值区，最大升温在 2～2.1 ℃；夏季平均气温的增幅较春季显著，大部分地区升温都在 1.7 ℃以上，岷江以东、长江以北地区是升温的高值区，升温均在 2.1 ℃以上；秋季平均气温的变化分布与冬季较为类似，金沙江和雅砻江交汇处及其附近地区升温相对较低，但范围较冬季要小，其他区域升温大都在 2.0 ℃以上。4 个季节对比来看，秋季是升温最为显著的季节。

年平均气温的变化总体表现为南部升温幅度小、北部升温幅度大的特点，金沙江和雅砻江交汇处及其以南地区升温幅度较小，在 1.6～1.7 ℃，岷江以东、长江以北地区升温相对较显著(升温 2.0 ℃以上)。

21 世纪近期(2026—2045 年)和末期(2080—2099 年)年平均和 4 个季节平均气温变化的空间分布与 21 世纪中期类似，均呈春季升温幅度相对较小、秋季升温更显著的特点，限于篇幅，不再赘述。

8.3.1.4　未来变化的不同时段对比

图 8.13 给出了各个时段 3 个区域年平均和 4 个季节平均气温变化的对比。总体来看，随着时间的推移，各个区域增温幅度逐渐增大，21 世纪近期增温基本都在 1.5 ℃以下，21 世纪末期升温则基本在 3.0 ℃左右。不同区域对比来看，冬季气温的升高在长江流域最为显著，长江上游地区次之，金沙江流域最低；春季气温的增加在 21 世纪近期的长江流域最小、金沙江流域最大，21 世纪中期则变化为长江流域最大、金沙江流域最小，21 世纪末期与 21 世纪中期表现

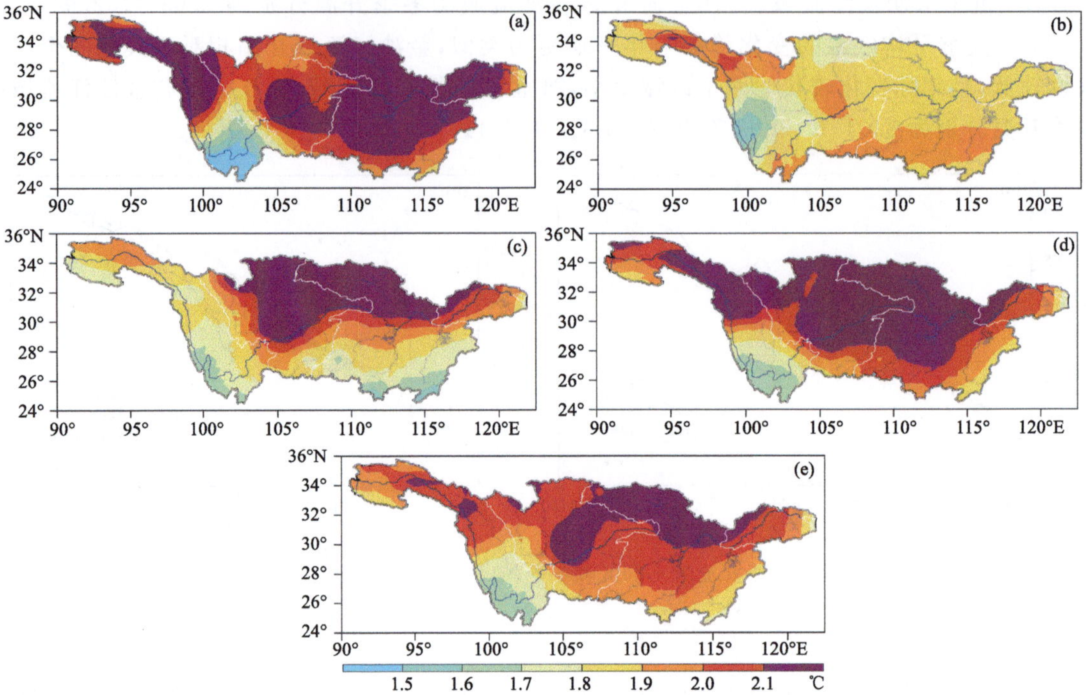

图 8.12 21 世纪中期长江流域四个季节和年平均气温变化的空间分布
(a. 冬季,b. 春季,c. 夏季,d. 秋季,e. 年平均)

一致,增幅从大到小分别为长江流域、长江上游地区和金沙江流域;夏、秋季气温的变化在 21 世纪近期和中期与冬季较为类似,均为长江流域增加幅度最大,长江上游地区次之,金沙江流域最小,但在 21 世纪末期夏季气温在长江上游地区的增幅最显著。年平均气温的变化在 21 世纪不同时期均表现为长江流域增幅最显著,长江上游地区次之,金沙江流域增幅最小。从不确定性范围来看,21 世纪末期的秋季不确定性范围最大。

图 8.14 给出了各个时段 3 个区域月平均气温变化的对比。总体来看,随着时间的推移,各个区域月平均气温增幅逐渐增大,21 世纪近期增温值基本都在 1.5 ℃以下,21 世纪末期升温则基本在 2.5 ℃以上。21 世纪近期,3 个区域对比来看,除了 3 月、4 月、8 月和 11 月整个长江流域增温幅度较其他两个区域小外,其他月份和年平均均表现为长江流域的增幅最大;金沙江流域升温幅度除在 3 月较其他两个区域显著、8 月与长江上游增幅基本一致但高于长江流域外,其他月份升幅基本都是最低的。21 世纪中期的 2 月、4 月升温幅度为长江流域最小,长江上游次之,金沙江流域最大;1 月、3 月、6—11 月和年平均升温幅度则为长江流域最大,长江上游次之,金沙江流域最小;5 月和 12 月的升温幅度在长江上游是最低的,长江流域和金沙江流域增幅相近。21 世纪末期的 2 月、4 月升温幅度为长江流域最高,长江上游和金沙江流域相近;1 月、3 月、6—7 月、9—11 月和年平均升温幅度则为长江流域最大,长江上游次之,金沙江流域最小;5 月和 12 月的升温幅度在长江上游是最低的,长江流域次之,金沙江流域增幅最高;8 月长江流域和长江上游增幅相近,金沙江流域增幅最小。从不确定性范围来看,21 世纪末期相对于其他两个时段,不确定范围更大,特别是秋、冬季。

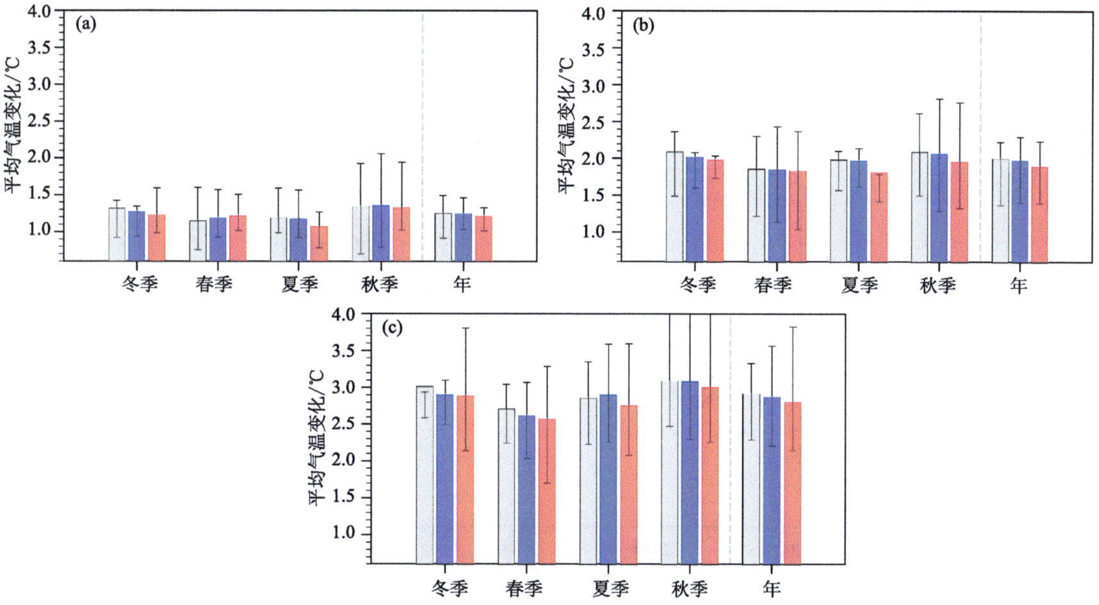

图 8.13　2026—2045 年(a)、2046—2065 年(b)和 2080—2099 年(c)3 个时段年和四个季节平均气温变化在 3 个区域(长江—灰色,上游—蓝色,金沙江—红色)的对比(竖线表示 25～75 百分位的模式不确定性范围)

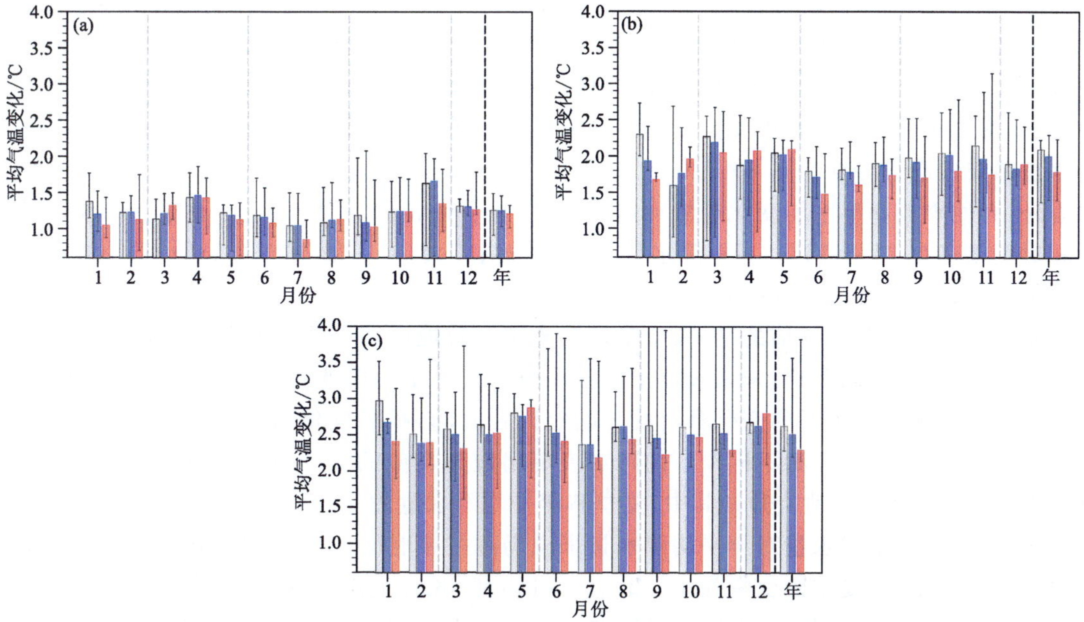

图 8.14　2026—2045 年(a)、2046—2065 年(b)和 2080—2099 年(c)3 个时段月平均气温变化在 3 个区域间(长江—灰色、上游—蓝色、金沙江—红色)的对比(竖线表示 25～75 百分位的模式不确定性范围)

8.3.2 降水未来变化

8.3.2.1 区域平均值的长期变化趋势

基于多个模式集合预估的结果，未来长江流域4个季节和年平均降水量的变化如图8.15所示。

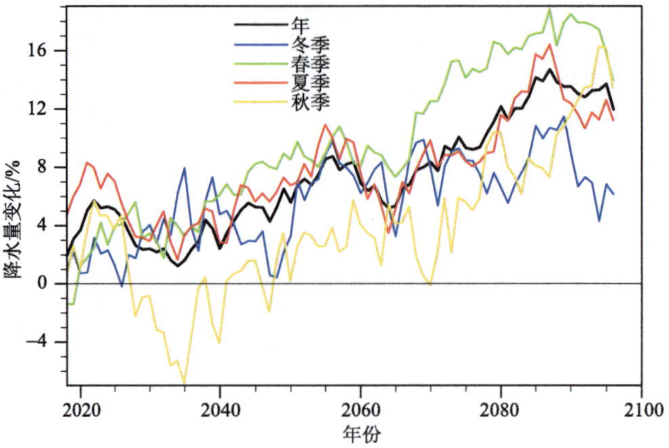

图8.15 长江流域年和各季降水量的变化

可以看到，未来长江流域各个季节及年平均降水量均呈明显增加的趋势，并且各季和年平均降水量的变化都有明显的年代际波动，不同的季节表现出不同的波动特征。其中，夏季和年平均降水量的年代际波动特征较为一致，表明夏季降水量对年平均降水量来说占主导地位，表现为波动上升，并且呈约30年的波动周期。而春季和秋季在2040年后表现出较为一致的特征，除在2065—2075年有所下降外，其他时段为线性增大的趋势，并且春季的增幅明显大于秋季，但秋季的年际变率比春季要大。2021—2100年，长江流域冬季、春季、夏季、秋季及年平均降水量的线性趋势分别为0.8%/10 a、1.7%/10 a、1.3%/10 a、1.5%/10 a和1.5%/10 a，除冬季外，其他季节和年平均变化趋势均通过0.01显著性检验。总体来看，夏季和年平均降水量相对变幅多在2%～16%，春季降水量的相对增幅较大，但一般不超过18%，秋季降水量的变幅值最大，在－5%～16%(图8.15)。

基于多个模式集合预估的结果，未来长江流域上游地区四个季节和年平均降水量的变化如图8.16所示。可以看到，未来长江上游各个季节及年平均降水量也均呈明显增加的趋势，并且各季和年平均降水量的变化都有明显的年代际波动，相对变化值明显较长江流域平均值要大。总体来看，长江上游不同季节的降水表现出较为类似的波动特征，表现为在2035年之前下降，2035年之后波动上升。其中，夏季和年平均降水量的年代际波动特征最为一致，表明对于长江上游，夏季降水量对年平均降水量来说仍占主导地位。另外，冬季降水量的变化幅度明显大于其他季节，夏季则变幅最小。2021—2100年，长江上游地区冬季、春季、夏季、秋季及年平均降水量的线性趋势分别为2.5%/10 a、2.3%/10 a、1.3%/10 a、1.6%/10 a和1.6%/10 a，4个季节和年平均降水量变化趋势均通过0.01显著性检验。总体来看，夏季和年平均降水量相对变幅较小，多在0～14%，冬季降水量的相对变幅最大，在－5%～20%(图8.16)。

基于多个模式集合预估的结果，未来金沙江流域4个季节和年平均降水量的变化如图8.17所示。可以看到，未来金沙江流域各个季节及年平均降水量均呈明显增大的趋势，并且

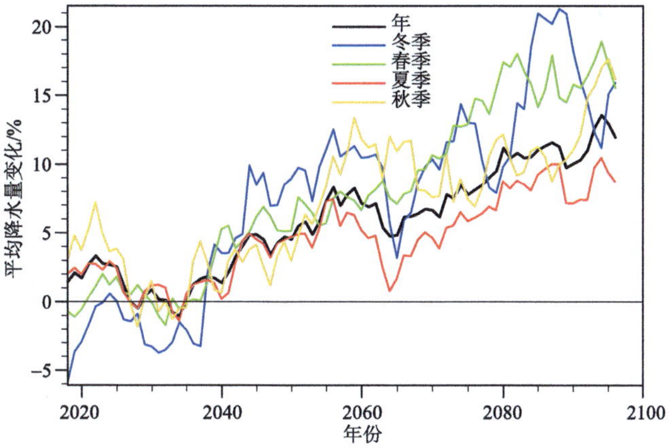

图 8.16　长江上游年和各季平均降水量的变化

各季和年平均降水量的变化都有明显的年代际波动，不同的季节表现出不同的波动特征。其中，夏季和年平均降水量的年代际波动特征较为一致，表明对于金沙江流域，夏季降水量对年平均降水量来说占主导地位，表现为波动上升。而冬季和秋季的变化特征与其他季节表现出较大的年代际差异。冬季，金沙江流域降水量在 2040 年之前波动减小，2040 年之后波动性增大，并且年际变率较其他季节大。2021—2100 年，金沙江流域冬季、春季、夏季、秋季及年平均降水量的线性趋势分别为 2.5%/10 a、2.0%/10 a、1.4%/10 a、1.4%/10 a 和 1.6%/10 a，金沙江 4 个季节和年平均降水量变化趋势均通过 0.01 显著性检验。总体来看，夏季和年平均降水量相对变幅较小，普遍在 0～12%，冬季降水量的变幅最大，在−12%～16%（图 8.17）。

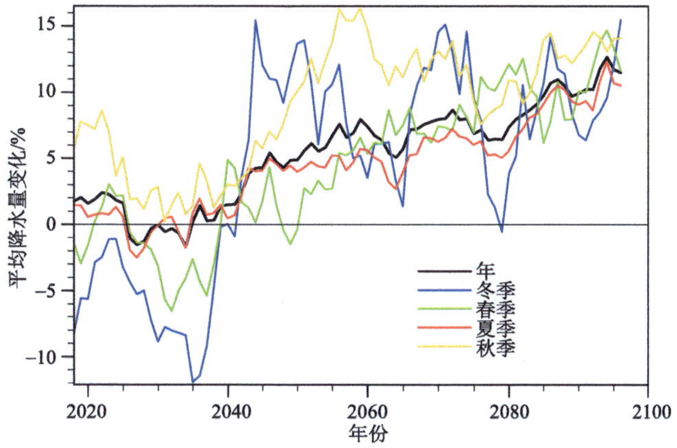

图 8.17　金沙江年和各季平均降水量的变化

8.3.2.2　不同区域变化的对比

此外，进一步对长江流域、长江上游以及金沙江流域这 3 个区域的年平均降水变化趋势进行比较，如图 8.18 所示。

从图 8.18 可以看到，未来这 3 个区域年平均降水量变化趋势较为相似，相对来说，长江上游和金沙江年平均降水量变化更为接近，但 3 个区域年平均降水量总体表现出较为一致的年代际波动变化特征，21 世纪 30 年代和 70 年代的增幅明显低于长期线性趋势，但是受气候系

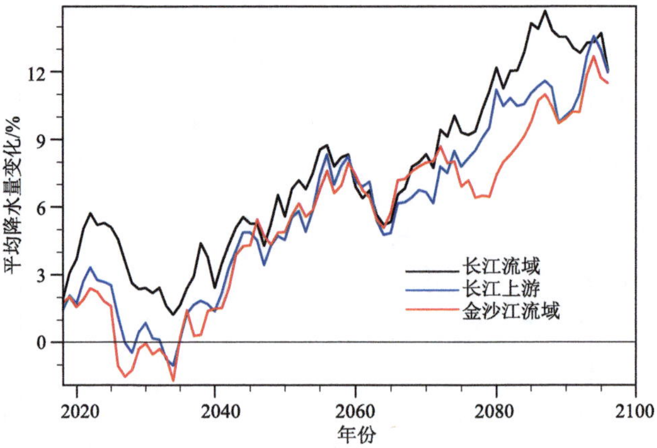

图 8.18　长江流域不同区域年平均降水量的变化

统自身内部变率的影响，气候预估模拟得到的降水量年代际变化位相存在较大的不确定性。2021—2100 年，长江流域、长江上游以及金沙江流域年平均降水量的线性趋势分别为 1.5%/10 a、1.6%/10 a 和 1.6%/10 a。

对长江流域、长江上游以及金沙江流域这 3 个区域的 4 个季节平均降水量变化趋势也进行了比较，如图 8.19 所示。从图中可以看到，未来这 3 个区域冬季平均降水量变化幅度比其他季节要显著，相对来说，长江流域和金沙江冬季平均降水量变化数值更为接近，金沙江流域冬季降水量表现出与其他地区更明显的年代际波动差异，并且变率幅度更大。2021—2100

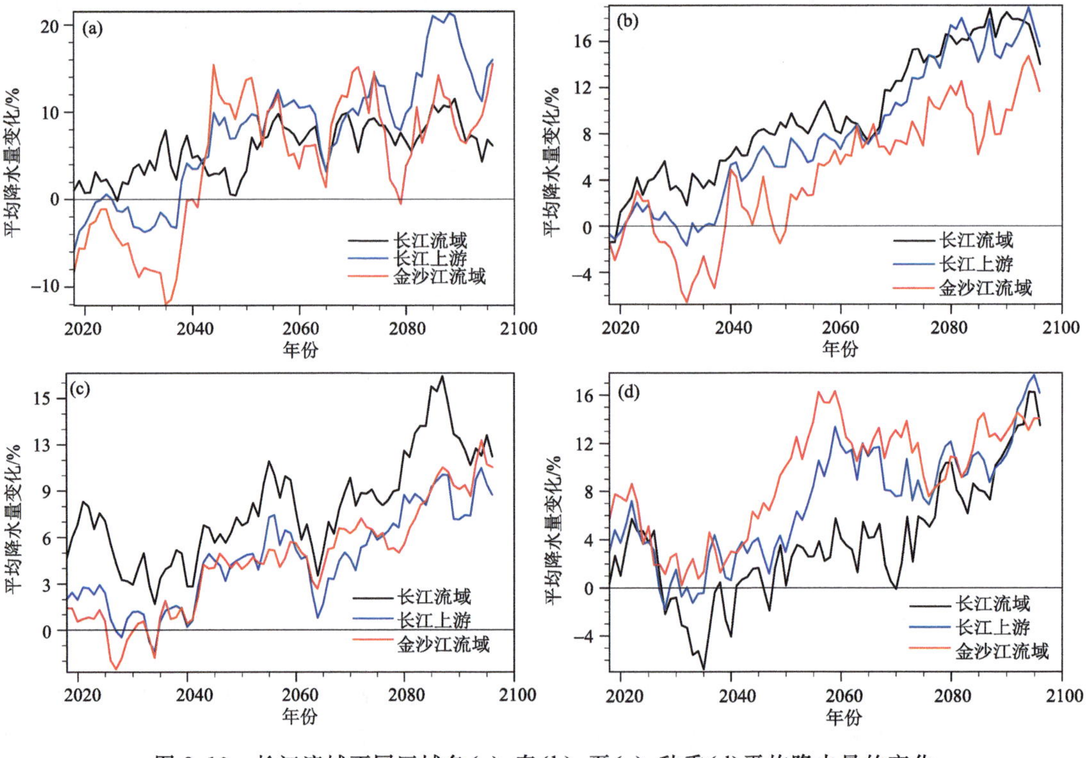

图 8.19　长江流域不同区域冬(a)、春(b)、夏(c)、秋季(d)平均降水量的变化

年，长江流域、长江上游以及金沙江流域冬季平均降水量的线性趋势分别为 0.8%/10 a、2.5%/10 a 和 2.5%/10 a。

春季，3 个区域的降水量变化趋势较为一致，尤其是长江流域和长江上游，两个曲线更为接近，金沙江流域则在 2050 年之前表现出更大的年际变化，2050 年之后的增大趋势又较其他两个地区略小的特征。2021—2100 年，长江流域、长江上游以及金沙江流域春季平均降水量的线性趋势分别为 1.7%/10 a、2.3%/10 a 和 2.0%/10 a。

夏季，3 个区域的降水量变化趋势也总体表现为增大，其中，是长江上游和金沙江更加接近，长江流域则表现出比其他两个区域更明显的年代际波动，并且增幅更大。2021—2100 年，长江流域、长江上游以及金沙江流域夏季平均降水量的线性趋势分别为 1.3%/10 a、1.3%/10 a 和 1.4%/10 a。

秋季，长江流域和长江上游的变化趋势更加接近，但金沙江流域在 2040—2060 年的增幅更显著，长江流域在这一时段的变化则与其他两个区域差异较大，表现为降水量变化不大的特征，而其他两个区域则明显增大。2021—2100 年，长江流域、长江上游以及金沙江流域秋季平均降水量的线性趋势分别为 1.5%/10 a、1.6%/10 a 和 1.4%/10 a。

8.3.2.3　未来变化的空间分布

从 21 世纪近期(2026—2045 年)的具体变化分布来看(图 8.20)，与基准期相比，21 世纪近期长江上游冬季平均降水大部分地区将减少，尤其是金沙江流域减少幅度最大，普遍在 4% 以上，长江流域北部地区及下游地区则总体表现为增加；春季降水在长江流域中上游地区减少，下游增加，其中，金沙江流域南部的昆明等地为降水量减少的高值区，最大值超过 8%；夏

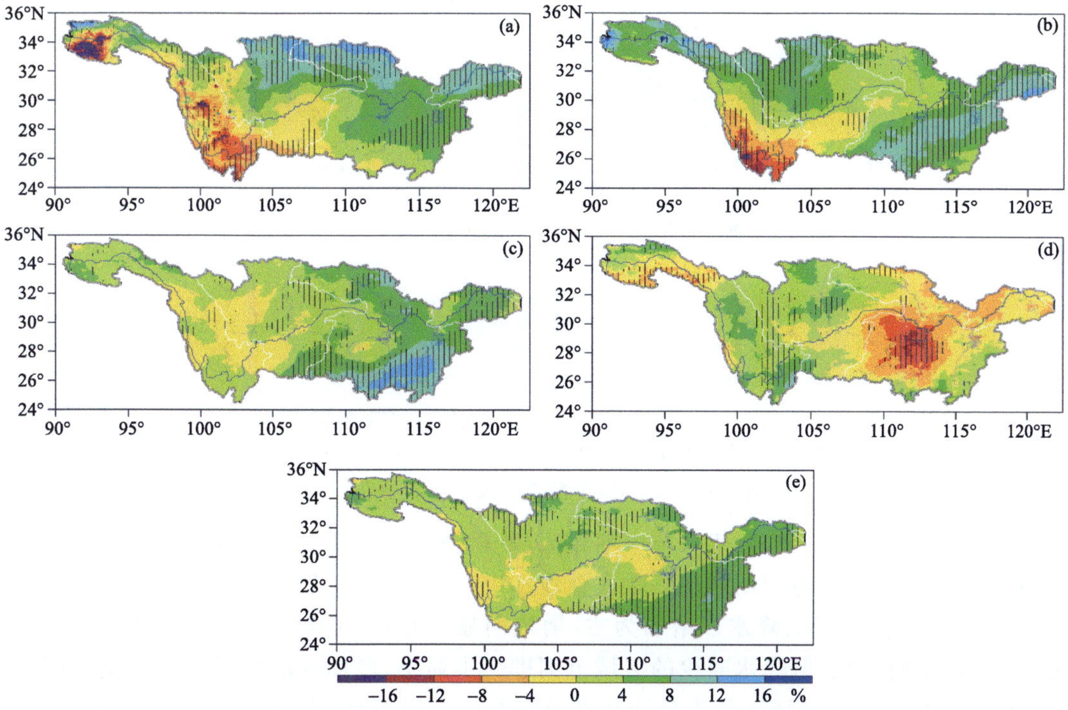

图 8.20　长江流域冬(a)、春(b)、夏(c)、秋(d)和年(e)的 2026—2045 年降水变化空间分布

(画线表示 80%以上的模式预估正负变化一致)

季降水总体上和冬、春季类似，表现为在长江上游地区减少，其他区域以增加为主，并且上游地区的减少幅度较冬春明显要小，尤其是金沙江流域差异最明显；秋季降水的变化分布与其他季节存在较大的差异，表现为在长江中上游地区增加、下游地区减少的反相特征，长江上游和金沙江流域总体为弱的增加，增加值不超过 8%；年平均降水除在中上游地区有部分减少外，其他地区均以增加为主，下游的增幅最大。

21 世纪中期(2046—2065 年)，冬季降水在整个区域内的变化分布与近期表现出明显差异，除金沙江上游地区有小部分减少区域外，整个长江流域降水以增加为主，增幅明显较近期要大；春季的变化分布则基本与近期一致，但降水减少的区域范围缩小、增加区域范围变大，且增幅也增大，减少区域仍位于金沙江流域南部的昆明等地；夏季降水变化与近期也存在明显差异，表现为长江中游地区略微减少或变化不大，其他区域以增加为主，近期长江上游地区的减少区域完全消失；秋季降水的变化分布与近期有一定的相似性，尤其是下游的减少区位置较为一致，但金沙江上游地区由近期的减少转为增加，且增加幅度较大，部分地区增加超过 16%；21 世纪中期，长江流域年平均降水量在整个区域内增加，长江上游和金沙江流域的增幅在 4%～8%(图 8.21)。

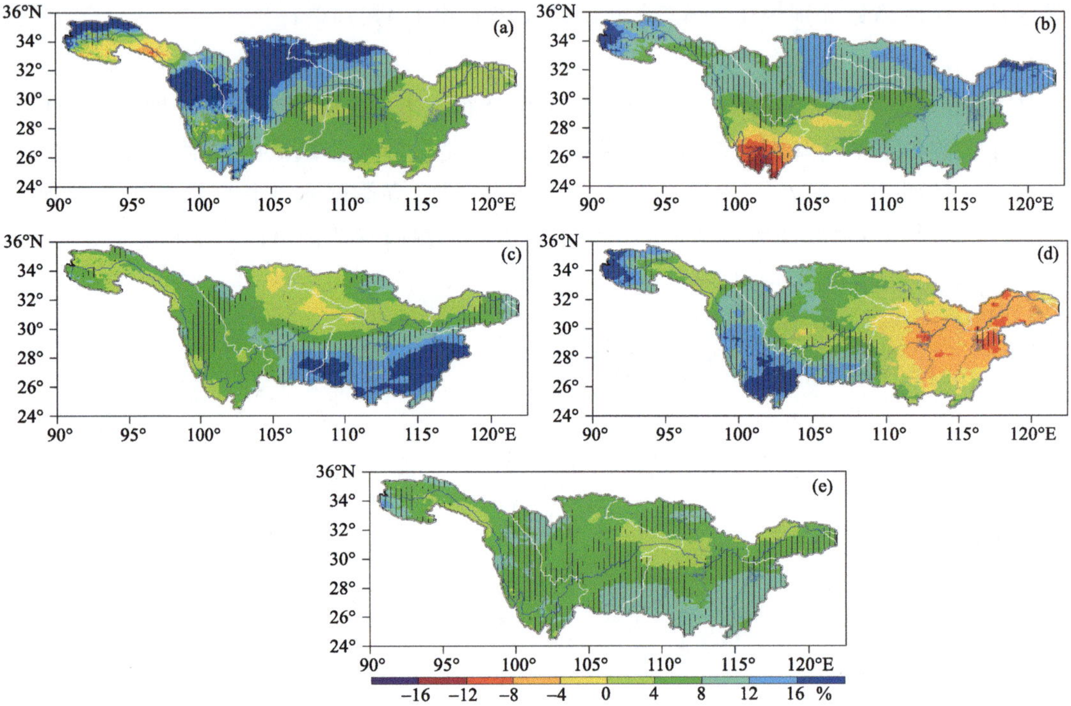

图 8.21　长江流域冬(a)、春(b)、夏(c)、秋(d)和年(e)的 2046—2065 年的降水变化空间分布

(画线表示 80%以上的模式预估正负变化一致)

21 世纪末期(2080—2099 年)，与中期相比，冬季降水除在金沙江流域存在明显差异外，其他地区的变化分布基本与中期表现一致。金沙江中部地区有小部分降水减少区域，减小幅度在 4%～12%，其他区域的降水以增加为主，增幅明显较近期和中期要大；春季的变化分布则基本与近期、中期一致，但降水减少的区域范围进一步缩小，增加区域范围变大，且增幅也明显增大(超过 16%)，减少区域仍位于金沙江流域南部的昆明等地，普遍在 8%以内；夏季降水变化与中期比较一致，表现为在长江中游地区略微减少或变化不大，其他区域以增加为主，长江上游和金沙江地区均表现为增加，且金沙江上游地区增幅较大；秋季降水的变化分布与中期有

一定的相似，尤其是下游的减少区位置较为一致，且金沙江上游地区的增加高值区位置与中期类似，部分地区增加超过 16%；21 世纪末期长江流域年平均降水在整个区域内增加，金沙江上游的增幅在 4%以上(图 8.22)。

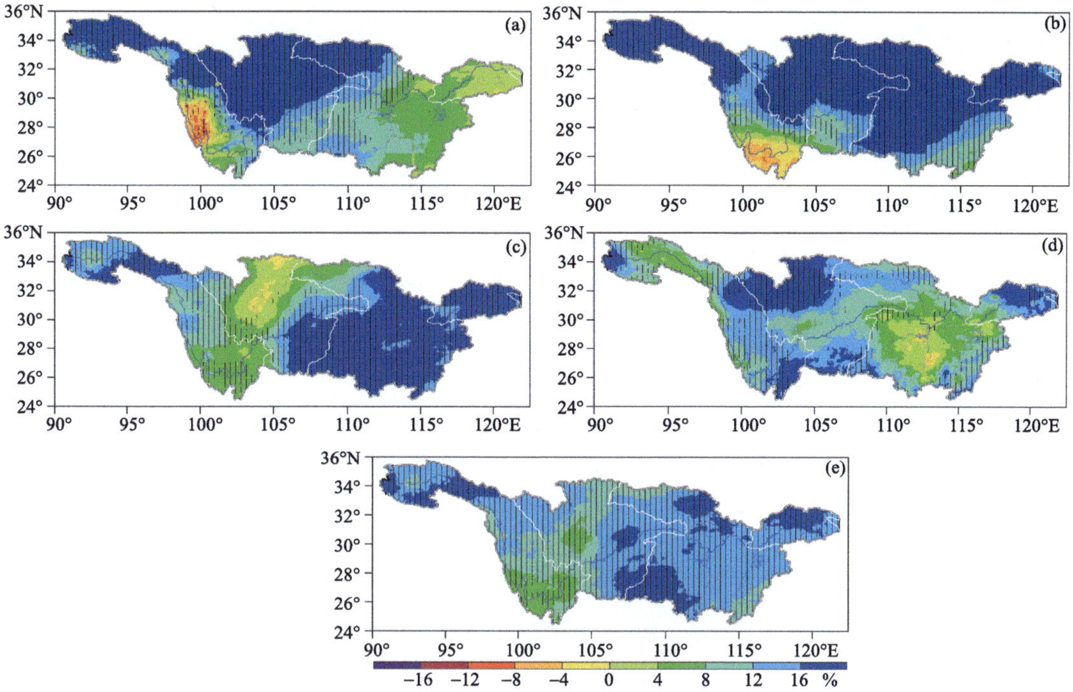

图 8.22　长江流域冬(a)、春(b)、夏(c)、秋(d)和年(e)的 2080—2099 年的降水变化空间分布
(画线表示 80%以上的模式预估正负变化一致)

8.3.2.4　未来变化的不同时段对比

随后，进一步对比了长江流域、长江上游以及金沙江流域这 3 个区域 2026—2045 年、2046—2065 年和 2080—2099 年 3 个时段 4 个季节和年平均降水变化区间，如图 8.23 所示。

可以看到，总体来看，近期 3 个区域的降水变化值较中期、末期明显要小。冬季的长江上游和金沙江的区域平均降水都将减少，夏季的长江上游和金沙江以及春季的金沙江的降水相对变幅较小，其余的区域季节和年降水都将明显增多，相对增幅为 2%～5%。长江流域降水在各季的相对增幅相当，而长江上游和金沙江的秋季降水相对增幅较大。21 世纪中期，3 个区域的降水变化明显较近期要显著，且均表现为增多。其中，冬季的相对增幅在各个区域都高于其他季节，为 10%～12%。长江流域在春季和夏季的相对增幅相当，秋季的相对增幅最小。而长江上游和金沙江的情况相反，秋季降水相对增幅高于其他季节，维持了近期时的季节分布特征。21 世纪末期，3 个区域的降水变化值明显较中期要显著，且均表现为增加。长江上游依然维持秋季降水相对增幅最大的特征，长江流域平均在春季和夏季的相对增幅较大，金沙江的相对增幅在各季差异不大。

对长江流域、长江上游以及金沙江流域这 3 个区域 2026—2045 年、2046—2065 年和 2080—2099 年 3 个时段的逐月降水的相对变化也进行了对比(图 8.24)。可以看到，3 个区域降水的变化在大多数月份均表现为增加，其中，长江流域在 1 月、4 月和 11 月表现为减少，长

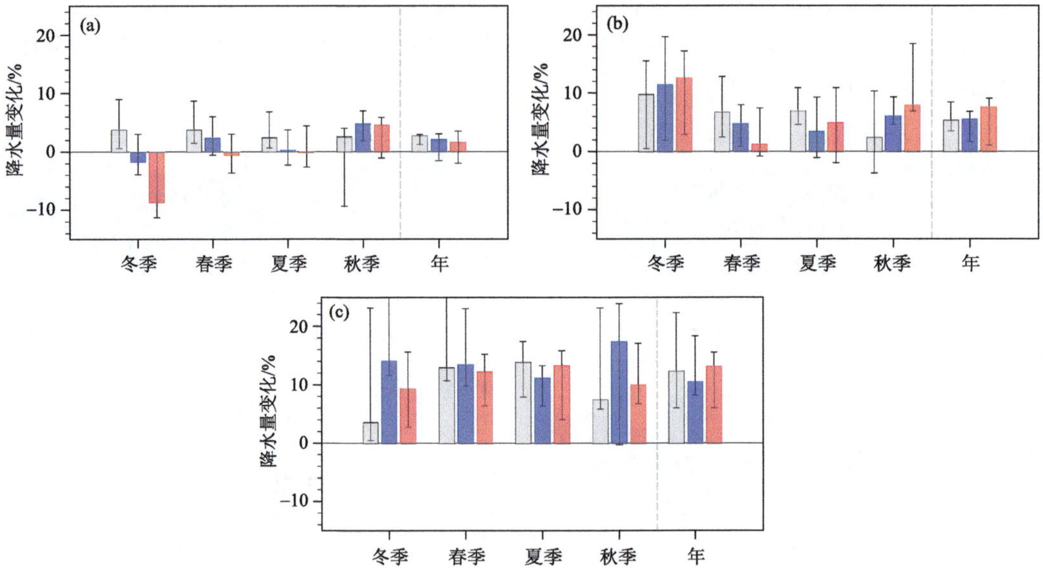

图 8.23　2026—2045 年(a)、2046—2065 年(b)、2080—2099 年(c)3 个时段年和四个季节降水变化(%)在 3 个区域间(长江—灰色,上游—蓝色,金沙江—红色)的对比(竖线表示 25～75 百分位的模式不确定性范围)

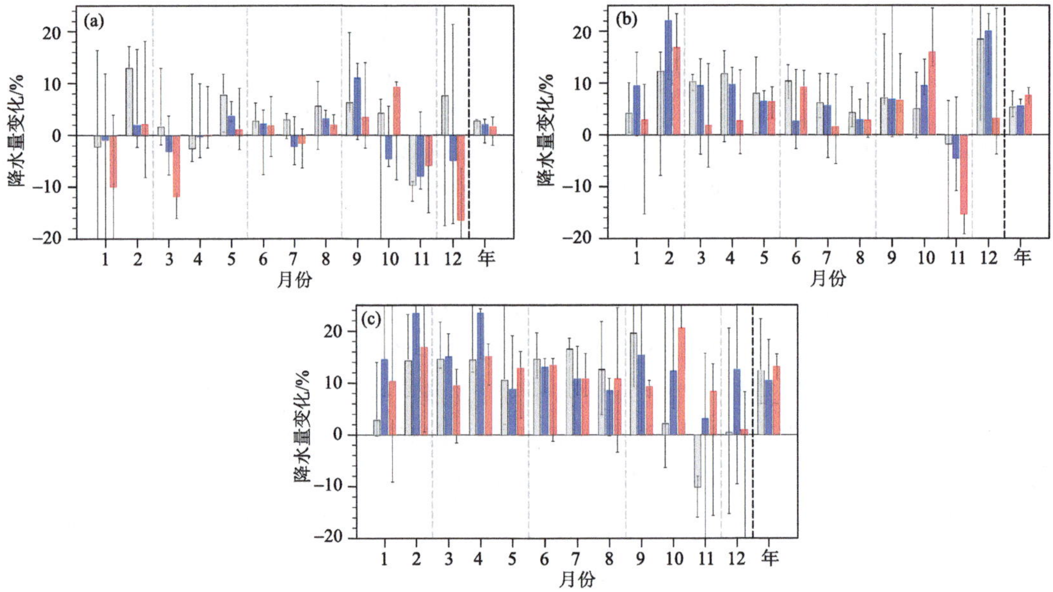

图 8.24　2026—2045 年(a)、2046—2065 年(b)、2080—2099 年(c)3 个时段月降水变化(%)在 3 个区域间(长江—灰色,上游—蓝色,金沙江—红色)的对比

江上游地区则在 1 月、3 月、7 月和 10—12 月减少,其他月份增加。金沙江流域则 1 月、3 月、7 月和 11—12 月减少,1 月、3 月和 12 月的减幅较大且高于其他流域,减幅超过 10%。可以看到,秋季长江上游和金沙江相对增幅较大,分别体现在 9 月和 10 月。

21 世纪中期,除 11 月外,3 个区域降水的变化在其他月份均表现为增加。其中,长江流域在 12 月相对增加最大,1 月、8 月和 10 月的变幅接近且小于其他月份。长江上游地区则在 2

月和 12 月增加最显著，金沙江流域在 2 月和 10 月增加最大。21 世纪末期，除 11 月、12 月外，3 个区域降水的变化在其他月份均表现为明显增加，并且增加的数值较近期和中期明显要大；在增幅较为明显的月份，增幅普遍超过 8%。其中，长江流域在 9 月增加最大，1 月和 10—12 月增幅较小或者为减少，其余月份的相对增幅接近；长江上游地区则在 2 月和 4 月增加最显著，金沙江流域在 10 月增幅最大。

8.3.3　气温和降水变化的预估不确定性

图 8.25 给出不同模式预估的金沙江年平均气温的未来变化。可以看到，不同模式的预估结果均显示未来金沙江流域年平均气温将显著增加，在 21 世纪近期各模式之间的升幅差异较小，不确定性区间在 1 ℃以内，近期之后各模式之间的差异显著增大，尤其到 21 世纪末期不同模拟结果之间的差异最为显著，中期各模式之间模拟的升温幅度基本在 1.5～3 ℃，而末期预估的增幅范围则为 2～4 ℃。

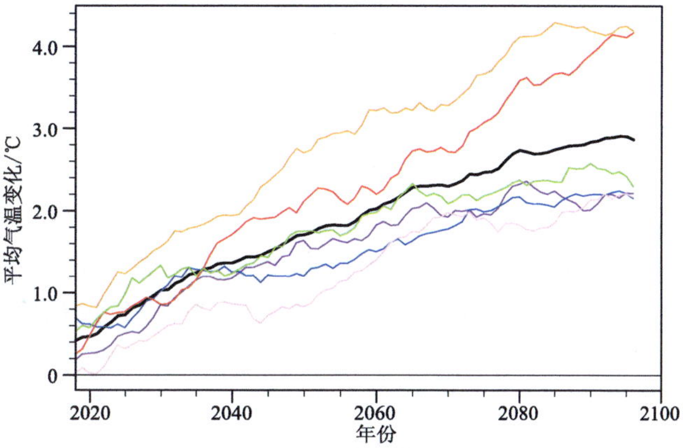

图 8.25　不同模式预估的金沙江年平均气温未来变化
（黑线表示多模式集合平均，彩线表示各个模式）

同样，图 8.26 给出不同模式预估的金沙江年平均降水百分率的变化。可以看到，除个别模式外，大多数模式的预估结果均显示未来金沙江流域年平均降水量将显著增加，在 21 世纪

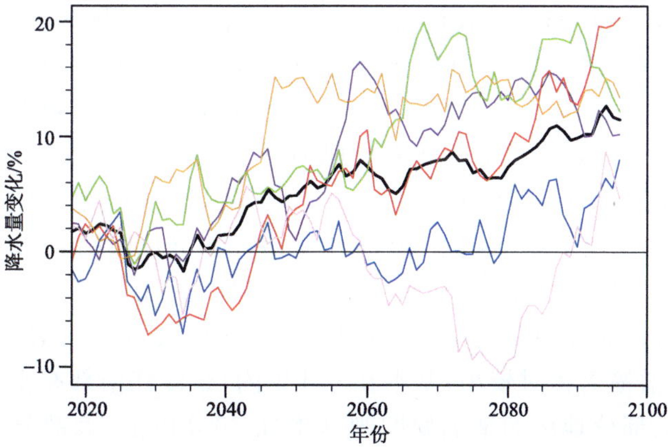

图 8.26　不同模式预估的金沙江年平均降水量未来变化
（黑线表示多模式集合平均，彩线表示各个模式）

近期各模式之间的增加值差异较小，不确定性区间在±5%以内，中期之后各模式之间的差异显著增大，尤其到2070—2080年不同模拟结果之间的差异最为显著，金沙江流域降水量变化的幅度基本在±15%之间。

8.4 未来气候变化风险评估

基于上述对长江流域极端温度和降水的分析结果，本节进一步结合未来人口和社会经济数据的预估，分析长江流域高温和强降水带来的风险。

8.4.1 致灾危险性和暴露度

8.4.1.1 致灾危险性

在研究高温暴露度时一般选取高温日数作为致灾危险度，因此，本节基于多模式降尺度数据分别计算高温日数，将集合平均作为研究高温暴露度的致灾危险度。而在研究强降水暴露度时选用5 d最大降水量、大雨日数两个极端降水指数来分析致灾危险度，因此强降水致灾危险度由两个极端指数等权重决定，将集合平均作为研究强降水暴露度的致灾危险度。极端指数的具体定义见表8.2。

8.4.1.2 暴露度

暴露度指承灾体受到致灾因子不利影响的范围或者数量，范围或者数量越大暴露度越高(IPCC,2012)。本节将人口和GDP对高温的暴露度指标定义为格点上对应的POP或GDP与致灾危险度的乘积(Jones et al.,2015)，具体计算方法为：将致灾危险度的集合平均结果进行归一化，与SSP2-4.5共享社会经济路径下的GDP/人口数据相乘，分别计算未来3个时期的人口和GDP对高温的暴露度(单位分别为人和亿元)。人口和GDP对强降水暴露度的指标定义和计算与高温暴露度类似。基于5组模式降尺度结果分别计算暴露度，用模式间差异的标准差来表征暴露度未来预估的相关不确定性。

8.4.2 致灾因子的未来变化

8.4.2.1 极端高温指数的未来变化

图8.27给出了2026—2045年、2046—2065年、2080—2099年3个时段高温日数变化的空间分布。可以看到，21世纪近期，长江流域高温日数在整个区域内表现为增加，增幅在四川盆地、中下游地区较大；长江上游、乌江地区及金沙江地区的增幅相对较小，基本在5 d以内；四川盆地和中下游地区的增幅则基本在10 d以上，部分地区高温日数增加甚至超过15 d。21世纪中期，长江流域高温日数在整个区域内表现为增加，且增幅明显较近期更大，增加值在中下游地区最为显著，长江上游、乌江地区和金沙江地区的增幅相对较小，基本在5 d以内，金沙江南部有小部分地区高温日数增加超过20 d，中下游大部分地区的增加幅度则基本在20 d以上，部分地区高温日数增加甚至超过30 d。21世纪末期，长江流域高温日数在整个区域内表现为增加，总体分布与近期和中期类似，但增加幅度明显要大，在中下游地区增加最明显，长江上游及金沙江地区的增幅仍相对较小，基本在5 d以内，金沙江南部有小部分地区高温日数增加超过30 d，中下游大部分地区的增加幅度则基本在30 d以上，大部分地区高温日数增加甚至超过35 d。

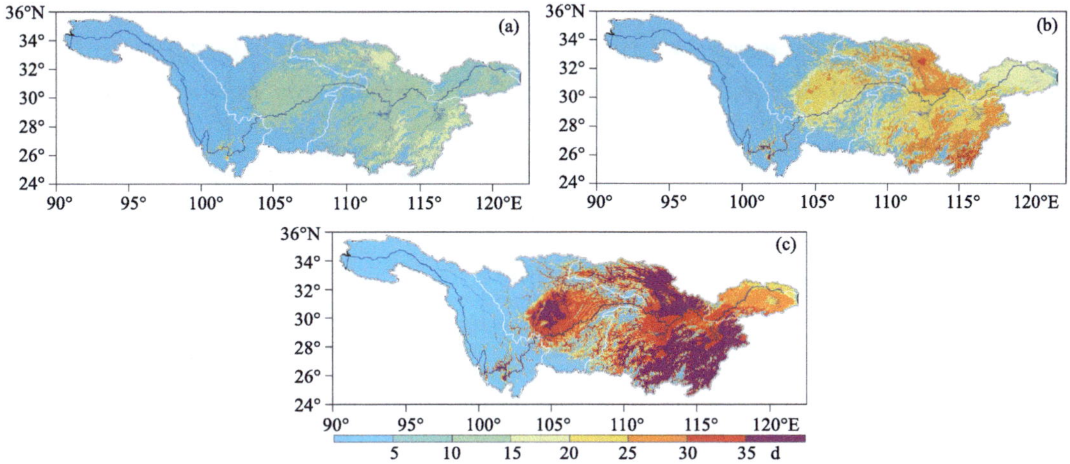

图 8.27　2026—2045 年(a)、2046—2065 年(b)、2080—2099 年(c)3 个时段高温日数变化的空间分布

8.4.2.2　极端降水指数的未来变化

图 8.28 给出 2026—2045 年、2046—2065 年、2080—2099 年 3 个时段最大连续 5 d 降水量变化百分率的空间分布。可以看到，21 世纪近期，长江流域最大连续 5 d 降水量在整个区域内以增大为主，但长江中上游仍有小部分地区表现为减少，金沙江上游地区减少在 0～12%。21 世纪中期，长江流域最大连续 5 d 降水量在整个区域内表现为增大，且近期长江中上游的小范围减少区在中期基本消失，下游北部部分地区变为减少，减幅约在 4%以内，金沙江地区最大连续 5 d 降水量在中期的增加值普遍在 16%以内。21 世纪末期，长江流域最大连续 5 d 降水量在整个区域内表现为增加，大部分地区增加的幅度明显较近期和中期要大，其中，赣江地区较 21 世纪中期有所下降，降幅约 4%。金沙江地区最大连续 5 d 降水量在末期的变化分布总体上和中期类似，普遍在 16%以内，但金沙江上游的地区增加幅度较中期要大。长江中下游地区的增加幅度较中期明显增大，普遍超过 12%，一半以上的地区增加超过 16%。

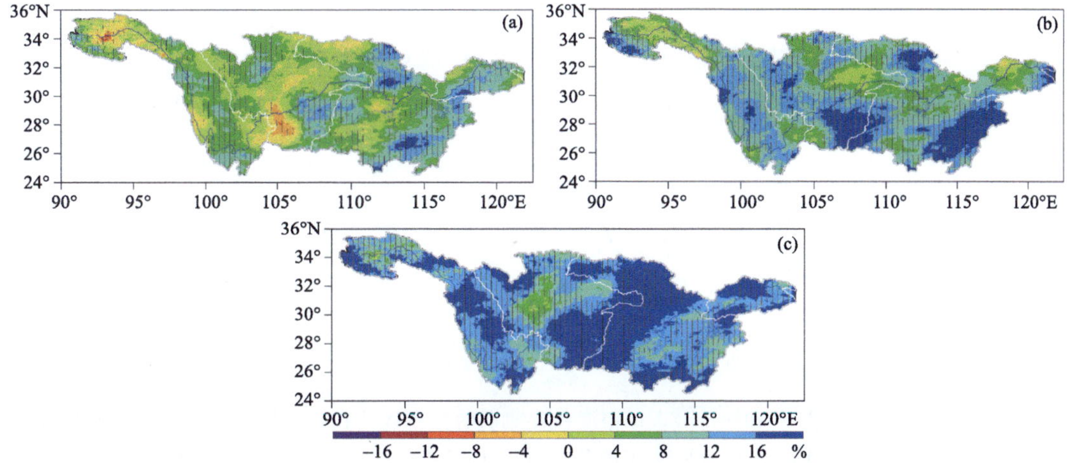

图 8.28　2026—2045 年(a)、2046—2065 年(b)、2080—2099 年(c)
3 个时段 RX5day 变化的空间分布

8.4.3 社会经济和人口的未来变化

从图 8.29i 可以看出，长江流域 GDP 持续上升，到 2100 年 GDP 平均可达近 50 亿元。从参照期分布来看(图 8.29a)，GDP 的大值区主要位于上游四川、中游湖北及下游的长三角一

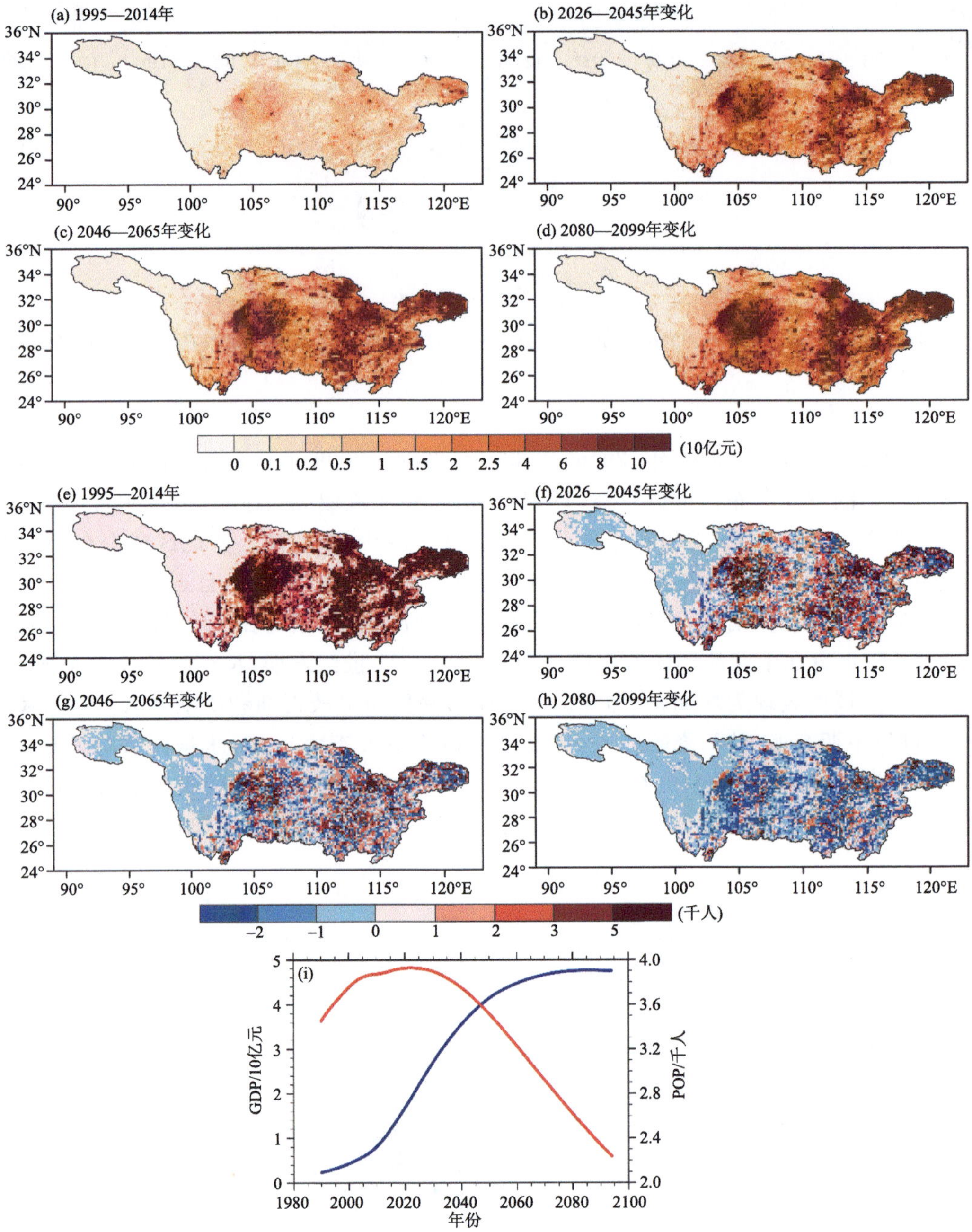

图 8.29 长江流域(a—d)GDP 和(e—h)人口密度在参照期的分布以及在 21 世纪不同时期的变化(相对于 1995—2014 年)((a，e)参照期 1995—2014 年的分布，(b，f)2026—2045 年的变化，(c，g)2046—2065 年的变化，(d，h)2080—2099 年的变化，(i)GDP 和人口流域平均值变化的时间演变(蓝色曲线表示 GDP，红色曲线表示 POP 人口密度))

带。21 世纪近期，GDP 增幅自西向东呈“低—高—低—高”的分布特征，大值区主要位于四川盆地和长江中下游地区，以上地区增幅可超过 20 亿元；21 世纪中期，GDP 增幅更大，四川、湖北、湖南和江苏超过 60 亿元；21 世纪后期，GDP 大值区范围进一步向北扩大，四川及以东地区大多在 40 亿以上，四川成都、重庆、湖北宜昌、长三角等地超过 100 亿元(图 8.29b—d)。

从图 8.29i 可以看出，长江流域人口将在 2025 年前后达到峰值，2025 年后持续下降，2050 年后将低于参照时段。从参照期分布(图 8.29e)来看，人口密度与 GDP 类似，都自西向东呈“低—高—低—高”的分布特征，高于 2000 人的区域主要集中在四川及以东地区。21 世纪近期，长江流域人口密度变化增减不一，四川盆地及以东地区多以增幅为主，相对下降的区域呈星点散布，增幅大值区主要集中在城市，在 2000 人以上；四川盆地以西地区多为下降。21 世纪中期，呈下降的区域增大；21 世纪后期，下降区域进一步扩大，除个别城市仍为增幅外，其他区域相对于参照期的基本都呈下降趋势(图 8.29f—h)。可以看出，21 世纪中后期长江流域的人口主要呈下降趋势，且有明显的向城市集中的趋势。

8.4.4　暴露度的未来变化

8.4.4.1　高温暴露度的变化

图 8.30 和图 8.31 分别给出参照期和 21 世纪不同时期的高温灾害 GDP 和 POP 暴露度。参照期 GDP 高暴露度主要分布在四川盆地和长江中下游地区，尤其是省会城市和直辖市；金沙江地区暴露度较低，多在 0.1 亿元以下。21 世纪近期，GDP 暴露度大值区向四周扩大，四川盆地及长江中下游地区基本都超过 1 亿元，四川盆地、洞庭湖和长江下游地区在 7 亿元以上。21 世纪中期，大于 1 亿元的区域范围略有扩大，增幅较为显著区处于主要城市及其辐射的周边地区，以上区域 GDP 暴露度超过 10 亿元；21 世纪后期，除汉江部分地区外，四川盆地和长江中下游地区大多超过 3 亿元，金沙江南部的部分地区、四川中部和东部、长江中游东部和下游地区可超过 20 亿元。

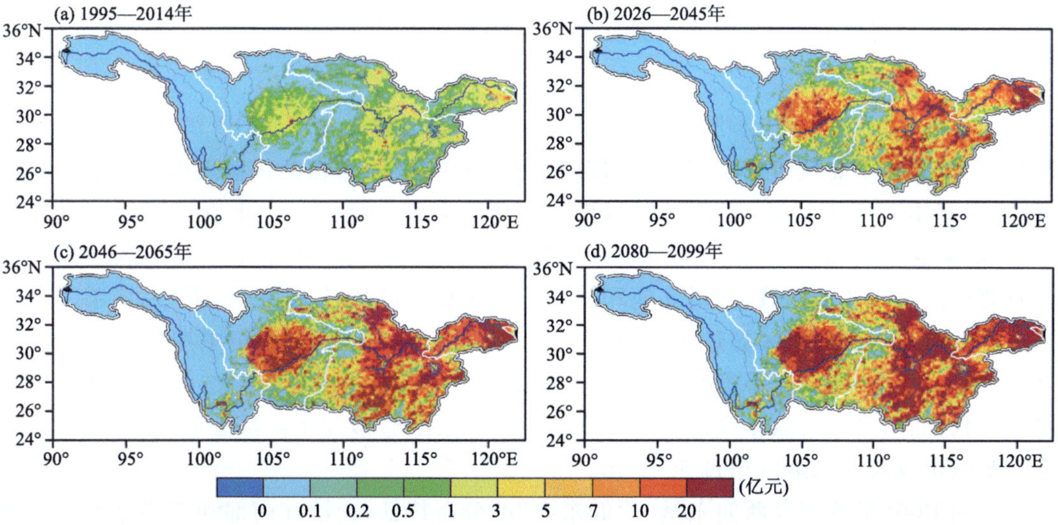

图 8.30　长江流域高温 GDP 暴露度在参照期的分布以及在 21 世纪不同时期的变化(a. 参照期 1995—2014 年的分布，b. 2026—2045 年的分布，c. 2046—2065 年的分布，d. 2080—2099 年的分布)

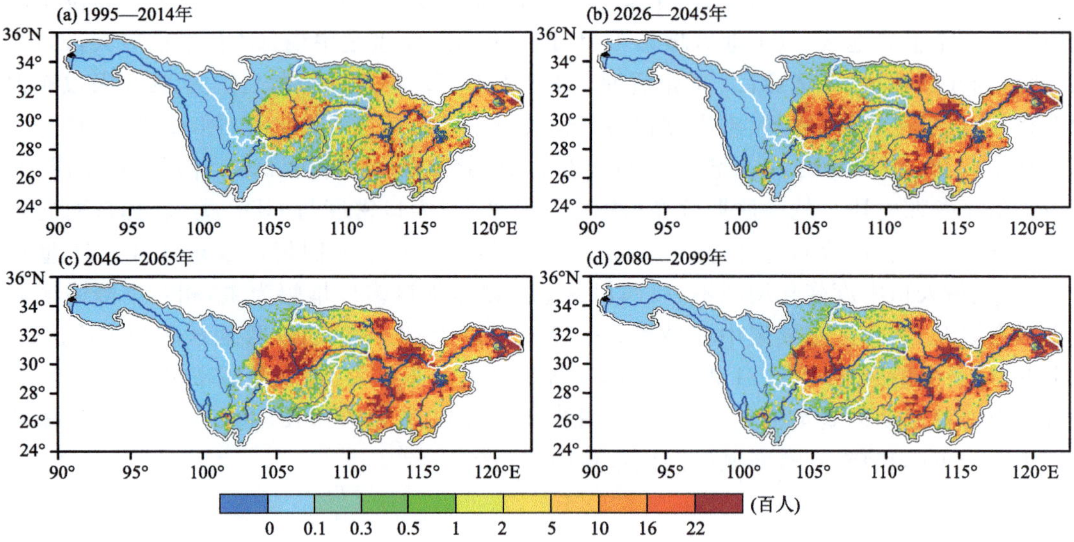

图 8.31　长江流域高温 POP 暴露度在参照期的分布以及在 21 世纪不同时期的变化(a. 参照期 1995—2014 年的分布,b. 2026—2045 年的分布,c. 2046—2065 年的分布,d. 2080—2099 年的分布)

参照期 POP 暴露度大值区位置与 GDP 暴露度相似,基本都在四川盆地和长江中下游地区,以上地区 POP 暴露度超过 30 人,金沙江地区暴露度低。21 世纪近期大值区扩大,大于 100 人的区域几乎覆盖四川及以东的大部分区域,四川盆地和长江中下游地区可达 2200 人。21 世纪中期大于 100 人的区域略有扩大,其中,四川盆地、长江中下游地区尤其是湖北北部、中部和湖南中部的大值区范围略有扩大。这可能是由于 21 世纪中期长江流域主要城市及其周边地区人口增加导致的。21 世纪后期,长江流域的人口暴露度有所降低,但多数地区的高温人口暴露度仍高于 21 世纪近期,整个长江流域大于 1600 人的区域范围有缩小的趋势,但大于 200 人的区域仍略有扩大,大值区多位于主要城市及其周边。

8.4.4.2　暴雨暴露度的变化

图 8.32 和图 8.33 给出参照期和 21 世纪不同时段的暴雨灾害 GDP 和 POP 暴露度。参照期 GDP 暴露度主要呈西低东高的分布形态,大值区主要分布在四川盆地以及长江中下游地区,暴露度基本高于 1 亿元,主要城市和长三角地区高于 5 亿元。由于以上区域多城市和乡镇,人口聚集且 GDP 高。21 世纪近期,GDP 暴露度大值区扩张,大于 1 亿元的区域扩大至金沙江南部和汉江西北部区域,四川盆地和长江中下游地区都超过 15 亿元,其中,成都、重庆、武汉等主要城市及长三角地区超过 40 亿元。与 21 世纪近期相比,21 世纪中期的大值区有所扩大,但大于 1 亿元的区域几乎没有变化。21 世纪后期,大值区进一步增大,大于 1 亿元的区域略向西扩张,四川盆地及以东大部分地区都超过 13 亿元,金沙江南部部分地区,成都、重庆、武汉等主要城市及长三角地区超过 60 亿元。

参照期 POP 暴露度自西向东呈"西低东高"的分布特征,金沙江南部和四川盆地以东地区多在 1000 人以上,大值区主要位于四川盆地和长江中下游地区,多在 1100 人以上。这是由于以上区域多城市和乡村,人口较为集中,导致暴露度相对较高。21 世纪近期,随着人口快速增加达到峰值,暴雨人口暴露度大于 200 人的区域略有增大,四川盆地和中下游地区大于 2000

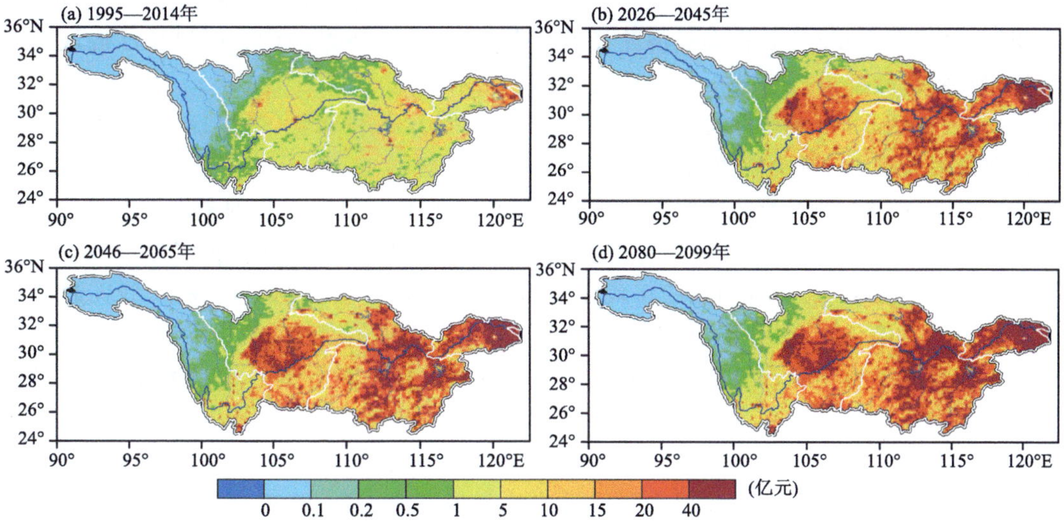

图 8.32　长江流域暴雨 GDP 暴露度在参照期的分布以及在 21 世纪不同时期的变化(a. 参照期 1995—2014 年的分布，b. 2026—2045 年的分布，c. 2046—2065 年的分布，d. 2080—2099 年的分布)

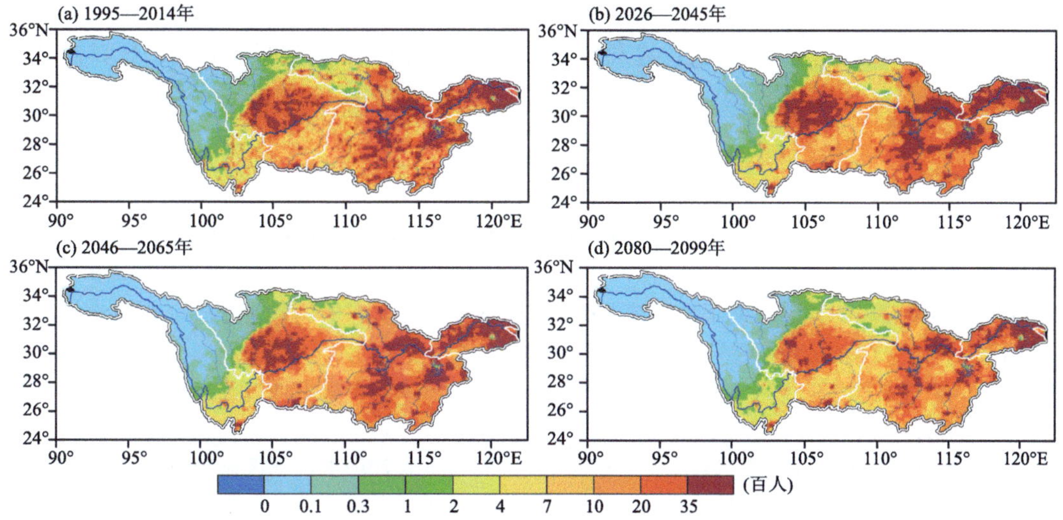

图 8.33　长江流域暴雨 POP 暴露度在参照期的分布以及在 21 世纪不同时期的变化(a. 参照期 1995—2014 年的分布，b. 2026—2045 年的分布，c. 2046—2065 年的分布，d. 2080—2099 年的分布)

人的区域有所扩大。21 世纪中期，长江流域人口开始下降，人口暴露度也随之降低，主要体现在大值区范围有所缩小，尤其是在四川盆地和洞庭湖地区，大于 200 人的区域也略有缩小，但不显著。21 世纪后期，人口继续快速下降，人口暴露度随之进一步降低，显著低于参照时段。除长三角地区的大值区外，四川盆地和长江中下游地区的大值区都有所缩小。

8.5　本章小结

在对 CMIP6 模式高分辨率降尺度结果进行评估的基础上，预估了长江流域 SSP2-4.5 中等温室气体排放情景下到21世纪末的长江流域降水、平均气温、最高气温、最低气温等气候要素的变化,并结合SSP2-4.5社会经济路径下的人口和GDP数据,对21世纪长江流域的高温暴露度和暴雨暴露度进行了分析。结果表明:

(1)分辨率达5 km的降尺度数据,提升了降尺度结果的可靠性,气温、降水和极端气候指数的均方根误差都有不同程度的减小;

(2)以1995—2014年为基准期,长江流域、长江上游和金沙江平均的未来增温趋势分别是0.32 ℃/10 a、0.31 ℃/10 a、0.30 ℃/10 a,春季升温速率相对较小,未来长江流域各个季节及年平均降水均明显增加,且有明显的年代际波动;随时间持续增加的幅度较小,线性趋势多不超过2%/10 a。年代际变化的位相在长江流域、长江上游和金沙江间较为一致。未来到21世纪末的长江流域平均年降水量相对增幅最高可达15%,春季降水量的相对增幅较大,但一般也不超过18%;

(3)21世纪,长江流域高温日数在整个区域内呈持续增多的趋势,5日最大降水量变化不一,但在21世纪末整个区域均表现为增大。未来高温灾害GDP暴露度表现为增大,21世纪后期暴露度达到峰值,大值区主要集中在四川盆地和长江中下游地区,城市暴露度更为显著。POP暴露度在21世纪近期达到峰值,大值区主要集中在各大城市及其周边地区。暴雨灾害GDP暴露度表现为增大趋势,暴露度的大值区主要分布在四川盆地及长江中下游地区,尤其是省会城市和长三角地区。POP暴露度在21世纪近期也表现为增大,但在21世纪中期和后期表现为持续减小的趋势,大值区位置与GDP暴露度类似,21世纪后期,POP暴露度低于参照时段。

参考文献

董思言,徐影,周波涛,等,2014. 基于CMIP5模式的中国地区未来高温灾害风险预估[J]. 气候变化研究进展,10(5):365-369.

黄大鹏,张蕾,高歌,2016. 未来情景下中国高温的人口暴露度变化及影响因素研究[J]. 地理学报,71(7):1189-1200.

江晓菲,李伟,游庆龙,2018. 中国未来极端气温变化的概率预估及其不确定性[J]. 气候变化研究进展,14(79):12-20.

刘俸霞,王艳君,赵晶,等,2017. 全球升温1.5 ℃与2.0 ℃情景下长江中下游地区极端降水的变化特征[J]. 长江流域资源与环境,26:778-788.

吴佳,周波涛,徐影,2015. 中国平均降水和极端降水对气候变暖的响应:CMIP5模式模拟评估和预估[J]. 地球物理学报,58:3048-3060.

张蕾,黄大鹏,杨冰韵,2016. RCP4.5情景下中国人口对高温暴露度预估研究[J]. 地理研究,35(12):2238-2248.

CHEN H,SUN J,2013. Projected change in East Asian summer monsoon precipitation under RCP scenario[J]. Meteorology and Atmospheric Physics,121:55-77.

HAN Z,SHI Y,WU J,et al,2019. Combined Dynamical and Statistical Downscaling for High-Resolution Projections of Multiple Climate Variables in the Beijing-Tianjin-Hebei Region of China[J]. Journal of Applied Meteorology and Climatology,58:2387-2403.

IPCC,2012. Managing the Risks of Extreme Events and Disasters to Advance Climate Change Adaptation// A Special Report of Workinggroups I and II of the Intergovernmental Panel on Climate Change[M]. Cambridge, UK and New York,NY,2012.

JONES B, O'NEILL B C, MCDANIEL L,et al,2015. Future population exposure to US heat extremes[J]. Nature Climate Change,5:652-655.

JONES B,O'NEILL B C,2016. Spatially explicit global population scenarios consistent with the Shared Socioeconomic Pathways[J]. Environmental Research Letters,11:084003. DOI:10. 1088/1748-9326/11/8/084003.

LI WEI,JIANG ZHIHONG,XU JIANJUN,et al,2016. Extreme precipitation indices over China in CMIP5 Models. Part II: Probabilistic projection [J]. Journal of Climate, 29: 8989-9004. DOI: 10. 1175/JCLI-D-16-0377. 1.

MOSS R H,EDMONDS J A,HIBBARD K A,et al,2010. The next generation of scenarios for climate change research and assessment[J]. Nature,463:747-756.

MURAKAMI D,YAMAGATA Y,2016. Estimation of Gridded Population and GDP Scenarios with Spatially Explicit Statistical Downscaling[J]. Sustainability, 11(7):2016. DOI:10. 3390/su11072106.

O'NEILL B C,KRIEGLER E, EBI K L,et al,2017. The roads ahead:Narratives for shared socioeconomic pathways describing world futures in the 21st century[J]. Global Environmental Change,42:169-180. DOI: 10. 1016/j. gloenvcha. 2015. 01. 004.

QI H, WEN X, WANG Z, et al,2019. Spatiotemporal variability in future extreme temperatures and rainfall in the Yangtze River Basin:Update using bias-corrected climate projections fitted by stationary and nonstationary model[J]. Journal of Hydrologic Engineering,24(11):05019026.

SUN S,SHI C,PAN Y,et al,2020. Applicability assessment of the 1998—2018 CLDAS Multi-source precipitation fusion dataset over China[J]. J Meteorol Res,34:879-892.

TOBIAS G, MURAKAMI D, KATJA F,et al,2017. Spatially-explicit Gross Cell Product(GCP)time series: Past observations (1850-2000) harmonized with future projections according to the Shared Socioeconomic Pathways(2010-2100)[DB/OL]. GFZ Data Services. DOI:10. 5880/pik. 2017. 007.

WANG L,CHEN W,2014. A CMIP5 multimodel projection of future temperature, precipitation, and climatological drought in China[J]. International Journal of Climatology,34:2059-2078.

WANG X, HUANG G, LIN Q, et al, 2015. High-resolution temperature and precipitation projections over Ontario, Canada:a coupled dynamical-statistical approach[J]. Quarterly Journal of the Royal Meteorological Society,141:1137-1146.

WU D,JIANG Z,MA T,2017. Projection of summer precipitation over the Yangtze-Huaihe River basin using multimodel statistical downscaling based on canonical correlation analysis [J]. Journal of Meteorological Research,30:867-880.

WU J,GAO X,2020. Present day bias and future change signal of temperature over China in a series of multi-GCM driven RCM simulations[J]. Climate Dynamics, 54:1113-1130.

WU J,HAN Z,LI R,et al,2021. Changes of extreme climate events and related risk exposures in Huang-Huai-Hai river basin under 1. 5～2 ℃ global warming targets based on high resolution combined dynamical and statistical downscaling dataset[J]. International Journal of Climatology,41:1383-1401.

WU Y J,WU S Y,WEN J H,et al,2016. Future Changes in Mean and Extreme Monsoon Precipitation in the Middle and Lower Yangtze River Basin, China, in the CMIP5 Models[J]. Journal of Hydrometeorology,17: 2785-2797. DOI:10. 1175/JHM-D-16-0033. 1.

XU Y, XU C, GAO X, et al, 2009. Projected changes in temperature and precipitation extremes over the Yangtze River Basin of China in the 21st century[J]. Quaternary international,208:44-52.

XU Y,WU J,SHI Y,et al,2015. Change in Extreme Climate Events over China Based on CMIP5[J]. Atmospheric and Oceanic ence Letters,8:185-192.

XU Y, GAO X J, GIORGI F, et al., 2018. Projected changes in temperature and precipitation extremes over China as measured by 50-yr return values and periods based on a CMIP5 ensemble[J]. Advances in Atmospheric Sciences, 35(4): 376-388.

ZHOU B, WEN Q, XU Y, et al, 2014. Projected changes in temperature and precipitation extremes in China by the CMIP5 multimodel ensembles[J]. Journal of Climate, 27: 6591-6611.

ZHU X, LEE S, WEN X, et al, 2021. Extreme climate changes over three major river basins in China as seen in CMIP5 and CMIP6[J]. Climate Dynamics, 57: 1187-1205.

第 9 章　长江流域适应气候变化及风险防范对策

引言

长江是中华民族的母亲河，是中华民族发展的重要支撑。长江全长 6300 多千米，为世界第三大河流，全流域涉及 19 个省、自治区、直辖市，流域面积 180 万 km^2，横跨东、中、西部三大经济区，具有完备的自然生态系统、独特的生物多样性，有全国三分之一的水资源、五分之三的水能资源，全国大部分淡水湖分布在长江中下游地区，是我国重要的战略水源地、生态宝库和重要的黄金水道。随着全球气候变化，近年来长江流域发生了严重的干旱和洪涝事件（秦大河，2015），如 2019 年长江中下游发生伏秋连旱、2020 年长江中下游等地梅雨期及梅雨量均突破历史最高纪录，频繁出现的极端天气气候事件给当地社会经济造成严重影响。因此，有必要对长江流域近几十年发生的重大高温灾害、重大干旱灾害、重大暴雨洪涝和山洪灾害事件等进行分析，系统总结重大灾害事件过程的特点及其造成的影响、当时采取的防灾减灾措施及存在的问题、未来应对此类灾害的启示和对策建议等，为未来长江流域防范极端气候事件风险提供案例和经验，为长江流域适应气候变化提供科学依据。

本章对长江流域近几十年发生的重大高温灾害事件（2006 年和 2013 年）、重大干旱灾害事件（2011 年和 2022 年）、重大暴雨洪涝事件（1998 年和 2020 年）、典型山洪灾害事件和极端复合型事件等进行了系统总结，给出了重大灾害事件过程的特点及其造成的影响、政府部门采取的防灾减灾措施及问题分析、未来应对此类灾害的启示和对策建议等。提出了长江流域水资源管理和生态环境保护适应未来气候变化的对策建议，总结了长江流域汛期旱涝预测的关键因子和应对旱涝灾害风险的对策措施，分析了气候变化对水利工程设计和运行管理的影响，并提出了相应的适应性对策，为长江流域重大水利工程防范极端气候风险、适应气候变化提供科学依据。

9.1　长江流域洪水灾害防御经验及适应对策

1961—2020 年长江流域日降水极端事件平均每年发生大约 22 d，长江流域近 60 年日降水极端事件年发生频率呈微弱增加趋势，长江中下游区域极端降水事件发生率相对较高，且增加相对较为明显，平均每 10 年增加约 1 d。20 世纪后期和 21 世纪最近几年，出现了两个多发时期，其中，1998 年和 2020 年极端降水事件发生频繁，极端降水日数分别为 29 d 和 31 d，导致长江流域发生了严重的洪涝灾害。

历史上，1954 年、1981 年和 1998 年长江上游都发生过特大洪水（杨义文 等，1999），其中，1981 年为上游特大洪水，1954 年和 1998 年为全流域特大洪水，这些洪水发生时，上游基本没有控制性水库，洪水形成及演进比较自然，但由于峰高量大，洪水造成的损失十分巨大。2020

年长江洪水为新中国成立以来仅次于1954年和1998年的全流域性大洪水，其中，上游洪水与1981年类似，属于特大洪水。由于大型水库群联合调节及错峰，避免了发生特大洪水灾害。

1998年的长江洪水，是继1954年洪水后20世纪发生的又一次全流域型的特大洪水。根据1998年的洪水来量，如果要维持1954年的水位，需要有效分蓄洪量约为400亿 m^3。但是1998年的分洪溃口总量仅约100亿 m^3。考虑到1998年洪水小于1954年，以及军民团结抗洪的巨大潜力，中共中央毅然决心进一步抬高洪水位，严防死守，力争减少溃口和分洪损失。这是一个极其艰难的决策，经实践证明是正确的。

2020年在长江中下游超长超强梅雨和四川盆地强降雨影响下，长江发生流域性大洪水，主要特点有：上游来水早，洪水发生范围广且峰高量大；干流区间洪水突出；中下游干流水位涨势猛，洪峰水位高、高水位持续时间长；水库群联合调度影响显著。党中央、国务院高度重视长江防汛工作，水利部、长江水利委员会及沿江的四川、重庆、湖北、湖南、江西、安徽、江苏、贵州等省（市）水利部门认真贯彻落实党中央、国务院决策部署，坚持守土有责、守土尽责，切实担负起水利部门防汛职责，加强雨水情监测预报，科学精细调度，强化堤防巡查防守和应急抢险技术支撑，确保了长江干堤、支流重要堤防的安全。

9.1.1 1998年长江流域洪水特点及防御经验

9.1.1.1 1998年长江洪水基本特征及影响

根据对资料的分析（王金銮，1999；吴凯，1999），1998年长江洪水的特点如下：

（1）洪水范围广

1998年长江流域降水量大，暴雨过程频繁，而且雨带呈上下游拉锯式移动，造成长江上中游干流及两湖（洞庭湖和鄱阳湖）地区降水量偏多，长江流域各主要支流基本上都先后出现远超多年平均值的特大洪水，洪水波及整个长江流域。

（2）洪水组合恶劣

长江上、中、下游干支流洪水发生恶劣遭遇，6月下旬、7月中旬鄱阳湖、洞庭湖洪水叠加，随后上游洪水又与中下游洪水相遇；8月上中旬，长江上游洪峰通过三峡江段时，又多次与三峡区间和清江流域的暴雨洪水相遇，特别是第六次洪峰，沿途相继与支流清江、沮漳河、洞庭湖水系和汉江来水遭遇，构成1998年最恶劣的洪水组合，形成了1998年长江干流洪水峰连峰、峰叠峰的险恶水情，使长江沙市至武汉河段出现1998年入汛以来的最高水位，使沙市水位达到45.22 m（8月17日），超过荆江大堤的设计洪水水位（45.00 m）的危急局面。

（3）洪水水位高

长江干流宜昌以下河段全线超过警戒水位。除武汉个别观测站外，中游沙市至螺山，武穴至九江360 km江段和洞庭湖、鄱阳湖的水位都超过1954年，也超过历史最高水位。1998年的长江洪水是一次组合型洪水，致洪因素复杂：全流域降水量偏多，而非部分地区偏多；降水时段集中、强度大；暴雨大暴雨落区处于洪涝敏感区，前期落区在中下游沿江及两湖湖区，后期在长江上游；洪峰频繁，间隔期短，峰叠峰，上下洪水遭遇；中下游湖泊大面积减小，天然分洪能力下降；屡遇天文大潮顶托，形成“上压下顶”之势，行洪不畅，洪水宣泄不及等。另外还有一个不可忽视的因素，即由于要确保人民生命及财产的安全，随着水位不断上涨，江防大堤不断增高，堤增水涨，水涨堤增，除九江一处外，基本没有分洪、决口和溃堤，洪水始终被控制在干流下泄。

(4)高水位持续时间长

在长江中下游干流宜昌至安徽大通的控制站中(包括鄱阳湖和洞庭湖出口控制站),最高水位创历史纪录的有 9 站,排历史记录第二位的有 5 站。监利以下控制站超警戒水位的时间全部超过 80 d,宜昌至螺山江段高水位的持续时间超过 1954 年,其中,沙市高水位时间长达 57 d,而 1954 年仅为 34 d;汉口以下江段高水位持续时间短于 1954 年。

(5)洪水量大

1998 年长江干流宜昌、汉口、大通 3 个主要控制站的 30 d、60 d 的洪水量均很大,与历史最高的 1954 年比较不相上下,其中,宜昌站 6—8 月总洪量略超过 1954 年,汉口站和大通站均接近 1954 年。以宜昌为例,1998 年最大洪峰流量为 63600 m^3/s(1998 年 8 月 16 日),1954 年最大洪峰流量 66800 m^3/s(1954 年 8 月 6 日)。再如武汉,1998 年夏季最大洪峰流量为 68800 m^3/s(1998 年 8 月 24 日),1954 年最高记录 76100 m^3/s(1954 年 8 月 14 日)。

(6)灾情重

据长江水利委员会统计,1998 年长江中下游 5 省共溃口分洪 1705 个围垸,淹没耕地 295 万亩,受灾人口 230 万,死亡人口 1432 人。

9.1.1.2　1998 年长江洪水防灾减灾措施

由于荆江洪水居高不下,根据上级指示,荆江分洪工程从 8 月 7 日开始准备分洪。8 月 15 日三峡区间普降大雨,清江入库流量已达 8000 m^3/s,下泄流量 5000 m^3/s,预报同日 14 时宜昌站流量可达 63000 m^3/s,澧水流量可达 8000～10000 m^3/s,17 日 5 时沙市站水位可达 45.28 m,荆江防洪形势异常严峻,长江干堤和支堤不断发生重大险情,究竟分洪不分洪?幸好,不久三峡雨带转移,清江降雨也基本停止,重庆以下大型水库已采取最大限度拦蓄措施,终于控制住沙市站水位没有超过 45.22 m。据当时水情部门分析,如将沙市站水位从 45.30 m 降到 45.00 m,超额洪水只有 3 亿 m^3,而且此时荆江大堤也没有发生重大险情。权衡再三,决定不分洪,从而保全了分洪区内 3.62 万 hm^2 的耕地、49.0 万人口,减少移民经济损失 76 亿元。由于没有运用荆江分洪工程,荆江两岸堤防承担了很大的风险。

据报道,参加 1998 年抗洪抢险的干部群众有 800 多万人,加上各部门、各地区直接服务于抗洪抢险的人员,足足上亿人。这不仅在中国历史上罕见,在世界抗洪史上也是闻所未闻。公安干警也积极投入抗洪抢险,不畏艰苦,维护了灾区社会秩序的稳定(付登发,2008)。

1998 年中央一级下拨防汛经费 28 亿元,国家防总调拨物资价值 5 亿元,仅救生衣就生产了 60 万件。全国抗洪抢险消耗物资总价值 130 多亿元,其中,长江流域 103 亿元,嫩江、松花江流域 27 亿元(不含地方和部队的投入)。截至 1998 年 10 月,收到各界捐款捐物超过 28 亿元。

9.1.1.3　对 1998 年长江洪水和抗洪斗争的认识

1998 年的长江洪水,是继 1931 年和 1954 年洪水后 20 世纪发生的又一次全流域型的特大洪水。虽然 1998 年洪水没有 1954 年大,但为什么长江干流洪水位除武汉、黄石段外都高于 1954 年?最关键的是分蓄洪量比 1954 年大幅度减少。根据 1998 年的洪水来量,如果要维持 1954 年的水位,需要有效分蓄洪量约 400 亿 m^3。但是 1998 年的分洪溃口总量仅约 100 亿 m^3。考虑到 1998 年洪水小于 1954 年,以及军民团结抗洪的巨大潜力,中共中央毅然决心进一步抬高洪水位,严防死守,力争减少溃口和分洪损失。

关于长江流域的灾情，根据卫星和航空遥感对长江中游地区所进行的多期和系统的监测与分析，湘、鄂、赣三省最大受淹面积约为1586万亩。1998年的灾情与1954年的灾情差别很大，与1931年的惨况更是完全不同。因此，1998年的抗洪斗争确实取得了巨大成绩。

长江洪水位的抬高是否是由于长江河床的淤高？根据长期观测资料，长江干流河槽基本稳定，与黄河根本不同。由于某些因素，局部河段有冲淤变化。关于湖泊淤积情况，洞庭湖1949年以来因淤积减少湖泊容量约40亿 m^3，由于1949年以来围垦了1600 km^2，大约减少容量近100亿 m^3。鄱阳湖的淤积量很小，但1949年以来围垦了1400 km^2，损失湖泊容量约80亿 m^3。湖北省段的长江两岸湖泊由于全部封闭，减小面积5700 km^2。1949年以来，湘、鄂、赣连同苏、皖5省因围垦共增加耕地估计约1400万亩。关于水土流失和泥沙情况，据调查统计，在长江上游100万 km^2 的流域范围内，地面固体物质的年均侵蚀量为15.68亿t，长江干流宜昌站年均输沙量为5.3亿t，输移比为0.33。这与黄河有所不同。因长江上游主要是岩石山区，其地面侵蚀物质主要是岩石风化物，颗粒较粗，不能被河流远距离输送。据初步分析，1998年泥沙的主要来源是金沙江和嘉陵江，这是很值得进一步研究的现象。

以上情况说明，长江流域的水旱灾害之所以严重，除了气象方面的客观原因外，主要还是由于流域内生态系统的失调。平原的盲目围湖造田和占用行洪洲滩是近几年来长江洪水位抬高的主要原因。

我国生态系统失调的根本原因是人多地少。要进行生态系统的重建，必须与经济结构的调整相结合，以综合提高生产力为目标，并注意发展、改革和稳定三方面的协调。中共中央提出的要坚持全面规划、统筹兼顾、标本兼治、综合指理的原则是完全正确的。

9.1.1.4 1998年长江洪水防御工作的启示

(1)调整土地利用结构，重建长江流域生态系统

长江流域生态系统的失调，是由于人口增长和经济的发展(中国科学院 等，1999)。因此，不能简单地恢复原状，而是要以可持续发展的观点，通过调整经济结构和人口分布结构，在综合发展生产力的基础上，解决人多地少的矛盾，实现土地利用结构的调整。一方面，要以1998年的抗洪斗争为契机，大张旗鼓地宣传调整土地利用结构的必要性；同时，又要制定调整土地利用结构的具体规划、步骤、政策和措施，使退耕还林、退耕还湖和平垸行洪真正落到实处。

通过全面调查和必要的勘测，对全流域的土地进行总体规划，合理调整农林牧业结构，把整治河山、重建家园纳入流域生态系统重建的总体框架，因地制宜地建立可持续发展模式。在山区，退耕还林要和积极发展生产结合起来。退耕还林的关键是真正解决当地职工和群众的生产出路。要具体划定必须退耕还林的地区，制定解决生产出路的具体规划，定期限、定步骤，并确定责任单位予以实施，并定期检查和验收；要制止和防止新的毁林开荒和陡坡开荒；特别要注意防止在三峡移民中造成新的生态破坏，严格按照“三峡库区的生态功能分区”规划安置移民。

对可以不退耕还林的山区农田，要大力推行高效生态农业。推广坡地改梯田、坡地绿篱、横坡种植等措施。有条件的地方，扶持进行农田水利建设。大力开展山区的小流域治理，以小流域为单元，全面布局，综合开发，将生态保护与经济发展结合起来，生物措施与工程措施结合起来，这是改善和恢复山区环境，使人民脱贫致富的重要途径。大力发展种草养畜。在雨量和湿度较高而坡度较陡的山地、海拔过高的高原区、不宜造林的坡地和干热河谷，应种植牧草，发展畜牧业。这也是改善生态环境、脱贫致富的有效途径。

在湖区，退田还湖要和保持湖区经济的可持续发展结合起来。长江中下游 1949 年以来开发湖区耕地 1400 万亩，连同过去 1000 多年来已开发的共计数千万亩土地，不仅是中下游 5 省的农业基地，而且发展了工业和交通，建设了繁荣的城镇，为全国的经济发展做出了贡献。但是要看到，根据长江洪水的规律，对于这些已开发的数千万亩土地，不可能在任何洪水情况下都不被淹没。洪水不太大的年份，可以全部或大部分保住；特大洪水年份，必须牺牲部分保住重点。只有这样，才能保持湖区经济的可持续发展。实施退田还湖的难度很大，因为围垸内的大量人口需要迁移安置。就蓄洪的有效性来看，控制蓄洪比自然蓄洪更能有效地削减洪峰流量，需要的蓄洪容量也少得多。因此，湖南省提出的，对蓄洪垸实行"空垸待蓄，低水时耕种，高水时蓄洪还湖"，在技术和经济上都是合理的。但必须切实做好蓄洪围垸内的安全建设，并制定相应的政策和保险制度，使人民的生产和生活得到可靠保障；同时，还要制定与"低水耕种，高水蓄洪"相适应的经济发展方针和加强管理的具体措施，才能保证高水时及时开放蓄洪。对一些地势低下、排水困难、1998 年水毁严重的围堤，应坚决退田还湖，或将封闭型的围垦种植改为半封闭型的筑圩养殖，实行"退田还渔"。许多围垸建在长江和洞庭湖洪道的洲滩上，成为行洪障碍，保护面积不大，但对大局影响很大，应当坚决清除，退田还河。

建立生态经济核算制度和生态效益补偿制度。鉴于生态工程的长期性和全局性，要通过政策和立法，在财政、税收、信贷等方面进行扶持。国务院正在建立林价制度和森林生态效益补偿制度，这些都是必需的，应尽快加以实施。同时，对草地和湖泊、洲滩和湿地的管理也应做出切实可行的规定。

(2)加强科学研究和新技术应用

在 1998 年的抗洪斗争中，新技术发挥了重要作用。例如，通过遥感和地理信息系统技术，及时监测灾情的发生、发展过程和趋势，在评价灾害中具有很强的科学性和客观性，成为抗洪救灾的重要依据。同时，也应看到，与国际上的先进水平相比，与抗洪救灾的需要相比，我国的信息技术还存在一定的差距。

我国是世界上洪涝灾害最为严重的国家之一，发挥新技术的作用，努力实现对洪水及其成灾的预测、预报和预警，并使抗洪斗争逐步做到规范化和现代化，应当作为我国科技工作者的一项光荣任务。

9.1.2　2020 年长江流域洪水特点及防御对策建议

9.1.2.1　2020 年长江洪水基本特征及影响

2020 年，长江先后发生 5 次编号洪水，干流（宜宾以下，除枝城江段外）及两湖（洞庭湖和鄱阳湖）水位全线超警戒水位，部分堤段超保证水位，长江发生流域性大洪水，上游发生特大洪水，三峡水库出现 2003 年建库以来最大入库流量，流域内 14 个省（市、区）378 条河流发生超警戒水位以上的洪水。2020 年受洪涝灾害影响，长江中下游地区、淮河流域、西南、华南及东南沿海等地发生大规模洪水，截至 8 月 13 日国家防汛抗旱总指挥部统计，2020 年洪涝灾害造成 6346 万人次受灾，直接经济损失 1789.6 亿元，比前 5 年平均值分别偏多 12.7%和 15.5%；因灾死亡或失踪 219 人，倒塌房屋 5.4 万间，较前 5 年平均值分别减少 54.8%和 65.3%。

2020 年主汛期，长江流域具有入梅早、出梅晚、梅雨量大，暴雨强度大、极端性强，暴雨阶段性分布明显、各阶段强雨区重叠度高等特征。在长江中下游超长超强梅雨和四川盆地强降雨影响下，2020 年长江流域性大洪水主要有以下 6 个方面的特点（陈敏，2020；尚全民 等，

2020)：

(1)上游来水早,洪水发生范围广。2020 年 6 月,上游西北部地区金沙江上游、雅砻江上游及大渡河来水均显著偏多,大渡河、长江上游南部支流横江、綦江、乌江发生超警戒水位洪水甚至超历史洪水,三峡水库入库出现两次 40000 m^3/s 左右的涨水过程,为建库以来最早。6—8 月,长江洪水主要水源地的 17 条河流中除湘江、汉江外,均发生超警戒水位以上洪水;长江干流发生 5 次编号洪水,长江上游发生特大洪水,鄱阳湖发生流域性超历史大洪水,中下游干流沙市以下江段全线超警水位。

(2)干流区间洪水突出。受强降雨影响,中下游主要支流中,湖北省的长湖、洪湖,江西省的鄱阳湖,安徽省的巢湖(超历史最高水位 16 d)、滁河发生超历史洪水,湖南的洞庭湖发生超保证水位洪水,江西省、安徽省启用洲滩民垸或蓄洪圩垸行蓄洪水。2020 年 7 月,洞庭湖"四水"合成出现 3 次 20000 m^3/s 以上的涨水过程,洞庭湖区亦出现 3 次明显涨水过程(最大洪峰流量 12900 m^3/s);鄱阳湖"五河"合成、鄱阳湖区间、汉口—湖口区间、湖口—大通区间最大流量在 27000～45000 m^3/s。从洪水组成看:汉口站总入流最大 30 d 洪量地区组成中,宜昌—汉口区间洪量大于 1954 年,最大 7 d、15 d 洪量地区组成中,宜昌—汉口区间洪量大于 1998 年;大通站总入流最大 7 d、15 d 和 30 d 洪量地区组成中,汉口—大通区间洪量及占比均大于 1998 年,最大 30 d 洪量地区组成中,汉口—大通区间洪量与 1954 年基本相当。

(3)中下游干流水位涨势猛。2020 年 6 月中下游干流及两湖出口控制站水位涨速加快,尤其是进入 7 月以后,水位涨势迅猛。6 月 1 日至 7 月中旬控制站出现第一次洪峰水位期间,长江中下游干流及两湖出口控制站莲花塘、汉口、九江、大通、七里山、湖口水位总涨幅9.10～11.23 m,其中,7 月涨幅 3.33～4.69 m,最大日涨幅 0.37～0.63 m。莲花塘—大通江段主要控制站水位日均涨幅均大于 1998 年,各站从起涨至超警戒水位历时均短于 1998 年,莲花塘和七里山站超警戒水位至超保证水位历时均短于 1998 年。在上游来水筑底、区间洪水沿程叠加作用下,中下游干流水位迅速突破警戒水位,并接近保证水位。

(4)中下游洪峰水位高,高水位持续时间长。洞庭湖七里山站于 7 月 4 日 18 时率先达到警戒水位,此后莲花塘、九江、湖口、大通等站相继达到警戒水位,8 日黄石港站达到警戒水位,至此中下游干流监利以下江段及两湖湖区全线超警水位。监利至大通江段各站实况最高水位居历史最高水位第二位至第五位,其中,九江站、湖口站最高水位居历史最高水位第二位(仅次于 1998 年),各站超警戒水位累计天数 28～60 d;叠加下游支流来水及潮位顶托影响,马鞍山至镇江江段最高潮位超历史。还原后长江中下游干流及两湖出口控制站最高水位,除汉口、大通占据历史第二位外,其余主要控制站最高水位均居历史首位,莲花塘、汉口、湖口站超警时间均超 60 d。

(5)上游洪水峰高量大。2020 年 8 月中旬,岷江高场、沱江富顺、涪江小河坝、嘉陵江北碚、长江干流朱沱站发生较大洪水过程,实况洪峰流量分别列历史第一位到第十一位,且各站均呈复式双峰过程。干流朱沱站与嘉陵江北碚站来水几乎全过程遭遇,导致寸滩站出现峰高量大的洪水过程,实况洪峰流量位居历史第五位,重现期约 20 年,洪峰水位位居实测记录第二位,最大 7 d 洪量约 40 年一遇,还原后洪峰流量位于历史第一位,约 90 年一遇,7 d 洪量约 130 年一遇,过程洪量大。三峡水库出现建库以来最大入库流量(75000 m^3/s),同时出现建库以来最大出库流量(49400 m^3/s)和最高调洪水位(167.65 m)。

(6)水库群联合调度影响显著。2020 年 7—8 月,纳入长江流域联合调度的水库群总蓄量增加约 267 亿 m^3，考虑各水库防洪库容的重复利用，水库群累计拦蓄洪水约 490 亿 m^3。通过上游水库群联合运用后，将宜昌及以下各站洪水削减为常遇洪水，沙市最高水位 43.24 m，仅超警水位 0.24 m，避免了荆江分洪区的启用，莲花塘站最高水位 34.59 m，仅超保证水位 0.19 m。

9.1.2.2　2020 年大洪水防御工作问题分析

分析 2020 年防汛抗洪工作，主要存在如下七个方面的问题：

(1)蓄滞洪区建设管理问题多，运用难度大。长江中下游蓄滞洪区安全建设滞后，安全设施薄弱。一些蓄滞洪区甚至形成了较高的人口密度和产业集聚，蓄滞洪区运用影响范围广，转移人口数量大，淹没损失大，运用难度大。

(2)洲滩民垸管理不到位、运用难。多年来由于补偿、安置、规划等诸多历史遗留问题，单退圩堤内搬迁不彻底，一些已退的单退圩内存在大量生产人员，甚至有人返迁，实际运用难度大。

(3)水库调度规范化管理不足。一些省份水库调度权限不一、调度方案批复不一；有的下达指令随意，工程管理单位相关人员未按规定调度、违规操作；有的调度决策程序复杂，实际调度中易贻误时机，造成洪涝损失。

(4)水工程联合调度精细化不够。水工程联合预报调度信息化、智能化水平不高，联合调度广度和深度还需不断拓宽和加强；水利工程多目标综合调度手段模式仍有待研究，调度决策支持信息化不能满足综合调度需求。

(5)山洪灾害仍然是造成人员伤亡的主要原因。长江流域山丘区面积大、雨量丰沛，暴雨突发性强、强度大，极易诱发山洪灾害。2020 年长江流域一些地区发生山洪灾害，造成了人员伤亡。

(6)一些薄弱堤段长期得不到及时修复，存在安全隐患。2020 年长江大水期间，长江干堤及两湖地区堤防发生了渗漏、管涌、散浸、脱坡等险情，鄱阳湖区中洲圩、问桂道圩和三角联圩等 3 个万亩以上圩堤溃决。一些历史险工险段由于治理不彻底、隐患未根除，堤防防渗效果差，容易发生险情。

(7)预测预报精准度不够。短期水文气象预报精度和可靠性已有较大提高，中期预报对过程趋势已有良好把握，但对降雨的落区和持续时间把握还相对不足；延伸期、月尺度长期预报的手段还较为单一。

9.1.3　长江流域洪水灾害防御对策建议

由于特殊的自然地理条件，我国将长期面临洪涝灾害威胁，洪水风险依然是长江流域的最大威胁。随着经济社会发展，我国人口、财富进一步聚集，淹不起、涝不得的地方越来越多，稍有不慎就可能造成重大损失，任何时候都不能掉以轻心，必须从保障中华民族永续发展和伟大复兴的战略高度，按照“水利工程补短板、水利行业强监管”的要求，立足国情、适度超前，谋划好“十四五”国家水安全保障规划，加快从传统水利向现代水利转变，牢固树立风险意识和底线思维，不断提高洪水预测预报、水工程调度、防洪抢险技术支撑的能力和水平，全力保障人民群众生命安全，最大程度减轻洪水灾害损失，为经济社会持续健康发展、实现“两个一百年”奋斗目标营造江河安澜的良好环境。为此，提出以下八个方面的工作建议(夏军 等，2021；蔡阳 等，2021)：

(1)加强监测预报预警。加强中长期洪水预测分析,努力延长预见期;加强短期洪水预报,提高准确度和可靠性,为工程调度、人员转移避险等提供依据。及时发布江河洪水预警,提醒做好避灾避险准备。

(2)加强水工程科学调度。加强长江流域水工程调度的统筹和安排,不断完善流域水工程联合调度方案,科学调度水库、蓄滞洪区、泵站、水闸等水工程,细化安排水工程"拦、蓄、泄、排"等具体措施和运用时机,明确不同阶段的防洪保护目标和调度原则,有力有序开展水工程联合调度。

(3)加强水库安全度汛。督促地方严格落实小型水库"三个责任人"和"三个重点环节"措施。持续开展水库汛限水位监管,严禁违规超汛限水位运行。出台大中型水库汛期调度运用规定,进一步加强大中型水库汛期调度运用的监督和管理。

(4)加强山洪灾害防御。充分发挥监测预警系统和群测群防体系,以及"三大运营商"作用,及时发布预警信息,提请基层地方政府落实包保责任制、组织做好人员转移工作。继续开展山洪灾害防治项目建设,实现防御体系由"有"到"好"的转变。

(5)加强蓄滞洪区安全建设和运用准备。做好蓄滞洪区运用准备,宁可备而不用,不可用时无备,细化蓄滞洪区运用的启动条件和计划安排,确保需要时蓄滞洪区能够正常运用。推进蓄滞洪区布局调整研究,优化蓄滞洪区布局安排。加快蓄滞洪区安全设施和防洪工程建设,确保蓄滞洪区能够正常启用,发挥应有防洪功能。

(6)加强洲滩民垸管理。加强洲滩民垸管理,严格执行江河防御洪水方案和洪水调度方案等相关规定,达到运用条件时必须及时行洪运用,确保流域防洪安全。抓紧研究长江中下游干流和两湖洲滩民垸分类标准。

(7)加强抢险技术支撑。切实履行水利部门抢险技术支撑职责,加强与应急部门的协调与配合。加强对地方水旱灾害防御工作的指导,帮助解决在堤防巡查防守、水工程调度、山洪灾害防御等工作中遇到的实际困难和问题,最大程度减轻水旱灾害损失。

(8)进一步完善超标洪水防御预案。结合近年来洪水防御的实际情况,进一步完善大江大河、重要支流(河流)超标洪水防御预案,提高科学性、针对性、实用性和可操作性。推进洪水风险区划,划定不同洪水量等级的淹没风险,指导城镇建设和人员转移避险等。

9.2 长江流域干旱灾害防御经验及适应对策

1961—2020 年长江流域极端干旱平均每年发生大约 28 d,20 世纪 60 年代和 70 年代,长江流域极端干旱事件发生频繁,平均每年发生大约 43 d,80 年代到 21 世纪初 10 年,发生频率相对较低,平均每年发生大约 24 d。2010 年以来极端干旱发生相对较多,如长江中下游 2011 年发生了严重的春季干旱和 2019 年发生了严重的夏季干旱,极端干旱日数分别为 101 d 和 46 d。长江流域极端干旱年发生频次虽然处于减少趋势,但与全国其他区域相比,长江流域极端干旱事件在全国范围的占比还是处于上升趋势,而且常常与极端高温事件相伴,高温与干旱耦合的复合型事件越来越多,造成的影响更加严重,应该引起相关部门的重视。

2022 年出现的"汛期反枯""盛夏枯水"并不罕见,1978 年和 2006 年都出现过,2022 年干旱最大的特点是多地连续高温天数和强度创出历史记录,如重庆连续出现 45 ℃极端高温天气,加重了旱情和旱灾程度。据报道,2022 年在欧洲和其他区域同时也发生了极端高温和干旱,是 500 年来最严重的干旱。随着全球变暖影响,这种态势将会愈来愈频繁,未来长江流域干旱发生频次和强度会愈来愈强，对长江流域经济社会影响也会愈来愈显著。

面对严峻的水旱灾害防御形势，水利部等部门以水库安全度汛、山洪灾害防御为重点，以水工程联合调度为中心，切实履行好水情监测预警、水工程调度、抢险技术支撑三大职责，全力以赴做好水旱灾害防御工作。

9.2.1 2011 年长江流域干旱特点及防御对策建议

9.2.1.1 2011 年长江流域旱涝特点及影响

(1)2011 年长江流域旱涝特点

2011 年，长江中下游地区出现严重冬春连旱，6 月出现旱涝急转。2011 年 1—5 月，长江中下游地区降水连续偏少，江淮、江汉、江南中部和北部偏少 5～8 成，湖北、湖南、江西、安徽、江苏 5 省平均降水量 260.9 mm，较常年同期(533.3 mm)偏少 51%，为 1951 年以来同期最少；5 省平均累计无降水日数 105 d，为近 60 年来同期最多。由于少雨程度重、持续时间长，气象干旱发展迅速，长江中下游 95%的地区受旱，部分地区出现近 60 年来最严重气象干旱。干旱使江河、湖泊、水库等水位异常偏低，水体面积减少明显，对水稻插秧、水产养殖、水运以及人们生活、生态环境影响较大。6 月 3—24 日，长江中下游地区相继出现 5 次强降雨过程，长江中下游地区六省一市(湖南、湖北、江西、安徽、江苏、浙江、上海)区域平均降水量249.7 mm，较常年同期(153.5 mm)偏多 62.6%，为近 57 年历史同期最多，“旱涝急转”特征凸显。由于降水集中、强度大，一些河流发生了超保证水位的洪水，湖北陆水上游、江西乐安河、浙江钱塘江上中游、湖南湘江支流涓水等河流发生超历史实测记录的大洪水。浙江诸暨浦阳江沿线部分湖泊两次决堤，新安江水库近 12 年来首次泄洪。多省发生洪涝及山洪地质灾害，10 多条河流发生超警戒洪水，上百万人受灾，农田被淹，房屋倒塌。

(2)2011 年长江中下游干旱的影响

2011 年 1—5 月，长江中下游地区遭受 1951 年来最严重冬春连旱。截至 5 月 25 日，长江中下游地区中度以上干旱影响面积分别为湖北 1.95 万 km^2、湖南 6.22 万 km^2、江西 6.36 万 km^2、安徽 1.44 万 km^2、江苏 0.45 万 km^2、浙江 4.68 万 km^2，与历史上 1981 年、1986 年、1988 年、1991 年长江中下游地区发生春旱相比，此次干旱影响面积明显偏大。干旱对长江中下游地区的水资源影响最为突出，水产养殖业、农业生产也遭受严重损失，部分地区出现人畜饮水困难。尽管三峡水库于 5 月 17 日加大下泄流量和 5 月下旬出现明显降水过程，但监测显示 5 月 25 日 08 时长江城陵矶站水位 23.77 m，仍比常年同期低 1.71 m；鄱阳湖湖口水位 10.51 m，比常年同期低 4.1 m。5 月 18 日卫星遥感监测显示，鄱阳湖主体及附近水域面积为 1326 km^2，为有卫星遥感监测记录以来历史最小水面，约为历史同期水面的一半。洞庭湖水位持续偏低，湖南澧县 107 座小型水库大部分接近死水位，湖北有上千个大小水库接近死水位。四大水体(丹江口水库、洪湖、斧头湖、长湖)面积较历史同期减小 20%左右。

(3)2011 年长江流域旱涝急转的影响

旱涝急转是某一区域发生较长时间干旱，突遇集中强降雨，引起山洪暴发、河水陡涨、内水难以及时外排的一种自然现象。旱涝急转是典型的干与暴雨两种极端气象条件在短时间内急剧转变而形成灾害链的事件。在它发生与发展过程中，不但会因为干旱与洪涝对生产、人民生活和自然生态系统等承灾体造成影响，还会因急促的从旱到涝而形成灾害。长江中下游地区处于季风盛行区，是我国“旱涝急转”多发的区域之一，且在夏季较为常见。2010 年秋季到

2011年夏季长江中下游94.5%的地区先后遭受旱灾，而进入6月突然转入暴雨季，从干旱到暴雨成涝的时间间隔比多年平均短了19 d，形成了旱涝急转事件，在该区部分区域造成较大经济损失和人员伤亡。灾害是由致灾因子、承灾体、孕灾环境综合作用形成的，干旱、旱涝急转及洪涝灾害的形成受制于当地的天气、地理环境、抗灾能力等方面的因素。对事件的影响开展进一步的分区研究，深刻认识相同致灾因子，不同孕灾环境及防灾减灾条件下，对各种承灾体的影响情况及差异的形成原因等，对地方制定应对旱涝急转的措施具有重要的意义。

牛建利等(2013)针对2010年秋季到2011年夏季长江流域的旱涝急转现象，以安徽省巢湖槐林镇为例，就该次干旱、旱涝急转和洪涝的链式灾害性天气过程对生产、生活、生态的影响与应对措施及其效果等问题进行调研与分析。结果表明：该次灾害性天气过程对槐林镇生产、生活及生态的影响相对较小，对农业的影响相对最为严重，对第二、第三产业基本无影响。成功的管理模式、完善的水利措施、准确及时的天气信息发布、抗旱技术指导、经济扶持政策等是当地减少损失的成功经验。由此可见，长江中下游地区旱涝急转频发区，旱涝灾害的防控是一个系统工程，需要同时建立抗旱和防洪的基础设施与相应的应对管理措施。

9.2.1.2 旱涝急转应对措施案例分析

通过上述分析发现，2010年秋季到2011年秋季长江中下游的旱情与旱涝急转及洪涝灾害性天气过程对槐林镇的影响比其他受灾区域要小。牛建利等(2013)对这一现象的主要成因进行了更进一步的分析，主要对当地政府应对干旱与洪涝灾害的管理模式、抗旱技术指导、当地的水利设施、天气信息发布、经济扶持政策等在减少灾害损失中的作用进行了总结。

(1)完善的水利设施是抗旱和应对旱涝急转的关键要素之一。当地水利部门充分利用其靠近巢湖的地理位置条件，建立了多个抗旱站、排涝站及抗旱排涝两用站。其中，武山站、中心站、周庄站主要用于提水灌溉，而马尾站、中心站、大魏站主要用于排涝防洪。2011年利用地势差放水持续约40 d，全部闸门放水累计约1500 h，总灌溉面积10.67万亩，有效地缓解了旱灾。另外，位于地势较高地区的村民在田间洼地均建有用于农作物灌溉的储水池塘，俗称“当家塘”，也在本次的抗旱过程中发挥了作用。而在洪涝灾害期间利用靠近巢湖岸边的排涝站进行及时排涝防洪，总排涝面积约10万亩，累计排水量约350万 m^3。这些措施有效地减少了由洪涝造成的经济损失。

(2)准确的天气预报系统及完善的天气信息传递系统是当地抗旱和应对旱涝急转的另一个关键要素。当地气象部门利用雷达图像，卫星图像、数学模式、台站监视等多种气象监测手段同时进行监测，在上级的指导下，对公众发布及时气象信息。然后由各村村委会将旱涝相关的各种信息通知给农民，让农民及时开展抢种、抢收，提前安排生产与生活事宜。

(3)作物类型的优化和适宜的耕作制度是减少农业产量损失的关键措施。槐林镇10年前主要种植双季稻，为了获得更高的经济效益并适应气候变化，作物类型选择上槐林镇选择利于耕种、抗倒伏的皖南稻，在耕作制度方面种植冬小麦和夏季稻。一定程度上实现粮食产量的增产和品质的优化。2011年在水稻的播种季节，由于前期持续干旱，土壤墒情较差。在离水源较远、以丘陵地为主的平安村主要采用旱直播方式以适应天气状况。

(4)当地相关部门组织的专业抗旱技术指导是减少并发灾害损失的有效方法。在持续干旱期间，作物的虫害通常较为严重，槐林镇农业部门为农民防治病虫害提供药物及专业的喷药指导。同时及时组织专家指导农民为土壤造墒补墒，及时调整种植结构。此外，在较为干旱的时段，水稻需要直接进行旱直播。这种播种方式需要很大技巧，当地农业部门及时组织专家指导农民播种。

(5)政府经济救助及补偿弥补了农民损失,减轻了农民心理负担,是稳定农村民心的必要手段。在受灾严重地区,当地政府部门通过及时发放救灾物资与补偿金,对受损渔民进行补贴,以及在提水抗旱期间只向村民收取电费而不收水费等一系列措施,有效地扶助当地农民生产自救,减少了灾害的损失,保障了当地大多数居民的最低生活水平。

9.2.1.3　2011 年干旱灾害防御经验总结和启示

综上所述,管理措施和农田水利等建设在应对极端气候条件下起着重要作用,同时天气信息、抗旱技术指导、经济扶持政策等管理方法与政策措施也是应急减灾的有机组成部分。长江中下游地区旱涝急转的天气发生频率较高,且持续时间较长,仅从抗旱或者防洪角度考虑,无法降低经济损失,需要建立完善的预防旱涝急转的基础抗旱和防洪水利设施和强有力的管理措施,在二者的有效结合下,才能实现降低经济损失。这也表明在目前气候变化导致极端天气发生频率改变的背景下,在实施农田水利基础设施建设政策的过程中,对长江流域旱涝灾害频发区需要同时考虑抗旱与防涝措施的协调配合与共同建设。另外,调研也说明,旱涝灾害的防控是一个系统工程,不但需要加强基础设施建设,还需要从气象预报与信息发布、工农业生产中的技术与不同产业之间的搭配、政府决策与经济扶持等配套措施方面统筹规划。

9.2.2　2022 年长江流域干旱特点及防御对策建议

9.2.2.1　2022 年长江流域干旱特点及影响

2022 年夏秋季,长江流域发生了 1961 年有完整记录以来最严重的气象水文干旱,影响波及流域农业生产、城乡供水、生态、航运、发电等诸多方面。总体而言,流域旱情、旱灾主要呈以下特点:

(1)旱情程度重,波及范围广。2022 年 7—10 月,长江流域降水量严重偏少,同时气温异常偏高,江河来水显著偏少,发生 1961 年以来最严重的气象水文干旱,流域累积面雨量 291 mm,比多年平均偏少 39%。其中,8—9 月长江中下游降水量仅为 59.1 mm,同比偏少 74.5%,为 1961 年有记录以来最低。流域高温日数长达 45.6 d,为 1961 年以来同期之最。极端最高气温破纪录的站达到 202 个,占流域总站数的 30%,尤其是重庆北碚、江津,湖北竹山等 15 个站观测到日最高气温超过 44 ℃。受降水异常偏少和气温异常偏高影响,流域江河来水显著偏少,汛期反枯。7—10 月,流域总来水量(大通站)2318 亿 m^3,较常年同期偏少近 5 成,其中,洞庭湖水系偏少 6～7 成、鄱阳湖水系偏少 7～9 成,主要控制站(大通站)最小流量跌破历史纪录,主要代表站月最低水位均打破历年同期最低纪录,呈主汛期上中下游同枯。2000 年以后,长江流域在 2006 年、2011 年、2013 年、2019 年都发生了严重干旱。其中,2006 年主要发生在长江上游,2011 年、2019 年主要发生在长江中下游,2022 年发生范围与 2013 年类似,覆盖了长江上游、中游和下游,波及四川、重庆、贵州、陕西、湖北、湖南、江西、安徽、江苏、河南等多个省(直辖市)。

(2)旱灾影响面广,损失相对较轻。长江流域是我国人口、经济活动最密集地区与粮食主产区,长时间大范围严重干旱导致上下游、区域间、行业间用水矛盾突出,流域农业生产、城乡饮水,以及生态、航运、发电等诸多方面面临严峻挑战。8—9 月,是流域水稻需水关键期,8 月中下旬上游中稻大部分进入灌浆结实期、部分处于抽穗扬花期,中下游一季稻处于拔节孕穗期、部分早熟品种处于抽穗扬花至灌浆结实期,9 月中下游晚稻处于抽穗扬花至灌浆结实期,这个阶段遭遇严重持续干旱，对保秋粮生产造成了较大威胁。8 月下旬旱情高峰时，长江流域 10 省（直辖市）耕地受旱面积 442.13 万 hm^2。持续干旱导致部分中小型水库水位低于死水位，大量小塘坝、小水池干涸，山泉、小溪断流，一度有 81 万人、92 万头大牲畜发生饮水困难，需要采取拉水、送水等临时措施解决基本生活用水。随着旱情持续，洞庭湖、鄱阳湖等水位持续下降，水体面积急剧缩减，大片滩涂裸露，鸟类、鱼类等动物生存栖息环境恶化，湖区生态系统受损严重。此外，部分地区水力发电站水位无法满足发电需求，特别是水力发电占近 9 成的四川电力，旱情严重时全省水电日发电能力下降 5 成左右。因长江枯水期提前到来，长江航道黄金航运期提前结束，航道承载能力较往年同期大幅度降低，一度减少近 20%。得益于水利部组织实施的两轮“长江流域水库群抗旱保供水联合调度”专项行动，精准调度长江流域 75 座大中型水库，累计补水 61.6 亿 m^3，指导下游精准对接每一个供水取水口、每一个灌区，优化调整供水和灌溉计划，尽力多引、多提、多调，确保了沿线城乡供水安全，保障了补水沿线 356 处大中型灌区 190.4 万 hm^2 水稻等秋粮作物及众多小型灌区灌溉用水需求。相较于历史典型干旱年份，2022 年长江流域夏秋连旱损失相对较轻。

9.2.2.2 2022 年长江流域抗旱补水调度情况

针对 2022 年长江流域干旱，水利部高度重视抗旱工作，及时组织长江水利委员会和湖南省、江西省启动了干旱防御应急响应，综合调度以三峡水库为核心的长江上游梯级水库群及洞庭湖、鄱阳湖上游骨干水库，开展了两次以“确保旱区群众饮水安全，保障大牲畜饮水，保障秋粮作物灌溉用水”为目标的长江流域水库群抗旱保供水联合调度专项行动（黄艳 等，2023）。

（1）第一次抗旱补水调度时机为 8 月中下旬，此时长江中下游水稻等秋粮作物处于生长关键期，灌溉用水需求量比较大。8 月 15 日，启动以三峡水库为核心的抗旱补水调度，三峡水库水位由 146.97 m 降至 146.00 m 运行，出库流量按 11900～12500 m^3/s 控制，至 21 日，三峡水库水位消落至 146.00 m 左右，三峡水库共补水 4.8 亿 m^3，雅砻江和金沙江下游 4 座梯级水库接续向三峡水库补水 3.5 亿 m^3，长江上游水库群向下游补水 8.3 亿 m^3 左右。对于两湖地区抗旱补水调度，长江水利委员会会同湖南省水利厅调度洞庭湖水系骨干水库，累计补水 18.5 亿 m^3；会同江西省水利厅调度鄱阳湖水系骨干水库，累计补水 8.9 亿 m^3。第一次抗旱补水调度期间共补水 35.7 亿 m^3，使得长江中下游沙市至湖口断面较不补水条件下抬升了 0.1～0.4 m，有效保障了两湖地区和长江中下游灌区农业灌溉用水和城乡居民生活用水。

（2）第二次抗旱补水调度时机为 9 月中下旬，主要针对长江中下游及两湖地区的秋粮灌溉高峰期。9 月 12 日，启动三峡水库第二次抗旱补水调度，三峡水库出库流量 9 月 12—13 日按 8000 m^3/s 下泄，14—16 日按 9000 m^3/s 下泄，共计补水 6.8 亿 m^3。湖南省水利厅、江西省水利厅分别调度洞庭湖水系骨干水库、鄱阳湖水系骨干水库，使得洞庭湖水系、鄱阳湖水系水库群分别补水 11 亿 m^3、8.1 亿 m^3。第二次抗旱补水调度专项行动期间共补水 25.9 亿 m^3，使得长江中下游沙市至湖口断面较不补水条件下分别抬高 0.3～1.0 m，维持了中下游沿江取水口的取水条件，重点保障了长江中下游秋粮作物灌溉用水需求。

两次抗旱补水调度的实施，有效发挥了以三峡水库为核心的长江流域梯级水库群抗旱补水作用。通过梯级水库群的优化调度，有效保障了长江中下游及两湖地区的枯水期供水安全，确保了旱区群众饮水安全，保障了秋粮作物灌溉用水需求。

9.2.2.3 2022 年长江流域抗旱减灾经验总结

2022 年长江流域抗旱减灾工作取得了突出成效，但仍然暴露出一些短板弱项，亟需进一步加强。屈艳萍等(2023)分析总结出以下几方面问题：

(1)干旱预测预报能力仍存在较大差距，不能满足抗旱工作“关口前移”的要求。针对2022年长江流域干旱，各级水利部门联合气象部门针对降雨、径流等均开展了季、月、旬等不同时间尺度的干旱预测预报，但与“预字当先”“关口前移”的要求相比，仍存在较大的差距，集中表现为：一是中长期气象水文干旱预报水平较低。湖南省在2022年3月底就做出了“汛期前涝后旱、旱重于涝”的预判，这一预判为湖南全省抗旱工作赢得了主动权。与此同时，受中长期气象水文预报精度长期偏低的影响，一些地区对中长期预报的信任程度较低，以至于在旱情高峰到来的前一个月还在动员全力防汛，难以提前做好准备。二是低枯径流的预测预报工作总体较为滞后。过去，各地水文部门针对洪水高水位流量的预测预报开展了大量工作，但对于干旱情况下的降雨-径流关系、枯水条件下干流主要控制站水位-流量关系、枯水条件下径流传播规律等缺乏系统认识，目前仍难以较为准确地预测预报低枯径流。三是干旱预测预报要素较为单一。现有干旱预测预报要素主要集中在降水、径流等自然要素，缺乏面向农业、城市、生态等不同对象的干旱预测预报体系和方法，难以精准对接城乡供水、灌区用水等。

(2)旱情监测预警仍存在一些问题，不能满足抗旱工作“精准范围”的要求。相较于干旱预测预报，旱情监测预警技术方法更为成熟，监测预警精度也相对较高，但距离支撑精准抗旱仍有一些差距，集中体现在：一是旱情监测对象基础底数不清、不全。主要是灌区作物种类、生育期、需水过程、城市取水口地点、取水类型、高程等基础信息尚未建立台账，预警工作不利于精准灌区、精准区域、精准工程。二是旱情综合监测评估能力不够、不深。各地在对旱情进行监测评估的过程中，更多的是关注降水气温指标、河川径流或湖库水位等，综合利用雨情、水情、墒情、农情等多种信息进行旱情分析评估的能力有限。三是旱警水位(流量)信息应用不足、不深。2022年，水利部开展了旱警水位(流量)制定工作，长江流域135个重要河段控制断面确定了旱警水位(流量)，但一方面各地对旱警水位(流量)缺乏复盘修正，另一方面，旱警水位(流量)信息的发布范围、发布程序等尚不清楚。

(3)旱灾风险预演工作存在明显短板，难以满足抗旱工作“精准措施”的要求。旱灾风险预演是串联预报、预警与预案的关键环节，但相较于预报、预警、预案，旱灾风险预演尚处于初始起步的阶段，与“精准措施”的要求相比，仍存在较大差距，集中体现为：一是水量供需分析演算工作还需细化。在2022年干旱应对过程中，一些地区结合灌区作物需水、城市用水需求等，开展了水量供需分析演算工作，对于干旱条件下的区域水资源调配、抗旱措施的制定等具有参考意义。但同时也发现这种水量供需分析演算精细化程度不够，难以支撑分区域、分类型、分工程措施制定。二是旱灾风险预演技术体系尚在摸索之中。旱灾风险预演，旨在滚动预演某一地区不同干旱情景及水工程调度措施组合条件下干旱对粮食安全、城市供水安全和生态安全的可能影响，目前干旱期的水工程调度较少、干旱影响及损失定量不够，尚未形成完整的旱灾风险预演技术体系，尚不能为智能优选面向多区域、多主体、多过程、多目标的水量调配方案提供支撑。

(4)抗旱预案或方案仍不够完善，不能满足抗旱工作“实字托底”的要求。抗旱预案或方案，旨在落实落细各方抗旱责任、各项响应措施，但与“实字托底”的要求相比，还存在一些问题，集中体现为：一是部分预案方案未及时更新完善。部分预案方案编制时间较早，未根据抗旱形势变化、机构改革等情况及时进行修订，进而出现一些组织体系、响应行动等内容难以落实的情况。二是部分预案可操作性程度仍不够高。部分抗旱预案内容不具体、不深入、不明确，预案启动条件难以把握，应对措施针对性不强，在实际抗旱过程中得不到有效落实。三是现有预案对极端干旱事件考虑明显不足。受全球气候变化和人类活动影响，近年来干旱灾害的极端性、反常性越来越明显，现有预案对极端干旱事件的考虑较为欠缺。

(5)水利基础设施仍不够完备，不能满足抗旱工作"抓细抓实"的要求。水利基础设施是防旱抗旱工作的物质基础、关键抓手，对于筑牢供水生命线、稳住灌区基本盘至关重要，但与新时期抗旱工作的要求相比，水利基础设施仍不够完备，集中体现为：一是一些城市供水安全保障能力不足。大部分城市供水尚未实现江库完全联通，部分地区无应急水源和备用水源，有效防控供水风险、确保供水安全的能力不足。二是农村分散供水工程供水保障率偏低。以小型水库或山泉水、溪流水作为水源的分散供水工程供水保障率低，遇到持续干旱容易发生断水问题。三是部分灌区存在"中梗阻"问题。一些灌区由于建设年代久远，灌区标准低、工程配套差、老化失修，"地头"和"渠尾"衔接不畅，甚至出现"干渠水汪汪，农田闹水荒"的现象。四是部分"五小水利"工程淤积严重。"五小水利"具有投资小、工期短、见效快的特点，但工程普遍存在设计标准低、施工质量不高等问题，设施老化、淤积失修问题严重。

(6)抗旱法律法规制度体系仍不健全，不能满足"依法抗旱"的要求。抗旱法律法规制度保障，关乎抗旱工作的合法、合规和高效，目前存在一些问题，集中表现为现行《中华人民共和国抗旱条例》与抗旱减灾形势不适宜。一方面《中华人民共和国抗旱条例》作为规范抗旱减灾工作的唯一专门法规，法律位阶偏低；另一方面，《中华人民共和国抗旱条例》已经施行 10 多年，抗旱体制机制已发生重大调整，有关抗旱职责的规定已和当前实际不符，亟需修订。此外，目前流域防旱抗旱职责较为弱化虚化。

9.2.3 长江流域干旱灾害防御对策建议

2022 年 7 月以来，长江流域遭遇 1961 年以来最严重夏季高温天气和严重干旱事件，针对长江流域干旱灾害频发的严峻形势，从长远应对来讲，首先是进一步全面推行干旱灾害风险管理模式，根据区域经济社会发展水平和管理水平，综合考虑未来可能发生的特大干旱对生活、生产和生态带来的影响和损失，把保证民众生活用水安全和社会稳定作为首要目标，量力而行，科学布局，合理推进工程和非工程措施统筹的干旱灾害防御体系建设。根据 2022 年长江特大干旱的发展形势及造成的影响，提出以下几点建议(夏军 等，2022)：

(1)加强长江旱情的监测与预警预测，提前做好应对与防范措施。要进一步加强监测和预报预警体系建设，实现气象、水利、农业、应急等方面的旱情信息的汇集和融合，建立集合各方面信息的旱情监测、模拟、预警及评估分析系统，加强干旱中长期预报研究和业务化应用；构建涵盖干旱管理全过程的干旱灾害智慧防御系统，建立抗旱风险管理体系，完善抗旱应急预案，及时启动相应的应急响应措施。

(2)加强全流域水利工程联合调控，将防洪与抗旱结合，发挥大型水库调控能力，中小水库供水灌溉潜力。在严重干旱年，完善控制性水库群应急蓄水、泄水调度预案，基于控制风险，将防洪、抗旱和水库其他兴利结合，调蓄部分洪水资源，发挥水库防洪与抗旱多重效益，为枯季补水、汛后蓄水保足必要的水源。遇到 2022 年这样的流域性特大严重干旱年份，也应该控制跨流域引调水量，保障水源区生活生产和生态环境基本用水需求。区分不同类型水库，科学评估抬高汛限水位带来的风险及其可能造成的经济损失和社会影响，研究动态汛限水位操作技术方案及风险控制综合对策。

(3)发挥工程措施提高抗旱能力，发挥非工程措施减少旱灾损失作用，两者都要抓。目前传统的干旱缺水地区大多数已经建设或者在建水利工程，抗旱能力明显提高，再在山丘区建设大规模的灌溉工程，在经济上并不合适。山丘区，应该重视小水窖、小水池、小泵站、小塘坝、小水渠等五小水利工程的作用，通过打水井、淘山泉、建移动抽水设施，解决偏远山丘区用水问题，同时大力推广农业保险和抗旱保险等非工程措施，解决粮食减产和绝收问题。目前长江城镇用水保证率高，应重点加强备用水源地建设，也可以通过建立多水源地互联、互通和互为备用，提高应急调控保供给的应变能力。长江流域属于水资源相对丰富的地区，水资源利用效率不高，节水潜力巨大，应该加强节水减排，建设和保护好城市附近的水源地、水环境和水生态，可以进一步提高城镇供水保障率。

(4)健全法律法规，完善抗旱减灾风险管理体系。目前抗旱、节水和需求管理方面的法律法规相对较少。为了使水利工程干旱调度、抗旱非工程措施有法可依，则需要建立或者完善旱灾监测和评价等技术标准体系，完善抗旱应急预案，科学设立旱灾补偿标准。发挥气象、水利、应急管理、农业、交通等多部门抗旱减灾作用，建立水情、工情(水利工程等)、农作物墒情、流域取水用水等综合监测及数据共享机制，只有在实时监测的基础上才能科学评价各行政区水资源利用和保护成效及存在的问题，明确责任，实施高效的抗旱管理。

(5)加强特大干旱预警预测科技能力提升，推动信息共享机制。干旱预警预测是世界性难题，要重点支持提升干旱预警预测精度和能力的科技创新。要及时发布旱情发展信息，发挥权威机构和专家作用，加强干旱及抗旱知识科普宣传，及时解读和回应社会公众关注的问题，推进干旱灾害防御社会化，强化文化建设、宣传教育，从而提高全社会对干旱灾害尤其是严重乃至极端干旱灾害的防御能力、承受能力、应急反应与恢复重建能力，有效预防和减轻干旱灾害造成的影响和损失。

9.3　长江流域高温灾害防御经验及适应对策

极端高温事件往往会伴随着干旱灾害的出现，两者相辅相成，持续的高温天气会使蒸散发加大，导致土壤缺水，径流量减少，使灾害影响加重。1961—2020 年长江流域极端高温事件平均每年发生大约 37 d，近 60 年极端高温事件年发生频率呈线性增大趋势，全流域平均每 10 年增加 4.5 d。在中等排放情景下的未来气候变化预估显示，整个流域的高温日数都将增加，且增幅随时间推移而扩大。随着区域人口和财富的增加，如果未采取足够的适应措施，高温事件的增多会给人类健康、农业系统、电力生产和分配系统等带来更高的风险。

21 世纪以来长江流域极端高温事件发生更加频繁，近 20 年平均每年发生大约 51 d。2006 年和 2013 年是长江流域极端高温事件发生最多的两年，其中，长江上游地区 2006 年和 2013 年极端高温日数分别为 71 d 和 79 d，导致 2006 年川渝地区发生严重高温干旱灾害、2013 年夏季我国南方发生严重高温热浪和伏旱灾害。这里将分析 2006 年夏季川渝地区高温干旱和 2013 年夏季江南地区高温干旱的特点，总结当时采取的应对措施及存在的问题，指出长江流域不断发生的高温干旱灾害为我们敲响了警钟，要积极实践新时期治水思路，大力推进由单一抗旱向全面抗旱转变，采取有针对性的工程和非工程措施，不断提高抗高温干旱的能力。

9.3.1　2006 年长江流域夏季高温干旱特点及防御经验

9.3.1.1　2006 年长江流域夏季高温干旱特点

2006 年长江流域高温干旱主要发生在贵州、四川、重庆、湖北、江西和安徽等省(市)，其中，尤以重庆、四川两省市最为严重。高温干旱给当地工农业生产和人民群众生活造成严重影响（中国气象局，2007；洪卫 等，2007；吴书明 等，2007）。流域内旱情具有以下特点。

（1）降雨少

四川省降水量严重偏少，其中，偏少3成以上的有26个县，偏少5成以上的有20个县，有93个县偏少8成以上。重庆市大部分地区降水偏少9成。湖北省5—9月汛期全省降雨与历史同期平均值相比，鄂西南、鄂东北少4～5成。6月22日至7月17日的25 d梅雨期全省平均雨量138 mm，与历史同期相比少5成以上，鄂西北、鄂西南大部分地区偏少6～9成，降雨之少为历史同期罕见。

（2）气温高

7月下旬以来，四川盆地大部分地区出现了持续长时间的高温天气，大部分地区日极端最高气温在35 ℃以上的日数超过20 d，四川盆地东北的部分地区日最高温度达40～42 ℃，个别县（市）突破了1961年以来的极大值。重庆市干旱期间日平均气温较常年同期偏高2～3 ℃，35 ℃以上高温天数普遍为35～60 d，全市共有20个区（县）日最高气温突破42 ℃，其中，綦江8月15日最高气温达到44.5 ℃，9月1日綦江再次达到44.5 ℃。潼南等20个区（县）40 ℃以上的酷暑天数达到10～21 d。高温加剧了土壤中水分蒸发和作物蒸腾，极大地加重了干旱程度。

（3）持续时间长

重庆市大部分地区旱灾天数超过70 d，6个区（县）超过100 d，巫山长达111 d。四川省大部分地区伏旱长达40 d，南充、遂宁等地超过70 d。

（4）江河来水严重偏少

当年汛期长江寸滩站、嘉陵江北碚站出现了有记录以来历史同期最低水位，乌江武隆站出现了历史同期第四低水位。由于川渝大旱，在三峡水利枢纽来水和泄水基本平衡的情况下，主汛期湖北长江河段出现历史罕见低水位。长江宜昌站5—8月总来水量仅有1400亿 m^3，比同期平均值少40.3%，致使8月22日长江宜昌站出现当年汛期最低水位（40.46 m），比1877年有记录以来同期最低水位还低0.94 m，同时长江沙市站最低水位33.06 m，比1903年有记录以来同期最低水位低1.37m，湖北江段其他各站也分别接近或达到历史同期最低水位，时间持续20多天。7月下旬至8月下旬，长江中游沿线涵闸引水困难。松滋河东支、藕池河和虎渡河分别于8月10日、12日和20日断流，影响了沿河两岸涵闸引水。湖北省内中小河流也普遍因降雨少，导致流量小、水位低、引水难，增加了抗旱取水难度和成本。

（5）水利工程蓄水严重不足

由于持续干旱，抗旱用水量增加，致使工程蓄水急剧减少，水库水位大幅度下降。截至8月底，四川省水利工程蓄水41.55亿 m^3，占蓄水计划的52%，比上年同期少蓄29.11亿 m^3。66.2%的小型水利工程干涸。重庆市有2/3的溪河断流，275座水库水位处于死水位，472座水库、3.38万口山塘干涸见底。1081个乡镇（街道）中有2/3出现供水困难。全市水利工程蓄水量已经不足9亿 m^3，只占正常蓄水的1/3左右。

（6）损失大

2006年长江流域1928万人、1694万头大牲畜出现临时饮水困难；流域内各省（市）因旱少种面积为79.927万 hm^2，作物受旱面积1103.8万 hm^2，受灾面积755.7万 hm^2。粮食损失2215万 t，经济作物损失118亿元，其中，以四川、重庆、湖北最为严重。流域内各省（市）其他行业因旱受灾造成经济损失共计 62 亿元，其中，林业因旱受灾面积 165.4 万 hm^2，牧业中草场受旱 13.45 万 hm^2，牲畜受灾 6050 万头，其中，死亡 137 万头。水产养殖因旱减产 31.2 万 t，水力发电因旱减少发电 45 亿 kW·h。内河航运因断航造成经济损失 2437 万元。

9.3.1.2　2006 年抗旱救灾措施及存在的问题

(1)确保人畜饮水

确保城镇居民供水和农村人畜饮用水是抗旱工作的重中之重。在特大干旱的情况下长江流域解决了 1928 万人、1694 万头大牲畜的临时饮水困难。四川省有 6164 处(占 92%)集中供水工程和 41.68 万处(占 73%)分散工程运行正常。依靠这些饮水工程，445.2 万户 2003.37 万农村人口饮用水有了保障。重庆市大力实施"机井供水"工程，紧急开挖机电井 3.45 万眼。全市有 39 个区县(自治县、市)开展了向饮水困难群众送水活动，日最多投入抗旱人力达 680.21 万、机动送水车 1.51 万辆，累计送水超过 67 万辆次，解决了近 600 万人、500 万头大牲畜的临时饮水困难。

(2)合理调配水资源

作为抗旱的主体工程，水利工程在这次抗旱救灾中发挥了巨大的作用，水利工程的抗旱减灾效益得到了充分体现。四川省都江堰、玉溪河、长葫、武引、升钟、通济堰等 6 处大型灌区共提供抗旱水 22 亿 m^3，灌区内近 2000 万城乡人民没有发生饮水困难，保证了 54.33 万 hm^2 水稻、27.8 万 hm^2 旱地作物基本不受干旱影响。

(3)有序抗旱

2006 年汛前，部分省(市)已制订抗旱预案，根据旱情发生发展程度，适时启动抗旱预案，做到有力、有序、有效应对干旱灾害。8 月 8 日重庆市启动全市特大干旱(Ⅰ级、红色)预警，并启动相应应急响应措施，保证了抗旱救灾工作有条不紊地顺利进行。四川省根据全省受旱情况于 8 月 11 日启动了《四川省抗旱预案》Ⅱ级抗旱响应，同时发布了Ⅰ级干旱红色预警，使各级党委、政府及各有关部门充分认识到当前旱情的严重性和抓好抗旱救灾工作的重要性及紧迫感。

综合分析 2006 年长江流域旱情与旱灾情况，长江流域抗旱工作主要存在以下几方面问题：

(1)水源工程薄弱。缺少骨干水源工程；已建的水源工程标准低、老化严重、病险多、渠系配套差。部分山塘、小堰、小水库等小型水利工程由于疏于管理，蓄水量少，无水可放；提灌站因管理不善、维修不及时，无法提水；一些渠道长期淤积致使渠水受阻，无法通过。大多数小型水利工程由于蓄水少、渠系配套差等原因，在大旱中无法发挥应有的作用。

(2)信息网络系统落后，旱情监测预测乏力。旱情监测站少，分布不均，代表性差。气象、水利、水文等旱情信息分散，收集难度大，没有整合集中，没有建立集气象、水文、墒情一体的旱情信息数据库。对干旱预测预报能力弱，特别是中长期的旱情监测、预警、预报精度不高，对抗旱工作的指导性不强。预警、指导准确性不够。旱情收集上报手段落后，调度、指挥反应迟缓。

(3)抗旱专业队伍自身能力建设差，设备不足，各级防汛抗旱部门编制少、人手紧，无法深入细致地开展抗旱研究和分析等基础工作。各级抗旱服务组织受建设投入制约，抗旱机具设备量少质差，装备不足，难以开展较大规模的抗旱行动。

(4)防旱意识差，抗旱投入不足。由于长期水患意识教育，各地将防汛作为天大的事，防汛意识比较强，但有的地方不同程度存在重汛轻旱的思想，尤其是对抗大旱、抗长旱准备不足。

同时抗旱资金缺口大，各级财政没有足够的抗旱经费预算，使抗旱日常管理工作和水源工程建设等受到影响，无法满足日益增长的社会经济建设发展需要。

9.3.2 2013年江南地区高温干旱特点及防御经验

9.3.2.1 2013年江南高温干旱特点及影响

(1)2013年江南等地伏旱严重

2013年7月1日至8月21日，江南及贵州大部分地区、重庆东南部等降水普遍不足200 mm，其中，贵州东部、湖南中部、江西北部、浙江中部降水仅有50～100 mm，湖南中部部分地区仅有10～50 mm。与常年同期相比，上述大部分地区降水偏少2成以上，浙江、江西北部、湖南中北部、贵州中东部较常年同期偏少5～8成，湖南中部偏少8成以上。南方地区(浙、赣、皖、鄂、湘、黔、渝)7月1日至8月21日降水量区域平均135.2 mm，较常年同期偏少52%。其中，湖南和江西平均降水量分别为91.9 mm和111.8 mm，较常年同期分别偏少62.9%和55.3%，均为1951年以来最少；贵州和浙江平均降水量分别为114.8 mm和89.6 mm，分别较常年同期偏少61.7%和67.0%。南方地区(浙、赣、皖、鄂、湘、黔、渝)无降水日数区域平均有39 d，较常年同期偏多8.7 d，最长连续无降水日数达15.6 d(侯威 等，2014；孙玉正 等，2014)。

(2)2013年江南高温热浪持续时间长

2013年7—8月，江南北部、江淮、江汉、黄淮南部及贵州北部、重庆等地平均气温较常年同期偏高2～4 ℃；黄淮南部、江淮、江汉、江南及重庆等地高温日数有20～40 d，浙江北部、江西东北部、湖南东北部、江苏南部等地高温日数超过40 d。与常年同期相比，黄淮西南部、江淮、江汉、江南北部及重庆、贵州东北部等地高温日数偏多10～20 d，其中，浙江北部、江苏南部、湖南中北部、安徽西部及河南南部等地偏多超过20 d。

南方地区(浙、赣、皖、鄂、湘、黔、渝)7—8月平均高温日数达30 d，较常年同期偏多15 d；其中，浙江和湖南高温日数分别为36 d和35 d，重庆高温日数也达到35 d。

最长连续高温日数，黄淮西南部、江淮、江汉、江南北部、重庆东南部达10～20 d，其中，湖南中北部最长连续高温日数超过20 d，局部地区超过30 d。南方地区(浙、赣、皖、鄂、湘、黔、渝)7月以来共有21个站最长连续高温日数超过30 d；有10个站最长连续高温日数超过40 d(全部位于湖南，其中，长沙47 d位居第一，衡山46 d，安仁44 d)。

日最高气温最大值，黄淮西部、江淮、江汉、江南及重庆、贵州东北部等地在38～40 ℃，其中，江苏南部、浙江北部、江西东北和西北部、湖南北部等地超过40 ℃，部分地区日最高气温突破历史极值。

8月下旬，受台风“尤特”“潭美”“康妮”及西南季风的影响，旱区降水增多，高温过程结束，南方旱区大部分旱情基本得到缓解。

(3)2013年江南高温干旱影响重

长时间的干旱给湖南、贵州、浙江等地的农业生产、水资源和人们生活造成了严重的影响。受高温干旱影响，湖南部分地区一季稻、玉米等作物面临绝收，双季晚稻后期生产及产量形成受干旱影响的风险较大；浙江茶叶受高温灼伤严重，将对下一年春茶的产量和品质造成潜在影响；湖南、浙江两省蔬菜减产30%～50%。持续的高温天气严重影响人体健康，特别是对从事交通运输、工程建筑等行业露天作业的人群影响较大，因高温引发的感冒发烧、中暑、心血管疾病、空调病及急性肠胃炎患者明显增多。

据民政部门统计，7 月以来，本次干旱共造成贵州、湖南、江西、浙江、安徽、湖北、重庆等 7 省(市)7756.6 万人受灾，1524.1 万人饮水困难，需生活补助人口 1222.3 万，饮水困难大牲畜 415 万头，农作物受灾面积 802.1 万 hm^2，直接经济损失 482.3 亿元。其中，湖南、贵州损失最重。

9.3.2.2 2013 年高温干旱应对措施及问题分析(以贵州省为例)

(1)领导重视，指挥有力

贵州省省委、省政府高度重视抗旱救灾工作，多次召开省委常委会议、省政府常务会议、省政府专题会议及省防汛抗旱指挥部成员会议、省减灾委成员会议等研究部署抗旱救灾工作。省委、省政府领导多次做出重要指示，并带队深入重旱地区察看旱情，慰问受灾群众，检查指导抗旱救灾工作，要求各级各部门结合党的群众路线教育实践活动，把抗旱救灾作为中心任务来抓，迅速动员行动起来，全力以赴保民生、保秋收、保增长，坚决打赢抗旱救灾的人民战争。省防汛抗旱指挥部启动干旱灾害Ⅲ级应急响应，省减灾委、省民政厅启动Ⅱ级救灾应急响应，省气象灾害应急指挥部启动干旱Ⅱ级应急响应并发布干旱红色预警。旱区各级党委、政府积极响应、迅速行动，组成抗旱救灾工作组分赴灾区，全力以赴抗旱救灾。

(2)突出重点，千方百计保饮水

一是充分发挥现有农村供水工程抗旱作用，最大限度地为当地群众提供生活用水。全省 43.4 万余处农村供水工程投入抗旱保供水。二是千方百计寻找水源、挖掘潜力，加强应急水源工程建设。干旱期间，全省共实施提水、引水、调水等抗旱应急水源工程 2421 处，派出 52 支抗旱打井队，赴各受灾地区找水打井，努力增加应急抗旱水源。三是加强水资源调度管理，按照“先生活、后生产”的原则，制定水源调配方案，确保旱区群众基本生活用水需要。同时广泛开展节水知识宣传，普及节约用水技术，倡导全民节水抗旱。四是动员一切力量给受旱地区群众拉水送水。组织动员民兵预备役人员、武警消防官兵、县级抗旱服务队及党员、共青团员、青年志愿者拉水、送水，积极帮助鳏寡老人、留守儿童及生活在深山区、石山区的困难群众解决生活用水问题。五是组织编制全省城镇抗旱应急供水方案，落实应急供水措施，确保群众基本生活用水需要。

(3)多措并举，全力以赴抗旱保秋收

一是各级水利部门开动一切水利设施全力投入抗旱救灾，组织抗旱服务队、农机服务队深入旱区开展规模化、连片式抗旱作业，为受旱地区提供农田浇灌服务，累计抗旱灌溉耕地面积 1300 余万亩。二是农业部门切实加强以抗旱为主要内容的田间管理，合理安排秋季农业生产，努力通过扩种、补种、改种等方式弥补干旱灾害带来的损失。三是切实做好森林防火工作。林业部门及时组织增派巡山护林人员，对重点林区、关键地段及重点人群进行值守和监控，严防死守，确保不发生重特大森林火灾。四是气象部门及时启动干旱灾害应急预警，滚动发布预警信息，适时开展人工增雨作业，努力增加抗旱水量。干旱期间，共实施飞机人工增雨作业 16 架次，地面人工增雨作业 1092 次。

(4)上下一心，军民联动，形成抗旱救灾强大合力

旱情发生后，省军区、武警贵州总队和省直各部门按照职责分工积极支持抗旱救灾。一是人民子弟兵积极参加抗旱救灾，承担急难险重任务。省军区组织 2.8 万余名民兵预备役人员投入各地抗旱救灾工作；省武警总队组建 80 多支抗旱救灾服务队、运输队、医疗队投入各地抗旱救灾；武警消防部队充分利用技术和装备优势，全力组织消防官兵和消防车为旱区群众拉水

送水。二是各级各部门认真履行职责，积极抗旱救灾。财政部门及时调整财政支出结构，为抗旱救灾提供资金保障；水利部门切实加强抗旱工作指导和水资源调度管理，为抗旱救灾提供水源保障；农业部门切实加强农业技术指导，为抗旱救灾提供农业技术保障；民政部门加强灾区群众口粮情况的排查摸底，造册登记、分类排队，并及时下达救助资金、发放救济粮食，救助受灾群众；国土资源及地矿部门组织力量找水打井，努力增加抗旱水源；卫生部门派出饮水监测、食品监督、卫生防疫、巡回诊疗队伍强化卫生防疫工作；交通部门对运送抗旱救灾车辆实行了免费优先通行政策，确保抗旱救灾物资、打井勘探车辆免费通行；电力、石化企业保障了抗旱用电、用油需要。三是各级党委、政府认真落实抗旱工作责任制，切实把抗旱救灾作为中心工作来抓，及时启动抗旱应急预案，组织动员广大干部群众全力以赴抗旱救灾。

据统计，全省累计投入抗旱人力 275.9 万，机电井 0.12 万眼、泵站 0.57 万处、机动抗旱设备 31.6 万台(套)，各类运水车 1.6 万辆，抗旱浇地面积 381.3 万亩。通过各种应急措施，解决了 274.9 万人、112.7 万头大牲畜的临时饮水困难，保障了旱区群众的生活用水安全。

(5)问题分析

工程性缺水严重。贵州水资源总量丰富，但由于山高坡陡、河流比降大等因素，水资源开发利用程度不高，大中型骨干控制性水源工程和配置工程缺乏，工程性缺水问题十分突出(李利蓉 等，2013；李霖 等，2013)。

水利工程抗旱能力弱。水利工程建设以小型为主，保证率低，工程设计和实际抗旱能力有限。干旱天气持续期间，塘库蓄水和江河来水得不到有效补充，水利工程能够提供的抗旱用水量日趋减少，出现乡村人畜饮水临时性困难数量增多、农作物受旱范围扩大、受灾程度加重，抗旱救灾任务重。

旱情监测预报预警能力不足。受技术、经济条件等因素的影响，贵州旱情信息监测和预测预报能力偏低，旱情采集、传递缺乏必要的技术手段，旱情监测评估和预测分析能力严重滞后。

农田水利设施不足。目前，农田水利投入不足，全省有大部分耕地缺少基本灌排条件；很多灌区工程不配套，老化失修严重，运行效率不高。

(6)对策建议

针对工程性缺水问题，统筹推进骨干水源工程建设和水资源配置工程，大、中、小、微并举，蓄、引、提、调结合。加大水利工程建设力度，实施水源性工程、提灌工程、地下水开发利用“三大会战”，突破贵州工程性缺水瓶颈，从根本上解决好城乡群众饮水安全问题和农田灌溉问题。

制定提灌工程建设规划，配合农业生产，全面推广滴灌、喷灌等节水灌溉技术。以市、县、乡为主体，加大打井力度，因地制宜开发利用地下水，重点用于保障城镇、农村居民饮水，同时作为抗旱应急水源。

切实加大抗旱资金投入，在增加公共财政投入的同时，搭建防旱抗旱的投融资平台，拓宽抗旱工程措施和非工程措施的投资渠道，特别是加强易旱区的应急资金投入，使有限的资金发挥更大的社会效益和经济效益。

统筹规划城乡供水，高度重视城镇化进程中的水资源承载能力，加强城镇供水管网建设、水污染防治工作，确保城乡用水安全；广泛开展节水型城市建设工作，加大水资源再生利用力度，减少对水资源的浪费。

加强抗旱基础性研究工作，充分利用先进科学技术，加强对中短期天气、水雨情和旱情的预测预报工作，提高灾害预报的超前性、准确度。大力加强旱情预警系统和设施建设，特别是中小城市、中小河流、中小水库、山区的抗旱预警体系建设，建立旱情监测预警和决策支持系统。

加强农田水利基本建设，大幅度增加地方对农田水利建设的投入，广泛发动群众开展农田水利建设。着力加强小型水源工程建设，对小水库、小塘坝等蓄水工程进行清淤扩容、整修加固，兴修小型蓄水、引水、提水工程，有计划地增打一批机电井，维修完善机井、泵站和灌溉设施，不断完善农田灌排体系，提高供水保障率。

9.3.3　长江流域高温干旱灾害防御对策建议

水是生命的基础，农业的命脉、工业的血液。2006 年特大旱灾，为我们再次敲响了水利建设刻不容缓的警钟。我们要全面落实科学发展观，积极实践新时期治水思路，大力推进由单一抗旱向全面抗旱转变，采取有针对性的工程和非工程措施，切实加以解决，不断提高抗旱能力，夯实防汛抗旱的设施基础，以适应抗旱工作需要。主要建议如下：

(1)思想上高度重视抗旱工作

长江流域抗旱问题也十分突出，面临着水旱灾害的双重威胁和双重压力。构建和谐社会，对抗旱要求越来越高，越来越全面。我们必须切实转变思想观念，提高对抗旱工作的认识，改变过去对抗旱工作的认识深度、投入强度、调度力度等措施远远不足的被动局面，积极主动地调整抗旱工作思路，以水资源的可持续利用满足经济社会发展的需要作为抗旱工作的出发点和落脚点，必须持之以恒地抓好宣传教育，立足防大汛、抗大旱不动摇，做到预防为主，既要抓好防汛准备，又要抓好抗旱准备，从思想上、工程上、措施上和组织责任上把握防旱抗灾主动权。

(2)高度重视水资源综合利用，加强水源工程建设

长江流域大部分地区多年平均降水量在 1086.6 mm 左右，多年平均水资源量 9960 亿 m^3，人均水资源量高于全国平均水平。但是，由于种种原因，流域内仍然存在季节性、地域性、工程性、水质性缺水等问题，水资源供需矛盾日渐突出，应高度重视水资源的综合利用，加强水源工程建设。进一步加强以骨干水源工程为重点的水利项目、水库病险整治、集镇供水工程等水利工程建设，特别是从投入机制和管理体制上深入研究，千方百计筹集资金，修建更多的水利工程设施，以提高蓄水保水能力，提高水资源的利用率。

(3)加强旱情预防预报、增强防御能力

应建立旱情分析及抗旱统计信息系统，加强旱情监测网络建设，利用长江水利委员会水文站网，增加墒情监测设施，对土壤墒情的动态变化情况进行实时监测，快速、准确地捕捉旱情分布及其演变信息，分析受旱程度和旱情发展趋势，加强旱情的预测和预报，提升灾情研究、监测、预报和预警水平，为决策部门提供及时、准确的旱情及抗旱信息。科学地评估旱灾损失和抗旱效益，为防旱、抗旱、减灾决策准确及时地提供科学依据，使旱灾造成的损失下降到最低程度。

(4)推进节水型社会建设，强化节水和水资源保护

水资源与经济社会发展布局不相匹配，是我国的基本水情。同时，粗放的经济增长方式进一步加剧了水资源短缺问题的严重程度。全面建设节水型社会，强化节水和水资源保护，实现产业结构、布局与水资源承载能力相协调。进一步树立节水意识和观念，加强节水推广配套政策的制定和实施，强化对农业、工业和城市生活节水工作的指导，引进和推广中外先进的节水技术。加大农业种植结构与工业产业结构的调整力度，抓好农业节水灌溉和旱作节水农业，改

变以往的种植习惯，尤其是从灌溉方式上考虑节水，同时应改变种植品种，增加耐旱作物的种植；促进企业加强技术改造，提高工业用水效率；加大城市节水设备和器具的推广力度，推进污水处理及再生利用。

(5)科学利用雨水

我国属于人均严重缺水的国家，而我们大量雨水却白白地流走了。排走的雨水也是少数几种稀缺的资源之一，雨水利用将成为解决未来水资源短缺问题的重要途径。2005 年中央 1 号文件提出，要加快丘陵山区和其他干旱缺水地区雨水集蓄利用工程建设，为留住雨水，科学利用指明了方向。当然，雨水的收集与利用具有明显的地域性，不同地区只能探索适合自己的集雨和用雨之法。应该立即采取有效行动，充分利用雨水资源，满足城乡用水需要。

(6)重视洪水的科学调度

科学调度洪水是夺取防汛抗旱工作胜利、减轻洪旱灾害损失的重要措施之一。随着水利工程防洪标准的提高、气象预测预报水平的提高和防汛抗旱指挥系统的建设，加上一些地方在洪水资源化方面进行的有益探索，并取得了很好的效益，这都为科学调度洪水，提高雨洪资源的利用率创造了有利条件。农民有句生动的语言："望天下雨不如水库有水"，其中不乏道理：已储存的水才是可支配资源。在水库调度上应敢于解放思想，在科学论证的基础上，合理调整防洪调度方案，充分利用雨洪资源，最大限度地发挥水库的防洪、灌溉、发电、生态等综合效益，使雨洪资源的利用率提高到一个新水平。

(7)进一步提高抗旱管理能力

要建立健全抗旱管理的法律和规章制度，加强水资源规划、抗旱规划和抗旱预案的编制和落实工作，特别是跨省和省际边界河流的管理，逐步走上依法抗旱和科学抗旱的轨道。要进一步理顺抗旱管理的体制，从机构设置、人员编制等方面确保抗旱机构的设置和应急抗旱专业队伍的建设，保证日常抗旱工作的开展，以提高管理水平和应对干旱灾害的能力。要逐步加大抗旱资金投入，从抗旱物资储备、新设备新技术的应用和抗旱科研等方面加强抗旱基础工作，进一步提高防旱抗旱的整体水平。

9.4 长江流域山洪灾害防御经验及适应对策

山洪是长江上游频繁发生的灾害，原因是上游山丘区面积占到 80%以上，支流众多，河道比降大，汇流迅速，而且常常诱发崩塌、滑坡和泥石流等地质灾害，具有分散性、突发性和毁灭性，是目前长江流域因洪水引起人员死亡最大的自然灾害(杨麒麟 等，2010；苏超 等，2011；许田柱，2021)。山洪灾害密度最高的地区集中在四川盆地周边的中高山地，包括岷山、邛崃山、龙门山、滇东、滇西、米仓山、大巴山、大娄山、武陵山和雪峰山等。由于长江上游有成千上万个山洪沟，只要遇到局地大暴雨，就会发生山洪，几乎年年都会出现，发生频率高。如果发生大面积暴雨，众多山洪就会汇聚成长江上游干支流大洪水，所以，在防御大洪水前，首先要积极防御点多面广的山洪。

长江流域山洪沟数量众多，目前山区大部分村镇堤防标准最高只有 10 年一遇水平，甚至没有堤防，所以，山洪灾害属于常遇事件，每年都会发生，是未来长江防洪的重点。山丘区发生山洪本是一种自然现象，但如果人们生产和生活在山洪发生的高风险区，就很容易产生山洪灾害。

这里对长江流域目前采取的山洪灾害防御措施进行了总结，分析了存在的薄弱环节，在长江流域山洪灾情类型区划分、不同类型山洪预警难度分析基础上，给出了长江流域山洪灾害防治新理念及分区域防治对策和建议。

9.4.1　长江流域典型山洪灾害防治对策建议

9.4.1.1　长江流域典型山洪灾害案例

(1)2016 年长江流域洪水特点

2016 年长江流域入汛早、暴雨频发。受强降雨影响，长江流域多条河流发生超警戒水位以上洪水，部分支流发生超保证水位乃至超历史洪水(于晶晶 等，2017)。特别是 7 月，长江中下游发生了区域性大洪水，长江干流监利以下河段超过警戒水位，其中，莲花塘最高水位接近保证水位，莲花塘、汉口、大通最高水位分别居历史第五位、第五位和第六位。洪涝灾害频繁发生，多地重复受灾，基础设施水毁严重，防汛抗灾形势一度异常复杂、严峻。

灾情总体较重，但人员伤亡较轻，山洪泥石流灾害是导致人员死亡失踪的主要原因。2016 年降雨过程多，局部地区降雨强度大，山洪地质灾害频发，发生多起山洪泥石流导致河道淤塞形成堰塞湖的重大险情，部分国道、省道交通中断，部分地区山洪地质灾害导致严重人员伤亡。2016 年全流域因山洪灾害死亡或失踪 243 人，占全年因洪灾死亡失踪人数的 73%以上。

(2)2019 年 8 月 4 日湖北恩施鹤峰县躲避峡山洪灾害

躲避峡位于湖北省恩施州鹤峰县境内，是溇水左岸一级支流铁索桥河上的一段峡谷。铁索桥河流域面积约 30 km^2，地形特征以构造溶蚀地貌为主，岩溶发育，流域内群山矗立，峰峦起伏，地表破碎，切割深，坡度大。躲避峡河段河水清澈见底，河道坡降大，河道两岸光滑，河道最窄处仅 1.5 m 左右，河床乱石林立，河段内跌坎和深潭交替出现，从河源向下游形成多级瀑布。峡谷两岸皆为百丈绝壁，形成罕见的峡谷和地缝风光。2019 年 8 月 4 日 15 时前后，躲避峡上游鹤峰县容美镇和燕子镇一带突降大雨；18 时，躲避峡突发山洪，致 13 人遇难。据资料显示，邻近区域内 8 个监测站监测到的降水量数据基本集中在 15—18 时，其中，单站监测到的最大小时降水量约 24 mm。

(3)2019 年 8 月 6 日湖北十堰市郧阳区柳陂镇暴雨山洪灾害

2019 年 8 月 5—6 日，十堰市发生一轮强降雨过程，全市有 71 个站(共有 336 个站)雨量超过 50 mm、16 个站雨量超过 100 mm。最大雨量站位于郧阳区柳陂站，据地方水文部门监测站数据，过程平均降水量为 181 mm，最大 6 h 降水量 178 mm，降水频率推算相当于 100 年一遇。强降雨造成十堰市 9.7 万人受灾，17 人遇难，紧急转移 3917 人，倒塌房屋 194 间，农作物受灾面积 3620 hm^2，成灾面积 2343 hm^2，直接经济损失 3.39 亿元。其中，柳陂镇青龙山 3 组受灾最为严重，6 日凌晨特大强降雨引发山洪导致房屋倒塌和毁损 19 户 57 间，遇难 13 人。2019 年 8 月 6 日凌晨，突发暴雨山洪冲毁便道，引发塌陷性溃决，溃口上宽 26.6 m，下宽 19.9 m，溃口深度 5.08 m。便道溃决后，洪水冲向山脚下青龙山村村委会 3 层楼前方的砖木结构简易房屋群，造成房屋倒塌，人员伤亡。

(4)2020 年 6 月 12 日贵州省正安县山洪灾害

2020 年 6 月 11—12 日，贵州省正安县遭遇一次特大暴雨过程，碧峰镇累积降水量 266.4 mm，最大 1 h 降水量为 163.3 mm。强降雨造成穿过碧峰镇的白花河河水暴涨，致使碧峰集镇上 8 人死亡、5 人失联，其中有 9 名儿童。碧峰集镇为碧峰镇政府所在地，吴家沟和蔡家沟在其上游汇聚入白花河从集镇中穿流而过。受地形条件影响，集镇沿河流两岸展布。灾害发生地点以上流域面积约 80 km^2。经水文计算，此次碧峰镇河段洪水重现期超 100 年一遇，而碧峰集镇河道治理工程防洪标准只有10年一遇。

(5)2020年6月26日四川省冕宁县山洪灾害

2020年6月26日18时至27日02时，冕宁县北部地区突降大暴雨，此暴雨笼罩面积达到了940 km^2，其中，大暴雨覆盖面积为160 km^2，曹古河大马乌沟、马尿河是此次降雨过程的中心区域。通过雨量站、降雨分布情况推算大马乌沟和马尿河两个相邻流域中心点的6 h雨量为173 mm，重现期近50年一遇。强降雨引发山洪泥石流，造成大堡子村7人、大马乌村10人遇难。马尿河山洪造成沿河公路路基垮塌，两辆过往车辆坠落河中，致5人遇难。大马乌沟从山谷流出，汇入曹古河，沟口为冲积洪积扇，地势平坦，冲积扇上分布有大马乌村和大堡子村两个村及大量农田。此次山洪泥石流顺沟而下，到达沟口处坡降变缓，原河道河床淤积抬高导致洪水多处多次改道分叉，洪水漫流，冲毁房屋和农田，造成人员伤亡。

9.4.1.2 山洪灾害防御存在的薄弱环节

从上述分析可以看出，山洪灾害之所以造成严重损失，是受致灾因子强度大、孕灾环境敏感度高、承灾体极度脆弱的综合影响。当前山洪灾害防御体系还处于发展阶段，对这些综合影响的消除还存在薄弱环节。

(1)监测站不足且缺少维护

暴雨和洪水是山洪灾害的主要致灾因子。做好水雨情监测预报预警是山洪灾害防御的基本前提。当前气象水文监测站已形成一定规模，但由于长江流域山地面积广，易发山洪灾害的区域众多，自动监测站密度仍显不足，一些偏僻边远山区监测站分布更加稀疏。十堰市郧阳区柳陂镇李家沟、恩施州鹤峰县躲避峡、正安县碧峰镇、冕宁县大马乌沟等山洪灾害发生区域均未设置自动监测站，因此山洪灾害发生时缺少直接的监测预警信息。同时，在现场调查发现，由于缺少维护，许多村落安装的简易监测报警站都已损毁。

(2)预见期短导致防灾避险难度大

如何判断致灾临界雨量，以及能提前多久预判降雨强度，是决定山洪灾害防御能否成功的关键。目前对致灾临界雨量的确定有成熟理论，近期的研究向动态临界雨量预警发展。各县山洪灾害监测预警系统中已预设临界雨量值，且大部分系统可接收到当地气象站的信息，但目前气象预报产品通用的网格范围均在100 km^2左右，尚未广泛开展小尺度短时预报。县级山洪灾害监测预警平台主要还是依靠已建设的雨量站和水位站，通过实测降雨是否达到临界雨量值或河道内水位是否达到预警水位来判断是否发布预警，相应的预见期较短，有效开展防灾避险工作的难度很大。

(3)调查评价工作深度不够

孕灾环境是成灾因素之一。2013—2015年在全国范围开展过山洪灾害调查评价工作，系统分析了小流域下垫面条件和暴雨洪水特征，但未对重点城(集、镇)开展详查，缺乏影响重要城(集、镇)、沿河村落安全的河道控制断面测量数据，尤其是未深入分析人类活动对环境的影响以及人居条件等因素，对危险区及预警指标划定还不够精准。虽然已经在长江流域范围内的715个县调查划分出危险区约20万个。但由于地域范围大，对一些区域孕灾环境分析依然不足。

(4)山洪灾害防御体制机制还有待完善

山洪灾害发生在小流域，防御主体一般是县、乡、村和企事业单位，一方面，由于这些基层单位技术力量薄弱，编制的山洪灾害防御预案往往水平不高，针对性、可操作性不强，一些预案中缺少监测、预警指标和级别确定，未明确转移路线和转移安置点等；一些地方仅用防汛、地质灾害应急处置办法代替，其中，涉及山洪灾害防御内容较少。另一方面，按照当前行政体制分工，山洪灾害防御预案一般由地方水行政主管部门编制，虽然部分预案中对预警级别做了规定，也有较完善的预警技术应用方案，但从预警到落实防御措施还涉及地方政府多部门之间的协作配合，需要建立完善的体制机制。

(5)基层防灾避险意识和能力依然较弱

对于具体区域而言，山洪灾害的发生是小概率事件。特别是经过多年治理，即便是山洪常发地区，能够形成严重灾害的山洪也必然是超标准的偶然事件。因此，日常防灾工作往往被轻视，容易产生侥幸心理、麻痹思想。同时，现在乡村留守老人儿童较多，转移避险的行动能力弱，而青壮年又较少，防灾救灾组织能力也不强，加之乡村一级对自建房缺乏管理，一些群众对削坡建房、邻水建房的危害性和风险性认识不足，山洪灾害造成的群死群伤事件时有发生。

9.4.1.3 长江流域山洪灾害防御重点

山洪是长江上游频繁发生的灾害，原因是上游山丘区面积占到80%以上，支流众多，河道比降大，汇流迅速，而且常常诱发崩塌、滑坡和泥石流等地质灾害，具有分散性、突发性和毁灭性，是目前长江流域因洪水引起人员死亡最大的自然灾害。山洪灾害密度最高的地区集中在四川盆地周边的中高山区，包括岷山、邛崃山、龙门山、滇东、滇西、米仓山、大巴山、大娄山、武陵山和雪峰山等山区。由于长江上游有成千上万个山洪沟，只要遇到局地大暴雨，就会发生山洪，几乎年年都会出现，发生频率高。如果发生大面积暴雨，众多山洪就会汇聚成上游干支流大洪水，所以，在防御大洪水前，首先要积极防御点多面广的山洪(夏军 等,2021)。

长江流域山洪沟数量众多，目前山区大部分村镇堤防标准最高只有10年一遇水平，甚至没有堤防，所以，山洪灾害属于常遇事件，每年都会发生，是未来长江防洪的重点。山丘区发生山洪本是一种自然现象，但如果人们生产和生活在山洪发生的高风险区，就很容易产生山洪灾害。如四川省和重庆市，人多地少，人地矛盾突出，成灾县级市达到111个，占两地区的68%，是山洪灾害的重点防治区。

由于山洪灾害发生的点多面广，采用修堤、拦石坝等工程措施防治显然不经济，主要防御措施是非工程措施，主要包括如下几个方面：

(1)规范山洪沟土地利用方式。应该完善风险图的绘制，确定山洪灾害风险等级，根据风险等级规范山区土地利用方式，限制在高风险地区进行土地开发和利用，并将山洪风险等级及管理要求告知地方政府和当地居民。

(2)开展小流域综合治理，加强水土保持和天然林保护工作。水土保持能够减少降雨形成的地表径流，减缓水流速度，削弱水流对坡面的冲刷力，减少山洪中砂石等固体物质，从而减轻灾害危害程度。

(3)完善预警预报体系。采用测雨雷达、自动报警及信息传播等现代预报技术，加强对短时局地暴雨预报预警等技术的推广，及时疏散居民，可以显著减小人员伤亡和财产损失。

(4)严格山丘区中小河流河道管理，清理“乱占、乱采、乱堆、乱建”，保持河道畅通。对于已经建在河边的住房或者建筑物，复核其风险等级，对于碍洪、风险高的沿河建筑物进行搬迁或拆除。对于重点河道，进行疏浚、疏通，保障行洪通道畅通。

(5)落实防御山洪灾害责任制。对于防御山洪灾害，也要像大江大河防汛一样，执行地方行政首长负责制，特别是村镇一级责任制的建立，将责任落实到村、组、户、人，加强对于村民防御山洪灾害知识的宣传，定期开展应急避险演练，提高居民防灾减灾意识和避险技能等。

9.4.1.4 长江流域山洪灾害防御对策建议

从《全国山洪灾害防治规划》出台，历经“十二五”“十三五”的建设，山洪灾害防御体系实现了“从无到有”的历史性突破。但长江流域山地面积占80%以上，现有的山洪灾害防御体系还不能满足广大山地区人民群众生命安全需要，还必须努力推动山洪灾害防治工作从“有”到“好”转变。提出以下5个方面的工作建议(王威 等,2003)：

(1)继续做好山洪灾害防治项目实施工作

“十四五”期间，国家将继续安排山洪灾害防治项目实施工作。按照有关要求，各地区落实项目管理单位，负责本行政区的项目建设管理和组织实施。资金到位后，区分轻重缓急，及时分解下达，加大工作力度，组织编制年度项目实施方案。会同同级水文部门制定雨水情监测站移交工作方案。有计划进行资源整合，逐步实现监测预警系统集约集中管理。

(2)研发山洪灾害动态预报预警技术

在监测方面，综合应用卫星、气象、监测站等多源融合数据，进一步提高降雨监测预报精准度；在预报预警方面，结合现代信息技术，提出以高精度数据为基础、以分布式模型为核心的中小流域监测预报预警体系，从山洪监测预警向山洪预报预警转变。

(3)加强对孕灾环境的研究

开展山洪灾害补充调查评价，复核前期调查评价成果，增加人类活动对环境影响分析的内容，包括房屋质量、人居环境，同时探索利用遥感、卫星等手段监控小流域环境变化，及时更新危险区划、修订预警指标。

(4)建立山洪灾害防治制度体系

要进一步明确山洪灾害防治责任，县、乡、村和有关企事业单位要建立完备的防御组织体系；各流域机构和各省级水行政主管单位要加强对基层山洪灾害防御预案编制的指导；要进一步明确预案的法律效力，确保预警响应与转移救援等措施无缝衔接；要探索建立山洪灾害防治的奖惩机制。

(5)持续加强基层宣传培训

加大对基层宣传培训的投入，建立村级干部轮训制度，定期开展相关培训。创新宣传方式，在村委会、危险区、风景区等关键位置设置相关宣传栏、标语、警示牌等，并定期维护更新。同时，进一步探索建立依托移动通信网络向社会发布山洪灾害预警信息的合作机制。持续完善群测群防体系，有针对性地开展防御演练，增强群众尤其是外来人员防灾避险意识和自救互救能力，提升基层应急反应能力。

9.4.2 长江流域不同区域山洪灾害防御对策建议

近年来，在全国山洪灾害防治项目组及各级行政、支撑部门的共同努力下，县级非工程措施项目和山洪灾害调查评价项目逐步落实，全国性的山洪灾害监测预警体系已初步建成。在这一新形势下，如何将现有预警体系建设成果与当地山洪灾情实际相结合，重新梳理地区山洪防御对策，从而正确认知和发挥现有预警体系在不同地区、不同类型山洪防治中的作用是值得深入探讨的问题。据此，杜俊等(2016)从山洪预警难易程度和灾情区域分异视角出发，初步阐述对当下长江流域山洪灾害防御对策的一些新思考，以期在宏观尺度上因地、因预警难易制宜地为长江流域山洪防治决策提供参考。

9.4.2.1 长江流域山洪灾害区域差异

长江流域幅员辽阔，自然和人文地理环境复杂多样，山洪灾情区域分异显著。基于王威等对不同类型山洪灾害与主要影响因素定性、定量关系的认知，综合历史灾害、暴雨、地形、地质、社会经济等方面的考虑，将长江流域大体划分为 9 个山洪灾情类型区：1 区，长江源头地区及金沙江中上游山洪灾害低发区；2 区，滇北川西泥石流灾害高发区；3 区，川中山洪灾害低发区；4 区，陕南陇南山洪灾害高发区；5 区，长江上游中深切割山地山洪灾害高发区；6 区，洞庭湖水系溪洪灾害高发区；7 区，两湖平原山洪灾害低发区；8 区，长江中下游干流—鄱阳湖水系溪洪灾害高发区；9 区，长江下游干流—河口无山洪灾害区。

依据文献的观点，区域尺度山洪灾害的分布主要与暴雨条件、地形起伏度以及人口资产易损性有关，长江流域的山洪灾害分布状况也基本符合这一认知：长江源头及金沙江中上游（1 区）由于人口稀少、易损性低，加上降水条件一般，山洪过程少、发灾频率低；到我国第一阶梯与第二阶梯、第二阶梯与第三阶梯两个过渡地带（2 区、4 区和 5 区），地形起伏大、地质运动活跃，地表趋于破碎，松散物质、不良堆积体广泛发育，为溪洪—滑坡、溪洪—滑坡—泥石流等灾害链过程提供了极佳的下垫面条件，加上暴雨的激发作用和分散的居住环境，使这些地区成为各型山洪灾害发育的天然场地；再往下游的洞庭湖和鄱阳湖水系及长江中下游的山区丘陵部分（6 区和 8 区），受到东南季风的影响，雨量显著增大，人口、资产暴露水平较高，山洪灾害特别是其中的溪洪灾害发育极多；相对的川中丘陵、两湖平原、鄱阳湖平原和长江下游至河口的广大低丘平原区（3 区、7 区、8 区部分地区和 9 区），虽然暴雨水平也很高，但受限于总体低平的地势条件，自然形成的山洪灾害较少发生。

9.4.2.2　不同类型山洪的可预警性

现实防治工作中需要考虑的山洪不仅是溪河洪水，还有由其引发的一系列滑坡、泥石流等灾害链过程，这些过程的运动特点和发育条件差异很大，在现有以水雨情监测为主的山洪预警技术条件下，想要对它们做到准确预报和及时预警并非易事。相对的，溪河洪水由于过程单一，直接受暴雨、水文要素影响，发灾流程易于捕捉，方便对未来情势进行预判和处理，预报预警难度较低；而由溪洪引发的各类滑坡和泥石流，一般作用范围更小、过程历时更短、启动机理复杂得多，难以通过现有技术手段高效预警。

从现场调查的情况来看，年年发生的一般溪洪对当地居民的生命及重大财产影响并不大，多是集水坡面或河道凹岸顶冲形成的急流，冲击淹没道路、农田或是由于河（沟）道的常年冲刷，一些离河（沟）岸较近的民房可能会因为边坡失稳发生地基和墙壁的开裂。这部分山洪目前主要依赖当事群众目测估计和布设在农民家中的雨量计监测，通过经验或无资料地区水文计算方法得到临界雨量值，将实时监测的雨量信息及时上报中枢系统，再由系统统一组织调度，理论上预警难度较低。

而对于溪洪引发的滑坡和泥石流灾害，破坏力往往十分惊人，而且很多几乎不可预警，如坡角被洪水冲毁、滑坡发生以前，很难弄清确切的滑坡面；溪洪启动石块形成水石流后，很难判断洪水改道的可能性，以及由此带来的行洪路径不确定性；当运动速度极快的位移相泥石流被发现时，留给行洪路径上人员的逃生时间极其有限；如若仅依靠暴雨信息发布预警，又很有可能出现“狼来了”的情况等。

9.4.2.3　长江流域山洪灾害防治新理念

《全国山洪灾害防治规划》中已将“以防为主、防治结合，以非工程措施为主，非工程措施与工程措施相结合”作为将来一段时期山洪灾害防治实践的基本理念（原则），这里从山洪预警难易的角度做进一步补充。

对于可预警(或易于预警)的一般溪洪及其引发的慢性崩岸、滑坡,依靠现有非工程措施和住民经验,基本上可以保证当地居民生命安全,可在这一现状基础上提高防治标准,结合国家其他民生、扶贫项目,多方筹措资金,适时加大工程措施建设力度,在新居民点建设、河岸护堤、水土保持、农村危房和农田水利设施改造等方面,做好灾前防护工作,最大限度地减少山洪给当地群众生产、生活带来的不便,消除潜在威胁,努力做到"灾前防治,保障民生"。

对于难以预警的急性滑坡、泥石流,在现有技术手段和资金支持条件下很难做到灾前的全面、高效防控,因此在防治工作中除了加大新技术推广应用、强化监测预警体系建设以外,还应重点加强"灾中应急、灾后恢复"方面的非工程措施工作,如建立评审制度,对临时安置场地和逃生路径的位置选取、建设标准、常备物资等方面进行审查和评估;定期进行防灾逃生演练;开展区域、小流域、单沟尺度山洪灾害风险评估,为相关保险产品开发及政策法规制定提供依据;制定政策法规,通过税收调整和行政许可,规范风险区内道路、企业厂房及一般民房的选址和建设标准以及企业生产建设行为,明确政府、个人和企业在灾害风险中承担的义务和责任等。

9.4.2.4 长江流域山洪灾害分区域防治对策

结合前述的长江流域山洪灾情类型区划分、不同类型山洪预警难度,以及对长江流域山洪灾害预警难易程度区域分异的分析结果,可给出当前技术条件下,针对不同分区的指向性对策,即在防治工作中适合优先考虑、推广的基本防御措施组合。依《全国山洪灾害防治规划》中提及的防治措施,基本防御措施主要有两类:工程措施和非工程措施。工程措施主要包括狭义山洪沟、泥石流沟和滑坡的治理,病险水库除险加固,居民点堤防加固以及水土保持等;非工程措施主要包括监测通信及预警系统建设、群测群防体系建设、政策法规及防灾管理及搬迁避让等方面的内容。

工程措施投资巨大,使用期限内应对不超过设计标准的洪水过程效果佳,但受限于物质成本,以及面对极端山洪事件的效果不确定性,不太适合大面积、高强度推广;非工程措施体系(不包括搬迁避让)构建物质成本较低,且目前全国主要防治县已具备一定的软硬件基础,在山洪灾害分布广、防御重点不突出且不可能普遍建立高标准防御工程体系的地区,往往能取得上佳效果;非工程措施中的搬迁避让,指将灾害危险区内分散的小规模居民点永久性迁出危险区的措施,涉及征地补偿、移民安置、居民点建设以及再就业等一系列问题,单纯依靠山洪防治经费很难应对,主要结合国家其他项目开展工作。

具体分区对策如下:

(1)灾情严重、预警难度大的地区

涉及的类型区包括滇北川西泥石流灾害高发区、陕南陇南山洪灾害高发区、长江上游中深切割山地山洪灾害高发区。此类地区一般山势陡峻、断裂发育、地表破碎,地震频度较高,有丰富的松散物质分布,遇汛期强降雨极易诱发溪洪、滑坡和泥石流等各型山洪。当地百姓虽然与洪水斗争经验丰富,但面对多变的气候和突发极端事件仍然防不胜防。

此类地区各型山洪均有发育,且滑坡、泥石流等难预警山洪偏多,大规模的沟坡治理和搬迁避让财政负担太大,未必能收到良效,只能根据实时情势特别安排;现有监测预警体系虽然对滑坡、泥石流等次生灾害过程的预警效果不确定性大,但对普遍发育的溪洪仍有较好效果;非工程措施中的群测群防体系,主要包括责任制构建、防御预案、实时监测、宣传、培训和演练等内容,针对本区特点,应重点加强防御预案、培训和演练等适用于灾中应急方面的工作;政策法规的制定和落实对本区山洪防御尤其重要，对山洪重点防治区中的村镇房屋、厂房、城市社区的选址、建设标准等方面应有明确的要求和规范；对开发建设项目，除了严格执行常规行政审批外，应追加山洪威胁评价等方面的工作，明确开发单位防治责任。

(2)灾情严重、预警难度较低地区

涉及的类型区有洞庭湖水系溪洪灾害高发区、长江中下游干流—鄱阳湖水系溪洪灾害高发区。此类地区发生山洪的频率和强度均低于中高山区，但由于人口稠密、易受局部冷空气影响形成非汛期强降雨，山洪发灾成灾的频率反而很高。

本区山洪以溪洪为主，综合预警难度较低，应充分发挥监测预警体系优势，加强、完善监测通信设施的建设与布置，以及一系列人员培训、宣传教育等群测群防体系配套工作；工程措施方面，对于有发灾隐患山洪沟(坡)附近的较大村落，除了开展常规沟坡治理以外，还应加强堤防、农田水利设施建设，特别是沿河村落的河道凹岸，应筑有防冲堤并下填防冲石块。本区气候有利于植被生长，可在重点防治区大力开展水土保持建设，从长远角度改善生态环境，预防坡面山洪隐患。

(3)灾情较轻、预警难度大的地区

涉及的类型区有长江源头及金沙江中上游山洪灾害低发区。此类地区降雨条件有限，加上地广人稀，灾情较轻，但由于新构造运动活跃、不良地质路段多，坡面尺度的泥石流、滑坡隐患不在少数，一旦发生灾害未必会直接影响住居群落，但极有可能对交通线造成临时性阻断。

本区农牧人口比例高，居住分散，局部流动性强，每一个聚落都布置监测设施不太现实，非工程措施应以群测群防体系为重点，落实责任制，加强宣传教育，发动群众自觉规避山洪风险；对于重要路段、集镇附近的坡面泥石流和不稳定坡体应及早发现并采取沟坡治理和水土保护措施处理。

(4)灾情较轻、预警难度较低地区

涉及类型区有两湖平原山洪灾害低发区、长江下游干流—河口无山洪灾害区、川中山洪灾害低发区。此类地区地势多平坦，难以形成地表强径流，山洪灾害频率很低。然而本区人口稠密、经济密度大、防灾意识淡薄，人为因素下塘坝溃决、不稳定人工堆积体崩滑等仍有可能引发快速洪水，从而造成人员财产损失。

此类地区的山洪(及快速洪水)防御，应以监测预警为主，同时加强宣传教育，杜绝人为隐患；必要时开展河道整治工作，对常年淤积或挤占的行洪沟道及时清理；对生产建设项目做好水土保持工作。

9.5　长江流域极端气候事件的影响及适应性对策

9.5.1　长江流域高温干旱复合型事件的适应性对策

随着气候变化的加剧，高温、洪水、干旱、寒潮等极端事件的频次和强度发生着重要变化，多致灾因子驱动的极端事件在时间和空间角度高度重合，引发的复合型极端事件逐渐受到更多关注。政府间气候变化专门委员会(IPCC)第六次评估报告对复合型极端事件开展了深入评估。其中，针对高温热浪和干旱复合事件的评估表明：20 世纪 50 年代以来，人类活动对全球高温干旱复合事件增多做出了重要贡献，并且未来许多区域的复合事件概率将随气候变化加剧进一步增大。其中，包括欧亚大陆北部、欧洲、澳大利亚东南部、美国大部分地区、中国西北部和印度等地。已有研究表明，除青藏高原及新疆部分地区以外的中国大部分地区为复合高温干旱事件的高发区，20 世纪 90 年代以来中国西南地区、西北地区东部、华北北部及东南沿海地区复合事件增速显著，东部人口密集、区域干旱气候影响和城市化作用都是复合事件增多的重要影响因素，而高温强度和频率增大是驱动高温干旱复合事件变化的主要因子。

长江流域气候受季风影响显著，当夏季东部主雨带北移至华北地区时，流域受西北太平洋副热带高压控制，高温、伏旱易发。在气候变化背景下，长江流域高温、干旱极端事件的时空分布特征也在发生明显变化。1961—2010 年长江流域高温热浪次数、持续时间、强度整体均呈先减后增的趋势。21 世纪以来，川渝、江南等地区的高温热浪次数、强度和持续时间均呈增大趋势，长江流域的高温和干旱的时空重合度增大，例如 2006 年、2013 年、2019 年和 2022 年均发生了严重的高温干旱复合事件。

2022 年夏季，中国中东部出现 1961 年以来综合强度最强的一次高温过程，长江流域多地日最高气温破历史纪录；极端高温叠加极端少雨，复合影响促使干旱程度增强、干旱发展加快；季节短期干旱与年际异常干旱叠加；干旱影响汇流区，需水期与枯水期叠加，发生了全流域罕见的严重干旱。高温干旱对当地工农业生产、水资源、生态环境、能源保供、人体健康及生活等均造成不利影响。南方地区农作物、经济林果生长发育受到影响。鄱阳湖、洞庭湖水体面积明显缩小。持续高温干旱导致南方地区火灾风险提升、火点数量显著增多。经统计，2022 年 8 月上、中旬，四川、重庆等火点数量相比 2021 年同期增多 8 倍以上，为近 20 年同期最大值。持续高温致使华东、西南两个区域电网，以及浙江、四川、重庆等 12 个省级电网超负荷累计 30 次创历史新高。

未来高温干旱复合型极端事件发生的概率和风险也将持续增大。未来欧亚大陆北部、欧洲、澳大利亚东南部、美国大部分地区、印度和中国西北部地区的高温干旱复合型极端事件都将增加。到 21 世纪末，北半球复合极端高温事件发生的频率将是现在的 4～8 倍，未来高温干旱复合型极端事件的风险强度也将持续增加。未来“小概率高影响”事件也更易于出现，防范极端气候风险面临严峻挑战。

持续性的极端高温事件以及叠加的干旱灾害等将对粮食安全、水资源、生态系统、人体健康、能源保供、交通运输等领域带来诸多不利影响，为加强应对气候变化和极端事件风险能力，在此建议：

（1）构建气候变化风险早期预警体系。深化极端气候事件变化时空规律及其影响机理研究，加强极端天气气候事件的综合实况监测，提升无缝隙、全覆盖精准预报预测水平，大力发展极端天气气候事件和复合型灾害预警技术，强化预警信息发布和风险防范体系。

（2）加强多时空尺度气象信息应用，延长预见期。加大科研投入，掌握极端气象水文事件的演变规律，强化与气象部门的合作，建立联动机制，共同研判未来形势，提高极端气象水文事件及其对水电影响的预报精度和延长有效预见期，尤其针对水库关键时期（蓄水期和消落期）开展有针对性的精细化预测保障服务，加强预测预警信息在水电生产和应急管理的应用，做到提早调度、减少影响和降低风险。

（3）开展气候变化综合影响评估，提升重点行业领域对极端事件的适应韧性。加强高温干旱等气象灾害对农业生产、电力系统供需、水资源等影响评估技术研究；科学评估极端天气气候事件对电力系统的影响，提高电力系统对极端事件的应对能力，制定极端气候事件应急预案，降低因气候异常给整个电力系统带来的影响，增强电力系统应对极端气候和应急保供能力；研发基础设施与重大工程极端事件影响监测和风险预警技术，推动构建全面覆盖、重点突出的适应气候变化区域格局，提高全社会的气候韧性水平。

(4)在高温干旱事件下生态、农业、健康、能源行业都受到了不同程度的影响，但目前各行业应对高温干旱的措施相对分散。在各行业应对高温干旱都需要水资源调配或者其他应对所需资源的背景下，建立跨行业的综合应对策略，加强部门间协调工作机制。

(5)加强气象灾害科普宣传，提高极端灾害公众防御意识。充分利用互联网、社区、学校等多渠道、多方式加强气象灾害科普宣传，将极端气象灾害防御知识列入义务教育内容，提高公众自然灾害安全防范意识和避险自救互救能力。

9.5.2　极端温度对水库大坝的影响及适应性对策

气候变化大背景下发生极端温度的可能性增大，直接影响水工材料的性能和大坝的结构稳定。实验与野外测试表明，低温对施工期和运行期混凝土坝安全影响较大，包括低温引起的冻融破坏等，使大坝安全系数最大可能降低 30%。此外，异常气候将导致更多不利工况出现，如突发持续高干旱、高温低水位、低温高水位、高温高水位或低温低水位等，这些不利工况对混凝土坝特别是拱坝的安全影响尤为突出。温度突变对土坝渗透变形和抗滑稳定影响也较大。

水工混凝土作为水利工程建设最主要的建筑材料之一，其对低温、寒潮、高温干旱等气候条件较为敏锐与脆弱。在冰冻期因水位的升降和温度的变化，使大坝混凝土遭受表层冻融破坏和内部冻胀破坏。20 世纪 30 年代修建的丰满和水丰大坝的冻融破坏和冻胀破坏均较严重，因危及大坝安全运行，后进行了多次补强加固；50 年代修建的云峰和桓仁等大坝及 70 年代修建的葠窝水库大坝同样也由于冻融破坏而出现不同程度的裂缝。另外，持续高温干旱会引起混凝土内部水分散失，使得混凝土体积干燥收缩，当混凝土干燥收缩受到某种约束时，将导致混凝土表面开裂，裂缝的存在和扩展会导致坝体渗漏、混凝土碳化、持久性降低等。同时，混凝土材料的抗压强度、弹性模量、徐变变形、收缩变形等材料性能在高温干旱情况下均会发生改变，影响不容忽视。长期高温干旱气候对一些薄壁水利工程的影响更为突出，如淮河入海水道滨海枢纽工程闸墩检查结果表明，近年来高温干旱使得该工程出现较多干缩裂缝，在 25～30 m 的分段内裂缝平均出现 3～5 条，最多达 10 多条，裂缝宽度一般为 0.2～0.4 mm，直接影响到钢筋的锈蚀和工程的耐久性。与此同时，高温干旱也可能引起土石坝裂缝，其后再遇强降雨，极易加剧水库大坝运行风险。水库极端低水位和干涸引起土石坝黏土斜墙和水平铺盖等防渗系统大范围产生裂缝，破坏防渗体系连续性和完整性，任其发展将危及大坝渗流安全。

冻融破坏应对工程措施。针对西南地区的某水利工程，开展了气温和地区冻融循环与水工混凝土寿命关系的相关性研究，提出了采用控制含气量、水胶比、掺料量等综合措施，进行了大坝内部混凝土配合比的优化设计研究，对不同高程处大坝内部混凝土的 4 组推荐配合比的力学、抗冻等性能按现行－17 ℃低温进行了冻融试验，结果表明推荐的配合比抗冻性能满足 F50 的设计要求，强度等力学性能指标也符合设计要求。

在低温冻害应对方面，可在水工混凝土内引入大量微小稳定的封闭气泡，并对引气后的混凝土气泡参数进行优化；在使用粉煤灰作为水工混凝土掺和料时，高抗冻设计水利工程宜选用优质粉煤灰，并控制掺量；通过优选混凝土原材料、优化配合比设计等方式来改善水工混凝土的孔结构性能，提高混凝土的密实性。而对于急速降温的寒潮等极端事件，可采取在水利工程表面覆盖保温材料的防护措施来应对，对处于施工期的水利工程，可以采用表面蓄热养护的方式来应对寒潮降温，减少水利工程内部温降应力的产生，避免表面裂缝。

在高温干旱事件应对方面，首先是提升水利工程材料自身性能，优选气候敏感因子低的高抗裂水工混凝土，并加强对水利工程施工期混凝土的养护工作；其次，从材料防护角度考虑，可以从内部供水、外部防止水分散失两个方面进行防护，对于已建水利工程而言，在长历时高温干旱气候条件下，可在表面涂刷养护剂，既对混凝土进行养护，提高相关性能以应对高温干旱，还可有效防止水工混凝土内部水分散失，减少水工建筑物的干缩变形；最后，对于干旱条件下已发生裂缝的水利工程，可通过化学灌浆或特种灌浆方法进行及时处理，以防止因长时高温干旱的继续发展导致水利工程的干裂损伤进一步加深。

9.6 长江流域水资源管理适应对策

预估的金沙江流域年径流量及各月平均径流均有增大趋势，流域内的水资源将更加丰沛，有助于更好地发挥水利工程发电、供水、航运、生态调度等综合效益。与此同时，径流时空分布的不均性增大，年际和年内波动明显增大，极端旱涝事件的频率和强度将明显增大，从而可能增加水库防洪和供水调度的难度，超标准洪水和超额洪量将导致水资源利用效率下降，甚至威胁水利工程的运行安全。综合考虑金沙江流域气候特点、水资源状况和气候变化因素，对加强金沙江流域水资源管理，提升流域大型水库安全和综合效益，建议如下：

(1)提高气候变化对水文过程影响评估的精度。当前，在气候模式、水文模型、水资源管理系统模型构建及其耦合方面仍存在一定的不足和局限性，致使研究结果存在较大的不确定性，严重制约了对气候变化影响的认识以及适应策略的制订。在气候模式及其降尺度技术方面提升对降水时间分布和极值的模拟效果；在水循环过程模拟方面，发展考虑自然和人为因素影响与反馈的水文模型，提高对融雪过程和极端径流模拟能力及对降水空间分布差异的响应能力；在水资源系统模拟方面，提高对工程设施调度过程刻画的精细程度和模拟的时间分辨率，增加考虑用水、用电需求约束，并在适应策略研究中有效结合决策支持系统。

(2)根据气候变化情景进行水库管理规则的调整。未来金沙江流域的水资源将增大，这意味着如果当前水资源管理方式不变，未来水资源利用效率将下降。因此，建议金沙江流域的梯级水库管理需根据气候变化情景进行规划调整。在应对雨季极端洪涝时，在确保工程安全运行前提下，应充分利用水资源，最大程度发挥工程经济效益。

(3)应重视气候变化和极端事件对水库综合功能的影响。目前气候变化对金沙江流域的水资源影响已经有了定量化的评估结果，但是其对水库的发电潜力、防洪能力和大坝的调节能力等的影响，特别是极端水文事件的变化及其影响需要加强。因此，未来需进一步提高气候模式对极端气候事件的模拟能力及水文模型对极端径流的模拟能力，增强对极端水文事件气候变化预估能力及其不确定性的认识；需进一步深化极端径流对水资源系统和防洪体系影响的研究，尤其是流域超标准洪水风险变化对水利基础设施和防洪安全的影响评估；最后，还需关注极端水文事件尤其是复合型灾害事件(如高温和干旱并发)对电力能源系统可能造成的影响，为双碳目标的实现提供科学支撑。

(4)深化气候变化情景下水资源适应性管理对策研究。不同地区气候变化特点、水利工程设施水平和社会经济系统对水资源需求差异的影响，决定了适应气候变化的水资源管理策略具有鲜明的地域特色。此外，水利工程设施和水资源管理体系异常复杂，同时要面对季风气候影响下艰巨的防洪任务和日益加剧的洪水风险，适应气候变化的应对策略十分必要和迫切。基于水资源系统模拟与优化理论，综合评估现有水利基础设施适应气候变化的潜力及其脆弱性，加强部门合作研究，从工程措施和非工程措施多方面探索适应未来气候条件下防洪安全和水资源综合利用的管理措施，从制度、模式及保障途径方面提出应对气候变化风险、保障水资源和水利工程运行安全的适应性政策建议。

(5)加强部门协调，强化流域水资源管理。水工程防汛抗旱调度涉及面广，包括水利、气象、电力、航运、农业、应急等不同部门和行业，实施水工程统一调度时需要加强部门或行业间的统筹协调，强化信息共享和互通。进一步加强流域水资源管理，强化水资源承载力刚性约束，加强用水总量和强度控制红线管理，健全省、市、县三级行政区域用水总量、用水强度控制指标体系，实行最严格的水资源管理制度考核，坚持以水定域、以水定地、以水定产，不断优化流域产业布局和发展模式，推动经济社会发展与水资源承载力相适应。强化用水定额管理，深入实施国家节水行动，强化节水宣传，普及节水理念和节水知识，提升人民群众的节水意识。

9.7　长江流域生态环境保护适应对策

习近平总书记指出，从长远来看，推动长江经济带高质量发展，根本上依赖于长江流域高质量的生态环境。要毫不动摇坚持共抓大保护、不搞大开发，在高水平保护上下更大功夫。三峡工程是治理开发长江的关键性工程，在保护长江生态环境中具有关键地位，《长江流域综合规划(2012—2030 年)》明确指出三峡水库在保护长江生态环境中具有关键地位。同时，三峡水库是全国重要的生态功能区，对保障国家生态安全具有重要意义。

三峡库区地势复杂，主要以山地类型为主，植被覆盖率较高，土地利用类型以林地、园地、湿地、耕地为主，构成了生态安全的基本格局。具有较强的生态安全功能和生态系统服务能力，在土壤保持、水源涵养、固碳释氧、提供物质和气候调节方面发挥着重要的作用，构成维持自然生态系统及实现人类生存的环境条件的基础。库区中的自然保护区、林地等是生态源地的重要组成部分，是生态安全格局的重要保障，是维护生态系统的稳定性的重要部分。但是这些区域非常容易受到人为活动的干扰，围湖造田、建筑用地的无序扩张，生态资源的无节制利用，均导致生态资源受到了影响，生态系统服务能力减弱，生态敏感性变高。

为了加强长江流域和三峡库区生态环境保护和修复，促进资源合理高效利用，保障国家生态安全，实现人与自然和谐共生，提出如下对策与建议。

(1)坚持生态优先，绿色发展的发展策略。三峡库区和长江流域经济社会发展，要坚持生态优先、绿色发展，共抓大保护、不搞大开发；长江保护应当坚持统筹协调、科学规划、创新驱动、系统治理。坚持把保护和修复长江流域生态环境放在压倒性位置，准确把握生态环境保护和经济发展的辩证统一关系。通过规定更高的保护标准、更严格的保护措施，加强山水林田湖草整体保护、系统修复。加强对三峡库区、丹江口库区等重点库区消落区的生态环境保护和修复，因地制宜实施退耕还林还草还湿，禁止施用化肥、农药，科学调控水库水位，加强库区水土保持和地质灾害防治工作，保障消落区良好生态功能。

(2)完善自然要素空间配置，提升生态源地服务能力。随着城市化的快速发展，三峡库区的城市用地不断扩张，导致生态源地被侵占，生态系统遭到破坏，对人类活动和自然灾害的抵御能力降低。社会的发展和生态系统的稳定形成了矛盾。建议相关的部门应尽量协调城市的建设与生态系统健康的管理，对资源进行合理的配置和调度，以生态源地构建生态安全屏障。以保护现有的森林资源为主，为城镇地区提供更好的生态系统服务功能，尽量在不破坏关键生态源地的基础上实现经济的可持续性发展。开发建设程度比较高的地区，生态环境受到较强的人类活动干扰，生态源地的面积占比也相对较低，因此需在规划方面注意增强生态环境与经济发展的协调性，提升区域内水源涵养和土壤保持能力，在已有的生态源地的基础上，增大绿化面积，建设相应的公共设施，如公园等，提升生态源地的生态服务能力和抵御自然灾害和人为活动破坏的能力，构建合理的生态景观格局，在社会发展的同时兼顾生态的健康性和稳定性。

对于库区内经济相对落后，但是生态得到了较好保护的区域，生态服务能力相对较强。相关规划部门应在保护现有生态源地的同时，使生态源地形成聚合的斑块整体，减小生态源地的破碎化程度，使生态源地的作用在整个生态系统中得到最大限度的发挥。在生态系统中也起到了非常大的调节作用。这类区域在开发和建设的同时，应兼顾对生态源地的保护，提升三峡库区的生态安全能力。库区产业结构优化，发挥全国生态功能区示范作用。

(3)强化重点生态区的生态保护与修复。强化消落区生态环境保护。流域管理机构和库区所在地方政府应进一步加强消落区管理，尽快编制和实施消落区保护与利用规划，坚持以自然恢复为主，与人工修复相结合的方式，加快消落区生态环境保护力度。深入开展消落区综合治理保护与生态修复等研究与试点示范，严格按照保留保护、生态修复和综合治理实行分区治理。鉴于目前仍存在大量涉及城镇安全的库岸需要整治等情况，在加强库容和岸线管理、保障库岸安全的前提下，优化岸线环境综合整治目标和任务，加快复苏库区河湖生态环境。以保护三峡水库为核心，坚持保护优先、自然修复与治理修复相结合，推进美丽河湖、健康河湖建设。落实河长制工作，优化三峡后续工作，复苏河湖生态环境应结合三峡库区水土流失、重要干支流治理、重庆中心城区“两江四岸”治理提升等标志性重大项目建设统筹实施。加强湿地建设、生境恢复、河岸边滩的生态修复，持续开展水系连通和水美乡村建设。促进以县域为单元的水网建设，打通农村地区水资源调配、农田灌溉和河湖生态治理保护“最后一公里”。加强气候变化和暴雨洪涝、干旱、高温热浪等极端事件对三峡库区和长江流域生态环境影响机理分析与评估工作。

(4)创新生态环境保护的体制机制。建立重庆市和湖北省省级政府和流域管理机构联席会议制度，统一指导、统筹协调监督库区的生态环境保护工作。尽快开展库区水生态产品价值核算和实现机制研究。建立健全库区分类分要素的补偿制度，发挥市场机制的作用，加快推进多元化补偿。依托三峡集团和长江绿色发展投资基金等机制，协调设立库区生态环境建设和保护的专项基金。推进生态环境导向的开发模式实施与管理，探索库区生态环境建设和保护的新模式。

(5)建设生态优先绿色发展示范区。要站位全国、立足全局，在政策保障和流域治理及“两山”转化上加强研究，统筹推进库区生态保护、产业转型和乡村振兴，加快推动以流域综合治理为基础的四化同步发展。依托库区良好自然生态、丰富自然资源和长江黄金水道，加快生态资源产业化和产业发展生态化。以长江、嘉陵江、乌江及其重要支流水土流失区为重点，把水土流失治理与流域水环境整治、生态旅游、农村产业发展、美丽乡村建设有机衔接，切实推进三峡库区后续高质量发展。

9.8 气候变化对水利工程设计的影响及适应对策

气候变化已成为全球性问题，并受到国际社会的普遍关注。气候变化导致极端事件频度和强度增大，虽然全球目前已经采取了诸多减缓措施，但气候变化的影响仍将持续。水库大坝等水利工程作为关键的基础设施，其相关风险须在持续和变化过程中得到适当管理。因此，水利工程的设计、建设管理、运行调度等必须充分考虑气候变化影响，并寻求有效的应对措施，以保障运行安全。分析表明，气候变化对水利工程设计标准、水库大坝运行安全、沿海涉水工程安全均会产生严重影响，且气候变化对水利工程安全的影响具有突发性、不确定性以及后果严重性等特点，应予以重视，以有效减少损失。

气候变化通过改变全球水文循环，使水文极值事件的强度、频次增大，分布变化，影响设计暴雨和设计洪水的大小，进而影响大型水利工程的设计规模、运行安全等。全球变暖使得大范围气温升高，进而导致大气的持水能力增强，使得降水概率增大、强度增强，所以将可能增加洪涝和台风及风暴潮发生的概率和强度，同时全球变暖导致的海平面上升，将加重海岸侵蚀及风暴潮的致灾程度。

设计洪水是确定水利工程规模的主要依据。气候变化引起暴雨、洪水、干旱等水文极值变化，必将影响设计洪水的大小，继而影响水利工程的设计。1954—2017 年，全国各类水库发生溃坝事件 3539 起，其中，1/3 以上是由于遭遇特大洪水、设计洪水偏低和泄洪设备失灵，从而引起洪水漫顶而失事。气候变化背景下极端天气出现的频率将增大，若出现超过设计标准的特大洪水，极可能造成水荷载过大或漫坝失事，特别是对于那些防洪标准不能满足要求的水库大坝。

气候变化破坏了水文资料系列代表性，增大了设计洪水大小计算的不确定性，使得采用现有的工程水文计算方法制定的流域开发利用工程、防洪和抗旱工程的运行调度将面临由环境变化带来的风险。此外，气候变化通过改变全球水文循环，使水文极值事件的强度、频次增加，分布变化，影响设计暴雨和设计洪水的大小，进而影响水利工程的设计规模与运行安全等。

在气候变化背景下，水利工程的设计和运行管理中需要考虑以下问题：①气候变化引起流域降雨和径流的变化，将影响流域的设计暴雨和设计洪水，这需要适当地提高水利工程防洪的设计标准；②气候变化将可能加剧干旱发生的频率、范围和程度，进而影响到水利工程的供水保证率，在工程设计时应将保证率相应地提高；③暴雨强度和暴雨次数的增加，可能引发地质灾害的发生和加大泥沙冲淤，将对水利工程安全和寿命产生大的影响；④气候变化和变异将可能加大极端水文气候事件发生的频次和强度，对已建工程的运行规则和规程需要做相应的必要调整，以保障水利工程的安全和洪水资源化。

气候变化将对水利工程的设计标准与可靠性、材料的耐久性、结构的稳定性等方面均能够产生不利影响，威胁水利工程的安全运行。为减小气候变化对水利工程安全的影响，建议采取以下应对策略：①加大环境保护力度，减小人类活动对气候的影响，减缓气候变化；②在水利工程设计、建设和运行中考虑气候变化影响与极端事件出现的可能性，结合气候变化影响的预估和风险评估，优化设计标准，推进可靠度设计；③由于极端气象灾害发生的频率和强度有进一步增强的趋势，在运行管理中要重视水情信息的监测和预报，加强防洪抗旱应急预案的编制和执行；④对水利工程采取应对气候变化的防护措施，并实时监测材料强度和结构老化情况，同时将耐久性作为水利工程设计的控制标准之一；⑤研究水利工程退役制度，对于长期不能满足运行要求的水利工程，可以考虑进行报废退役。

9.9　长江流域汛期旱涝预测关键因子及风险防范对策

(1)长江流域超强梅雨预测关键因子

梅雨期东亚季风区多个关键大气环流系统的平均位置相对稳定，且表现出显著的准双周振荡特征。梅雨的开始和结束、主雨带的北抬和停滞、强降水过程的发生维持都与准双周振荡有很好的对应关系。西太副高和东亚西风急流位置分别稳定在20°—26°N和37°—40°N范围内，同时中高纬度冷空气南侵正好对应低纬度低空急流的加强，这是江淮流域发生强降水过程的主要环流条件；此时如果大气还表现出显著的准双周振荡特征，促使强降水过程反复发生和维持，则非常有利于江淮流域形成超强梅雨。中高纬度的阻塞高压活跃，冷空气不断南下，与低层一次次加强的西南暖湿气流在江淮区域频繁交汇，这是造成梅雨异常偏强的另一重要因素。欧亚中高纬度环流也都呈典型的“两脊一槽”型，中高纬度冷空气活动较强。在分析先兆信号时，重点考虑前冬赤道中东太平洋弱暖水衰减的演变趋势对东亚夏季环流的滞后影响，同时热带印度洋的持续暖海温的接力作用有利于西太副高持续偏强偏西、菲律宾反气旋偏强。

(2)长江流域夏季异常高温干旱预测关键因子

西太副高的持续异常偏强偏西是导致长江流域夏季出现极端高温干旱的直接原因。从7月和8月西太副高的逐日空间分布来看，大部分时间西太副高都异常偏强偏西，同时伊朗高压也偏强东伸，盛夏期间两副高单体在青藏高原上空连通，形成了持续稳定的副热带高压带。进一步分析指出，导致西太副高极端异常是全球变暖的背景、拉尼娜事件再发展、西北太平洋对流活跃、TIOD负位相异常偏强、8月北大西洋中纬度暖海温异常偏强、北太平洋海温显著偏高、南亚高压加强东伸等多种因素共同作用的结果。

(3)长江流域旱涝年大气环流特征

旱涝年500 hPa环流对比结果为：当亚洲中高纬度从乌拉尔山到鄂霍次克海区域与东亚东部从低纬度到高纬度地区出现“正负正”波列形势时，长江流域汛期降水偏多；反之，当亚洲中高纬度从乌拉尔山到鄂霍次克海区域及东亚东部从低纬度到高纬度地区出现“负正负”波列形势时，长江流域汛期降水偏少。旱涝年100 hPa环流对比结果为：正负异常区出现在青藏高原和伊朗高原偏南的大部分地区，说明当南亚高压偏南、强度偏强时，长江流域汛期降水可能偏多；反之，当南亚高压偏北、强度偏弱时，长江流域汛期降水偏少的可能性大。旱涝年850 hPa风场对比结果为：850 hPa风场上涝年长江流域为异常偏南气流和异常偏北气流的交汇处，东亚夏季风偏弱，而旱年华南至东北亚为一致的西南风异常控制，反映东亚夏季风偏强(肖舸 等，2014)。

(4)西太副高与长江流域旱涝的关系

西太副高强度和脊线位置与长江流域降水的关系研究发现，当西太副高脊线位置偏北时，无论西太副高强度偏强或是偏弱，长江流域大部分地区降水都以偏少为主。西太副高强度偏强、脊线位置偏南时长江流域除洞庭湖和鄱阳湖南部降水偏少外，其他大部分地区降水以偏多为主。西太副高强度正常，脊线偏北时乌江流域、长江上游流域干流区间降水偏多，其他大部分地区偏少。西太副高强度偏弱，脊线偏北时汉江上游偏多，其他大部分地区偏少。西太副高脊线位置接近常年时，若强度偏强则上游降水偏多的概率大，下游降水偏少的概率大。西太副高强度接近常年、脊线位置接近常年时，岷江、沱江流域、嘉陵江流域和洞庭湖流域降水偏多的概率较高，其他大部分地区以降水偏少为主；西太副高强度偏弱、脊线位置接近常年时，岷江、沱江流域和乌江流域降水偏多的概率较高，其他大部分地区以降水偏少为主。进一步将西太副高偏强、脊线位置与正常年份相比发现，西太副高强度偏强、脊线位置偏南时金沙江流域、上游南部及下游北部降水偏多的概率较大，西太副高强度偏强、脊线位置偏北时则上游北部降水偏多的概率较高，其他大部分地区以降水偏少为主。

(5)东亚副热带急流与长江流域旱涝的关系

北半球副热带西风急流四季变化中，春、夏季变化最为显著，西风急流存在显著的北跳现象，而且在东亚急流中心还存在西移现象。长江流域典型旱涝年与东亚急流位置有一定的对应关系，急流位置异常偏南长江流域降水偏多，急流位置异常偏北长江流域降水偏少。东亚副热带西风急流线轴指数与长江流域汛期降水从西至东呈“负正负”的相关分布，与岷江和沱江流域呈正相关，与金沙江流域和长江中下游流域呈负相关关系。长江流域典型旱涝年与东亚急流强度有一定的对应关系，旱年急流强度易偏强，但是涝年与急流强度没有较好的对应关系。东亚急流强度与金沙江上游、嘉陵江和岷江与沱江流域北部降水呈正相关，与洞庭湖流域和鄱阳湖流域南部降水呈负相关。

(6)中高纬阻塞高压与长江流域旱涝的关系

当鄂霍次克海高压建立并稳定时，亚洲中高纬度及东亚东部地区的 500 hPa 距平场易分别形成“正负正”的距平波列，东亚地区距平波列的这种分布形势及其相互作用常常造成东亚夏季特别是梅雨期降水偏多；反之，当鄂霍次克海为低值区时，亚洲中高纬度和东亚东部地区的距平场易形成“负正负”的距平波列。在长江流域典型旱涝年中，以鄂霍次克海阻塞高压指数对应最好，并且干旱年的关系比较一致。总的来看，当鄂霍次克海和乌拉尔山有阻塞高压，贝加尔湖阻塞高压不明显时长江流域降水容易偏多，出现洪涝的可能性较大，反之，当鄂霍次克海和乌拉尔山阻塞高压不明显、贝加尔湖阻塞高压明显时长江流域汛期降水容易出现偏少。

(7)ENSO 与长江流域汛期降水的关系

西太副高与长江流域汛期降水的强度及分布关系密切，而 ENSO 事件是影响西太副高的主要因子，ENSO 的位相变化及其位置和强度异常都会直接影响长江流域旱涝区的分布。汛期西太副高与前期厄尔尼诺和拉尼娜事件关系更加密切，厄尔尼诺和拉尼娜事件周期一般在半年以上，为我们利用前期冬、春季 ENSO 状况预测汛期降水提供了可能。预测思路为：前期冬、春季中等或强厄尔尼诺，会导致汛期西太副高偏强、偏西、偏南，中国汛期出现明显多雨带，位置偏南；前期冬、春季中等或强拉尼娜，会导致汛期西太副高偏弱、偏东、偏北，长江流域汛期多雨带位置偏北。

(8)长江流域汛期旱涝风险防范对策

我国大部分地区处于季风区，年降水量明显超过同纬度地区。季风区的特点是全年降水主要集中在雨季(4—9 月)，这使得南方(包括长江流域)雨季是全球典型的暴雨区，而其他季节则容易导致旱灾。同时，季风年与年之间的变化大，这往往会使防洪设施在极端暴雨时承受巨大压力，但在旱季和长期干旱时期，人们往往容易忽视水利工程的建设和维护。因此，需要加强水利工程设施的合理利用和维护，既要重视长江流域防汛抗旱工程化措施建设，也要重视水旱灾害的预报预警、规范标准以及法律法规等非工程化措施的建设。

大力开展长江流域汛期旱涝气候趋势精细化预测技术研究。强化气候模式预测在长江流域的应用和检验，建立动力统计相结合、多模式集合和人工智能信息挖掘等多方法融合的次季节至年代际智能网格预测技术体系。强化气候系统多圈层相互作用规律研究，揭示气候变化背景下气候因子相互作用和气候变率新特征。发展多模式集成、演化建模和时空投影预测技术，发展基于深度学习可预报信号挖掘的月季气象要素和灾害预测客观模型，建立次季节至年的多模式集合预测系统。加强影响区域性气候异常的关键环流变化机理研究，强化极端事件预测的机理诊断，发展基于气候模式的强降水、高温干旱、寒潮等极端事件预测模型。研发复杂地形下的预测订正方案，强化人工智能算法应用，提升长江流域汛期旱涝趋势和关键时期气候预测能力。

针对水库汛期运行的问题，应根据气象水文预报预测信息，通过深入研究分析，尤其对一些具有较大供水和灌溉任务的水库，可适当调整调度规程，对汛限水位实行动态控制，即使在汛期，在保障防洪的前提下，尽可能多留蓄水量，以应对高温伏旱。

梅雨与三峡水库洪水发生的关系密切，当出梅时间偏晚时，与三峡主汛期发生重叠，梅雨有可能与长江上游来水发生遭遇，遭遇严重时形成流域性大洪水；8 月中下旬，尽管三峡入库洪水仍可能较大，但梅雨早已结束，不会与中下游洪水发生遭遇。考虑三峡水库汛期分期结果，再结合长江中下游出梅时间，综合考虑将主汛期和后汛期的分期节点调整为 8 月 8 日至 9 月 10 日的动态区间，充分利用气象水文预报预测的预见期，在确保防洪安全的前提下，实行水库汛期运行水位动态控制和提前蓄水调度（李娜 等，2022）。

加大科研投入，掌握长江流域极端天气气候事件和旱涝等灾害的演变规律，加强与气象部门的合作，建立联动机制，共同研判未来形势，提高极端气候事件及其对水库影响的预报精度和延长有效预见期，尤其针对水库关键时期（蓄水期和消落期）开展有针对性和精细化预报预测保障服务，加强气象水文预报预测预警信息在水电生产和应急管理中的应用，统筹协调长江流域防洪、供水、生态、发电、航运等方面的关系，保障防洪安全、供水安全、生态安全，充分发挥水工程在流域水旱灾害防御、水资源利用和生态环境保护与修复等方面的作用，促进长江大保护，推动长江经济带高质量发展。

9.10 本章小结

给出了长江流域近 60 年极端降水事件的时空变化规律，分析了 1998 年和 2020 年长江流域特大洪涝灾害的特点，系统总结了中央和地方政府 1998 年抗洪救灾的措施和对抗洪斗争的认识，指出 2020 年长江上游水库群联合调度等措施的实施，对减轻洪涝灾害的影响发挥了显著作用。分析了 2020 年防汛抗洪工作中主要存在的七个方面的问题，并提出了八个方面的工作建议。

给出了长江流域近 60 年极端干旱事件的时空变化规律，分析了 2011 年和 2022 年长江流域干旱灾害的特点，指出长江流域极端干旱事件常常与极端高温事件相伴，形成高温干旱复合型事件，随着全球变化影响，这种事件发生的频次和强度会愈来愈强，对长江流域经济社会影响也会愈来愈显著。对水利部门和各级政府采取的防旱抗旱措施进行了总结，对存在的难题与挑战进行了分析，指出要合理推进工程和非工程措施统筹的干旱灾害防御体系建设，并提出了五个对策建议。

分析表明，长江流域极端高温事件未来将更加频繁，高温与干旱叠加给长江流域社会经济的影响将越来越严重。分析了 2006 年夏季川渝地区高温干旱和 2013 年夏季江南地区高温干旱的特点，总结了当时采取的应对措施，分析了存在的问题，指出长江流域不断发生的高温干旱灾害为人们敲响了警钟，要积极实践新时期治水思路，大力推进由单一抗旱向全面抗旱转变，采取有针对性的工程和非工程措施，不断提高抗高温干旱的能力。

气候变化大背景下出现极端温度的可能性增大，直接影响水工材料的性能和大坝的结构稳定。分析了极端低温和高温干旱对水利工程的影响，给出了水利工程应对冻融破坏、低温冷害影响、高温干旱影响的对策措施。

对长江流域山洪灾害的特点进行了分析，指出山洪是长江上游频繁发生的灾害，在防御大洪水前，首先要积极防御点多面广的山洪。对长江流域目前采取的山洪灾害防御措施进行了总结，分析了存在的薄弱环节，在长江流域山洪灾情类型区划分、不同类型山洪预警难度分析基础上，给出了长江流域山洪灾害防治新理念以及分区域防治对策和建议。

分析表明，随着全球变暖的加剧，高温干旱等复合型极端性事件发生频率在增大，长江流域 2006 年、2013 年，2019 年和 2022 年均发生了严重的高温干旱复合事件。总结了近几十年长江流域高温干旱复合型事件的发生规律，给出了未来发生的趋势和风险，提出了三个对策建议。

在分析长江流域近几十年水资源变化特点及未来变化趋势的基础上，综合考虑金沙江流域气候特点、水资源状况和未来气候变化因素，为加强金沙江流域水资源管理，提升流域大型水库安全和综合效益，提出了五个适应性对策建议；为了加强长江流域和三峡库区生态环境保护和修复，促进资源合理高效利用，保障国家生态安全，实现人与自然和谐共生，提出了五个适应性对策建议。

水利工程的设计、建设管理、运行调度等必须充分考虑气候变化的影响，并寻求有效的应对措施，以保障运行安全。分析表明，气候变化对水利工程设计标准、水库大坝运行安全等均会产生严重影响；给出了水利工程的设计和运行管理在气候变化背景下需要考虑的四个问题，以及为减小气候变化对水利工程安全的影响，提出了五个适应性对策建议。

长江流域汛期旱涝预测对长江流域重大水利工程防灾减灾、供水发电、生态保护等具有重要意义。给出了长江流域汛期旱涝预测的关键因子，包括长江流域超强梅雨预测、异常高温干旱预测的关键因子，以及典型旱涝年东亚地区大气环流的特征，给出了西太副高、东亚副热带急流、中高纬度阻塞高压、ENSO 事件与长江流域旱涝的关系。在此基础上，提出了长江流域应对旱涝灾害风险的对策措施。

参考文献

蔡阳，刘志雨，孙春鹏，等，2021. 2020 年大洪水科学防御的实践与思考[J]. 水利信息化，1:1-5.

陈敏，2020. 2020 年长江暴雨洪水特点与启示[J]. 人民长江，51(12):76-81.

杜俊，任洪玉，蔡道明，2016. 长江流域山洪灾害防御对策新探[J]. 防汛与抗旱，10:4-7.

付登发，2008. 1998 年抗洪投入的人力财力物力有多少[J]. 党史天地—纪念中国 98 抗洪水利 10 周年特刊，1:85.

洪卫，廖鸿志，2007. 2006 年长江流域抗旱的反思与对策[J]. 人民长江，38(8):61-63.

侯威，陈峪，李莹，等，2014. 2013 年中国气候概况[J]. 气象，40(4):482-493.

黄艳，邵骏，邱辉，2023. 2022 年长江流域夏秋旱情特征及应对策略[J]. 中国防汛抗旱，33(3):18-23.

李利蓉，裘峰，2013. 贵州省应对 2013 年严重夏旱工作及思考[J]. 中国抗旱减灾，23(6):4-6.

李霖，史小平，2013. 江西省 2013 年抗旱工作回顾[J]. 中国抗旱减灾，23(6):1-3.

李娜，郭生练，王俊，等，2022. 长江中下游梅雨与三峡水库入库洪水遭遇规律分析[J]. 人民长江，53(3):44-49.

牛建利，何紫云，张天宇，等，2013. 旱涝急转对生产、生活与生态的影响及应对措施效果分析——以安徽省巢湖市槐树镇为例[J]. 长江流域资源与环境，22(Z1):108-115.

秦大河，2015. 中国极端天气气候事件和灾害风险管理与适应国家评估报告[M]. 北京:科学出版社.

屈艳萍，吕娟，苏志诚，等，2023. 2022 年长江流域夏秋旱特点分析与思考[J]. 中国防汛抗旱，33(3):30-33,66.

尚全民，褚明华，骆进军，等，2020. 2020 年长江流域大洪水防御[J]. 人民长江，51(12):15-20.

苏超，刘延明，方崇，2011. 甘肃舟曲特大山洪泥石流灾害成因及防治对策[J]. 安徽农业科学，39(23)：14194-14196.
孙玉正，霍金兰，孙明，等，2014. 2013 年夏季高温对盐城水稻生产的影响[J]. 大麦与谷物科学，3：12-14.
王金銮，1999. 1998 年长江洪水特性浅析[J]. 气象水文海洋仪器，1：5-9.
王威，何志芸，2003. 长江流域防御山洪灾害对策浅探[J]. 人民长江，34(10)：14-18.
吴凯，1999. 1998 年长江洪水的特点与警示[J]. 地理科学进展，18(1)：20-25.
吴书明，杨洪钧，彭商志，2007. 四川特大干旱灾害成因与减灾对策[J]. 四川农业科技，12：9-14.
夏军，陈进，王纲胜，等，2021. 从 2020 年长江上游洪水看流域防洪对策[J]. 地球科学进展，36(1)：1143-1153.
夏军，陈进，佘敦先，2022. 2022 年长江流域极端干旱事件及其影响与对策[J]. 水利学报，53(10)：1-8.
肖舸，崔讲学，2014. 三峡工程水库调度关键期流域气候特征及预测方法[M]. 北京：气象出版社.
许田柱，2021. 当前山洪灾害防御薄弱环节与对策研究——以 2019 年和 2020 年 4 起典型山洪灾害事件为例[J]. 水利水电快报，42(1)：49-53.
杨麒麟，高甲，王颖，2010. 泥石流灾害对策——以甘肃舟曲"8・7"特大山洪泥石流灾害为例[J]. 中国水土保持科学，8(6)：19-23.
杨义文，魏则安，艾婉秀，1999. 1998 年与 1954 年长江洪水的对比与思考[J]. 气象科技(1)：16-19.
于晶晶，许田柱，2017. 2016 年长江流域洪涝灾情探析[J]. 人民长江，48(4)：78-80.
中国科学院，中国工程院，1999. 对 1998 年长江洪水的认识和今后工作的建议[J]. 中国科学院院刊(1)：13-18.
中国气象局，2007. 中国气象灾害年鉴(2007)[M]. 北京：气象出版社.